U0392800

植物代谢组学
——方法与应用

漆小泉　王玉兰　陈晓亚　主编

Plant Metabolomics:
Methods and Applications

化学工业出版社

·北京·

内容简介

本书介绍了代谢组学的技术及应用概况、代谢组学的气相色谱－质谱联用技术、液相色谱－质谱联用技术、核磁共振技术、代谢组学数据预处理方法、基于代谢组学数据的多变量分析、基于色谱－质谱联用技术的代谢物定性，并介绍了植物脂质组、植物代谢网络分析，还讲解了这些技术的具体应用案例，比如 LC-MS 在植物代谢组学中的应用、NMR 在植物发育和其应答生物/非生物胁迫中的应用、代谢组学方法在中药研究中的应用。本书最后介绍了代谢组学领域最新的研究趋势，比如代谢组数据的深度挖掘及应用，并将"基于质谱的代谢组学：注释、定量和最佳报告实践指南"作为附录介绍给大家，参考性非常强。

本书适合高等院校、研究院所生物、化学、医药、农业相关专业的本科生、研究生、科研工作者及专业技术人员参考学习。

图书在版编目（CIP）数据

植物代谢组学：方法与应用 / 漆小泉，王玉兰，陈晓亚主编 . —2 版 . —北京：化学工业出版社，2023.4

ISBN 978-7-122-43015-1

Ⅰ.①植… Ⅱ.①漆… ②王… ③陈… Ⅲ.①植物－代谢－研究 Ⅳ.①Q946

中国国家版本馆 CIP 数据核字（2023）第 036870 号

责任编辑：李　丽　　　文字编辑：李　雪　李娇娇
责任校对：宋　夏　　　装帧设计：关　飞

出版发行：化学工业出版社
　　　　　（北京市东城区青年湖南街13号　邮政编码100011）
印　　装：中煤（北京）印务有限公司
710mm×1000mm　1/16　印张22¼　字数418千字
2023年6月北京第 2 版第 1 次印刷

购书咨询：010 - 64518888　　售后服务：010 - 64518899
网　　址：http://www.cip.com.cn

定　　价：198.00元

《植物代谢组学——方法与应用》（第二版）

—— 编写人员名单 ——

主　编　漆小泉　王玉兰　陈晓亚

副主编　姚　楠　段礼新

编　者（以姓氏汉语拼音为序）

陈定康　陈天璐　崔光红　豪富华　赖长江生

刘才香　刘浩卓　刘宁菁　卢　山　马爱民

王国栋　吴俊芳　徐雯欣　张凤霞　周　飞

前言

2011 年，由国内一线从事植物代谢研究的科研人员编著的《植物代谢组学——方法与应用》首次出版，反映了我国植物代谢组学研究的萌发和快速发展，该书分为代谢组学分析技术的基本原理、方法及进展，代谢组学数据处理、代谢物定性、数据库和代谢网络，代谢组学应用实例三个部分，建立了植物代谢组学的基本知识框架，体现了当时国内植物代谢组学的研究水平。该书出版后，得到了读者较好的反馈，成为众多科研人员手头的参考用书，特别在植物学和中药学等学科领域广为传播，该书也作为部分学校本科生和研究生的教材使用。首版后的十二年以来，植物代谢组学研究得到了全方位的发展，在一些关键的领域也取得了较好的成果。应广大读者需求，特别是部分院校开展代谢生物学和代谢组学的课程教学，迫切需要教材，我们对本书进行了修订，《植物代谢组学——方法与应用》第二版充分吸收了近十年植物代谢组学取得的新进展，为读者提供与时俱进的实操内容。

小分子代谢产物作为植物自身的组成成分，一方面，它们重要的生物学功能逐渐得以解析，如葫芦科葫芦素三萜参与抗虫和人工驯化，水稻花粉壁间隙三萜对水稻花粉的萌发和育性有重要的作用等；另一方面，为了充分利用药用植物中的功效成分，天然产物生物合成途径得到广泛的解析。特别是合成生物学的兴起，利用代谢工程技术对青蒿素、人参皂苷、丹参酮、檀香醇等高价值天然产物进行了微生物制造，实现"不种而获"的目的，减轻对药用植物资源的依赖；得益于基因组测序成本的降低，更多植物基因组信息被公布，通过生物信息学手段挖掘更多的代谢基因簇，分析不同物种代谢途径基因的进化关系；借助酶晶体结构（酶三维结构预测）、量子计算、理论化学和酶工程（活性口袋工程）技术对酶催化机制的解析，加深了自然界次生代谢产物结构多样性和科属分布特异性的认识。植物代谢组学已经广泛应用于上述多领域研究，展现出蓬勃的发展潜力，也展现出我国科学技术的进步以及我国学者对国际学术界的贡献。

植物代谢组学是生物学和化学的交叉融合，代谢组学分析技术近年来也取得了长足的进步。脂质是细胞中不可或缺的组成成分，在生物体各生命过程中发挥重要的作用。脂质代谢组学是植物代谢组学发展的又一个方向和类别，形成了自己独特的分析方法和定性方法，因此《植物代谢组学——方法与应用》第二版新增加了"脂质代谢组学"一章；组学分析技术一直在发展，高端分析仪器的推出，如离子淌度质谱、成像质谱、全二维色谱等，多平台组学技术、多组学技术的开发，进一步拓展了代谢组学检测能力；另外，代谢组学分析技术朝着更精准的方向发展，如拟靶向代谢组学技术、广泛靶向代谢组学技术等分析策略的运用，在原有仪器精度条件下，极大提高了代谢组学测量的准确度，降低了代谢组学假阳性率；代谢物定性分析是将化学信号转变为生物学信息的"卡脖子"技术。要从微量分析样本中，高通量地推断未知化合物的结构，无论是过去还是将来一段时间内，都是化学家和生物学家面临的巨大挑战。从同位素标记技术、更加全面的标准物质质谱数据库、综合性数据库等方面入手，有助于提高未知代谢物结构注释的能力。此外，基于代谢反应网络和二级质谱信息，通过自动化的递归运算，开发了大规模的代谢物结构鉴定算法，如 MetDNA，极大提高了对未知代谢物的定性分析；代谢组学海量原始数据的分析和处理，严重依赖化学计量学和计算机科学的介入，针对复杂的 GC-MS 代谢组学数据，也开发了相应分析软件和算法；代谢组学结合其他组学，如全基因组遗传多态性，以代谢物作为表型，进行全基因组关联分析 mGWAS，为快速定位代谢物生物合成与调控直接相关的基因提供了帮助。总体来讲，经过十多年的发展，代谢组学分析技术在各个层面得以深入发展，从简单的化学分析步入更加全面、精准和智能化的分析时代。

结合上述发展和实践教学过程中的经验，本书第二版仍然保持了第一版的总体框架，并对部分章节进行了调整。新增加了植物脂质组、代谢组数据的深度挖掘及应用以及代谢组学方法在中药研究中的应用章节；同时，增加了附录"基于质谱的代谢组学：注释、定量和最佳报告实践指南"，提倡代谢组学研究报告的标准化；第二版对第一版有关数据分析的两个章节进行了合并处理，对其他章节中所涉及的新技术和新进展进行了更新。

本书第二版编写人员新增加了中山大学、中国科学院分子植物科学卓越创新中心、中国科学院植物研究所、中国中医科学院中药资源中心的多位科研人员。感谢所有编者在百忙时间中辛勤的编写。希望第二版能一如既往带给读者新的收获和有益的帮助，助推我国植物代谢组学迈向更高质量的发展。由于时间和知识局限，本书难免有错误与不足，欢迎读者批评指正。

漆小泉　王玉兰　陈晓亚
2022 年 8 月 18 日

第一版前言

生命科学研究日新月异，基因组学及相关分析技术的提高极大地推动了转录组学、蛋白组学、代谢组学、表型组学等的快速发展，人们可以采用系统集成的手段，多层次揭示生命现象。这种研究思路和方法催生了系统生物学。代谢组学是系统生物学的重要组成部分，代谢物与表型最为接近，代谢物的变化能够更直接地揭示基因的功能，代谢标识物的发现在疾病早期诊断等方面有着重要的应用价值。

自然界的植物种类繁多，不同的类群往往合成一些特殊化合物。据估计，植物产生的代谢物数量有 20 万～ 100 万种之多，且结构与理化性质差异很大，从而使植物代谢组学研究更具挑战性。自 2002 年第一届国际植物代谢组学大会在荷兰瓦赫宁根召开以来，植物代谢组学的分析技术和方法发展迅速，并已开始应用于植物科学研究、生物技术安全评价、作物育种等多个领域，在基因功能研究、代谢途径及代谢网络调控机理的解析等方面发挥着重要的作用。我国植物代谢组学研究于 2005 年前后开始起步，目前已形成较好的发展趋势。本书由国内活跃在植物代谢研究一线的科研人员共同编著而成，既介绍植物代谢组学研究的最新进展、分析未来数年的发展趋势，也展示作者们各自科研项目的新研究，较好地反映出国内当前的研究水平。

本书从三个部分介绍和展示植物代谢组学。第一部分包括植物代谢组学概述及代谢物分析技术的原理、方法、存在的问题和注意事项及进展等，主要包括质谱和核磁共振分析技术；第二部分包括代谢组学数据分析、代谢物定性、代谢组学数据库和代谢网络研究；第三部分是植物代谢组学详细的应用实例，大多是近年来的研究成果。编写时力求做到符合实际和实用，期望本书能推动植物代谢组学在我国的迅速发展。

感谢各章编委在繁忙的科研和教学任务中抽出时间撰写稿件。本书的多位编写人员获得科技部"973"计划"作物特殊营养成分的代谢及其调控研究 (2007CB108800)"及"畜禽产品中有害物质形成原理与控制途径研究 (2009CB118800)"的资助。本书的编写也得到了"作物特殊营养成分的代谢及其调控研究"项目办公室的资助。非常感谢中国科学院植物研究所刘春明研究员为本书的出版给予的关心和帮助。对于本书中的错误与不足，欢迎读者批评指正。

漆小泉　王玉兰　陈晓亚
2010 年 11 月 21 日

目录

第1章
概　述

陈晓亚[1]　漆小泉[2]　段礼新[4]　刘宁菁[1]　刘浩卓[3]　姚　楠[3]

① 中国科学院分子植物科学卓越创新中心，上海，200032

② 中国科学院植物研究所，北京，100093

③ 中山大学生命科学学院，广州，510275

④ 广州中医药大学，广州，510006

代谢是生命活动中所有（生物）化学变化的总称，代谢活动是生命活动的本质特征和物质基础。分子生物学中心法则认为信息流从 DNA 到 mRNA 再到蛋白质，酶蛋白催化代谢物的反应，最后汇聚并相互作用产生多种多样的生物表型。DNA作为生命信息的载体，发挥着至关重要的作用，全面解析物种的 DNA 组成及其构成的基因功能的基因组学研究是最早发展起来的生物组学。基因组学研究带动了生命科学的迅猛发展，基因组学的成功应用极大地推动了转录组学、蛋白组学、代谢组学、表型组学等的快速发展（图 1-1）。随之，采用上述组学多层次地全面揭示生命现象的系统生物学应运而生。

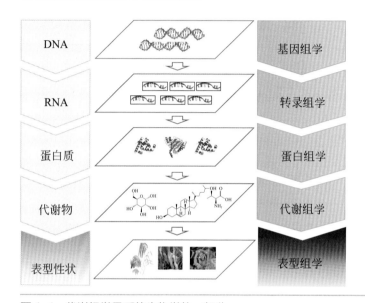

图 1-1　代谢组学是系统生物学的一部分
多层次的系统研究将揭示植物性状形成的分子和代谢基础

　　代谢组学（Metabolomics）旨在研究生物体或组织甚至单个细胞的全部小分子代谢物成分及其动态变化（Oliver et al., 1998; Fiehn，2002; Alseekh et al., 2021a）。早在公元 300 年前，古希腊人就意识到观察体液或组织的改变可以预测疾病，与代谢组学用于疾病诊断的思路是一致的（Nicholson and Lindon，2008）。代谢组学是有机化学、分析化学、化学计量学、信息学和基因组学、表达组学等多学科相结合的交叉学科，已经渗透到生命科学研究的各个方面。代谢组学是系统生物学中非常重要的一个环节，而且距表型最接近，代谢组学研究能更全面地揭示基因的功能，为生物技术的应用提供科学依据。

　　植物代谢组学是代谢组学研究的重要组成部分。已知的植物有 30 万余种，尚不包括未知的植物物种，据估计它们产生的代谢物数量有 20 万～ 100 万种（Dixon and Strack，2003），特别是植物次生代谢产物，结构迥异，就当前（或以后一段时间内）的仪器分析水平而言，还没有一种分析方法能够检测所有的代谢物，这使得植物代谢组学研究更具挑战性。其他章节将详细介绍植物代谢物分析技术、数据分析方法以及代谢组学的应用实例，本章概述植物代谢组学的主要发展趋势及其面临的挑战。

1.1 代谢物分析技术的发展趋势

1.1.1 样品制备自动化

取样、代谢物提取及分析前处理（衍生化）是代谢组学样品制备技术的三个关键组成部分，更是获得可靠数据的前提。为了快速、高效地提取出均一性好、稳定性强的化合物，实验常采取液氮快速冷冻、研磨法进行样品破碎处理。对于一些易降解代谢物，例如磷脂，在取样时会要求对新鲜植物样本先进行脂酶灭活处理。提取剂的选择需根据待检测化合物的化学特性来决定。常用到的提取液可分为单一成分提取液，例如乙酸乙酯，以及多组分提取液，例如甲醇 - 氯仿 - 水、甲醇 - 异丙醇 - 水、甲醇 - 水 - 甲酸等。提取液对待测化合物的萃取效率至关重要，是代谢物测定的关键。

用气相色谱 - 质谱联用（Gas Chromatography-Mass Spectrometry，GC-MS）分析的提取物往往需经过衍生化处理。常采取的衍生化反应包括酯化、烷基化、硅烷化等。一般来说衍生化试剂需满足反应效率高、衍生产物沸点低且易于检测、试剂及副产物对代谢物分离测定影响小等特点。以硅烷化衍生法为例，为了减少还原性糖的成环及保护羰基，样品首先与甲氧铵盐吡啶溶剂混合。随后，采用双（三甲基硅烷）三氟乙酰胺 [bis（Trimethylysilyl）Trifluoroacetamide，BSTFA] 或 N- 甲基 -N-（三甲基硅烷）三氟乙酰胺 [N-methyl-N-（Trimethylysilyl）Trifluoroacetamide，MSTFA]（其沸点更低）试剂对样品进行硅烷化衍生。使用液相色谱 - 质谱联用（Liquid Chromatography Mass Spectometry，LC-MS）分析的代谢物前处理则相对简便。进样前样品需要过滤除杂，以防堵塞分离柱。与传统的代谢组学相比，现今的代谢组学为了兼顾全局性、重现性以及高通量等因素，发展出了更有效的提取、分析方法。例如，Weckwerth 等（Weckwerth et al., 2004）基于甲醇 - 氯仿 - 水（2.5：1：1，体积比）提取法，从 30 ~ 100mg 拟南芥鲜叶片中提取代谢物、蛋白质和核糖核酸，从而实现代谢组、蛋白组和转录组共分析的目标，为系统生物学研究提供了方便。

由于样品制备技术过程烦琐、复杂，极易引起代谢组学数据出现大的误差，因此，自动化的取样、提取和分析前处理技术应运而生（Nikolau and Wurtele，2007）。使用多功能自动进样器进行样品的在线衍生化和自动进样系统，大大减小了手动衍生化的烦琐和衍生化时间差异引起的误差。样品制备技术的机械化和自动化是今后发展的趋势，能最大限度地减小实验误差，使数据更具稳定性和重现性。

1.1.2 植物精细代谢组学的发展

目前植物代谢组学样品的来源仍然是植物器官和组织或悬浮培养的细胞系：不同类型的植物、同种植物的不同组织或细胞、不同生长发育阶段的植物组织或细胞以及不同环境和实验处理的植物组织、细胞等。传统的取样主要针对宏观上可处理的植物组织，例如根、茎、叶等，进行取材分析，而不分细胞类型的取样和提取技术虽然能实现快速简便的样品制备，但忽略了代谢物在不同细胞中的差异或分布，也在很大程度上降低了代谢组揭示植物生命活动的能力。

显微切割以及单细胞分离技术的发展为实现精准微区以及单细胞代谢组测定奠定了技术基础。同时植物细胞亚细胞器及膜系统的分离技术也为亚细胞层面的精细代谢组学发展提供了思路，如 Carmona-Salazar 等（Carmona-Salazar et al., 2021）发表了植物细胞中细胞膜、液泡膜等组分中鞘脂组学，揭示了植物细胞中鞘脂在不同膜系统中的分布状况。质谱成像技术，一种可以探测代谢物在样品中空间分布的手段，其发展为可视化代谢组学带来了新的契机，如使用胶装石墨辅助激光解析电离质谱成像技术能观测到花和花瓣中黄酮类物质的特异性积累（Saito and Mastuda，2010）。

1.1.3 气相色谱-质谱联用技术

代谢物的分离和检测是代谢组学分离技术的两个核心组成部分。色谱分离法，例如薄层色谱（Thin Layer Chromatography，TLC）、气相色谱以及液相色谱，以及色谱与电泳法交叉结合的毛细管电泳（Capillary Electrophoresis，CE）（毛细管内填充色谱填料）是现今主要的分离方法。而检测技术主要包括质谱、核磁共振（Nuclear Magnetic Resonance，NMR）等手段。二者的有效结合可基本实现植物代谢组学分析的需求。代谢组学分析应当是对样品中所有的代谢物进行全面的定性、定量分析。然而植物每个细胞中的代谢物成千上万，并且不同组织、不同细胞、亚细胞器中积累的代谢物也各不相同，同时代谢物的合成和积累的种类及含量也受到发育时期变化及生长环境差异的影响。从植物组织材料提取的样品中代谢物数量巨大（至少数千种），结构复杂，类似物多，含量的变化范围也极宽（据估计含量的

差别在 10^7 左右）（Hegeman，2010）。为了实现对样品中代谢物全面的定性和定量分析，要求分离和检测设备具有稳定性好、化合物定性能力强、分辨率和灵敏度高、检测速度快及动态检测范围宽的特性。

　　质谱是将化合物电离后产生可以测量的分子离子或碎片离子，通过检测离子质荷比的大小和丰度，从而对化合物进行定性和定量分析。质谱仪根据其主要组成部件，如离子源、质量分析器和离子检测器可以分为多种类型。以质谱仪的质量分析器为例，早期的植物代谢组学常采用四极杆质谱仪和飞行时间质谱仪（Time of Flight Mass Spectrometry，TOF-MS）进行样品检测。其中 TOF 技术相对于四极杆质谱技术具有更加优越的分析品质。四极杆质谱检测仪是根据离子通过施加射频（Radio Frequency，RF）反相交变电压的电势场中会发生偏离，被选择的部分稳定后可到达检测器进行检测。而 TOF 检测器是根据带电荷的离子在真空飞行管中飞行时间的不同，分析不同离子的荷质比，从而对代谢物进行区分。相对于四极杆质谱 TOF-MS 以高灵敏度、高扫描速度、高数据采集速率为特色，有利于快速分析，提高了色谱图解卷积的效果，质量检测的动态范围可达 10^5 以上。因气相色谱本身具有很高的分辨能力（一般的毛细管柱有一百多万个理论塔板）和很好的稳定性。将气相色谱与 TOF-MS 联用，可以很好地实现代谢物测定时高分辨率和高通量等要求。经过气相色谱分离的化合物直接被质谱仪的离子源轰击成碎片（一般采用标准电子轰击电离离子源及标准电压 –70eV），碎片信息经由质谱仪后被采集并被计算机终端处理和检索。国际上已建立了通用的化合物信息库（例如美国国家标准技术研究院质谱数据库，National Institute of Standard and Technology Mass Spectral Database，NIST-MSD），缓解了植物代谢组学研究中化合物定性的困难。Wagner 等（Wagner et al., 2003）利用 GC-TOF/MS 的保留指数和质谱对代谢物进行了定性分析，并构建了植物代谢组学数据库，即格勒母代谢组数据库（Golm Metabolom Database，GMD）（Kopka et al., 2005）。

　　全二维气相色谱（Comprehensive Two-Dimensional Gas Chromatography，GC×GC）的发展进一步增加了复杂代谢物的能力。GC×GC 是将两支固定相不同而且互相独立的色谱柱以串联方式连接，第一维色谱柱分离后的每一个组分，经过调制器的捕集聚焦，以脉冲方式进入第二维色谱柱，而第二维色谱柱很短，可实现快速分离，再结合现今市场上流行的飞行时间质谱，以每秒采集 1000 张全谱图的速度进行扫描，获得二维气相色谱数据。全二维气相色谱连接飞行时间质谱具有极高的分离能力以及灵敏度等特点，广泛应用于代谢组学分析中（Wang et al., 2010）。2010 年 Zoex 公司推出的全二维气相色谱 - 飞行时间质谱联用设备（High Resolution Time-of-Flight Mass Spectrometer Detector for GC×GC，GC×GC-HiRes TOF-MS），其 TOF-MS 具有 4000~7000 的分辨率，质量精度为小数点后三位。而 2015 年意大利 DANI 公司在此基础上推出的全二维气相色谱 - 飞行时间质谱联用设备，相较于 2010 年 Zoex 公司推出的版本，结构更加简化，扫描速度提高了一倍（Zoex 公司推出的 2010 版本扫描速度为每秒 500 张全谱图），配置的解析软件单次可全自动识别以及解析 100000 个峰（为 2010 年推出版本的十倍）。精准的质量数可用于推测化合物的分子式，高质量精确度的碎片离子峰使重叠卷积变得准确且容易，大大加强了化合物的定性能力。而高通量的检测能力也为大规模数据分析提供了基础支持。可以预测，此类型的设备在今后的发展中，还将朝着分辨度更高、通量更大、灵敏度更高、自动化程度更完善的方向发展。这类设备的发展也将为植物代谢组学提供更好、更强的检测分析基础。

1.1.4 液相色谱与质谱联用技术

气相色谱适用于分析容易气化的低极性、低沸点代谢物，如各类挥发性化合物；或者衍生化后沸点低的物质，如氨基酸、有机物、糖类、醇类等。单独使用 GC-MS 还不能全面揭示植物所有代谢物的变化。同 GC 相比，液相色谱（Lipid Chromatography，LC）不受样品挥发性和热稳定性的影响，样品前处理相对简单，提取液经过滤后可直接进样。因此，液相色谱与质谱结合的手段大大扩充了植物中可被鉴定的代谢物，尤其是植物中丰富的次生代谢产物，包括各种萜类化合物、生物碱、黄酮、硫代葡萄糖苷等。基于 LC-MS 的分析设备目前也是用于植物代谢组分析的核心设备。

与液相色谱相连接的质谱类型较多，按质量检测器来分类包括：四极杆质谱、串联三重四极杆质谱、离子阱质谱、飞行时间质谱、串联四极杆飞行时间质谱、串联离子阱飞行时间质谱、傅里叶变换离子回旋共振质谱、电场轨道阱回旋共振组合质谱等。这些 LC-MS 可使用的离子源也比较丰富，常见的有电喷雾电离源（Electrospray Ionization，ESI）、大气压化学电离源（Atmospheric Pressure Chemical Ionization，APCI）、基质辅助激光解析电离源（Matrix-Assisted Laser Desorption/Ionization，MALDI）、大气压光电离源（Atmospheric Pressure Photo Ionization，APPI）等。植物代谢组常用到的仪器包括：高分辨率液相色谱四极杆飞行时间质谱联用仪（LC-Quadrupole Time-of-Flight Mass Spectrometer，LC-Q-TOF/MS）、液相色谱三重四极杆串联质谱仪（LC-Triple Quadrupole Tandom Mass Spectrometer，LC-QQQ/MS）、液相色谱三重四极杆 / 离子阱复合型质谱联用仪（LC-Triple Quadrupole/ Linear Ion Trap Mass Spectrometer）。其中色谱技术的发展也为代谢组学分析锦上添花。例如超高效液相色谱（Ultra-High Performance Liquid Chromatography，UHPLC）使用粒径 <2.0μm 填料的色谱柱对化合物进行分离，克

服了传统 HPLC 压力的限制，使用时柱压可以提高到 15000psi❶ 以上，提高了柱效，增加了色谱分离度，并且缩短了分析时间。色谱填料技术的突破包括亲水相互作用色谱技术（Hydrophilic Interaction Liquid Chromatography，HILIC）的革新极大地补充了反相色谱分析法。亲水相互作用色谱技术采用极性固定相（例如硅胶、氨基键合硅胶等），以水、极性有机溶剂为流动相，特别适用于强极性和强亲水性小分子物质的分离（Tolstikov and Fiehn，2002；Cubbon et al.，2010）。UPLC 技术与质谱仪联用，极大地提高了植物代谢组分析的水平。例如，岛津生产的 LC-Q-TOF/MS-9030 款的采集速度已达到了每秒 100 张谱图，灵敏度达到飞克级别；AB Sciex Triple Quad 4500/5500/6500 系统是目前常见的三重四极杆离子阱复合型质谱联用仪，其中 6500 系统的扫描速度达到 12000Da/s，质荷比极限达到了 2000，采用多反应监测（Multiple Reaction Monitoring，MRM）模式，可以同时测定 800 个 MRM 离子对，不分时间窗口，极大地扩展了植物代谢物检测的范围。

　　总之，液相色谱 - 质谱联用技术以样品制备简便、易实现高通量和自动化、检测信号覆盖度广，在植物代谢组学研究中发挥非常重要的作用。目前 UHPLC 与各类质谱联用技术是植物代谢组学分析的主流平台，例如脂质组学测定常采用超高效液相色谱 - 三重四极杆串联飞行时间质谱（UHPLC-Q-TOF）或者超高效液相色谱 - 三重四极杆质谱（UHPLC-Q-Q-Q），解析不同植物体内脂质的"密码"（Liu et al.，2020；Wang et al.，2020）。当然随着技术的革新，这项技术也将迎来更大的发展。

1.1.5　其他特殊用途的分析技术

（1）毛细管电泳质谱联用技术

毛细管电泳质谱联用技术（Capillary Electrophoresis-Mass Spectrometry，CE-MS）是 20 世纪 80 年代初发展起来的一种基于待分离物组分间淌度和分配行为差异而实现的电泳新技术，具有快速、高效、分辨率高、重复性好、易于自动化等特点。CE-MS 的主要优点是对离子型化合物的检测更精准，如磷酸化的糖、核苷酸、有机酸和氨基酸等。研究人员曾使用 CE-MS 技术从拟南芥中检测到 200 个代谢物，并鉴定了其中的 70 ～ 100 个化合物（Ohkama-Ohtsu et al.，2008）。但其本身有限的样本容量负载能力使得该技术未能作为植物代谢组学分析的首选。

（2）核磁共振技术

核磁共振技术（Nuclear Magnetic Resonance，NMR）是一种无偏的、普适性的分析技术。该技术针对的样品前处理简单，同时可以采取的测试手段丰富，包括液体高分辨 NMR、高分辨魔角旋转（High Resolution-Magic Angle Spinning，HR-

---

❶ 1psi(1bf/in²)=6894.76Pa。

第1章　概述　　007

MAS）NMR 和活体核磁共振波谱（Magnetic Resonance Spectroscopy，MRS）技术。
NMR 方法也有局限性，例如它的检测灵敏度低，而且检测动态范围有限，很难同时检测同一样品中含量相差较大的物质（朱航 等，2006）（NMR 代谢组学技术详见第 4 章）。液相 - 紫外 - 固相萃取 -NMR- 质谱联用（LC-Ultraviolet-Solid-Phase Extraction-NMR-MS，LC-UV-SPE-NMR-MS）技术结合液相分离、固相萃取进行富集、全氘代溶剂洗脱，已用在植物代谢物结构的鉴定中（Exarchou et al., 2003; Lin et al., 2008）。而随着代谢组学的发展，NMR 技术越来越多的用在未知化合物的鉴定中，是植物代谢组学发展中必不可少的技术平台。

（3）傅里叶变换 - 红外光谱

傅里叶变换 - 红外光谱（Fourier Transform Infrared，FT-IR）是基于红外线引起分子中化学键振动或转动能级跃迁而产生的吸收光谱。植物样本的红外光谱是其中所有化合物红外光谱的叠加，具有指纹特性，FT-IR 可以对样品进行宽波段、快速、高通量的扫描，并且不破坏样品，适合从大量群体中筛选代谢异常突变体（Allwood et al., 2008）。但该方法难以鉴定差异代谢物，尤其对结构类似的化合物难以分辨。

（4）傅里叶变换离子回旋共振质谱

傅里叶变换离子回旋共振质谱（Fourier-Transform Ion Cyclotron Resonance Mass Spectrometry，FT-ICR-MS）是在回旋共振质谱仪的基础上发展起来的一种新型质谱仪。其具有大于 600000 的超高分辨率和多达 10 级的质谱能力，可以得到精准的分子量，极有利于化合物的定性分析，常用在建立化合物质谱数据库。但是由于为了获得超高的分辨率，通常化合物的扫描时间较长，不利于快速、高通量的组学分析。

植物代谢物化学结构多样性大，有些成分含量极微且动态范围宽，代谢物的合成和积累易受外界环境的影响。代谢组学也不能像蛋白组学、转录组学那样，用基因组信息来推断代谢物的结构。目前还不能使用单一的分析手段实现代谢物的全景定性和定量分析，只能使用多种分析手段，相互取长补短，尽可能多地跟踪监测植物代谢物的变化。

1.2　代谢组学数据分析现状及其面临的挑战

1.2.1　代谢组学研究实验设计和标准化

植物代谢组学研究面临着实验设计和标准化的需求和挑战。一方面，植物不同生长发育时期、组织、器官、细胞类型合成积累不同的代谢物，而且其含量极易受到生长环境的影响；另一方面，应用于代谢物分析的仪器及分析条件多种多样，极容易产生不具可比性的数据。严格的实验设计是获得代谢组学实验成功的第一步。实验设计要求：①控制基本一致的植物生长环境条件，如果不能达到每次实验在完全一致的条件下完成，也要保证同一实验内不同处理或材料的生长环境保持一致；②设置重复实验，一般为4～6次，这将进一步消除环境和实验操作的误差，获得具有统计意义的数据。

为了控制和监测样品提取、前处理及仪器分析过程中的误差，一般要求：①设置空白对照。空白对照不含待分析的样品，它可以检测溶剂（包括衍生化试剂）的纯度以及排除离心管及枪头吸管中增塑剂等外来污染物的干扰等。②设置质控样本。质控样本是不同类型标准物质的混合物，也可以从所有待测样本取出很小一部分混合作为质控样本，它包含了待分析样本中所有类型的化合物。代谢组学实验需要分析的样本数多，仪器运行时间长，极容易出现系统性的漂移和偏差、对代谢物的响应降低及其他未知的变化等，同时色谱柱的污染、柱效降低和进样口的污染以及质谱检测器的老化等，都可能影响代谢组的检测。因此，质量控制样本在代谢组学数据检测和校正中起到非常重要的作用。③设置内标。在植物提取过程中加入已知量的内标物质，可以检测提取和分析过程中存在的误差。④保留时间。指数标准物质的添加，它们一般是正构烷烃或饱和脂肪酸甲酯的同系物，用来计算保留指数，对代谢物进行定性，而且还可以校正保留时间的漂移。

代谢组学迅速发展，在各领域的研究论文数量增长极快。代谢组学研究多是对非目标性、未知物的数据分析，不同的实验者采取的提取方法、数据分析方法、代谢物定性的标准以及实验报告格式等均可能不相同，妨碍了数据交流，也不利于同行评判、实验结果重现等，因此很有必要实现代谢组学实验和报告的标准化。英国伦敦帝国学院 John Lindon 牵头并成立代谢组学标准发起组织（Metabolomics Standards Initiative，MSI），提出代谢组学标准化的代谢报告结构（Standard Metabolic Reporting Structure，SMRS）（Lindon et al., 2005）。Helen Jenkins 等（Helen Jenkins et al., 2004）也提出植物代谢组学报告的标准框架（Architecture for Metabolomics，ArMet）。SMRS 偏重详尽的细节参数（例如包括其中必须包含的基本参数数据），ArMet 则重点强调如何组织代谢组学数据（Fiehn et al., 2007）。2007年国际代谢组学杂志"*Metabolomics*"推出三篇论文，分别介绍代谢组学标准发起组织（Fiehn et al., 2007）、化学分析基本报告标准（Sumner et al., 2007）和数据分析基本报告标准（Goodacre et al., 2007）。化学分析基本报告标准非常详细地描述了化学分析过程使用到的方法和技术参数，而且提出了许多新的标准和指导原则（如代谢物结构定性水平、代谢物命名指导等）。数据分析基本报告标准详细描述了单变量统计、多变量统计以及信息学等方法，并对诸如解卷积、预处理等名词做了定义。

1.2.2　代谢途径及代谢物数据库

代谢数据库的建立有利于整合代谢组学与其他系统生物学分支的关系。目前网络数据库不下百种（Tohge and Fernie，2009），下面介绍几种植物领域中常用的数据库。

KEGG（Kyoto Encyclopedia of Genes and Genomes，网址：http://www.kegg.jp/ 或 http://www.genome.jp/kegg/）是系统分析基因功能、基因组信息数据库。其中包括 17268 种代谢物和 460 条通路，整合了基因组、化合物特性和系统功能信息，由 6 个各自独立的数据库组成，分别是基因数据库（GENES Database）、配体化学反应数据库（NGAND Database）、序列相似性数据库（SSDB）、基因表达数据库（EXPRESSION）、蛋白分子相互关系数据库（BRITE）等。其中通路数据库（PATHWAY Database）查询十分出色，现在有大约 90 个参考代谢途径的图形，每个参考代谢途径是一个由酶或 EC 号组成的网络，包括碳水化合物、核苷、氨基酸等的代谢及有机物的生物降解，不仅提供了所有可能的代谢途径，而且对催化各步反应的酶进行了全面的注解，包含有氨基酸序列、蛋白数据库（Protein Data Bank，PDB）的链接等，可以使研究者对其所要研究的代谢途径有一个直观而全面的了解。KEGG 是进行生物体内代谢分析、代谢网络研究的强有力工具。

PlantCyc（网址：https://plantcyc.org）是一个关于植物代谢物的数据库，阐述了超过 500 个物种的代谢途径、反应、酶和底物的资料（15.0 版本），所含有的信息源自海量文献和网上资源，总共包括 1163 条反应途径，5234 种生化反应，4807 种代谢物，以及 3768 个酶。研究者可以根据自身需要在 PlantCyc 中查询特定物种的详细信息。

MassBank（网址：https://massbank.jp）是日本质谱协会发展和维护的包含高分辨率和低分辨率的质谱数据库。该数据库不断更新，包含 46 种不同类型质谱仪产生的数据，其中贡献最大的几种质谱类型为 EI-B、LC-ESI-ITFT、LC-ESI-QFT、LC-ESI-QQQ 以及 LC-ESI-QTOF。截至 2021 年 3 月，该数据库共收录了 14852 个化合物，共包括 20148 个一级质谱数据、65824 个二级质谱数据、929 个三级质谱数据和 70 个四极质谱数据；其中，有 23634 张负离子模式下的谱图，61337 张正离子模式下的谱图。该数据库提供了多种质谱谱图搜索手段，为化合物的快速鉴定提供有力支持。MassBank 支持用户免费网页搜索和比较质谱，通过输入文本格式的质谱，进行三维可视化的比较。

KNApSAcK（网址：http://www.knapsackfamily.com/KNApSAcK/）是一个涵盖大部分植物物种和代谢化合物的网站，截至 2021 年 7 月，该数据库涵盖了 57919 种化合物和 24416 种植物物种的信息，方便用户快速查询某个植物物种中已经有哪些代谢物已被研究报道过。

METLIN（网址：https://metlin.scripps.edu）由美国斯克利普斯研究所（SCRIPPS）研究院生物质谱中心建立，是一个涵盖约 100 万个化合物的数据库，范围包括脂类、类固醇、植物和细菌代谢物、小肽、碳水化合物、外源性药物或代谢物、中心碳代谢物和毒物。其中有标准品的超过 50 万个化合物，还包括多个碰撞能量和正 / 负离子模式下的串联质谱（Tandem Mass Spectrometry，MS/MS）实验数据，可以通过质量、化学式和结构等检索，主要用于未知化合物的定性，但缺乏代谢产物在生物体中的浓度、代谢通路等信息。METLIN 提供在线免费搜索。

GMD（网址：http://gmd.mpimp-golm.mpg.de/）是可免费获取的 GC-MS 植物代谢组学数据库，侧重于非靶向的代谢组学研究，目前共有 25690 张谱图，包含 2222 种已被鉴定的代谢物及其 4663 种相关衍生物。另外，GMD 数据库也包括保留指数（Retention Index，RI），其中 9156 张谱图含有保留指数，大大提高了结构相似化合物的鉴定。GMD 还提供实验方法和色谱、质谱条件等。

小分子通路数据库（The Small Molecule Pathway Database，SMPDB，网址：http://smpdb.ca/）是由加拿大卫生研究院、阿尔伯塔大学和加拿大代谢组学创新中心共同创建的一个交互的、可视的小分子通路的数据库，包含超过 40000 条存在于各个模式生物中的代谢途径，这些模式生物包括人类、小鼠、大肠杆菌、酵母和拟南芥等。基因、代谢物和蛋白质浓度数据可以通过 SMPBD 的映射界面进行可视化，所有 SMPDB 的图像、图像映射、描述和表都是可下载的。

Wiley Registry 质谱数据库和 NIST/EPA/NIH 质谱数据库是最大的商品化、综合性 GC-MS 质谱数据库，使用非常普及。目前数据库的最新版本为 NIST20，可查询由 EI 鉴定的谱图、串联质谱鉴定的谱图以及 GC 保留指数数据等。其中 EI 部分的谱图涵盖了超过 30 万种化合物，串联质谱部分也收录了来自 30999 种化合物的 130 多万张谱图，以及近 45 万条 GC 保留时间数据来自 139963 种化合物。

但是，到目前为止，植物代谢物库所搜集的代谢物数量还十分有限，并且大多数物种的大部分代谢途径还很不完善，这是植物代谢组学研究面临的主要挑战和机遇。

1.2.3 当前代谢组学发展所面临的难点

代谢物的定性是代谢组学研究的重点和难点，主要瓶颈源自代谢物具有丰富的多样性，浓度范围跨越数个量级，以及复杂的时空分布等问题。上述问题结合生物基质本身的特异性，使得对某一给定的细胞类型、组织、器官或生物体进行全局的代谢组分析在技术上有极大的难度，这也阻碍和限制了非靶向代谢组的常规化发展。同时，一些技术原因也会影响到代谢物的定性与定量，例如代谢物提取、液相分离方式、质谱采集条件与数据后处理等。据估测，目前可检测到的代谢物不超过生物体真实代谢组成的5%（Tsugawa et al., 2019）。

化学分析基本报告标准根据定性的程度可将代谢物分为四类，即已鉴定的代谢物（Identified Compounds）、推断性注释的代谢物（Putatively Annotated Compounds）、推断性分类的化合物（Putatively Characterized Compound Classes）及未知化合物（Unknown Compounds）（Sumner et al., 2007）。

GC-MS鉴定代谢物主要是通过软件解卷积获得纯的质谱峰，在已有的数据库中进行检索，相似度较大说明可能为该物质。近年来采用保留指数（Retention Index，RI）辅助定性，对谱图相似的同分异构体有一定的区分作用，标准品进行比对是最准确的定性方法。而对于LC-MS，没有标准的谱图数据库，主要根据精确质量和多级质谱树（MS^n Spectral Tree）来鉴定。因此，应用高分辨的质谱仪器确定化合物的分子量至关重要。另外，高效液相色谱-二极管阵列检测-固相萃取-质谱-核磁共振（High-Performance Liquid Chromatography-Diode-Array Detector-Solid Phase Extraction- Mass Spectrometry-Nuclear Magnetic Resonance，HPLC-DAD-SPE-MS-NMR），可以结合高分辨的质谱和核磁共振技术，加速对代谢物结构的定性和解析。

当前代谢组学的发展主要面临以下几个亟待解决的问题：①全面定性代谢物，解析代谢途径。可以将NMR、MS等方法组合使用以提高代谢物的检测范围，以避免单一方法对低丰度或电离性质差的代谢物的检测灵敏度问题；②累积天然产物结构鉴定数据，包括多级质谱数据；③发展一个算法，进行多级质谱的相似度比较和搜索；④挑战从头解析质谱图，自动化地从谱图开始进行结构鉴定，并对已知结构的化合物预测其质谱图（Saito and Matsuda, 2010）；⑤解决细胞或亚细胞水平代谢物的空间异质性，因为这些异质性会反过来影响酶活与动态代谢变化（Pareek et al., 2020）。

1.2.4 代谢组学数据注释所面临的挑战

代谢组学分析获得大量代谢物定性和定量的数据，将这些无序的数据根据植物代谢途径或代谢网络及其参与的功能进行分类整理，得到有生物学意义的数据是代谢组学数据注释的主要研究内容，也是代谢组学研究的主要目标。然而，目前对非靶向采集得到的大部分数据仍然难以解析。

在 GC-MS 中，质谱的自动去卷积化和直接的谱图识别已经常规化应用，这得益于其谱图的高度可重现性及保留时间的稳定性（Fiehn，2016）。同时许多数据库（如 NIST、GMD）以及解析软件的存在大大简化了 GC-MS 数据的分析过程。而 LC-MS 的数据分析相对较为复杂，因为其受到质谱仪器、采集条件的影响较大，以及公共数据库的缺乏导致谱图信息很难比对（Aksenov et al., 2017），虽然如拟南芥等模式生物的数据库相对完善，但其仅仅代表整个植物代谢组的一小部分。另外，高分子化合物的分子式也很难确定，尽管 TOF 和静电场轨道阱质谱（Orbitrap）的高分辨率可以帮助排除掉很多不真实的可能性。借助同位素标记的手段进行进一步数据的计算分析也有利于确定化学式（Tsugawa et al., 2019）。

二级离子的比对是代谢物注释中很重要的环节，据估测目前已有的数据库大概有 240 万张谱图以对应不超过 8 万种代谢物分子，考虑到数据库间的重复性，这个数据应该是被夸大了（Aksenov et al., 2017）。近几年，使用计算机预测的二级信息被广泛使用，这也许是一种克服实验谱图不足的重要方式。此外，最近有许多优秀的分析软件相继被开发出来，例如使用多级质谱树与机器学习对分子结构库进行检索定性的 CSI:FingerID（Dührkop et al., 2015），以及使用高分辨谱图信息在缺少谱图信息与结构信息的情况下进行本体预测的 CANOPUS（Dührkop et al., 2020）。

1.3 植物代谢组学的应用

自 1998 年提出代谢组（Oliver et al., 1998）的概念以来，代谢组发展迅速，在分析技术、数据分析以及应用三个方面开始走向成熟，在人类疾病研究和疾病诊断等领域得到广泛重视，具有广阔的应用前景（Nicholson and Lindon，2008）。植物代谢组学已逐步应用于基因功能研究、代谢途径及代谢网络调控机理的解析等基础生物学的研究中（Fiehn et al., 2000; Fernie et al., 2004; Keurentjes et al., 2006; Naoumkina et al., 2010）；也开始应用于作物的产量、营养成分等育种领域中（Schauer et al., 2006; Tarpley et al., 2005; Alseekh and Fernie，2021b）。

1.3.1 植物代谢组学在基础生物学中的应用

植物代谢组学作为系统生物学中的一个组成部分，在揭示生命基本活动及规律方面将发挥着越来越重要的作用。表达谱、代谢组的分析获得基因表达模式和代谢物积累的相关数据，结合基因组的数据，为功能基因组的解析提供了一种有效途径。一般认为，参与某个生物学过程中的某些基因（蛋白质或者代谢物）存在于一个控制系统中，有着协调调节、共表达的关系。因此，如果一个未知的基因和已知的基因共表达，研究者可以假定这个未知基因可能涉及这个已知基因参与的生物学过程。这个共同发生的原则可以延伸到共积累的关系。假如一个代谢途径通过基因突变或环境变化被修饰了，这个修饰过程能够通过代谢谱的变化来显示，通过基因表达谱和代谢谱分析可以比较全面地预测哪些基因可能参与到这个修饰过程。通过代谢物和基因直接的相关分析，可以获得候选基因，再通过反向遗传学或者生物化学的方法研究候选基因的功能（Saito and Matsuda，2010）。在研究"硫饥饿"的实验中，发现一些和氨基酸、脂质、次生代谢物如硫代葡萄糖苷、黄酮等相关的代谢物和基因发生了变化，通过批量学习（Batch-Learning）、自组织图（Self-Organizing Map）的方法，分析了 10000 个转录组数据（DNA 芯片）和 1000 个代谢物（HPLC 和 CE-FT-MS），这个分析预测了涉及硫代葡萄糖苷生物合成的基因，例如编码磺基转移酶（Sulfotransferase）的基因（Hirai et al.，2005）、两个 *MYB* 转录调节因子（Hirai et al.，2007）、侧链延长相关的酶（Sawada et al.，2009a）以及一个假定的硫代葡萄糖苷转运体（Sawada et al.，2009b）。

代谢组学与分子遗传学相结合可以解析拟南芥代谢途径及代谢网络。Keurentjes 等（Keurentjes et al.，2006）利用 LC-Q-TOF-MS 分析了来源于全球不同地理位置的 14 种拟南芥生态型的代谢物全谱，共鉴定了 2475 个不同的质谱峰，其中 706 个是某一品系所特有的，只有 331 个是 14 种生态型植株共有的，化合物组成的差异非常大；广义遗传率分析表明大多质谱峰值的变异归因于遗传因素。在 Landsberg Erecta（Ler）与 Cape Verde Islands（Cvi）杂交获得的 160 个重组自交系（F_{10}）中，共检测到 2129 个质谱峰，其中 853 个为重组自交系群体特有的化合物峰，表明它们是由于基因重组而产生的。数量性状遗传定位分析发现 1592 个质谱峰（74.8%）至少有一个数量性状座位（Quantitative Trait Locus，QTL）位点控制（$p<0.0001$，$q<0.0002$）。定位的遗传因子至少部分可以解释代谢物的量和质变异，分析这些被检测到的 QTLs 在基因组的分布，发现它们趋向于基因组的特定区域，即热点区域。

大量高度相关质谱峰定位到拟南芥相同的 QTLs，可以推断这些质谱峰由同一个关键基因调控。共调控的代谢物有可能受一个特殊调控因子控制或者代谢途径中某一特殊步骤受到影响。Keurentjes 等（2001）仔细分析了拟南芥硫代葡萄糖苷类代谢途径的中间产物，发现所有的脂肪类葡萄糖苷均定位于 5 号染色体的 *MAM* 位点和 4 号染色体的 *AOP* 位点。已知 *MAM* 控制链延长（Kroymann et al.，2001），而 *AOP* 控制侧链的修饰（Kliebenstein et al.，2001）。代谢组分析重建的糖苷化合物网络结构与已报道结果一致。因此证实拟南芥硫代葡萄糖苷类代谢物的共定位是由于代谢途径中的一个特殊步骤的影响。另外代谢组学分析可推导出 *AOP* 与 *MAM* 的关系。如图 1-2 所示，在 *AOP* 位点处的化合物在 *MAM* 处也被定位（出现 QTLs），反之则不然，因此可以推断 *AOP* 在 *MAM* 下游。

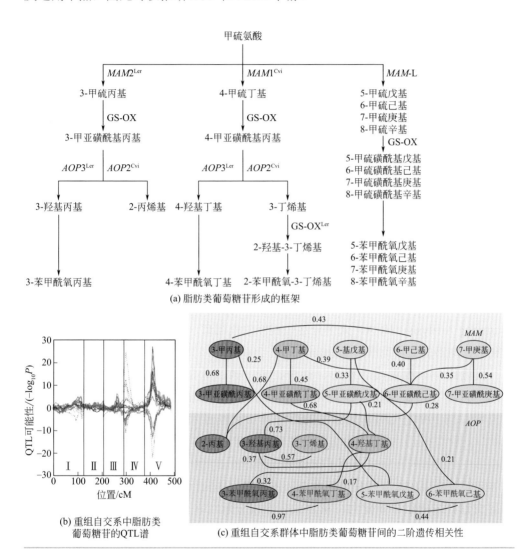

(a) 脂肪类葡萄糖苷形成的框架

(b) 重组自交系中脂肪类葡萄糖苷的QTL谱

(c) 重组自交系群体中脂肪类葡萄糖苷间的二阶遗传相关性

图 1-2　拟南芥中脂肪类葡萄糖苷积累的遗传调控

图（b）中，第一个QTL，在303.3cM处，位于*AOP*位点；第二个QTL，在409.4cM处，位于*MAM*位点；每个分子标记处值的符号与加性效应一致（+，Cvi；-，Ler）；图（c）中，上层包含边链修饰之前的葡萄糖苷；下层包含边链修饰之后的葡萄糖苷；图中所有的边线化合物经置换检验后达到0.05显著水平，相应的相关数值位于边线旁侧；在图（b），图（c）中，颜色代表不同的链长度[（红色，3C；蓝色，4C；绿色，多于4C）（Keurentjes et al., 2006）]

代谢物的遗传分析可以帮助解析未知代谢途径。在拟南芥中，一些未知的代谢物质谱峰对应的遗传位点出现在1号染色体的88.6cM处，对这些共定位的代谢物进行光电二极管阵列（Photo-Diode Array，PDA）吸收信号和MS/MS质谱碎片分析，发现这些未知物为黄酮醇糖苷类化合物。

近年来植物细胞地图将分子机制映射到细胞和亚细胞层面，绘制植物细胞内的分子分布、跟踪这些代谢分子的动态运动、挖掘各类分子之间的相互作用并多尺度表现植物的代谢网络。作为其中重要的一环，植物代谢物地图的绘制显得尤为重要。一些重要代谢分子，例如脂质的植物亚细胞分布被逐渐绘制出（Grison et al.，2015）。代谢组学技术的发展，将加速我们对植物生命活动的理解以及帮助我们解决迫在眉睫的需求。

1.3.2 代谢组学在作物育种和生物技术上的应用

转基因育种的安全性一直是困扰该技术广泛应用的关键问题。代谢组学结合致敏反应和毒理反应实验，可以综合评价转基因植物的安全性（Rischer and Oksman-Caldentey，2006）。分析转基因植物、非转基因植物和其他栽培品种的代谢谱，以主成分分析（Principal Component Analysis，PCA）和系统聚类分析（Hierarchical Clustering Analysis，HCA）来区分这些相似的代谢谱，确立这些转基因植物以及栽培种的代谢谱的变异范围（Shepherd et al.，2006）。

代谢组学研究温度、水分、盐分、硫、磷、重金属等的胁迫对植物代谢的影响。抗旱一直是植物育种最关心的问题之一，木质部是植物运送水和矿物质的渠道。当干旱发生时，根分泌的信号物质会经过木质部传送到植物地上部分。Blicharz等（2021）利用代谢组学手段研究了干旱胁迫对玉米木质部汁液代谢物及蛋白质变化的影响，研究调查了豌豆韧皮部汁液渗出物的代谢含量，并展示了豌豆营养期短时有限的水分供应如何改变韧皮部渗出物的代谢组成。数据表明干旱会导致韧皮部介导的组分重定向，从合成代谢向分解代谢转变，例如韧皮部汁液中油酸含量在干旱来临时会显著减少，在胁迫期间适当维持碳/氮平衡（Blicharz et al.，2021）。

植物受到病原菌的侵扰后会产生自身免疫应答反应，代谢物在这种反应中扮演着非常重要的角色。植物识别病原物后，细胞会进行一系列动员活动，从而激活抗病反应，来抵挡病原菌的入侵。这种抗病反应需要来自初级代谢途径的大量能量、还原力和碳骨架，以实现能力的补充和调度（Bolton，2009），还需要来自次生代谢途径的一些低分子量的抗菌性次生代谢物，比如酚类、异黄酮类、萜类等植保素，以及一些阻止病原菌入侵和扩展的物质，例如木质素、胼胝质等（O'Connell and Panstruga，2006）。相反，病原菌侵入植物以后，通常会干扰植物的正常代谢以满足其营养需求（Solomon et al.，2003；Swarbrick et al.，2006；Divon and Fluhr，2007）。代谢组学通过对特定条件下的生物体内代谢物进行定性或定量分析，可以得到与某一特定生理、病理反应相关的代谢物变化，近二十年来，该方法被普遍运用于植物 - 微生物互作领域中。例如，Piasecka 等（2015）总结了一些次生代谢物在植物固有免疫中的作用。通过对小麦和大麦不同抗性品种进行非靶向代谢组分析，可以获得一些与抗病性相关的标志代谢物，这些标志性代谢物在生产实践中起到了辅助育种的作用（Hamzehzarghani et al.，2005；Swarbrick et al.，2006）。之前的研究采用代谢组学研究方法，对短柄草（*Brachypodium distachyon*）- 水稻稻瘟病菌（*Magnaporthe grisea*）（Allwood et al.，2006；Parker et al.，2009）、马铃薯（*Solanum tuberosum*）- 马铃薯晚疫病菌（*Phytophthora infestans*）（Abu-Nada et al.，2007）等常见的植物 - 病原菌互作系统进行了研究。研究发现病原菌一旦成功侵入植物，将会严重干扰植物的正常代谢以满足自身的营养吸收和利用，抗性、感性植物品种在病原菌入侵后代谢谱的变化不同。结合代谢组学和转录组学，Doehlemann 等阐述了玉米中由主效基因控制的瘤黑粉病（*Ustilago maydis* SG200）抗病反应中的信号转导和代谢物的变化（Doehlemann et al.，2008）。这些研究表明代谢组学是研究植物 - 微生物互作的一个非常有效的方法。

作物的主要性状，特别是营养、品质等性状已成为代谢组学研究的主要对象。代谢组学从代谢物的组成上能够区分像引起甜、酸等口味的化合物成分。因此通过代谢组学研究，挖掘提高这些可食用品种的营养、品质及食品品质的关键因素，为未来作物育种的研究提供了线索和方向。例如，利用 GC-MS 分析绿茶的代谢指纹谱，能够评价绿茶的品质（Pongsuwan et al.，2008）；使用 FT-IR 技术可以区分不同的橄榄油成分（Rischer and Oksman-Caldentey，2006；Galtier et al.，2007）；利用 LC-MS 技术可以区分生姜、葡萄等胞外囊泡的脂质成分，并挖掘生姜缓解肠道炎症的缘由（Teng et al.，2018）。

以番茄为例，番茄的营养品质和口感的改良可以通过改变代谢物成分和含量来实现。Schauer 等人早期建立了野生番茄材料（*Solanum pennellii*）和栽培品种 M82（*Solanum lycopersicum*）构建的 76 个近等基因系材料。利用 GC-MS 技术获得了番茄果实的代谢组数据，结合番茄植株表型等数据，探索番茄果实代谢物成分形成的分子遗传基础（Schauer et al.，2006）。该实验共检测到 889 个控制代谢物的 QTL 以及 326 个控制果实产量的 QTL。

为了进一步分析果实代谢物变化与植物生长发育及重要农艺等性状的关系，他们进行了代谢物与果实总产量、收获系数和白利糖度值等 83 个性状的相关性分析，挖掘出了其中 280 对正相关性和 22 对负相关性（图 1-3，p=0.0001）。模块分析和相关性分析显示，很多代谢性状至少与一个整株表型性状有相关。根据代谢性状与整株表型性状的相关性程度划分为三类：整株表型依赖型、整株表型非依赖型和中间型，这三类所占的比例分别为50%、27% 和23%。另外，代谢 QTL（Metabolomics QTL，mQTL）和蛋白 QTL（Protein QTL，pQTL）相关性分析表明 889 个 mQTL 中有 46% 与 pQTL 具有共享性。

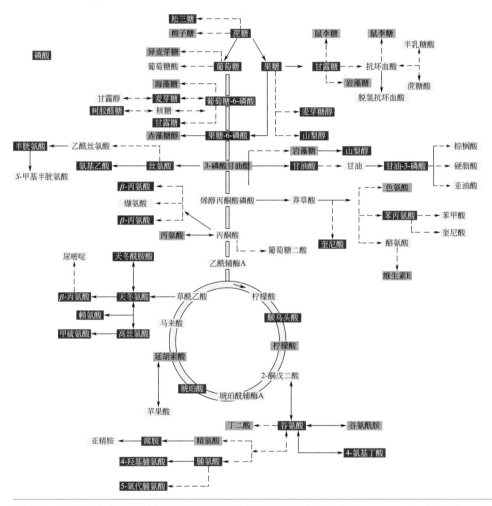

图 1-3　番茄果实主要代谢物含量与形态表型的相关性示意图（Schauer et al., 2006）

红色和橘黄色分别代表极显著（p≥0.005）和显著（p≥0.05）相关，灰色代表相关性不显著

　　含有 bin 6F（染色体区段编号）的多个渐渗系数据表明，此区间有控制 7 个与整株表型相关的代谢物 QTLs，以及 1 个控制收获系数和糖度的 QTL。而该团

队之前的研究发现，此区段包括一个控制植株从营养生长到生殖生长的 *SP*（*SELF-PRUNING*）基因，这符合他们发现的控制收获指数的 QTL 大量富集于此区段的原因。为了进一步研究 *SP*、收获指数和糖度的关系，他们进一步对比分析了三个近等基因系（Gardener、VFNT 品系和 M82 背景下的阴性突变体）及野生型对照的表型和代谢物含量。数据显示基因型唯 *SP* 的植株收获指数与 *sp* 阴性突变体相比明显偏低，但糖度结果刚好相反，因此明显呈负相关性。糖度测定了可溶性固体物，也就是可溶性代谢物的含量，通过以上实验可以认为植株表型的改变也会影响果实代谢物的变化。F$_2$ 分离群体的结果也证明形态表型对收获时期果实代谢物的变化具有重要影响。以上研究成果为品种培育提供了线索，为高效育种奠定了基础。

总之，植物代谢组学正在迅猛发展，在揭示植物生长发育及适应逆境的分子机制中发挥着越来越重要的作用。目前在代谢物分析技术、化合物结构鉴定以及数据分析等方面还存在着一定的瓶颈，面临着诸多挑战。这些瓶颈和挑战为我们从事植物代谢组学研究提供了目标。本章及其他章节只列举了代谢组学的集中应用范围，随着植物代谢学研究技术和方法的完善，它必将被广大的植物科学研究人员应用到植物学的各个领域。

参考文献

朱航，唐惠儒，张许，等，2006. 基于 NMR 的代谢组学研究. 化学通报，69:1-9.

Abu-Nada Y, Kushalappa E A, Marshall C E W, et al.,2007. Murphy Temporal dynamics of pathogenesis-related metabolites and their plausible pathways of induction in potato leaves following inoculation with *Phytophthora infestans*. Eur. J. Plant Pathol, 118: 375-391.

Aksenov A A, da Silva R, Knight R, et al., 2017. Global chemical analysis of biology by mass spectrometry. Nat. Rev. Chem, 1: 0054.

Allwood J W, Ellis D I, Heald J K, et al.,2006. Metabolomic approaches reveal that phosphatidic and phosphatidyl glycerol phospholipids are major discriminatory non-polar metabolites in responses by *Brachypodium distachyon* to challenge by *Magnaporthe grisea*. Plant J, 46: 351-368.

Allwood J W, Ellis D I, Heald J K, et al.,2008. Metabolomic technologies and their application to the study of plants and plant–host interactions. Physiol Plantarum, 132:117-135.

Alseekh S, Scossa F, Wen W, et al.,2021a. Domestication of crop metabolomes: desired and unintended consequences. Trends Plant Sci, 26:650-661.

Alseekh S, Fernie A R, 2021b. Using metabolomics to assist plant breeding. Methods Mol

Biol, 2264: 33-46.

Alvarez S, Marsh E L, Schroeder, et al.,2008. Metabolomic and proteomic changes in the xylem sap of maize under drought. Plant Cell Environ, 31:325-340.

Blicharz S, Beemster G T S, Ragni L, et al.,2021. Phloem exudate metabolic content reflects the response to water-deficit stress in pea plants (*Pisum sativum* L.). Plant J, 106: 1338-1355.

Bolton M D, 2009. Primary metabolism and plant defense – fuel for the fire. Mol. Plant Microbe Interact, 22: 487-497.

Carrari F, Baxter C, Usadel B, et al., 2006. Integrated analysis of metabolite and transcript levels reveals the metabolic shifts that underlie tomato fruit development and highlight regulatory aspects of metabolic network behavior. Plant Physiol, 142: 1380-1396.

Carmona-Salazar L, Cahoon R E, Gasca-Pineda J, et al.,2021. Plasma and vacuolar membrane sphingolipidomes: Composition and insights on the role of main molecular species. Plant Physiol, 186: 624-639.

Cubbon S, Antonio C, Wilson J, et al.,2010. Metabolomic applications of HILIC–LC–MS. Mass Spectrom Rev, 29:671-84.

Divon H H, Fluhr R, 2007.Nutrition acquisition strategies during fungal infection of plants. FEMS Microbiol. Lett, 266: 65-74.

Dixon R A, Strack D,2003. Phytochemistry meets genome analysis, and beyond. Phytochemistry, 62:815-816.

Doehlemann G, Wahl R, Horst R J, et al.,2008. Reprogramming a maize plant: transcriptional and metabolic changes induced by the fungal biotroph *Ustilago maydis*. Plant J, 56: 181-195.

Dührkop K, Nothias L F, Fleischauer M, et al.,2021. Systematic classification of unknown metabolites using high-resolution fragmentation mass spectra. Nat Biotechnol, 39:462-471.

Dührkop K, Shen H, Meusel M, et al.,2015. Searching molecular structure databases with tandem mass spectra using CSI:FingerID. Proc Natl Acad Sci USA, 112:12580-5.

Ekman R, Silberring J, Westman-Brinkmalm A, et al.,2009. Mass Spectrometry: Instrumentation Interpretation and Applications. John Wiley & Sons, Inc. New Jersey.

Evans A M, DeHaven C D, Barrett T, et al.,2009. Integrated, Nontargeted Ultrahigh Performance Liquid Chromatography/ Electrospray Ionization Tandem Mass Spectrometry Platform for the Identification and Relative Quantification of the Small-Molecule Complement of Biological Systems. Anal. Chem, 81:6656-6667.

Exarchou V, Godejohann M, van Beek TA, et al.,2003. LC-UV-Solid-Phase Extraction-NMR-MS Combined with a Cryogenic Flow Probe and Its Application to the Identification of Compounds Present in Greek Oregano. Anal. Chem, 75: 6288-6294.

Fernie A, Trethewey R, Krotzky A, et al.,2004. Innovation - Metabolite profiling: from diagnostics to systems biology. Nature Rev Mol Cell Biol, 5: 763-769.

Fiehn O, 2002. Metabolomics - the link between genotypes and phenotypes. Plant Mol. Biol, 48:155-171.

Fiehn O, 2016. Metabolomics by gas chromatography–mass spectrometry: combined targeted and untargeted profiling. Curr. Protoc. Mol. Biol, 114: 30.4.1-30.4.32.

Fiehn O, Kopka J, Dormann P, et al.,2000. Metabolite profiling for plant functional genomics. Nat Biotech, 18: 1157-1161.

Fiehn O, Robertson D, Griffin J, et al.,2007. The metabolomics standards initiative (MSI). Metabolomics, 3:175-178.

Fu J, Swertz M A, Keurentjes J J B, et al.,2007. MetaNetwork: a computational protocol for the genetic study of metabolic networks. Nat Protocols, 2: 685-694.

Galtier O, Dupuya N, Dr´eau Y Le, et al.,2007. Geographic origins and compositions of virgin olive oils determined by chemometric analysis of NIR spectra. Anal Chim Acta, 595:136-144.

Goodacre R, Broadhurst D, Smilde A K, et al.,2007. Proposed minimum reporting standards for data analysis in metabolomics. Metabolomics, 3:231-241.

Grison M S, Brocard L, Fouillen L, et al.,2015.Specific membrane lipid composition is important for plasmodesmata function in Arabidopsis. Plant Cell, 27:1228-1250.

Hamzehzarghani H, Kushalappa A C, Dion Y, et al.,2005. Metabolic profiling and factor analysis to discriminate quantitative resistance in wheat cultivars against fusarium head blight. Physiol Mol Plant P, 66:119-113.

Hegeman A D, 2010. Plant metabolomics-meeting the analytical challenges of comprehensive metabolite analysis. Brief Funct Genomic,9:139-148.

Hirai M Y, Klein M, Fujikawa Y, et al.,2005. Elucidation of gene-to-gene and metabolite-to-gene networks in Arabidopsis by integration of metabolomics and transcriptomics. J Biol Chem, 280:25590-25595.

Hirai M Y, Sugiyama K, Sawada Y, et al.,2007. Omics-based identification of Arabidopsis Myb transcription factors regulating aliphatic glucosinolate biosynthesis. Proc Natl Acad Sci USA, 104:6478-6483.

Hollywood K, Brison D R, Goodacre R, 2006. Metabolomics: Current technologies and future trends. Proteomics, 6:4716-4723.

Jander G, Norris S R, Joshi V, et al.,2004. Application of a high-throughput HPLC-MS/MS assay to Arabidopsis mutant screening; evidence that threonine aldolase plays a role in seed nutritional quality. Plant J, 39:465-475.

Jenkins H, Hardy N, Beckmann M, et al.,2004. A proposed framework for the description of plant metabolomics experiments and their results. Nat Biotech, 22:1601-1606.

Julia H, Abd E N E, Shahbaz A, et al.,2010. Metabolic profiling reveals local and systemic responses of host plants to nematode parasitism. Plant J, 62:1058-1071.

Kachroo A, Kachroo P, 2009.Fatty acid-derived signals in plant defense. Annu. Revi Phytopathol, 47:153-76.

Kaplan F, Kopka J, Haskell D W, et al.,2004. Exploring the temperature-stress metabolome of Arabidopsis. Plant Physiol, 136:4159-4168.

Kaplan F, Kopka J, Sung D Y, et al.,2007. Transcript and metabolite profiling during cold acclimation of Arabidopsis reveals an intricate relationship of cold-regulated gene expression with modifications in metabolite content. Plant J, 50:967-981.

Keurentjes J J B, Fu J, de Vos C H R, et al.,2006. The genetics of plant metabolism. Nat Genet, 38: 842-849.

Kliebenstein D J, Lambrix V M, Reichelt M, et al.,2001. Gene duplication in the diversification of secondary metabolism: tandem 2-oxoglutarate-dependent dioxygenases control glucosinolate biosynthesis in Arabidopsis. Plant Cell, 13:681-693.

Kopka J, Schauer N, Krueger S, et al.,2005. GMD@CSB.DB: the Golm Metabolome Database. Bioinformatics, 21:1635-1638.

Kroymann J, 2001. A gene controlling variation in Arabidopsis glucosinolate composition is part of the methionine chain elongation pathway. Plant Physiol, 127:1077-1088.

Lin Y, Schiavo S, Orjala J, et al.,2008. Microscale LC-MS-NMR platform applied to the identification of active cyanobacterial metabolites. Anal Chem, 80:8045-8054.

Lindon J C, Nicholson J K, Holmes E, et al.,2005. Summary recommendations for standardization and reporting of metabolic analyses. Nat Biotech, 23:833-838.

Liu N J, Wang N, Bao J J, et al.,2020.Lipidomic analysis reveals the importance of GIPCs in Arabidopsis leaf extracellular vesicles. Mol Plant. 13:1523-1532.

May P, Wienkoop S, Kempa S, et al.,2008. Metabolomics- and proteomics-assisted genome annotation and analysis of the draft metabolic network of *Chlamydomonas reinhardtii*. Genetics, 179:157-166.

Moco S, Bino R J, Vorst O, et al.,2006. A liquid chromatography-mass spectrometry-based metabolome database for tomato. Plant Physiol, 141:1205-1218.

Naoumkina M A, Modolo L V, Huhman D V, et al.,2010. Genomic and coexpression analyses predict multiple genes involved in triterpene saponin biosynthesis in *Medicago truncatula*. Plant Cell, 22:850-866.

Nicholson J K, Lindon J C, 2008. Metabonomics. Nature, 455: 1053-1056.

Nikolau B, Wurtele E, 2007. Concepts in Plant Metabolomics. Dordrecht, The Netherlands: Springer, 11-15.

Nour-Eldin H H, Halkier B A, 2009. Piecing together the transport pathway of aliphatic glucosinolates. Phytochem Rev, 8:53-57.

O'Connell R J, Panstruga R, 2006. Tête à tête inside a plant cell: Establishing compatibility between plants and biotrophic fungi and oomycetes. New Phytol, 171: 699-718.

Ohkama-Ohtsu N, Oikawa A, Zhao P, et al.,2008. A gamma-glutamyl transpeptidase-independent pathway of glutathione catabolism to glutamate via 5-oxoproline in Arabidopsis. Plant Physiol, 148:1603-1613.

Oliver S G, Winson M K, Kell D B, et al.,1998. Systematic functional analysis of the yeast genome. Trends Biotechnol, 16:373-378.

Pareek V, Tian H, Winograd N, et al.,2020. Metabolomics and mass spectrometry imaging reveal channeled de novo purine synthesis in cells. Science, 368:283-290.

Parker D, Beckmann1 M, Zubair H. 2009. Metabolomic analysis reveals a common pattern of metabolicre-programming during invasion of three host plant speciesby *Magnaporthe grisea*. Plant J, 59: 723-737.

Piasecka A, Jedrzejczak-Rey N, Bednarek P. 2015.Secondary metabolites in plant innate immunity: conserved function of divergent chemicals. New Phytol, 206:948-964.

Pongsuwan W, Bamba T, Yonetani T, et al.,2008. Quality prediction of Japanese green tea using pyrolyzer coupled GC/MS based metabolic fingerprinting. J Agric Food Chem, 56:744-750.

Rischer H, Oksman-Caldentey K M, 2006. Unintended effects in genetically modified crops: revealed by metabolomics? Trends Biotechnol, 24:102-104.

Saito K, Matsuda F, 2010. Metabolomics for functional genomics, systems biology, and biotechnology. Annu Rev Plant Biol, 61: 463-489.

Sawada Y, Kuwahara A, Nagano M, et al.,2009a. Omics-based approaches to methionine side-chain elongation in Arabidopsis: characterization of the genes encoding methylthioalkylmalate isomerase and methylthioalkylmalate dehydrogenase. Plant Cell Physiol, 50: 1181-1190.

Sawada Y, Toyooka K, Kuwahara A, et al.,2009b. Arabidopsis bile acid:sodium symporter family protein 5 is involved in methionine-derived glucosinolate biosynthesis. Plant Cell Physiol, 50: 1579-1586.

Schauer N, Semel Y, Roessner U, et al.,2006. Comprehensive metabolic profiling and phenotyping of interspecific introgression lines for tomato improvement. Nat Biotech, 24: 447-454.

Shepherd L V, McNicol J W, Razzo R, et al.,2006. Assessing the potential for unintended effects in genetically modified potatoes perturbed in metabolic and developmental processes. Targeted analysis of key nutrients and anti-nutrients. Transgenic Res, 15: 409-425.

Solomon P S, Tan K-C, Oliver R P,2003. The nutrient supply of pathogenic fungi: a fertile field for study. Mol Plant Pathol, 4: 203-210.

Son H S, Hwang G S, Kim K M, et al.,2009. Metabolomic Studies on Geographical Grapes and Their Wines Using ^{1}H NMR Analysis Coupled with Multivariate Statistics. J Agric Food Chem, 57: 1481-1490.

Sumner L W, Amberg A, Barrett D, et al.,2007. Proposed minimum reporting standards for chemical analysis. Metabolomics, 3: 211-221.

Swarbrick P, Schulze-Lefert P, Scholes J,2006. Metabolic consequences of susceptibility and resistance (race-specific and broad spectrum) in barley leaves challenged with powdery mildew. Plant Cell Environ, 29: 1061-1076.

Tarpley L, Duran A L, Kebrom T H, et al.,2005. Biomarker metabolites capturing the metabolite variance present in a rice plant developmental period. BMC Plant Biol, 8: 1-12.

Teng Y, Ren Y, Sayed M, et al.,2018.Plant-derived exosomal microRNAs shape the gut microbiota. Cell Host Microbe, 24: 637-652.

Tohge T, Fernie A R,2009. Web-based resources for mass spectrometry based metabolomics: A user's guide. Phytochemistry, 70:450-456.

Tolstikov V V, Fiehn O,2002. Analysis of highly polar compounds of plant origin: combination of hydrophilic interaction chromatography and electrospray ion trap mass spectrometry. Anal Biochem, 301: 298-307.

Tsugawa H, Nakabayashi R, Mori T, et al.,2019. A cheminformatics approach to characterize metabolomes in stable-isotope-labeled organisms. Nat Methods, 16:295-298.

Wagner C, Sefkow M, Kopka J,2003. Construction and application of a mass spectral and retention time index database generated from plant GC/EI-TOF-MS metabolite profiles. Phytochemistry, 62: 887-900.

Wang B, Fang A, Heim J, et al.,2010. DISCO: Distance and spectrum correlation optimization alignment for two-dimensional gas chromatography time-of-flight mass spectrometry based metabolomics. Anal Chem, 82: 5069-5081.

Wang H, Huang Y, Xiao Q, et al.,2020. Carotenoids modulate kernel texture in maize by influencing amyloplast envelope integrity. Nat Commun, 11: 5346.

第 2 章
代谢组学分析技术：
气相色谱-质谱联用技术

段礼新[①]　漆小泉[②]

① 广州中医药大学，广州，510006

② 中国科学院植物研究所，北京，100093

相对其他代谢组学分析技术而言，气相色谱 - 质谱联用技术（Gas Chromatography-Mass Spectrometry，GC-MS）是代谢组学研究应用最早的分析技术之一。第一篇有关代谢组学（代谢轮廓分析）的应用就是来源于 GC-MS 分析尿液和组织提取物的实验（Dalgliesh et al., 1966）。随着组学（-omics）时代的到来和代谢组学概念的提出，人们开始尝试采用各种分析技术获取代谢组学数据，这些技术包括色谱、毛细管电泳、质谱、核磁共振、红外光谱、电化学方法等。GC-MS 和核磁共振（NMR）技术是代谢组学发展早期使用的主要分析技术；稍后期，高分辨、具有快速扫描能力的液相色谱 - 质谱联用技术（Liquid Chromatography-Mass Spectrometry，LC-MS）广泛应用于代谢组学分析；近年来，多种分析技术的整合，以期发挥各种方法的优势，弥补单一分析技术的不足已成为趋势。但是，目前还没有哪种技术能够对生物样本的所有内源代谢组分进行定量和定性分析。GC-MS 是最为成熟的色谱 - 质谱联用技术，适合分析低极性、低沸点代谢物或者衍生化后具有挥发性的物质。由于其分辨率高、灵敏度高、重现性好，具有大量标准代谢物谱图库，且成本相对低廉等特点，是目前植物代谢组学研究的主要分析平台之一。本章主要介绍 GC-MS 技术原理，植物代谢物提取制备和分析技术，GC-MS 在植物代谢组学分析中存在的主要问题、注意事项以及最新进展等。

2.1 GC–MS 联用的原理和关键技术

气相色谱能很好地分离复杂混合物，质谱则能检测这些化合物。两者的结合具有很多有利之处，如气相色谱和质谱都是在气态下运行，可直接相连，且接口非常简单。一般来说，GC-MS 联用仪性能稳定、重现性好。

气相色谱部分起分离作用，并将目标物质引入质谱系统。它将待测组分直接注入色谱柱或注入后经加热进入色谱柱，色谱柱以恒温加热或以程序控制加热，各组分依据热力学性质（即根据化合物沸点的差异和在色谱柱固定相中的选择性吸附的差异）的不同，在固定相及流动相 (即载气) 中有不同的分布，而达到分离的目的。质谱部分实为检测器，主要包括电离源、质量分析器和电子倍增管等。目标物质通过气相色谱仪进入质谱后在电离源被电离成气相离子，然后进入质量分析器。不同质荷比离子被依次分开到达电子倍增管产生电信号，这样就会得到目标物质的三维信息，利用离子碎片信息可以更准确地对物质进行定性。图 2-1 是 GC-MS 的主要组成部分示意图。

气相色谱 - 质谱联用仪中主要存在如下关键技术 (Villas-boas et al., 2007)。

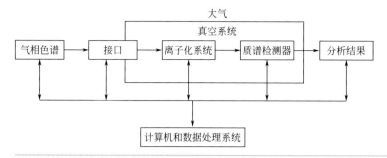

图2-1 气相色谱－质谱联用仪的构成示意

2.1.1 GC-MS中气相部分关键技术

2.1.1.1 气路系统和流动相

氦气是GC-MS中常用的流动相，它由压缩气瓶提供，流速由压力及流速控制器控制。GC-MS分析要求气流稳定，因此气体供应系统是气相色谱中一个要求十分严格的组成部分；大多先进GC仪的流速控制系统都非常稳定，能够提供稳定精确的流速和压力控制。气体质量也是保证GC-MS分析的一个重要方面。气体质量包括气体纯度和气体供给系统两个方面。气体质量不好会导致色谱图中出现"鬼峰"。另外，气体中的残留物，特别是氧气和水还会损坏色谱柱（色谱柱中极性物质对氧气十分敏感），且氧气会减少灯丝的寿命，碳氢化合物的存在还会使信号背景升高。因此，使用高纯度的载气，并且安装气体纯化装置以除去载气中微量的氧气和水是必不可少的。气体纯度应达到99.9995%。并且越纯越好。

2.1.1.2 色谱柱和柱温箱

气相色谱色谱柱主要包括填充柱和毛细管柱两大类。填充柱是将固定液涂布在粒度均匀的载体颗粒上，然后将涂好的载体填充于金属、玻璃或塑料管内。毛细管柱是将固定相涂布在毛细管的内壁上，而毛细管中没有填充物。在GC-MS中一般选择使用带有MS标识的GC-MS专用色谱柱。迄今为止，气相色谱柱主要根据固定相的不同而进行分类：非极性甲基硅酮是气相色谱柱中最常用的固定相；含有5%苯基基团的甲基硅酮属于中等极性的色谱柱；氰丙基甲基硅酮固定相使得色谱柱极性更大；而最大极性的色谱柱属于含有聚乙二醇的固定相。这些固定相均以化学键方式键于色谱柱的内壁上，相互交联以增加其稳定性。对于所有色谱柱来说都有可耐受的温度范围；一般来讲，极性越大的色谱柱高温耐受力越差。

毛细管柱的直径和固定相的厚度决定 β 值（物质在气相和固定相两相之间的分配比例），即有多少物质分配在气相，有多少物质分配在固定相。β 值是选择色谱柱的一个核心参数，低的 β 值会增加待分析物在柱中的保留能力（相当于有更多物质保留在固定相），同时塔板数减少。因此，具有厚涂层固定相的色谱柱（低 β 值）常被用来做易挥发性的化合物，而薄涂层色谱柱对于测定不易挥发的高沸点化合物有利。

色谱峰宽与柱长度的平方根成正比，而柱长度和理论塔板数有重要关系。保留时间和物质保留在固定相上的时间成正比，也就是物质在柱中时间越长，则其峰越宽。根据分离效率（理论塔板数 N）和柱长的平方根成正比的原理，例如柱长增加 4 倍，则其分辨率提高 2 倍。

由于物质在两相间的分配效率强烈依赖于气相温度，所以控制气相色谱的温度也是非常重要的。合适的程序升温能够有效地提高分析过程中物质的分离效率。同时程序升温也被用来优化分析时间。

2.1.1.3 气相色谱的进样系统

进样系统是气相色谱中最重要的部件之一。目的是将液体样品转换成气态并且使之聚焦于柱子的开始端。在代谢组学分析中，进样系统的不完善会导致样品不完全气化和样品不能够及时进入色谱柱，这样就会造成峰展宽。使用分流和不分流进样是代谢组学中常用的进样方式，也是下面所讨论的重点。

分流 / 不分流进样是基于样品在一个小的加热腔中被快速挥发，并将挥发物在载气的作用下转移到柱子中的技术。在填充柱中，载气为高流速气体（30 ～ 50mL/min），这很容易将样品快速和有效地转移到柱子中。而毛细管柱的引入使流速降低（典型的是 1 ～ 2mL/min），这就使以前的技术需要改变并适应毛细柱的特点。起初，是通过高流速把一部分样品吹出进样口来解决，但是这样会造成丢失样品，使灵敏度降低，这被称为分流进样。后来发展成在进样时关闭分流阀，同时使分析物快速聚焦于色谱柱上，此即不分流进样。图 2-2 展示了分流 / 不分流进样系统的原理图。

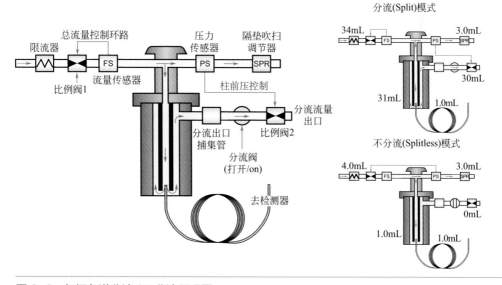

图 2-2　气相色谱分流 / 不分流原理图

衬管通常是一个玻璃管，安装于气相色谱进样口的加热腔内。作为样品的蒸发室，它有很多设计形式。如有无填充材料、不同的钝化方式、不同的插入方式和不同的尺寸。大体积的衬管（宽内径）通常被用来做不分流进样，而小体积衬管（窄内径）通常用来做分流进样。衬管内径通常为 2 ～ 4mm，长度通常为 8 ～ 10cm，广口衬管体积约 1mL。

进样是指直接且完整地将样品转移到气相色谱柱的过程，这个过程从进样针刺入进样隔垫/密封阀时就开始了。当进样杆推向下面时，样品被注射进入热的玻璃衬管中。理想状态下，溶剂和分析物在这里被瞬间蒸发。蒸发是一个复杂过程，不完全的蒸发是可能碰到的最主要问题。不完全蒸发可导致不挥发基质，液滴以及不挥发物质打到衬管的玻璃上然后沉积下来，随后通过热降解缓慢地释放出来，严重影响色谱分离效果，甚至出现"鬼峰"。另一个问题是气流通过衬管速度太快，在液滴完全蒸发之前就进入到柱子的入口，或者通过喷射方式进入到柱子的入口。最后一个值得注意的问题是样品过分填充进样器（Overfilling the Injector）。1μL 的溶剂蒸发产生 0.5 ～ 1mL 的气体，可以完全充满一个正常的宽口径衬管。对于分流进样模式，通过进样器的气流速度很快，则蒸发的溶剂很快被吹走，故不太容易产生过分填充的问题，一般通过减少分流比来增加进样体积。相反，在不分流进样模式中，通过进样器的流速很低，较大体积的溶剂蒸气则有可能发生过分填充的情况。例如，过分填充衬管会导致交叉污染、高不稳定性以及高背景等。

分流进样主要针对高浓度的样品。在分流进样中，大部分载气从衬管的底部出口分流并被排走，进入色谱柱的流量主要靠分流阀来调节。分流进样时，载气流速较高，且在进样针和柱子的入口（进样器的底部）之间具有一个较长的距离，这样就允许样品有更多的时间蒸发。通常，一个窄孔的衬管通常会给出有效的热转移，保证了样品的蒸汽能够尽可能地浓缩。尽管分流进样能够给出较尖锐的峰，但是绝大部分样品会丢失（在整个样品中会丢失97%），非线性分流还会导致定量失真。

不分流进样是使所有样品直接进入色谱柱中，通过在进样过程中关闭分流阀门，使所有的气流通过衬管到达柱子。由于柱子的流速限制在每分钟几毫升的范围内，因此所有样品进入柱子需要花费一定的时间，一般用 30 ～ 90s，这样就容易引起初始谱带扩展。因此必须采取策略使样品在进入柱子前得到聚焦，以期得到较好的色谱分离。一般来讲，进样时间要比色谱峰宽的时间短。溶剂浓缩技术能够有效捕集样品，使样品在柱子的前端得到浓缩。这种浓缩技术是采用在色谱柱前端安装一段已去活但是没有固定相的熔融石英柱来实现的。这段石英柱大概有 2 ～ 5m 长。溶剂通过这段柱子会被有效蒸发，从而使样品分子被浓缩成一个很窄的带。当所有的溶剂被蒸发后，样品分子就会以很小的带宽随着载气聚焦于一个很窄的进样带进入色谱柱进行分离。

2.1.1.4　气相色谱的衍生化技术

气相色谱要求样品在进样器中得到充分的气化，这对于低沸点的小分子化合物来说非常容易（低于 200 ～ 300℃）。然而高沸点物质需要化学衍生化后才能气化。在代谢组学中通常感兴趣的化合物是氨基酸、糖、小分子有机酸以及其他极性代谢物。加之一些非极性的代谢物，如脂肪酸和甾醇，大多数的代谢物都处在非挥发的状态。对于含有羧基、羟基、氨基等的化合物，可以通过衍生化来增加它们的挥发性。在 GC-MS 分析前进行衍生化主要有以下一些益处（汪正范等，2001）：

① 改善了待测物的气相色谱性质。待测物中一些极性较大基团的存在，如羟基、羧基等气相色谱特性不好，在一些通用的色谱柱上不出峰或峰拖尾，衍生化以后，情况改善。

② 改善了待测物的热稳定性。某些待测物，热稳定性不够，在气化时或色谱过程中分解或变化，衍生化以后，使之转化成在 GC-MS 测定条件下稳定的化合物。

③ 改变了待测物的分子质量。衍生化后的待测物绝大多数是分子量增大，有利于待测物和基质分离，降低背景化学噪声的影响。

④ 改善了待测物的质谱行为。大多数情况下，衍生化后的待测物产生较有规律、容易解释的质量碎片。

⑤ 引入卤素原子或吸电子基团，使待测物可用化学电离方法检测。很多情况下可以提高检测灵敏度，检测到待测物的分子量。

⑥ 通过一些特殊的衍生化方法，可以拆分一些很难分离的手性化合物。

当然，衍生化方法应用不当，也会带来一些弊端，如某些衍生化试剂在进样前需在氮气气流中吹干除去，方法不当会造成样品损失。衍生化反应不完全，会降低检测的损伤灵敏度。衍生化试剂选用不当，有时会使待测物分子量增加过多，接近或超过一些小型质谱检测器的质量范围。衍生化会在样品中产生人工产物，而且会包括一些多余的反应试剂。这些试剂会严重干扰分流和不分流进样，通常它们是不挥发物，并沉积在衬管中。

适合 GC-MS 分析的衍生化方法通常包括甲基化和硅烷化等，也有其他很多化学衍生化方法，可以阅读相关参考书籍（Drozd，1981; Toyo'oka，1999）。

2.1.2　GC-MS中质谱部分关键技术

质谱就其本身来说可以分析非常复杂的样品。同时，它对于色谱来说也是一个检测器，连接色谱后可以提供很高的灵敏度，同时提供化学和结构信息。现代生物质谱的发展或多或少是在代谢组学的发展力驱动下开展的。质谱在现代生物技术分析方法中是一种非常重要的分析手段。几乎所有的生物技术分析问题都会由质谱解决，分析范围从分析小分子挥发性物质到复杂的天然产物，以及蛋白和病毒等。

质谱的核心原理是如何测定带电荷化合物的质量和电荷的比值（*m/z*）。原则上，对于任何带上电荷（或者能够被带上电荷的物质）同时能够被转移到质谱气相中去的物质都可以被检测。最近几十年的发展主要是极大地扩展了质谱能够分析的分子量范围，并且明显地提高了灵敏度。同时，质谱变得更加便宜，仪器更容易操作，仪器的整体组成见图2-3。

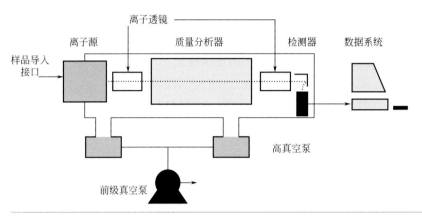

图2-3 质谱仪主要组成

2.1.2.1 离子源

GC-MS 一般使用开口毛细管柱，载气流速较低，不至于破坏质谱的真空系统，故样品可以直接导入离子源。在离子源中最关键的是样品被气化、离子化和转移到真空系统的过程。这依赖于样品的形态（气态 / 液态）和离子化方法。这些过程也可以按相反的顺序进行。例如，在溶剂中离子化，接下来转移离子进入气相。到目前为止，最常用的离子化技术是电子轰击离子化（Electron Impact，EI）和电喷雾离子化（Electrospray Ionization，ESI），前者主要和 GC 偶联，后者主要是与 LC 偶联。EI 离子源和 GC-MS 代表着经典的质谱仪组合，这是因为气体流动相可以很好地进入质谱真空。目前 GC-MS 系统已经是很成熟的技术，容易操作并产生高重现性的结果。

EI 离子源的灯丝通常用钨丝或铼丝制成。在高真空条件下，当电流通过阴极时，灯丝温度高达 2000℃左右，炙热的灯丝发出电子，当电子能量高于样品的离子化电位时，样品分子或原子发生电离。离子在电场中获得动能，并以一定速度进入质量分析器。

在电子轰击源中，被测物质的分子（或原子）或是失去价电子生成正离子：

$$M + e^- \rightarrow M^+ \cdot + 2e$$

或是捕获电子生成负离子：

$$M + e^- \rightarrow M^-$$

一般情况下，生成的正离子是负离子的 10^3 倍。如果不特别指出，常规质谱只研究正离子。轰击电子的能量至少应等于被测物质的电离电位，才能使被测物质电离生成正离子。元素周期表中各元素的电离电位在 3 ～ 25eV（电子伏特）之间，其中绝大部分低于 15eV；有机化合物的电离电位一般在 7 ～ 15eV。如果轰击电子能量正好等于被测物质的电离电位，必须使电子的所有能量全部转移给被测物质，方能使其电离。实际上能获得电子所有能量的分子或原子数量相当有限，此时电离效率很低，提高轰击电子的能量有利于增加电离效率。为了获得可重复的质谱图，轰击电子能量一般为 70eV。但较高的电子能量可使分子离子上的剩余能量大于分子中某些键的键能，因而使分子离子发生裂解。为了控制碎片离子的数量，增加分子离子峰的强度，可使用较低的电离电压。一般仪器的电离电压在 5 ～ 100V 范围内可调。

电子轰击源的一个主要缺点是固、液态样品须气化进入离子源，因此不适合于难挥发的样品和热稳定性差的样品。离子源是质谱中要求在操作和维护方面给予更多关注的一个部件，许多离子化参数在结果获得中扮演着重要角色。特别是把样品引入离子源时，溶剂的使用在离子化过程中处于核心地位。

GC-MS 除了常规的 EI 离子源之外，还有化学电离（Chemical Ionization，CI）和场致电离（Field Ionization，FI）离子源等。后两种离子化方式相对温和，属于软电离方式，能获得化合物的分子量信息，谱图重复性没有 EI 源好，所以使用没有那么广泛。

2.1.2.2　质量分析器

质量分析器将带电离子根据其质荷比加以分离，用于记录各种离子的质量数和丰度。根据质量分析器的不同，可以分为磁质谱、单四极杆质谱、三重四极杆串联质谱、飞行时间质谱、离子阱质谱等。GC-MS 中磁质谱和离子阱质谱较少使用，代谢组学研究也主要是基于气相色谱 - 单四极质谱联用仪、气相色谱 - 飞行时间质谱联用仪。

四极杆质谱仪是目前最主要的商品仪器之一。这种仪器的特点是体积小、结构简单、造价低廉，且性能也较好。特别是对一般用途而言，其价值、性能均具有优势。四极杆质谱仪的质量分析器是由四根电极组成，相对的杆连在一起，两对电极中间施加交变射频场，在一定射频电压与射频频率下，只有那些具有一定质荷比的离子可以顺利通过并到达检测器，其他离子由于振幅不断加大，直到碰到电极杆而被电子中和成为中性粒子。四极杆也称为滤质器，其原理见图 2-4。

飞行时间质谱仪（Time-of-Flight Mass Spectrometry，TOF-MS）是最简单的质量分析器。它具有较高的扫描速率和极高的离子采集效率，较宽的质量范围以及能达到40000以上的分辨率和高达10^5的动态检测范围。TOF 非常适合分析异常复杂的代谢组学样品，它能够快速扫描全谱并获得定性信息。

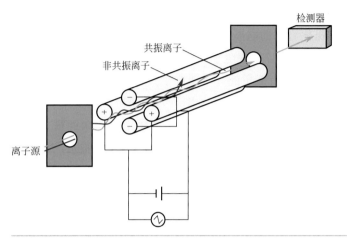

图2-4　四极杆质量分析器的组成及分析原理

TOF 技术的检测原理是离子束被高压加速并以脉冲方式推出离子源进入飞行管，"自由漂移"到达检测器。由于离子质量不同，获得的加速度也不同。质量小的离子比质量大的离子具有更高的速度，离子到达检测器的时间和离子质量相关。TOF 检测器原理比较简单，设计工艺直接影响质谱的性能。推斥器（pusher）加速粒子，为了使带电离子获得一致的初始动能和一致的起始飞行时间，那么进入推斥器的离子束就要求非常水平和狭窄，以减少离子在不同方向上的能量扩散，这是影响飞行时间质谱分辨率和准确度的一个重要方面。离子反射器的引入不仅增加了飞行自由程而且还使得存在动能差异的离子进一步聚焦。TOF 检测器要求更高的真空度，避免离子和离子、离子和气体之间的碰撞作用。TOF 飞行管要求保持高度的稳定性，以减少热胀冷缩引起质量轴的细微变化，影响结果的重现性和测量的准确性。典型的离子反射型 TOF 检测器，质荷比（m/z）为1000Da 的离子的飞行时间不少于50μs（10^{-6}s）。因此，TOF 分析速度是非常快的，要求纳秒到皮秒的检测速度（10^{-9}s～10^{-11}s），推斥器每秒可以达到推斥20000次，所得质谱图是多次离子推斥检测结果的累积。为了达到快速准确检测离子飞行时间的目的，对检测器的要求非常高，需要 TOF 专用数字转换器（TDC 或 ADC）。

TOF 不能"扫描"离子，不能像离子阱那样储存并释放离子，所有离子一次性推进飞行管，然后等待所有离子到达检测器，在下一组离子推入飞行管之前，无法对前面进入的离子进行操作。因此，TOF 不能做到选择离子检测（SIM 或 SIR），离子推斥速率也因此影响灵敏度。TOF 检测器成为高速 GC-MS（解卷积优势）和快速 HPLC-MS 的理想搭配。目前 TOF 定量能力还没有达到四极杆的水平，主要因为前面提到的离子脉冲进入和检测器死时间的问题。原理见图 2-5。

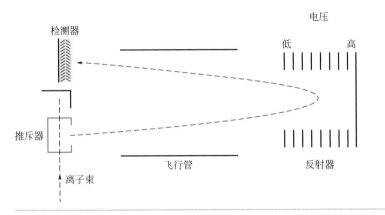

图 2-5　飞行时间质量分析器的组成及分析原理

2.1.3　其他硬件

除了上述提到的部件外，GC-MS 联用仪还有用来保持质谱真空的泵系统，以及电力系统和动力提供装置。高真空系统的维持都基于两个阶段的泵支持才能达到 10^{-5}hPa 和 10^{-7}hPa 范围，高分辨的质谱分析仪要求更高的真空度。第一阶段的泵系统通常是一个旋转油泵，用来支持一个或多个涡轮分子泵。以达到分子泵能够启动的最低压力。通常这些真空系统需要更多的维护。第二个重要的硬件是高电压动力供给系统。质谱仪高电压控制系统的稳定性对于质谱仪的分辨率、精确度和灵敏度都有重要意义。尽管高电压供给系统非常好，它们也会随着使用年限的增加应该受到维护，包括高电压、电线和连接器。所有现代质谱仪都被数据分析系统所控制，它不仅控制仪器，而且在数据分析中也占有重要作用。因此，数据分析系统被称为质谱仪的第四条腿，并和其他配件有着同样的重要性。

2.2　样品制备和分析技术

当外部环境发生变化时，植物体内的小分子代谢物也会迅速发生改变。因此，在代谢组学分析中，一般要求样品采集后要迅速冷冻，并保存于 –80℃以下的环境中，直到提取过程开始，以保证代谢物不被植物体内的酶体系破坏。在提取过程中要保证代谢物尽量不受到来自物理或化学物质的影响而发生改变。因此，保持环境温度的恒定以及避免采用酸或碱来处理样品是必要的。此外，使用高纯度溶剂进行样品前处理，以及在分析过程中添加质控样本对于避免外源性样本污染是必要的。在同一批次的前处理过程中，空白样本与样本的前处理过程要同步进行，二者的差异仅仅为空白样本不含样本材料。另外，为了保证生物学数据的重现性，至少需要6个样本的重复数据。

在取样之前，要选取好采集样品的时间点。例如，因为植物叶片是光合作用的主要部位，因此采集叶片时应该选取光周期的中间时间。对于处于营养生长时期的植物，应该选择在植物长出第一个花序之前采样，并且选取同一个部位的节间或同一非衰老的叶片。经验认为，快速取样并且迅速灭活十分重要。在样品匀浆之前，所有实验材料和试剂均应冷却，以避免样品由于解冻而发生变化。有关代谢组学样品前处理方法的报道有很多，除参考相关文献外，国际上相关研究组和研究所的网站上也会提供他们的实验方法。不同研究组可根据需要建立自己的方法。对于不同的实验材料也可能需要摸索不同的前处理方法。下面仅列举两例以做参考。

方法1（Lisec et al., 2006），见图2-6。

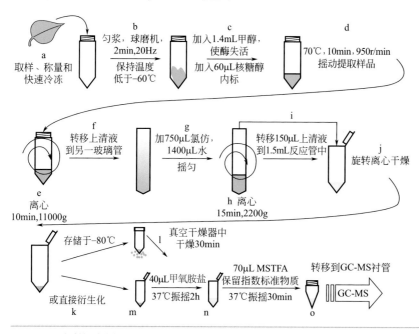

图2-6　代谢组学样品制备流程图

取样和提取：

① 取100mg植物叶片样品，置于2mL带螺纹帽的圆底管中，液氮快速冷冻；

② 使用球磨仪破碎组织。将带有钢珠的样品管放入预冷的球磨仪中，振动频率 20Hz，研磨 2min；

注意冷冻的样品置于 –80℃冰箱中最多存放 3 个月；

③ 样品加入 1400μL 预冷在 –20℃的甲醇中，摇匀 10s；

④ 加入 60μL 核糖醇（0.2mg/mL 水溶液）作为内标，摇匀 10s；

⑤ 使用热混合器（Thermomixer）于 70℃，以 950r/min 速度提取 10min；

⑥ 11000r/min 离心 10min；

⑦ 转移上清液到另一玻璃管中；

⑧ 加入 750μL 预冷却的氯仿（–20℃），摇匀 10s；

⑨ 加入 1500μL 预冷却的双蒸水（–20℃），摇匀 10s；

⑩ 2200r/min 离心 15min；

⑪ 转移上清 150μL（极性相）到另外一个干净的 1.5mL 的管中；

⑫ 取另外一份，作为备份，置于干净的 1.5mL 的管中；

⑬ 将样品室温真空离心干燥；

⑭ 将样品管中充入氩气，统一放入含有硅胶干燥剂的密封塑料袋中，然后置于 –80℃低温冰箱储存。

衍生化：

⑮ 将储存于 –80℃的样品管放置于真空干燥器中干燥 30min；

⑯ 加 40μL 甲氧胺基化试剂（甲氧胺盐酸盐，Methoxyamine Hydrochloride，20mg/mL 吡啶溶液）；

⑰ 准备一份空白衍生化样品作为对照；

⑱ 37℃反应 2h，持续振荡；

⑲ 准备硅烷化试剂，在硅烷化试剂 *N*- 甲基 -*N*-（三甲基硅烷）三氟乙酰胺 [*N*-Methyl-*N*-（Trimethylsiyl）Trifluoroacetamide，MSTFA] 中加入 20μL/mL 的保留指数标准物质的混合物 [饱和脂肪酸甲酯系列混合物，FAME（$C_8 \sim C_{30}$）]，溶于氯仿，浓度为 0.4mg/mL（液态标准品）或 0.8mg/mL（固体标准品）；

⑳ 加入第 ⑲ 步的硅烷化试剂于样品反应管中；

㉑ 37℃反应 30min，反应时最好振动；

㉒ 转移衍生化好的样品到适合 GC-MS 分析的内衬管中。

注意：衍生化试剂极其有毒，使用过程加倍小心，戴手套，并在通风橱中操作。

关键点 1：在衍生化过程中，衍生化试剂容易残留在反应管的瓶壁或瓶盖上，所以在每个衍生化的步骤中都应该离心。

关键点 2：⑮ ～ ㉒步非常关键，此方法使用的衍生化试剂是过量的，以保证衍生化的完全。

GC-MS 仪器型号：安捷伦公司（Agilent）G6890，具自动进样器，力可公司（LECO）Pegasus IV 型飞行时间质谱，MDN-35 毛细管色谱柱，30m 长，0.32mm 内径，0.25μm 液膜厚度。

气相色谱进样参数：进样量 1μL，进样口温度 230℃，不分流进样模式，载气为氦气，流速 2mL/min，使用自动进样器进样。对于高浓度样品，建议分流进样模式，分流比设定为 1 ：25。

气相色谱参数：MDN-35 毛细管色谱柱（30m），温度程序为，80℃恒温 2min，然后以 15℃/min 的速率升温到 330℃，持续 6min。传输线（Transfer line）温度设定为 250℃。

质谱参数：离子源温度设定为 250℃，质量扫描范围是 m/z 70 ～ 600，采集速率每秒 20 个扫描，质谱电子轰击源灯丝开启时间在色谱溶剂延迟 170s 后，检测器电压 1700 ～ 1850V，质谱亏损设置为 0，灯丝偏置电流为 70eV，仪器自动调谐。

谱图解卷积参数：力可公司自带的商业软件 Chromatof，基线消除（Baseline Offset）设置为 1（0.5 ～ 1）；谱图平滑（Smoothing）为 5 数据点（3 ～ 7），峰宽（Peak width）3s（3 ～ 4s）；信噪比 S/N（Signal-to-Noise Ratio）为 10（2 ～ 15）。

方法 2：可以同时提取代谢物、蛋白质和 RNA 的方法（Weckwerth et al., 2004）。

取样和提取：

取 30 ～ 100mg 拟南芥叶片。

① 立即液氮冷冻；

② 在液氮低温条件下，使用研磨仪（Retsch Mill）磨碎组织；

③ 加入预冷（-20℃）的 2mL 提取溶剂甲醇：氯仿：水（5 ：2 ：2，体积分数）；

④ 4℃条件下剧烈混匀 30min，以沉淀蛋白质和 DNA/RNA，分离细胞膜和细胞壁上的代谢物；

⑤ 离心，吸取上清液；

⑥ 加入 1mL 第二步提取溶剂甲醇：氯仿（1 ：1，体积分数），已在 -20℃预冷；

⑦ 离心，吸取上清液；

⑧ 结合两次提取溶液；

⑨ 加入 500μL 水，使有机相和水相分离。甲醇 - 水层主要含有糖、氨基酸和小分子有机酸。氯仿层主要含有脂质、叶绿素和蜡质；

⑩ 提取后剩余的残渣中加入 1mL 提取缓冲液（含有 0.05mol/L Tris，pH 7.6；0.5% SDS ；1% β- 巯基乙醇）和 1mL 水饱和酚；37℃提取 1h ；

⑪ 离心 14000r/min，转移上清液；

⑫ 酚相从上清液中分离出来；

⑬ 酚相蛋白质，用冰冷的丙酮，-20℃过夜，以沉淀蛋白质；

⑭ 用乙醇洗三次，在室温下干燥；

⑮ 残留在 RNA 提取缓冲液中的蛋白质用 200μL 氯仿沉淀；

⑯ 离心，去掉沉淀，分离缓冲液；

⑰ 加入 40μL 乙酸和 1mL 乙醇，37℃沉淀 RNA 30min；

⑱ 用 1 个体积的 3mol/L 乙酸钠洗一次，1 体积的 70% 乙醇洗两次；

⑲ 剩下的沉淀溶解在 100μL 不含 RNA 酶的水中；

⑳ 使用琼脂糖凝胶，在 260nm 处检测 RNA 的量和纯度。

衍生化步骤：

㉑ 代谢物有机相挥干，加入 50μL 甲氧氨基化试剂（甲氧氨基盐酸盐，20mg/mL 吡啶溶液）溶解；

㉒ 30℃反应 90min，持续振动；

㉓ 加入 80μL MSTFA；

㉔ 37℃反应 30min；

㉕ 衍生化完的样品室温放置 120min 后进样。

GC-MS 仪器型号：气相色谱型号为惠普 5890 气相色谱，力可公司 Pegasus IV GC-TOF 质谱仪，40m 长，内径为 0.25mm，RTX-5 毛细管色谱柱，带有 10m 长的预柱。

气相色谱进样参数：进样量 1μL，进样口温度 230℃，不分流进样模式，载气为氦气，流速 1mL/min，使用自动进样器进样。

气相色谱参数：气相色谱升温程序为 80℃恒温 2min，接着以 15℃/min 的速率升温到 330℃，然后持续 6min。

质谱参数：质量扫描范围 m/z 85～500，采集速率每秒 20 个扫描，信噪比为 20。

2.3 新技术、发展趋势

GC/MS 是最成熟的色谱-质谱联用技术，比较引人注目的是 20 世纪 90 年代新发展起来的一种全二维气相色谱（Comprehensive Two-dimensional Gas Chromatography，GC×GC）分析方法。属于多维色谱，其分离机理是将两根具有不同固定相的色谱柱以串联方式结合成二维气相色谱。在这两根色谱柱之间装有一个调制器，起捕集再传送的作用。经第一支色谱柱分离后的每一个馏分，都需先进入调制器，进行聚焦后再以脉冲方式送到第二支色谱柱进行进一步的分离。一般来讲，第二根色谱柱较短，分析时间快。全二维气相色谱具有高分辨率、高灵敏度等特点，是目前最为强大的分离工具之一，广泛应用于石油、烟草、制药等复杂体系的分离分析。全二维气相色谱的关键部件是两色谱柱之间的调制器，要求在极短的时间内，让第一维的馏分得到完全的捕集和释放。调制器是一段连接两根色谱柱的容器，如两级环形管。常用到的方法是迅速低温捕集，如液氮或低温冷阱，然后迅速升温释放。

目前已有不少分析化学家使用全二维气相色谱 - 质谱联用技术应用于代谢组学研究中。由于数据分析方法和仪器的调制器的控制技术的局限，这种技术使用还不是很普及。考虑到高通量和重现性，一般用一维气相色谱 - 质谱联用获得全谱，而全二维气相色谱 - 质谱联用以获得更为详细的峰信息。

表 2-1 为一维气相色谱 - 质谱联用和全二维气相色谱 - 质谱联用技术特点的比较 (Kusano et al., 2007)。

表 2-1　一维气相色谱－质谱联用和全二维气相色谱－质谱联用技术比较

项目	一维气相色谱－质谱联用	全二维气相色谱－质谱联用
高通量	高	中等
分辨率	高	很高
灵敏度	中等	高
运行成本	低	中等
解卷积	好	很好
数据文件大小（ASC Ⅱ、CSV 格式）	中等（大约 200MB）	很大（大约 1GB）

近年来飞行时间（Time of Flight，TOF）类质谱发展迅速，TOF 具有较高的扫描速率和极高的离子采集效率，相同的分析时间，TOF 类质谱获得数据量远大于四极杆质谱，有利于复杂代谢物的共流出峰的检测，越来越受到代谢组学研究者的青睐。虽然 GC-MS 提供较多的离子碎片信息用来定性研究，但是仍然存在质谱图相似的同分异构体。高分辨 TOF 类质谱的应用，不但可以得到化合物的质谱图，而且对每一个碎片离子进行高分辨检测，结合高分辨的标准数据库，大大提高定性的准确度。

GC-MS 衍生化方法。植物初生代谢产生的大多数代谢物适合 GC-MS 分析，像三羧酸循环、卡尔文循环、氨基酸代谢、脂肪酸代谢、糖代谢、萜类代谢等。低极性的代谢物一般分子量小，有较好的挥发性，大极性的糖、氨基酸、有机酸则能被衍生化，增加代谢物的挥发性。含有活性官能团，如羟基、羧基、氨基和巯基的代谢物，可以与衍生化试剂反应，增加挥发性。GC-MS 常用的衍生化方法是两步衍生化，第一步通过与甲氧胺（Methoxyamine）的吡啶溶剂反应，目的是稳定羰基，抑制羰基的酮 - 烯醇互变（Keto-enol Tautomerism）和羰基转化成缩酮或缩醛结构（Acetal or Ketal Structures），还原性糖的结构存在多种构想和构象，在水溶液中主要以半缩醛的环状结构存在，糖也可能以直链的多羟基醛结构存在，因此，糖在衍生化时可能存在多个衍生化的峰，第一步的甲氧胺肟化使糖主要生成顺式和反式（syn 和 anti）的衍生化产物，减少糖的衍生化产物数目。第二步是三甲基硅烷化反应，最常用的三甲基硅烷化试剂是 *N*- 甲基 -*N*-（三甲基硅烷）三氟乙酰胺 [*N*-Methyl-*N*-(Trimethylsiyl) Trifluroacetamide，MSTFA]，硅烷化对大多数含有羟基（—OH）、羧基（—COOH）、氨基（—NH$_2$）、巯基（—SH）等具有活泼氢原子的基团有较好的衍生化效果，这些含有活泼氢的基团被衍生化后，减少了分子间氢键的形成，降低了分子的沸点。大部分 GC/MS 代谢组学采用离线衍生化方法，硅烷化衍生化试剂应避免接触水分，如空气中的水分子，所以一次衍生不超过 40 个样品，在适当的等待时间中进样，对于大规模代谢组学样品稍显不便，每次衍生化要保证样品充分的衍生化。

微波辅助衍生化（Microwave-Assisted Derivatization，MAD）是一种快速衍生化方法，目前主要用于制备临床、法医、食品、工业和环境样品。MAD 极大地减少衍生化时间，样品衍生化试剂从小时降至数分钟，配合自动进样系统，特别适合大规模 GC-MS 代谢组学实验。

在线衍生化（In-Time 或 In-Line Derivatization）。借助自动化的机械手臂，可以设定加衍生化的程序，进行在线衍生化，可以保持每个样品衍生化后等待的进样时间（后衍生化时间）一致。通过自动化在线衍生化，极大地减小了劳动强度。

内部（瞬时）衍生化（In-Liner Derivatization）。无论是微波辅助衍生化还是在线衍生化，都需要一定的衍生化试剂和衍生化时间。内部衍生化通过进样针先吸取一部分样品，然后吸取一部分空气，紧接着吸取一部分衍生化试剂，样品和衍生化试剂在同一个进样针管里面被空气隔开（三明治吸样），然后插入到加热的内插管中衍生化，待衍生化完直接进样。内部衍生化只需要数秒的时间，极大地减少了衍生化所需的时间（Beale et al.，2018）。

2.4 常见问题，注意事项

2.4.1 基于GC-MS技术的代谢组学研究中常见问题

（1）GC-MS 数据库 代谢物的定性一直是代谢组学中的难点问题，GC-MS 相对于其他色谱质谱联用技术来说拥有庞大的数据库,如 NIST 数据库。然而大多数 GC-MS 的峰仍然难以通过现有的商业化质谱数据库来解决。植物所含有的天然产物结构种类复杂,需要建立专门针对代谢组学的数据库。现在已经建立的人类代谢组学数据库、植物代谢组学数据库、物种专一性数据库等也正在不断完善和建立。德国马普植物分子生理研究所的学者建议从日常的代谢组学分析中积累代谢组学定性数据,根据保留指数(Retention Index)结合质谱数据建立数据库。该方法简单可行,而且定性效果较质谱更为准确(Wagner et al., 2003; Schauer et al., 2005; Strehmel et al., 2008)。

(2)解卷积问题 解卷积的目的是将重叠的共流峰解析出来,获得单个纯物质的质谱峰。目前能够较好解卷积的软件不是很多,免费的有自动质谱去卷积定性系统(AMDIS),商业的有 Chroma TOF 和 Analyzer Pro。有人使用 36 个内源性的代谢物混合标样进行测试,比较了三个软件的解卷积效果。36 个物质配成 5 个不同浓度的标准溶液,分别为第一组 500μmol/L,第二组 350μmol/L,第三组 150μmol/L,第四组 50μmol/L,第五组一半代谢物浓度 500μmol/L,另一半代谢物浓度 50μmol/L,36 个标准物质衍生化后产生 51 个代谢物及其衍生物。AMDIS 解卷积检测到了所有代谢物的峰,Chroma TOF 在第四组解卷积未检测到 8 个代谢物及其衍生物,Analyzer Pro 解卷积未检测到的代谢物的数量较多,Chroma TOF 和 Analyzer Pro 都产生假阴性的结果。然而,AMDIS 检测到假阳性峰的结果最多,达到 522 ～ 750 之多,而 Chroma TOF 解卷积产生 78 ～ 173 个峰,Analyzer Pro 解卷积产生较少的假阳性峰。此外,解卷积峰的数量及解卷积后谱图的正确性与代谢物的浓度有密切的关系,浓度降低,解卷积代谢物的数量明显降低,能够正确地与库检索匹配的代谢物的数量也减少了,甚至有些色谱峰由于信噪比太低而不能进行解卷积 (Lu et al., 2008)。

表 2-2 为解卷积软基的效果比较。

表 2-2 解卷积软基的效果比较

比较项目	解卷积软件	第一组	第二组	第三组	第四组	第五组
解卷积后峰的数量	Chroma TOF	173	161	121	78	162
	AMDIS	720	620	529	522	720
	AnalyzerPro	67	49	38	14	42
解卷积未检测到峰的数量	Chroma TOF	0	0	0	8	0
	AMDIS	0	0	0	0	0
	AnalyzerPro	2	9	17	38	19

比较项目	解卷积软件	第一组	第二组	第三组	第四组	第五组
解卷积正确匹配代谢物的数量	ChromaTOF	37	31	28	14	27
	AMDIS	32	30	20	8	26
	AnalyzerPro	28	24	14	5	18

（3）色谱多峰问题　除了解卷积软件的算法不同导致产生大量的假阳性峰现象，在 GC-MS 中，样品制备、提取、衍生化和分析过程中均有可能产生"多峰现象"，特别是衍生化的变异往往对代谢谱有较大的影响。多峰现象（Multi-peak Phenomena）指的是一个代谢物产生多个峰，可由样品降解、形成副产物或引入外来污染物等原因引起。多起源现象（Multi-origination Phenomena）指的是一个色谱峰有多个起源（前体）（Xu et al., 2010）。

GC-MS 分析中导致衍生化的多峰现象的原因包括：

① 衍生化过程中形成多峰现象。a. 形成副产物。在硅烷化衍生过程中，目的是将代谢物进行硅烷化，然而一些官能团，如醛基、氨基、羧基、酯、酮基和酚羟基，可能形成多个产物。此外，衍生化试剂、有机溶剂的杂质、塑料管污染物也可能导致形成副产物，把所有这些非特异的产物都称作人工产物（Artifacts）。b. 不完全衍生化。许多化合物含有多个可供衍生化的反应基团，当衍生化试剂加入量或衍生化时间不够充足时，容易产生衍生化不完全的现象。

② 代谢物结构发生转化。代谢物的几何异构体可能导致多峰现象，如，链状和环状的 D- 葡萄糖在溶剂中能够相互转化。通常，葡萄糖在溶剂中至少显示 5 个不同的互变异构体（Tautomeric Forms）[如 α-D- 吡喃葡萄糖（62%），β-D- 吡喃葡萄糖（38%），α-D- 呋喃葡萄糖（痕量），β-D- 呋喃葡萄糖（痕量），链状 -D- 葡萄糖（0.01%）]，所有这些互变异构体保持一个动力学平衡，它们的含量受溶剂组成、温度和 pH 的影响，用 BSTFA 衍生化后可产生复杂的色谱图。再如，肌糖醇有 9 个不同的立体异构体；精氨酸在用 MSTFA 衍生化的时候可以转化为鸟氨酸（37℃，20min）等。

③ 代谢物在提取、衍生化和 GC-MS 分析过程中降解。热不稳定的化合物容易发生热降解，导致多峰和多起源的现象。作者（Xu et al., 2010）用两组结构和生物学相关的物质做测试，发现即使是热稳定的化合物，如磷酸胆碱（PC）、1,2- 二乙酰基甘油 -3- 磷酸酯（DAG）、溶血磷酸胆碱（LPC）都能产生多峰现象；结构相似的化合物能够产生相同的峰（多起源现象）；甘油、磷酸、脂肪酸和一些脂质的碎片可能是这些结构相似化合物（包括游离型和结合型）的碎裂片段。

GC-MS 代谢组学数据分析。由于电离方式的不同，GC-MS 峰多以复杂的碎片离子形式产生，不能只分析单个离子峰，需要对复杂的碎片离子进行解卷积处理。不同软件的解卷积算法不太一样，GC-MS 较好的解卷积软件包括 NIST 免费的 AMDIS 软件，LECO 公司的 ChromaTOF 商业软件等，由于解卷积的算法不同，得到的结果也不尽相同。一种思路是把 GC-MS 的数据当 LC-MS 来处理，提取离子特征进行分析，对齐、定量后再进行分析，如 XCMS，MetAlign，MathDAMP，MetaQuant，MET-IDEA 等。直接对 GC-MS 数据进行解卷积，对质谱图进行对齐的软件有 MCR，ADAP，TagFinder，PyMS，MetaboliteDetector 等。不同样品之间的峰比较还需要进行峰对齐和定量，Robinson 首次提出将动态规划算法应用到 GC-MS 峰对齐中，将解卷积后的代谢物按保留时间串起来，不同样本之间的比对，类似基因序列间的比对，通过动态规划求整体的最优路径，达到样本之间的对齐效果（段礼新 等，2015）。为了综合分析四极杆质谱和飞行时间质谱数据，新开发的软件 QPMASS 基于动态规划峰对齐方法，可以在数小时内处理上千个 GC-MS 代谢组学样本，并提高了定量效果（Duan et al., 2020）。

2.4.2　基于GC-MS技术的代谢组学研究中的注意事项

① 衍生化试剂甲氧胺盐酸盐需要临时配制，MSTFA 需要干燥保存在 2 ～ 8℃，避免吸收空气中的水分；

② 样品必须随机进样，消除系统误差；

③ 设置质控样本和空白对照样本（例如试剂空白，方法空白等）；

④ 低流失的进样隔垫和低流失的进样系统是重要的；

⑤ 原始 GC-MS 数据转移到服务器中，长时间数据的保存应该备份或转移到服务器镜像系统；

⑥ 系统背景扣除：应扣除增塑剂、邻苯二甲酸酯和硅烷化的试剂峰，柱流失的峰，衍生化试剂的水峰等背景。

2.5　展望

基于 GC-MS 技术的代谢组学研究的数据处理一直是制约其平台发展的瓶颈问题。比如数据建模工具在生物信息学和系统生物学分析方面的常规化应用。

在 GC-MS 的平台现代化方面遇到的挑战是多样品平行性控制技术问题，这方面的技术包括：①样品制备的自动化，样品的预处理及数据获得后处理过程的高通量和可重现性技术。②代谢组学研究数据与其他组学数据的整合。例如，利用复合分析技术平台，结合蛋白组学数据和转录组学数据，对样本进行分析。③在一群代谢物中，对微量化合物或者信号分子的谱图识别。④全谱分析和流动分析的结合。⑤定量结果的重现性，明确的系统命名法，以及不同实验室使用不同GC-MS分析技术平台得到的数据的可比性。⑥最后一个方面，这也许是对所有代谢组学分析最重要的一个挑战，就是在复杂的代谢物谱图中对于代谢化合物的结构鉴定。

参考文献

段礼新，漆小泉，2018. 基于GC-MS的植物代谢组学研究. 生命科学, 27:971-977.

许国旺，叶芬，孔宏伟，等，2001. 全二维气相色谱-飞行时间质谱新技术及用于极端复杂样品的研究. 分析测试学报，19:132-136.

汪正范，杨树民，吴侔天，等，2001. 色谱联用技术. 北京：化学工业出版社.

Beale D J, Pinu F R, Kouremenos K A, et al.,2018. Review of recent developments in GC-MS approaches to metabolomics-based research. Metabolomics, 14:152.

Dalgliesh C E, Horning E C, Horning M G,et al.,1966. A gas-liquid-chromatographic procedure for separating a wide range of metabolites occuring in urine or tissue extracts. Biochem J, 101: 792-810.

Drozd J,1981. Chemical Derivatization in Gas Chromatography. Burlington, USA: Elsevier Science Ltd.

Duan L X, Ma A-M, Meng X B, et al.,2020. QPMASS: a parallel peak alignment and quantification software for the analysis of large-scale gas chromatography-mass spectrometry (GC-MS)-based metabolomics datasets. J Chromatog A, 1620: 460999.

Kusano M, Fukushima A, Kobayashi M, et al.,2007. Application of a metabolomic method combining one-dimensional and two-dimensional gas chromatography-time-of-flight/mass spectrometry to metabolic phenotyping of natural variants in rice. J Chromatogr B, 855: 71-79.

Lisec J, Schauer N, Kopka J, et al.,2006. Gas chromatography mass spectrometry-based metabolite profiling in plants. Nat Protoc, 1: 387-396.

Lu H, Dunn W B, Shen H, et al.,2008. Comparative evaluation of software for deconvolution of metabolomics data based on GC-TOF-MS. Trends Anal Chem, 27: 215-227.

Schauer N, Steinhauser D, Strelkov S, et al.,2005. GC-MS libraries for the rapid identification of metabolites in complex biological samples. FEBS Lett, 579: 1332-

1337.

Strehmel N, Hummel J, Erban A, et al.,2008. Retention index thresholds for compound matching in GC–MS metabolite profiling. J Chromatogr B, 871: 182-190.

Toyo'oka T,1999. Modern Derivatization Methods for Separation Science. New Jersey, USA: John Wiley & Sons.

Villas-Boas S G, Roessner U, Hansen M A E, et al.,2007. Metabolomics analysis an introduction. New Jersey: John Wiley & Sons, Inc.

Wagner C, Sefkow M, Kopka J, 2003. Construction and application of a mass spectral and retention time index database generated from plant GC/EI-TOF-MS metabolite profiles. Phytochemistry, 62: 887-900.

Weckwerth W, Wenzel K, Fiehn O, 2004. Process for the integrated extraction, identification and quantification of metabolites, proteins and RNA to reveal their co-regulation in biochemical networks. Proteomics, 4: 78-83.

Xu F, Zou L, Ong C N, 2010. Experiment-originated variations, and multi-peak and multi-origination phenomena in derivatization-based GC-MS metabolomics. Trends Anal Chem, 29: 269-280.

第3章
代谢组学分析技术：
液相色谱－质谱联用技术

张凤霞，王国栋

中国科学院遗传与发育生物学研究所，北京，100101

植物中代谢物超过20万种（这里是指分子量小于1000的化合物），有维持植物生命活动和生长发育所必需的初生代谢物，也有物种特异性的次生代谢产物（Dixon and Strack, 2003）；代谢物作为细胞调控过程的终产物，它们的种类和数量的变化被视为植物对基因或环境变化的最终响应，对这些化合物在动态、静态上进行全面的定性定量分析，即代谢组学研究，是在后基因组时代对植物生命活动进行全面认识的一个重要组成部分（Fukusaki and Kobayashi, 2005; Hagel and Facchini, 2008）。在植物代谢组学研究中，数据的采集平台起着至关重要的角色。目前常用的平台包括以质谱为基础和核磁共振为基础两大类，其中高效液相-质谱联用（High Performance Liquid Chromatograph-Mass Spectrometry，HPLC-MS）技术由于强大的分离能力、高通量、高分辨率和检测灵敏度，而且能得到待分析代谢组分的定性结果，已经越来越广泛地应用在植物代谢组学研究。通常HPLC-MS应具备进样器、柱系统与质谱联用所需的接口、离子源、质量分析器、检测器、计算机控制与数据处理系统和真空系统等。以下主要对重要组成部分液相色谱和质谱进行重点介绍。

3.1 LC-MS 基本原理

3.1.1 高效液相色谱部分

高效液相色谱（HPLC）是在经典色谱法的基础上，引用了气相色谱的理论，在技术上，流动相改为高压输送；色谱柱是以特殊的方法用颗粒度细小（几微米）的填料填充而成，从而使柱效大大高于经典液相色谱（每米塔板数可达几万或几十万）；同时柱后连有高灵敏度的检测器，可对流出物进行连续检测。目前，反相色谱法使用非极性固定相（如 C_{18}、C_8）作为色谱柱填料，占整个 HPLC 应用的80%左右。HPLC 作为目前常用的化学分离分析手段，其特点如下。

① 高压。液相色谱法以液体为流动相（也称为载液），液体流经色谱柱，受到阻力较大，为了迅速地通过色谱柱，必须对载液施加高压。

② 高速。流动相在柱内的流速一般为1mL/min，分析时间一般少于1h超高压色谱的分析速度会更快。

③ 高效。近年来研究出许多新型固定相，使分离分辨率大大提高。

④ 高灵敏度。高效液相色谱已广泛采用高灵敏度的检测器，进一步提高了分析的灵敏度。近年来随着各种技术的不断创新发展，质谱检测器除了定量还可以给

出分析化合物更多的结构信息，因而受到越来越多的青睐。

⑤ 适应范围宽。气相色谱法与高效液相色谱法相比较，气相色谱法虽具有分离能力好、灵敏度高、分析速度快、操作方便等优点，但是受技术条件的限制，沸点太高的物质或热稳定性差的物质都难于应用气相色谱法进行分析。而高效液相色谱法只要求试样能制成溶液，通常不需要衍生化（也有使用季铵化合物来衍生胺和羧酸以提高色谱的分辨率和检测灵敏度），因此不受样品挥发性的限制。对于高沸点、热稳定性差、相对分子量大的有机物（这些物质几乎占有机物总数的 80%）原则上都可应用高效液相色谱法来进行分离、分析。

在传统意义上高效液相色谱根据上样量的大小可以分为制备型和分析型（见表 3-1），制备型液相色谱常用于化合物的纯化，而分析型则用于植物提取物的定性和定量分析。近年来，随着微型化技术的迅猛发展，色谱柱内径得到减小，各种不同的（超）微量型液相色谱仪相继面世并应用。目前，（超）微量型液相色谱常用的色谱柱是硅胶整体柱（Monolithic Silica Column），这种色谱柱所用填料不是传统的球形颗粒填料，而是具有微孔的整体硅胶结构，因此克服了传统球形颗粒填料对分离对象很难同时实现既高效又快速的弊端（颗粒小柱效会高，但柱压会升高导致分离速度下降）。在实际应用中，硅胶整体毛细管柱也往往表现出比传统色谱柱更高的分离效率 (Tanaka et al., 2000)。

表 3-1　不同类型的液相色谱

类型	色谱柱内径（Diameter）	流量（Flow rate）
制备型（Preparative）	2.1 ～ 200mm	10mL/min
分析型（Analytical）	2.1 ～ 4.6mm	1.0mL/min
微量级（Micro）	1.0mm	200μL/min
毛细管型（Capillary）	300μm ～ 1mm	4μL/min
纳升级（Nano）	25 ～ 300μm	200nL/min

3.1.2　液相色谱与质谱仪的接口

与 GC-MS 检测器多种多样相比，LC-MS 的接口技术普适性较差，因此常见的商品化 LC-MS 仪器大都带有多个可以互相切换的接口，以满足分析样品多样性的要求。这个接口要解决三个主要的问题：

① 液相色谱中使用的流速较大，而质谱需要一个高真空环境工作；

② 要从流动相中提供足够的离子供质谱分析；

③ 去除流动相中杂质对质谱可能造成的污染。

从 1972 年，Tal'roze 等人首次提出了直接将色谱柱出口导入质谱的思想，来解决 LC-MS 的接口问题，但直到 1987 年，Bruins 等人发明了大气压电离（Atmospheric Pressure Ionization，API）接口，才解决了流量限制问题，随后第一台商业化生产的带有 API 源的液相色谱质谱联用仪问世。API 是在大气压条件下的质谱离子化技术的总称，目前主要包括电喷雾离子化（Electrospray Ionization，ESI）和大气压化学离子化（Atmospheric Pressure Chemical Ionization，APCI）。二者的工作原理不尽相同，有兴趣的读者可参见《色谱质谱联用技术》（盛龙生等，2005）。在应用上二者最大的差别是，ESI 可以生成多电荷离子，大大拓宽了分析化合物的分子量范围，这使得 ESI 更适合测定分析极性化合物以及诸如蛋白质等生物大分子；APCI 方法主要产生单电荷离子，使之更适合分析非极性和弱极性小分子化合物。

3.1.3　质谱仪

HPLC 传统的信号检测器有紫外检测器（Ultraviolet Detector，UVD）、示差折光检测器（Refractive Index Detector，RID）和荧光检测器（Fluorescence Detector，FLD）三种。从可分析的化合物范围而言，质谱大大超过紫外或荧光检测器，比如没有紫外吸收或仅有末端吸收的化合物（皂苷、萜类、糖等），用质谱分析具有很大的优势。一般只要化合物能够被电离就可以被分析，如果用 HPLC-UV 作定量的话，必须把要分析的化合物与其他所有干扰物质分开。从灵敏度上看，一般质谱比紫外检测器高 1～2 个数量级，如采用多反应监测（Multiple Reaction Monitoring，MRM）模式，灵敏度会更高，相对于紫外、荧光检测器仅提供官能团的信息，质谱提供的信息更丰富，尤其是多级质谱信息。而与质谱仪配套使用的离子检测器常见类型有电子倍增管及其阵列、离子计数器、感应电荷检测器和法拉第收集器等，在这里不做详细介绍。

目前常见的与 LC 相连接的质谱仪类型有磁分析器、飞行时间质谱仪、四极杆质谱仪、离子捕获质谱仪和离子回旋质谱仪等。上述不同类型的质谱仪除了可以单独使用之外，还可以结合在一起使用，形成"混合型"质谱仪（Hybrid Mass Spectrometer）以取长补短达到最佳的分析效果。例如，目前常用的"混合型"质谱仪就是不同的质量检测器和飞行时间质谱仪结合（Time-of-Flight Mass Spectrometer，TOF-MS），如四极杆 - 飞行时间质谱仪，由于 TOF 采用了离子延迟引出和离了反射镜等技术，使得其分辨率和准确度大幅提高，而与四极杆质谱联用可以获得更多的化合物结构信息，使得这种"混合型"质谱仪在植物代谢组学研究中得到广泛应用（见表3-2）。

表3-2　不同类型质谱仪性质及在植物代谢组学中的应用

质谱仪	与LC联用	MS基础的定量分析	多级质谱结构鉴定能力	质量准确度	最大质量检测范围
四极杆（Q）	+	+	－	低	3000
飞行时间（TOF）	++	++	－	1ppm	20000
四极杆-飞行时间（Q-TOF）	++	+	+	1～2ppm	40000
三重四极杆（QQQ）	+	++	+	低	3000
离子阱（IT）	+	+	++	<10ppm	4000
傅立叶转换离子回旋共振（FT-ICR）	－	+	++	1ppm	20000

注：四极杆英文全称为Quadrupole（Q），离子阱英文全称为Ion-Trap（IT）。+，++，"+"数量越多表示该项应用效果越好；"－"表示不能用于该项应用。

与GC-MS常用的硬电离技术如电子轰击离子化（Electron-impact Ionization，EI）相比，LC-MS接口常采用API等软电离技术，其质谱谱图中分析化合物的准分子离子峰丰度相对很高，主要给出化合物的分子质量信息，由于相应碎片峰信息很少，使得分析化合物的结构难以解析。尽管为了得到结构信息，可以使用碰撞诱导解离（Collision-Induced Dissociation，CID）技术进行二级或者多级质谱分析，但是不同的分析仪器对同一化合物产生的碎片谱图不尽相同，难以标准化致使至今仍没有适合不同LC-MS的"标准质谱库"。迄今为止，如何建立一个通用型的LC-MS的"标准质谱库"仍有很长的路要走。现实中许多从事植物代谢组学研究的实验室都建立了适合自己需求的"质谱库"，但很难整合到一起。因此在LC-MS的应用当中，尤其是进行化合物结构鉴定时，使用高分辨质谱进行精确的分子量测定显得尤为重要。

当前单高分辨率质谱 [测量误差小于 1～2ppm，该数值=（测量质量-理论质量）/理论质量 $\times 10^6$，通常小分子量化合物的测量误差会大一些] 主要是双聚焦磁场（Double Focusing Magnetic Sector）和傅立叶转换离子回旋共振（Fourier Transform Ion Cyclotron Resonance，FT-ICR）质谱仪，两种质谱仪都可以单独实现串联质谱（MS/MS）操作，即可以选择性地存储某一质荷比（*m/z*）的离子，再直接观察其反应，得到相应的次级离子碎片峰信息。但由于FT-ICR-MS昂贵的价格与维护成本，以及飞行时间质谱仪和静电场轨道阱质谱仪的性能的不断提高都限制了其广泛应用。

离子阱质谱仪（Ion-Trap Mass Spectrometer，IT-MS）属于动态质谱，与四极杆质谱仪有很多相似之处，在很多时候都认为四极杆质量分析器与离子阱的区别是前者是二维的，而后者是三维的。离子阱具有很多优点，如结构简单、性价比高、灵敏度高、质量范围大等（其发明人 W. Paul，H. Dehmelt 和 N. Ramsey 为此荣获了 1989 年的诺贝尔物理学奖）。以前的串联质谱是"空间上"的串联，是由几个质量分析器串联而成，因而价格成倍增加。现在用离子阱是"时间上"的串联质谱，因而价格是最低的。离子阱最主要的优点是能够方便地进行多级串联质谱 MS^n 测量（目前理论上可达十级串联，实际应用中通常可达到 4～5 级），这种质量分析器在蛋白质组学应用越来越广泛，但缺点是定量分析困难，因而在代谢组学中应用远不如四极杆质量分析器和飞行时间质谱仪等普遍。

需要指出的是在化合物分子量计算中，是以 ^{12}C 质量的 1/12 为一个质量单位。对离子质量的计算值是指该离子所有元素的单同位素，而不是该元素所有元素周期表中的原子质量数（该值是指同位素质量的平均值）的质量之和。把周期表中的原子质量代替单同位素的质量带入分子式计算化合物的分子质量，将导致质量误差。

关于化合物结构解析一直是困扰 LC-MS 分析的一个难点，以下几点在实践中会对化合物结构解析有一定的帮助：①尽可能把分析样品中已知的化学成分的结构、质谱数据、UV 数据收集完全。②分析时进行 LC-MS 正、负离子模式一级质谱检测，目的是确定分子量。因为仅靠一种离子模式检测确定分子量并不是很可靠，除非在正离子模式下同时观察到 [M+H]+、[M+Na]+ 或 [M+K]+ 峰；另外高分辨率质谱对分子量的信息获得很有帮助。③结合紫外图谱特征，确定化合物大概类型（通常 LC-MS 会配有紫外检测器）。④进行多级质谱检测，根据裂解碎片，确定分子中可能含有的碎片，结合分子量，如果是已知化合物的话，至此基本可以归属化合物，但立体异构体还无法归属，各种键连接位置、某些基团的取代位置还是很难确定的。⑤对于结构全新和标准品无法获得的化合物，就只能采用不同的方法纯化富集，利用核磁共振来鉴定结构。

3.2　数据解读

样品成分分析鉴定之后，最初质谱数据要通过去除噪声信号，基线漂移等因素才能得到可以批次处理的原始数据，这一过程通过分析仪器所附带的软件已经得到很好的解决。对于 LC-MS 产生的谱图主要还是采用峰面积积分结果作为原始数据提取。接下来需要对所获得的数据进行相应的整合处理，这也是代谢组学研究中十分关键的步骤。应用高通量的检测分析工具可以得到海量的数据，如果不对其进行合理的处理，这些噪声数据反而对研究工作是有害无利的。可应用模式识别和多维统计分析等方法从这些大量的数据中获得有用的信息，这些方法能够为数据降维，使它们更易于可视化和分类。目前数据分析常用的两类算法是基于寻找模式的非监督方法（Unsupervised Method）和有监督方法（Supervised Method）。此外，在数据处理和分析各个阶段，对数据的质量控制和模型的有效性的验证也必须加以注意。在这里只对其分类做简单介绍，详细内容参见第 6 章（基于代谢组学数据的多变量分析）。

3.2.1 非监督方法

非监督方法是用来探索完全未知的数据特征的方法，对原始数据信息依据样本特性进行归类，把具有相似特征的目标数据归在同源的类里，并采用相应的可视化技术直观地表达出来。应用在此领域的常见方法有聚类分析（Cluster Analysis）和主成分分析（Principal Components Analysis，PCA）等，详见第 6 章 6.3 多维统计模式识别。

3.2.2 有监督方法

如果存在一些有关数据的先验信息和假设，有监督方法比非监督方法更适合且更有效。有监督方法在已有知识的基础上建立信息组（Class Information），并利用所建立的组对未知数据进行辨识、归类和预测。在这类方法中，由于建立模型时有可供学习利用的训练样本，所以称为有监督学习。应用于该领域的常见方法有线性判别分析（Linear Discrimination Analysis）和偏最小二乘法判别分析（Partial Least Square-Discriminant Analysis，PLS-DA）等（Fukusaki and Kobayashi，2005），详见第 6 章 6.3 多维统计模式识别。

3.3   新技术与发展趋势

在目前基于液相色谱及液相色谱 - 质谱联用技术的代谢组学研究中，还存在很多挑战，一部分是仪器上的，如液相色谱仪的分辨率还不够高，对待测样品特别是复杂样品中化学成分覆盖率不高；而且不同的分析方法对化合物的偏好性不同，常常使一些特定的化合物得不到检测；另外一些挑战则是来自信息学方面，未知化合物的结构鉴定一直是困扰代谢组学快速发展的瓶颈问题，再有就是高通量数据分析方法的挖掘。Bino 等人认为，目前整个代谢组学研究中分析平台限制因素主要有两点（Bino et al., 2004）：一是如何提高 LC 的分离能力；二是如何提高鉴定化合物的能力，所以 LC-MS 的发展趋势也是围绕着这两点来展开的。

3.3.1 超高效液相色谱

根据范第姆特（Van Deemter）色谱理论柱效反比于色谱柱填料颗粒度大小，可以认为提高色谱柱的效能（理论塔板数 N）就能增加仪器的分离度（Resolution），而运用粒径低于 2μm 的柱填料颗粒无疑是增加效能的好方法。但随着柱填料颗粒度的减小，系统压力会随之上升，近年来超高效液相色谱（UHPLC）技术逐步解决了整个系统在运行压力上的问题，仪器的连接系统、阀、配用的柱子等都能耐得起高压，实现了商业化生产。所以 UHPLC（柱填料颗粒为 1.7μm）与 HPLC（柱填料颗粒通常为 3.5μm 和 5μm）之间没有原理上的本质区别（Novakova et al., 2006），但 UHPLC 具有以下三个技术特点：①高分离度（Ultra Resolution）。②高速度（Ultra Speed）。在保证得到同样质量数据的前提下，UHPLC 能提供单位时间内更多的信息量。在不影响分离度的情况下，能使柱长减少，所以小粒度能提供更高的分析速度，同时节省流动相溶剂使用量。③灵敏度（Sensitivity）。过去对于提高灵敏度的研究大都集中于检测器上，不论是光学检测器还是质量检测器。但是，实际上运用 UHPLC 也能提高分析的灵敏度。UHPLC 能提高柱效 N，从而使峰宽 W 变得更窄，而峰高却增加了；同时，由于 UHPLC 运用了更短的柱子（柱长 L 更小），进一步增加了峰高。因此，在提高柱效的同时，运用 1.7μm 的 UPLC 系统比 5μm 和 3.5μm 的系统灵敏度分别提高了 70% 和 40%，而在柱效相同的情况下，能分别提供 3 倍和 2 倍的灵敏度。目前 UHPLC 和类似产品（由于 UHPLC 是 Waters 公司的注册商标，其他分析仪器公司只得使用其他名称）在液相色谱领域应用越来越广泛。

3.3.2 亲水相互作用液相色谱

亲水相互作用液相色谱（Hydrophilic Interaction Liquid Chromatography, HILIC）是一种以极性固定相（如硅胶、氨基键合硅胶等）及水，极性有机溶剂为流动相的色谱模式，它与正相色谱相似，水是强极性溶剂，极性化合物比非极性化合物的保留时间长，与反相色谱的保留顺序刚好相反，结合反相色谱柱的结果以保证代谢组学信息的完整性（图 3-1），大量极性代谢物如糖、多肽等在常规的反相色谱柱中不能得到保留，往往随溶剂前沿被冲出柱外而无法得到很好的分析，Antonio 等采用 HILIC-ESI-MS 分析了野生型和突变体（*pgm1*）拟南芥叶片中单糖、二醇、磷酸糖等含量的差异 (Antonio et al., 2008)，这些高极性分子在 HILIC 色谱柱都得到了很好的分离。在亲水作用色谱分析中，一般是采用乙腈 - 水体系作流动相。初始条件包括高比例有机相，典型的浓度是 95% 有机相如乙腈，逐步降低到水相（水相比例最高不超过 40%），因此 HILIC 色谱又被称为反反相（Reversed-Reversed-Phase）色谱，另外由于 HILIC 色谱和反相色谱所用的流动相系统相似，也使得将 HILIC 和反相色谱组合形成二维色谱成为可能。

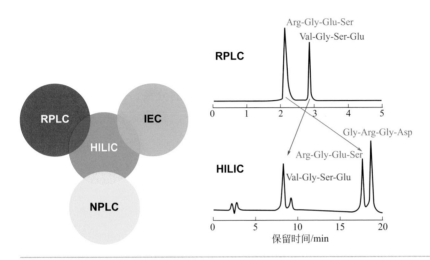

图 3-1 亲水相互作用液相色谱与其他液相色谱技术的关系和谱型差异

亲水相互作用液相色谱是其他液相色谱如反相色谱（Reversed-Phase Liquid Chromatography，RPLC）、正相色谱（Normal-Phase Liquid Chromatography，NPLC）和离子交换色谱（Ion- Exchange Chromatography，IEC）等分析能力的一个有益补充（左图）；右图是反相色谱（RPLC）与亲水相互作用液相色谱（HILIC）差异的简单示意，二者的保留顺序刚好相反，分析样品为极性不同的短肽

3.3.3 二维液相色谱

二维液相色谱（2-Dimensional Liquid Chromatography，2D-LC）是近年来发展起来的一种高效分离技术，正交的二维系统在分辨率、峰容量方面比一维都有所提高，已成为复杂体系组分分离和分析的强有力工具，在生命科学中得到了广泛的应用，特别是用于极性小分子的分析（Evans and Jorgenson，2004）。二维液相色谱是将分离机理不同而又相互独立的两支色谱柱串联起来构成的分离系统，其基本原理类似于传统的二维薄层层析展开系统，不同之处是二维薄层层析使用的是同一分离介质不同的展开溶剂，而二维液相色谱是色谱柱和流动相都不同。分析样品经过第一维的色谱柱进入接口中，通过浓缩、富集或切割后被切换进入第二维色谱柱及检测器中。二维液相色谱通常采用两种不同的分离机理分析样品，即利用样品的不同

特性把复杂混合物分成单一组分，这些特性包括分子形状、等电点、亲水性、电荷、特殊分子间作用（亲和）等，在一维分离系统中不能完全分离的组分，可以在二维系统中得到更好的分离，从而使分离能力、分辨率得到极大的提高，所以从理论上讲这是完全正交的二维液相色谱，且其峰容量是两种一维分离模式单独运行时峰容量的乘积。

基于不同的分离目的可以采用不同分离机理的柱系统构建多维液相色谱分离系统，离子交换色谱、反相色谱、亲和色谱（Affinity Chromatograhphy，AC）、尺寸排阻色谱（Size Exclusion Chromatography，SEC）和正相色谱等分离模式皆可以组合用于特殊目的的分离。对于两种分离模式的组合，不仅应考虑分离选择性、分辨率、峰容量、柱容量及分析速度等因素，对于生物样品的分离、样品回收率和活性等因素也非常重要。在实际多维分离系统的构建过程中，必须综合考虑不同因素的影响，选择合理的分离模式和柱系统。

3.3.4　液相色谱和核磁共振联用技术

在植物代谢组学研究中，对未知化合物的结构解析一直是一个非常重要但也非常棘手的问题，一台能够同时完成对分析样品的分离、定量定性分析和结构鉴定的仪器一直是从事代谢组学研究人员的梦想。对于化合物结构解析，尽管质谱，特别是高分辨率质谱可以提供非常有用的元素组成和结构信息，在没有相应化学标准品的情况下，能够只依靠质谱所提供的信息就能解出结构的情况少之又少。未知化合物的最终还要依靠 NMR，Lindon 等（1997）人很早就在尝试将 LC、NMR 和 MS 联用的可行性并取得了一些突破，即液相色谱和核磁共振联用技术（Liquid Chromatograph - Nuclear Magnetic Resonance - Mass Spectrometry，LC-NMR-MS），其具体工作原理可参见第 4 章相关内容。

根据联用仪器的不同特质，目前应用 LC-NMR 检测有连续流动、停止流动、分时止流、收集分析和选择 UV 检测激发 NMR 采样的自动检测（Lindon et al.，2000）等：①连续流动　一般只适用于 ^1H 测试，而 ^{13}C 测试需要很长的信号积累时间，不适合于快速高通量的组学分析。在洗脱过程中，溶剂组成不断变化，造成溶剂峰压制困难（此技术主要用于消除 LC 的洗脱液对 NMR 测定的干扰）。一般先采用预实验，将不同时间出峰情况记录好，待确定一定的分离条件后，再测试一些感兴趣峰的 NMR 谱。②停止流动模式　即使溶液停留于检测池中进行测试，当所需要组分的保留时间已知，或者 LC-NMR 采用灵敏的在线检测器时，可以采用这种方法。在停止流动的模式下，检测 NMR ^1H 谱或二维谱。③收集分析　色谱洗脱峰被预先收集到每个样品池中，然后进行离线的 NMR 检测。④分时止流　按一定的时间间隔暂停流动相来检测 NMR 谱。这种方法在被检组分没有 UV 发色团时尤其适用。通过 LC-NMR 谱，也可以估计色谱峰的纯度；⑤紫外激发　这种方法主要是利用软件技术，在 UV 检测到组分峰时，经过计算将样品组与准确地滞留于检测池中，并通知 NMR 进行采样分析。尽管现在 LC-NMR [甚至再与质谱联用，LC-NMR-MS/MS（Duarte et al., 2009）] 分析仪在植物代谢组学研究中还只是停留在探索阶段，也存在诸多问题，但作为代谢组学中的一个重要平台还是很值得期待的。

3.4　常见问题和注意事项

3.4.1　关于LC系统

在前述仪器工作原理部分已指出，液相色谱仪的分离是在色谱分离柱中实现的，而在植物代谢组学研究工作中多采用反相色谱柱，如何保护好分离柱、减少柱的污染是延长柱寿命，也是得到可靠的、丰富信息含量结果的关键。有以下几点注意事项可供读者参考。

① 加保护柱（预柱）是保护分离柱的有效办法。保护柱是内装填料与分离柱性质相近的短柱，接在分离柱之前，代替流路过滤器或与之联用，保护柱的作用是收集和阻塞分离柱口的化学垃圾，这些垃圾如果直接进入分离柱会逐渐堆积在柱头，最终降低分离柱柱效能。

② 避免高压冲击分离柱。一般色谱柱都能承受得起高压，但经不住突然变化的高压冲击，这将改变柱床体积，影响柱效。

③ 合理选择分离柱。选择色谱分离柱主要根据两点，一是根据待测组分的分子量的大小及化学性质；二是根据流动相条件，包括 pH 值、离子强度和溶剂极性等。所以一定要根据分析的对象、流动相的条件选择合适的分离柱，一般色谱柱说明书对色谱柱的使用会做详细说明，比如保存条件、耐压范围、使用温度及 pH 值使用范围等，必要时可向相关的技术人员咨询。

④ 定期冲洗分离柱。每次分析工作结束时，一定要冲洗色谱柱，将色谱柱保存在合适的溶剂中。当分析用流动相中含有缓冲盐时，要先用不含盐的初始流动相条件冲洗色谱柱，将含盐流动相置换出来，避免缓冲盐析出，堵塞色谱柱或者系统，然后再用高有机相冲洗色谱柱，洗去色谱柱上的强保留组分，最后将其保存在有机相中。如可用色谱纯甲醇、乙腈冲洗反相 C_{18} 柱，目的是洗去吸附在柱上的强保留组分，在一定程度上可恢复柱效。

⑤ 减少柱污染最有效的办法是纯化样品。通常是样品纯化得越干净，分离柱的寿命就越长；反之，只有提取没有纯化的样品，分离柱柱效下降较快，且容易污染质谱。建立一个理想的色谱分析方法应该有一套有效的样品前处理方法，要特别注意样品的提取与纯化，尽量使处理过的样品中杂质（如大分子蛋白等）降到最低以达到保护色谱柱的目的。

⑥ 提取纯化好的样品最好用初始流动相来溶解。一方面减少色谱图中的溶剂效应，另一方面也是检查样品在流动相中的溶解性，如果样品进样后在流动相中析出，会堵塞进样器和柱头，甚至样品分解，出现鬼峰。如果出现样品与流动相不溶要设法改变溶解条件，如更换样品溶剂，或改进处理样品的方法，或过滤去除不溶性物质。

3.4.2 关于质谱系统的基质效应

我们可以把质谱理解为一个检测器，就如常用的紫外、荧光检测器一样，质谱检测器也同样存在基质效应（Matrix Effect）。在化学分析中，基质指的是样品中被分析物以外的组分，基质常常对分析物的分析过程有显著的干扰，并影响分析结果的准确性。质谱在样品的定性和定量分析中都起到关键作用，所以如果离子源由于"基质效应"被污染，离子化的效率就会大大降低，这种现象被称为"离子抑制"。离子抑制的主要原因是分离阶段的失败导致污染物和目标化合物的共流出，它会发生在任何类型的质谱，所以一定要定期清洗离子源以保证离子化效率（周期视仪器使用频率和分析样品复杂度而定）。对 LC-MS 基质效应评定的方法主要有两种：柱后注射法和提取后添加法（Rogatsky and Stein，2005）。

LC-MS 中的基质效应现象最初在 1993 年被发现，当改变样品基质的种类和浓度时，待测物电喷雾化质谱的响应值降低了。美国食品药物管理局（Food and Drug Administration，FDA）2001 年出版的《工业指南：生物分析方法验证》（Guidance for Industry: Bioanalytical Method Validation）明确提出：在 LC-MS 分析方法开发和验证过程中需要对基质效应进行评价。基质效应是指样品中除了待测物以外的其他基质成分对待测物测定值的影响，它源自色谱分离过程中与被测物共流出的物质对被测物离子化过程的影响，共流出干扰物可分为内源性杂质和外源性杂质。内源性杂质是指样品提取过程中同时被提取出来的有机或无机分子，当这些物质在共提取液中浓度较高，并与目标化合物共流出色谱柱进入离子源时，将严重影响目标化合物的离子化过程。外源性杂质通常易被人们忽视，但也会带来严重的基质效应。这些干扰物由样品前处理各步骤引入，文献报道的主要包括聚合物残留、酞酸盐、去污剂降解产物、离子对试剂、有机酸等离子交换促进剂、缓冲盐或 SPE 小柱材料及色谱柱固定相释放的物质等。

基质效应的存在会严重影响对待测物的定量准确度和精密度，且影响因素多变，很难被完全消除。近年来，致力于消除和补偿基质效应的研究逐渐增多，主要包括优化质谱条件、优化色谱分离体系、多步净化措施、使用内标物定量、采用基质匹配标准曲线定量及回声峰技术等。

目前最常用的去除基质效应的方法是，通过已知分析物浓度的标准样品，同时尽可能保持样品中基质不变，建立一个标准曲线。固体样品同样有很强的基质效应，对其校正也尤为重要。对于复杂的或者未知组分基质的影响，可以采用标准添加法（Standard Addition Method）。在这一方法中，需要测量和记录样品的响应值。进一步加入少量的标准溶液，再次记录样品的响应值。理想地说来，标准添加应该增加分析物的浓度 1.5 ~ 3 倍，同时几次添加的溶液也应该保持一致。使用的标准样品的体积应该尽可能小，尽量降低过程中对基质的影响。

3.4.3　样品处理及注意事项

与基因组学（四种不同核苷酸的排列）和蛋白质组学（二十几种不同氨基酸的排列）分析样品组成相对简单和规律性很强不同，不同的代谢物的原子组成和排列千差万别。这种千差万别会引起代谢产物之间物理、化学性质（包括化学稳定性、挥发性、极性、溶解度等）的巨大差异。另外在同一个分析样品中，不同的代谢物质在含量上的差异也是巨大的。例如对植物激素的检测（pmol 级或者更低）和对主生代谢产物氨基酸、寡糖（mmol 级）至少目前在技术上不可能在同一分析平台同一分析条件下同时完成，同时分析势必会对分析结果的准确性造成很大的干扰。必须将不同代谢产物按照其物化特性和含量多少加以粗分，再进行分析。所以现在在从事植物代谢组学研究的实验室，都具有多种不同的代谢分析平台以满足对不同组分的分析要求，以色谱 - 质谱联用技术分析平台为例有 GC-MS、LC-MS 和毛细管电泳质谱联用（Capillary Electrophoresis-Mass Spectrometry，CE-MS），每一种分析平台备有多种不同填料色谱柱，而且不同的色谱柱也都只有一定的应用范围。

作为生物体中的终产物，在很多时候代谢物显示的差异比生物体相应的转录和蛋白质水平显示的差异要大，是代谢组学分析较之其他"组学"的优势之一。同时也因为生物代谢途径对外界环境扰动的敏感造成了不同生物个体之间的代谢物含量差异很大。已经有研究表明，即便是在严格控制的生长条件下，分析样品之间的生物差异要比其他系统差异高几倍（Roessner et al., 2000）。所以用于分析的植物种植条件、采集时间、采集方式要尽量保持一致。在样品的采集和制备的过程中，首先必须考虑到植物细胞内许多的代谢反应速度很快（反应时间小于 1s），特别是用剪刀从整体植物上剪取某一器官时，如果速度太慢，容易引起伤诱导，导致分析结果不能反映植物的真实情况。所以在采集植物材料必须快速抑制各种酶促反应，常用的方法是将所取的分析材料快速放入液氮中冷冻，然后再放入 –80℃低温冰箱保存。植物材料在 –80℃低温冰箱保存时间过长（一般不应超过 4 周）依然会造成很显著的分析结果差异。除此之外，取材时尽量采用多生物体采样（Pool Collection）以消除个体差异对分析结果带来的偏差，降低分析的生物学重复次数（通常 4 ~ 6 次），比如说一株拟南芥幼苗已经可以满足分析所用的需求量，但为了消除个体偏差，就需要取至少 5 株幼苗来进行采样分析；从这方面讲植物悬浮细胞是一个比较好的研究体系，但由于其不能代表整体植物的各种生理状态，因此应用范围还是很窄。多生物体采样的弊端是它会掩盖许多细微差异的生物学信息，但使用个体为分析对象时生物学重复次数会上升到几十次，工作量加大很多（Weckwerth et al., 2004）。

在植物代谢组学中样品的制备是最容易引入系统误差的一步，植物代谢物样品制备分为组织取样、匀浆、提取、保存等步骤（Fukusaki and Kobayashi，2005）。代谢产物通常用水或有机溶剂（如甲醇、乙腈等）分别提取，获得水提取物和有机溶剂提取物，从而把非极性的亲脂相和极性相分开。分析之前，通常先用固相微萃取、固相萃取和亲和色谱等方法进行预处理。然而植物代谢物千差万别，其中很多物质稍受干扰结构就会发生改变，且对其分析鉴定所采用的设备也不同。目前还没有适合所有代谢物的提取方法，通常只能根据所要分析的代谢物性质及使用的鉴定手段选择合适的提取方法，而提取时间、温度、溶剂组成和质量及实验者的技巧等诸多因素也将影响样品制备的质量。

3.4.4　定量分析的注意事项

在植物代谢组学研究中，常常需要比较同一种植物在不同处理条件下的代谢变化或者是不同基因型植物的代谢变化，因此，需要对检测到的代谢物进行定量分析。对于 LC-MS 分析的数据而言，需要对植物体中非靶标代谢物或者靶标代谢物进行定量分析。常见定量分析方法包括外标法和内标法。下面对这两种方法及实验中注意事项进行一一介绍。

外标法是用待测物的纯品作为对照物质，以对照物质和样品中待测物的响应信号相比较进行定量的方法。此方法要求待测物质必须有对应的市售对照品才可实现。外标法定量包括标准曲线法和外标一点法。标准曲线法是用对照品配制一系列浓度的对照品溶液，以浓度为横坐标，对照品的响应为纵坐标绘制标准曲线，求出斜率、截距。在完全相同的条件下分析同体积的样品溶液，根据待测组分的响应，从标准曲线查出其浓度或者使用回归方程计算。通常曲线截距为零，若不为零说明存在系统误差。外标一点法是用一个浓度的对照品溶液对比测定待测样品中组分的含量的方法。为降低实验误差，应尽量使对照品的浓度与样品的浓度接近。

内标法是选择样品中不含有的纯物质作为对照物质加入待测样品中，以待测组分与对照物质的响应信号对比，测定待测组分含量的方法。当以色谱数据定量时，要求内标物必须是样品中不含有的、纯度合乎要求、与待测组分性质相近、且与待测组分的分离度大于1.5；如果一次分析多个化合物时可以选择一个或多个内标物进行定量分析。当以质谱数据定量时，稳定同位素内标是最佳选择，也可以选择性质相近的化合物作为内标物。在采用内标法进行定量的实验中，一般要求在待测样品和标准曲线溶液中加入同等浓度的内标物，且加入的浓度与样品中待测物的浓度相近，这样可以尽可能地减少定量的误差。

3.5 展望

和其他分析平台一样，LC-MS应朝着继续提高液相色谱的分离效率、峰容量、灵敏度以及分析通量发展；而质谱需要为分析物提供更准确的分子质量和离子碎片信息，同时提高代谢物检测的灵敏度，以满足代谢组学研究不断增长的定性和定量需求。随着代谢组学研究的不断深入，人们对单细胞或者单个亚细胞器内的代谢变化情况的研究需求越来越强烈。目前可通过激光显微解剖、显微操作、机械分离、原生质体化和细胞分选等方法从植物的叶、果、花、茎和根等部位获得植物的单细胞。亚细胞细胞器和单株植物细胞通过微采样、质谱成像（Mass Spectrometry Imaging，MSI）、纳米电喷雾电离（NanoElectrospray Ionization，NanoESI）尖端和其他手段进行分析（Biswapriya et al., 2014）。而这些单细胞或者亚细胞器内的代谢组分析则需要高灵敏的LC-MS仪器。纳米电喷雾是一种应用广泛的电喷雾技术，它具有离子抑制低、检测灵敏度高的特点，因此特别适用于单细胞代谢组学研究。NanoESI离子源是单细胞进行LC-MS分析必备的部件，该技术的发展严重制约着单细胞代谢组学的发展。相信随着技术的不断更新与提高，LC的分离能力和MS分辨率、准确度的不断提高以及各种代谢组学分析软件的不断更新，LC-MS在植物代谢组学研究中会发挥越来越重要的作用。

参考文献

盛龙生,苏焕华,郭丹滨，2006.液相色谱质谱联用技术.北京：化学工业出版社.

Antonio C, Larson T, Gilday A, et al.,2008. Hydrophilic interaction chromatography /

electrospray mass spectrometry analysis of carbohydrate-related metabolites from *Arabidopsis thaliana* leaf tissue. Rapid Commun Mass Spectrom, 22: 1399-1407.

Bino R J, Hall R D, Fiehn O, et al.,2004. Potential of metabolomics as a functional genomics tool. Trends in Plant Science, 9: 418-425.

Biswapriya B M, Sarah M A, Chen S X，2014. Plant single-cell and single-cell-type metabolomics. Trends Plant Sci, 19:637-646.

Cubbon S, Antonio C, Wilson J, et al.,2010. Metabolomic applications of HILIC-LC-MS. Mass Spectrom Rev, 29: 671-684.

Dixon R A, Strack D, 2003. Phytochemistry meets genome analysis, and beyond. Phytochemistry, 62: 815-816.

Duarte I F, Legido-Quigley C, Parker D A, et al.,2009. Identification of metabolites in human hepatic bile using 800 MHz H-1 NMR spectroscopy, HPLC-NMR/MS and UPLC-MS. Molecular Biosystems, 5: 180-190.

Evans C R, Jorgenson J W, 2004. Multidimensional LC-LC and LC-CE for high-resolution separations of biological molecules. Analytical and Bioanalytical Chemistry, 378: 1952-1961.

Fukusaki E, Kobayashi A, 2005. Plant meta-bolomics: Potential for practical operation. Journal of Bioscience and Bioengineering, 100: 347-354.

Hagel J M, Facchini P J, 2008. Plant metabolomics: analytical platforms and integration with functional genomics. Phytochemistry Reviews, 7: 479-497.

Lindon J C, Nicholson J K, Wilson I D, 2000. Directly coupled HPLC-NMR and HPLC-NMR-MS in pharmaceutical research and development. Journal of Chromatography B-Analytical Technologies in the Biomedical and Life Sciences, 748: 233-258.

Lindon J C, Nicholson J K, Sidelmann U G, et al.,1997. Directly coupled HPLC-NMR and its application to drug metabolism. Drug Metab Rev, 29: 705-746.

Novakova L, Matysova L, Solich P, 2006. Advantages of application of UPLC in pharmaceutical analysis. Talanta, 68: 908-918.

Roessner U, Wagner C, Kopka J, et al.,2000. Simultaneous analysis of metabolites in potato tuber by gas chromatography-mass spectrometry. Plant J, 23: 131-142.

Rogatsky E, Stein D, 2005. Evaluation of matrix effect and chromatography efficiency: New parameters for validation of method development. Journal of the American Society for Mass Spectrometry, 16: 1757-1759.

Tanaka N, Nagayama H, Kobayashi H, et al.,2000. Monolithic silica columns for HPLC, micro-HPLC, and CEC. Hrc-Journal of High Resolution Chromatography, 23: 111-116.

Weckwerth W, Fiehn O, 2002. Can we discover novel pathways using metabolomic analysis? Curr Opin Biotechnol, 13: 156-160.

Weckwerth W, Loureiro M E, Wenzel K, et al.,2004. Differential metabolic networks unravel the effects of silent plant phenotypes. Proc Natl Acad Sci USA, 101: 7809-7814.

Yonekura-Sakakibara K, Saito K, 2009. Functional genomics for plant natural product biosynthesis. Nat Prod Rep, 26: 1466-1487.

第4章

代谢组学分析
技术：核磁共振技术

豪富华[1]　徐雯欣[2]　王玉兰[3]

① 中国科学院精密测量科学与技术创新研究院

② 布鲁克（北京）科技有限公司

③ 新加坡南洋理工大学李光前医学院，新加坡表型中心

核磁共振（Nuclear Magnetic Resonance，NMR）是磁矩不为零的原子核，在外磁场作用下自旋能级发生分裂，共振吸收某一特定频率的射频辐射的物理过程。核磁共振自 1945 年诞生以来经历过几个重要发展阶段，特别是在现代计算机、信息技术等高科技技术的推动下，NMR 技术得到快速的发展，已经成为物理、化学、生命科学以及医学等领域不可缺少的分析工具，并且发挥着越来越重要的作用。

4.1　核磁共振发展概况

1924 年，Pauli 预测到某些原子核具有自旋角动量和磁矩。这是人类关于原子核与磁场和外加射频场相互作用的最早认识，由此产生了关于 NMR 早期的理论基础。

1945 年，斯坦福（Standford）大学的 Block 小组和哈佛（Harvard）大学的 Purcell 小组分别独立观察到了 NMR 现象，并因此荣获 1952 年诺贝尔物理学奖。

1953 年，第一台 30MHz 连续波 NMR 谱仪（Continuous Wave-NMR，CW-NMR）产生。几年后，又相继出现了 60MHz、100MHz 的核磁共振谱仪。

1956 年，Knight 发现原子核所处的化学环境对 NMR 信号有影响，而这一影响与物质分子结构有关。

1965 年，Cooley 和 Tukey 提出了快速傅里叶变换计算方法，脉冲傅里叶变换核磁共振（Pulse Fourier Transformation-NMR，PFT-NMR）技术开始兴起。

1971 年，Jeener 提出了二维 NMR 方法，对于解析物质结构起到了巨大的推动作用。

20 世纪 80 年代中期，Wuthrich 发展了运用同核二维核磁共振方法。

20 世纪 80 年代末期，Bax 等提出异核二维核磁共振方法。

20 世纪 90 年代初期，高场核磁共振波谱仪（750MHz，1993 年；800MHz，1995 年）相继问世，大大提高了仪器的灵敏度。同时，三维、四维异核核磁共振方法也得到了迅速发展。

目前，高场核磁共振，超低温探头以及色谱和核磁共振联用等技术得到了广泛应用，所涉及的学科也从物理、化学扩展到了生物、医学等领域，并由此产生了众多的交叉学科。

4.2　核磁共振基本原理

如果将 ^1H、^{13}C、^{31}P 和 ^{19}F 等自旋量子数不为零的原子核，放入一个外加磁场

B_0 中，核自旋进动会产生一个微弱的磁场。以 ¹H 为例，其磁场方向根据玻尔兹曼（Boltzmann）分布定律产生两种相反的取向（图 4-1）。如果核自旋和外磁场方向平行 [图 4-1（a）] 时，氢核处于较稳定的低能级；如果核自旋和外磁场方向相反时 [图 4-1（b）]，氢核处于相对不稳定的高能级。这两个能级之间的能量差 ΔE（图 4-2）是决定原子核在各能级上分布的一个重要因素，可以由波尔兹曼公式 [式（4-1）] 来描述，式中 N_j 为高能级上的原子核数，N_0 是低能级上的原子核数，K 为波尔兹曼常数，T 为绝对温度。

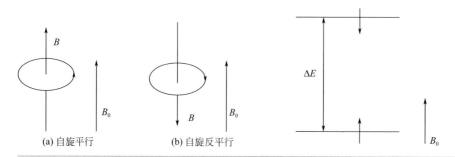

图 4-1　原子核在静磁场中的取向　　　　　图 4-2　氢原子核在磁场中的能级图
B_0 是外加磁场强度，B 是氢核自旋产生的磁场强度

$$\frac{N_j}{N_0} = \exp\left(\frac{-\Delta E}{KT}\right) \tag{4-1}$$

由于 ΔE 的数值一般很小 [式（4-2）]，原子核在无线电波范围内吸收能量即可完成跃迁。但是，只有当吸收频率 ν 和外加磁场强度 B_0 之间满足式（4-3）时，跃迁才能够发生，这就是核磁共振现象。将式（4-3）代入式（4-2）可得式（4-4），也就是说 ΔE、B_0 和无线电波频率 ν 之间的关系只与原子核本身有关，γ 是一个比例常数，叫做核的磁旋比。

$$\Delta E = h\nu \tag{4-2}$$

$$\nu = \frac{\gamma B_0}{2\pi} \tag{4-3}$$

$$\nu = \frac{\Delta E}{h} = \frac{\gamma B_0}{2\pi} \tag{4-4}$$

从式（4-4）不难看出，核磁共振信号可以通过两种途径获得，一种是固定无线电波频率而改变外加磁场强度（简称扫场）；另一种是固定外加磁场强度而改变无线电波频率（简称扫频），再通过一个线圈接收到共振信号，从而得到能量吸收曲线；这两种方法相比，扫频较为优越。首先，扫场需要若干分钟来完成，而扫频只需要一个 1～10μs 的脉冲和几秒采集信号的时间。另外，从信号强度方面比较，扫场方法所得到的信号强度较低，扫频可将多次扫描叠加而获得较强的信号。如果给样品施加一个短暂而强烈的共振射频脉冲，记录脉冲后原子核恢复平衡状态过程中的信号随时间变化的曲线，即自由感应衰减（Free Induction Decay，FID），再经过傅立叶变换（Fourier Transformation，FT）即可得到核磁共振的频率谱。因此，现代核磁共振仪都属于后者：傅立叶变换核磁共振仪。

4.3 核磁共振波谱仪

从 20 世纪 50 年代至今，市场上出现了多种商品化的 NMR 谱仪。根据射频源的不同可以分为连续波 NMR 谱仪（CW-NMR）和脉冲傅里叶变换 NMR 仪（PFT-NMR）。20 世纪 70 年代中期出现的脉冲傅里叶变换核磁共振仪，其射频脉冲相当于多通道发射机，能同时激发所需频率范围的所有原子核，并记录 FID 信号，再经过傅立叶变换即可得到目前常见的核磁共振谱图，这样就大大提高了信噪比，加快了分析速度。

下面介绍一下现代核磁共振波谱仪的主要构成（图 4-3）。

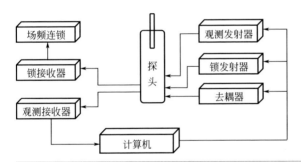

图 4-3 核磁共振波谱仪的主要构成

（1）磁体 它的作用是提供一个稳定的高强度磁场，即 B_0。目前，一般采用高场强的超导磁体。超导磁体需要定期添加足够的液氦和液氮来保持低温，以维持波谱仪正常工作。不过，现在新安装的核磁共振波谱仪都配有液氮回收系统，可使液氮在腔体内维持 300 天以上，大大减少添加液氮和液氦的次数。磁体内含有多组匀场线圈，通过调节其电流使其在空间构成相互正交的梯度磁场来补偿主磁体的磁场不均匀性。通过反复调节，可提高分辨率、获得高质量的 NMR 谱图。

（2）探头 它是核磁谱仪的核心部件，固定于磁体的中心，为圆柱形，探头的中心放置样品管。对样品发射射频波脉冲以及将样品产生的核磁共振的信号传递到信号接收系统都是通过探头来完成。探头分为多种，如正相探头、反相探头、微量探头、高分辨魔角探头（HR-MAS）、固体探头等，用于不同样品（液体、固体、半固体和生物组织等）的检测。随着超低温探头的广泛应用，其检测灵敏度能提高 4 倍以上，即使在样品量极少的情况下，也可以在很短的时间内检测得到理想的谱图结果。此外，还有一类流动探头能够在样品流动的情况下检测溶液中的结构信息，而且这种探头能够与色谱质谱联合在一起组成 LC-NMR-MS 的强大分析模式。

（3）射频发射系统　射频发射系统是将一束固定频率的电磁波脉冲，经频率综合器精确地合成出预观测核（如 ^1H、^{13}C、^{31}P 等）、被照射核（如照射 ^1H 以消除其对观测核的耦合作用）和锁定核（如 ^2D、^7Li）的 3 个通道所需频率的射频源。射频源发射的射频脉冲通过探头上的发射线圈照射到样品上，用于激发所需频率范围的所有原子核。

（4）信号接收系统　当射频脉冲发射并传递到样品上后，样品产生的 FID 信号被信号接收系统接收。信号接收系统和射频发射系统实际上用的是同一组线圈。信号经前置放大器放大以及滤波等处理，再经模数转换转化为数字信号，最后通过计算机进行采样，并记录下原始 FID 信号。

（5）采样和数据处理系统　此单元负责对整个系统进行控制和协调，并对接收的 FID 信号进行累加及傅立叶变换处理等。

（6）附件　附件包括变温单元、自动进样器、核磁样品管、工作站和软件等。

4.4　化学位移

4.4.1　化学位移产生和表示方法

根据公式 $v = \dfrac{\gamma B_0}{2\pi}$ 可知，质子的共振频率是由磁场强度和核的旋磁比 γ 决定的。对于相同的核来讲，旋磁比是相同的。但如果固定了射频频率，是否所有质子都在完全同样的频率下发生共振呢？情况并非如此，这是由于质子的共振频率与它所处的化学环境（这里所说的化学环境是指核外电子云及其邻近的质子对其的影响）有关。质子周围的电子在外加磁场的作用下会定向流动，产生一个与外加磁场方向不同的次级磁场 B_1，这种由核外电子产生的次级磁场对质子产生屏蔽作用，因此质子的共振频率与外加磁场并不完全相等，这一现象被称为电子屏蔽效应。若次级磁场 B_1 方向与外加磁场方向 B_0 相反，质子实际感受到的磁场强度 B 会减小，用公式表示为：

$$B = B_0 - B_1 = B_0(1-\sigma) \tag{4-5}$$

式中，σ 为屏蔽常数，它与质子所处的化学环境有关。例如，与质子相连的官能团若是斥电子基团，就会导致该核核外电子云密度增大，屏蔽程度也就增加，这样质子需在较高的外磁场强度作用下才能发生共振吸收，因此该核的共振信号就会产生在高场。相反，若与质子相连的官能团是吸电子基团，则导致该核核外电子云密度变小，屏蔽程度也相对变小，质子就会在较低的外磁场强度作用下发生共振，该核的共振信号则会移向低场。

处于不同化学环境中的相同原子核，因核外电子的屏蔽程度不同而产生的共振频率差异很小，难以精确测定其绝对值，因此在实际操作中，要选用一种参照物作为基准，这样就引入了化学位移的概念，即某一物质吸收峰的位置与标准物吸收峰位置之间的差异称为该物质的化学位移（Chemical Shift），常以 δ（ppm，百万分之一）表示：

$$\delta = \frac{v_s - v_r}{v_0} \times 10^6 (\text{ppm}) \tag{4-6}$$

公式（4-6）中，δ 和 v_s 分别为样品中质子的化学位移和共振频率；v_r 是标准物的共振频率（通常 $v_r = 0$）；v_0 是所使用仪器的频率。δ 值只取决于屏蔽常数，与磁场强度无关。如，在 100MHz 核磁上测量的质子 δ 值是 1ppm，同样在 800MHz 核磁上测得的 δ 值也是 1ppm。

4.4.2 化学位移标准物质的选择

在核磁共振谱图上测量的化学位移都是相对的位移。实验中，通常以四甲基硅烷（Tetramethylsilane，TMS）、3-（三甲基硅基）丙酸钠盐 [2,2,3,3-d(4)-3-(Trimethylsilyl) Propionic Acid Sodium Salt，TSP-d4] 和 3-（三甲基硅基）-1- 丙磺酸钠 [Sodium 3-(Trimethylsilyl)-1-Propanesulfonate，DSS] 作为标准物质，$\delta = 0$，三种物质的结构如下。

其中，TMS 作为标准物质的特点是：
① 化学惰性，不与其他物质发生化学反应；
② 可以与许多有机溶剂混溶；
③ 屏蔽常数 σ 较大，信号处在高场，不干扰样品信号；

④ 由于四个甲基中 12 个质子所处的化学环境等同，核磁共振谱上只出现一个尖锐的单峰，有利于匀场等；

⑤ 沸点很低（27℃），容易去除，有利于样品回收。

由于 TMS 不溶于水，因此对于水溶性样品，常用 TSP-d4 或 DSS 作标准物质，其化学位移值也设定为 0。

标准物质与样品同时加入到溶剂中，称为内标法。若将标准物质封于毛细管中再放入样品管中测试，称为外标法。内标法与外标法有一定的误差，通常 NMR 实验采用内标法。

4.4.3　影响化学位移的因素

分子中电子对核的屏蔽作用是化学位移形成的原因。因此，能够改变氢核外电子云密度的因素即可影响 ^1H 化学位移。若氢核外层电子云密度降低，则谱峰的位置移向低场（谱图左方），化学位移 δ 值增大，这称为去屏蔽作用；反之，若氢核外层电子云密度增高，则屏蔽作用使峰的位置移向高场（谱图右方），化学位移 δ 值减小。

对于 ^1H 化学位移的影响因素，归纳如下。

（1）诱导效应　与电负性取代基、杂原子和烷基链接的碳上的 ^1H 信号会向低场位移，且位移程度随电负性的增加而增加，这种效应叫诱导效应。由于诱导效应，取代基电负性越强（吸电子基团），则它周围的电子云密度越小，屏蔽效应也下降，则与取代基连接于同一碳原子上的氢的共振峰信号越移向低场。若取代基属斥电子基团，则它周围的电子云密度增加，化学位移向高场移动。

例如在 CH_3X 中，质子的化学位移 δ 值与取代基 X 的电负性 E_x 有显著的依赖关系：

X	F	Cl	Br	I
E_x	3.92	3.32	3.15	2.9
δ/ppm	4.26	3.05	2.68	2.1

随卤素 X 的电负性降低，吸电子能力下降，因此 C 原子周围电子云密度下降，由于 H 原子与 C 原子直接相邻，所以质子周围电子云密度增加，导致屏蔽增加，δ 值减小；反之亦然。

取代基的诱导效应可随碳链延长而减弱，α-C 原子上的氢较之 β- 和 γ- 碳原子上的氢有更大的化学位移。如：

取代基	CH_3Br	CH_3CH_2Br	$CH_3CH_2CH_2Br$	$CH_3CH_2CH_2CH_2Br$
δ/ppm	2.68	1.65	1.04	0.9

电负性大的取代基增多时，化学位移移向低场：

取代基	CH$_3$Cl	CH$_2$Cl$_2$	CHCl$_3$
δ/ppm	2.68	5.33	7.26

（2）共轭效应　在具有多重键或共轭多重键的分子体系中，由于 π 电子的转移，导致某基团电子密度和屏蔽的改变，这种效应称为共轭效应。共轭效应主要有两种类型：p-π 共轭和 π-π 共轭，值得注意的是，这两种效应电子转移的方向是相反的。

例如：

4.03　H   ÖCH$_3$
　　　 C＝C
3.88　H   H
p-π共轭(推电子给邻位)

H   H
　C＝C
H   H
5.28

6.27　H   O‖C—CH$_3$
　　　 C＝C
5.90　H   H
π-π共轭(从邻位拉电子)

正常情况下，乙烯质子的化学位移为 δ5.28。左边的分子，O 原子具有孤对 p 电子，与乙烯双键构成 p-π 共轭，使邻位 C 和 H 的电子云密度增加，磁屏蔽也增加（正屏蔽），因此化学位移 δ 值减少。最右边的分子属于 π-π 共轭，电子转移的结果使 β 位的 C 和 H 的电子密度和磁屏蔽减少（去屏蔽），因而 δ 值增加。

同理，以下的例子为：正常情况下苯环上质子化学位移为 δ7.21。左边的分子，存在 p-π 共轭（推电子给邻位），邻位 H 的电子密度增加（正屏蔽），因而化学位移 δ 值减少。右边的分子中存在 π-π 共轭，邻位 H 的电子密度减少（去屏蔽），δ 值增加。

ÖH　6.73
p-π共轭(推电子给邻位)

H
7.21
H

O‖C—H　7.81
π-π共轭(从邻位拉电子)

（3）邻近基团的磁各向异性效应　乙炔基的电负性较乙烯基强，但其化学位移 δ 值为 2.8，不及乙烯和苯环氢核的化学位移大。这是由于分子中的 H 与某一基团在空间的相互作用对 H 的 δ 值的影响造成的，这种效应叫磁各向异性效应。主要分为以下几种情况。

① 苯环　仅从杂化考虑，苯环上 H 的化学位移 δ 值应该大约是 5.7，而实际苯环上 H 的 δ 值明显移向低场（δ=7.21），这是由于苯环 π 电子的离域性或流动性，在外磁场 B_0 的作用下，当 B_0 的方向垂直于苯环平面时，π 电子便沿着苯环碳链流动，形成环电流，电子流动产生磁场，其磁力线方向是在苯环上、下方与外磁场磁力线方向相反，即苯环平面的上下方形成正屏蔽区，苯环侧面形成去屏蔽区。也就

是说，环电流磁场增加了外磁场，氢核被去屏蔽，共振谱峰位置移向低场。参见示意图4-4。

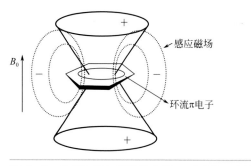

图 4-4　苯环在外加磁场的作用下形成的环电流

而核磁共振所测定的样品是溶液，样品分子在溶液中处于不断翻滚的状态。因此，在考虑苯环 π 电子环电流作用时，应以苯环平面的各种取向进行平均。环电流仅仅是当苯环平面垂直于外磁场时才产生，而苯环平面与外磁场方向一致时，外磁场不产生诱导磁场，氢不受去屏蔽作用。对苯环平面的各种取向进行平均的结果是：氢核受到去屏蔽作用。

　　其实，不仅仅是苯环，所有具有 $4n+2$ 个离域 π 电子的环状共轭体系都有强烈的环电流效应。若 H 在该环的上下方则受到强烈的屏蔽作用，这样的 H 在高场区出峰，甚至其 δ 值出现负值。在苯环侧面的 H 则受到强烈的去屏蔽作用，这样的 H 在低场区出峰，其 δ 值较大。例如：

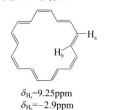

δ_{H_a}=9.25ppm
δ_{H_b}=-2.9ppm

δ_{CH_3}=-4.25ppm
$\delta_{环上氢}$=8.14ppm

　　以上左边的化合物 H_a 在环的侧面，受到强烈的去屏蔽作用，化学位移 δ 在低场 9.25ppm，而 H_b 在环的上下方则受到强烈的屏蔽作用，化学位移位于高场 δ-2.9ppm。而右边的化合物，甲基位于环的上下方而受到强烈的屏蔽作用，化学位移位于高场 δ-4.25ppm，环上的质子因处于环的侧面位于低场 δ8.14ppm。

　　② 羰基（C＝O）和碳碳双键（C＝C）　羰基 C＝O 和碳碳双键（C＝C）的 π 电子云和苯环一样，在双键的上方和下方，C＝O 与 C＝C 的 π 电子产生的磁力线方向与外磁场方向相反，在两侧为去屏蔽区。这样使得去屏蔽区的醛氢向低场位移。

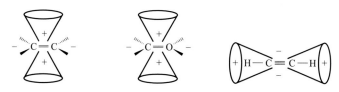

　　③ 碳碳三重键（C≡C）　炔烃与烯烃的屏蔽不一样。在外磁场 B_0 的作用下，π 电子绕 C≡C 键旋转，在三键的两端出现正屏蔽区，因此，其共振峰出现在高场区。

（4）范德华效应　当目标 H 核和附近的原子间距小于范德华半径之和时，核外电子互相排斥，从而使氢核周围电子云密度减小，屏蔽效应减弱，核磁共振信号移向低场，此即范德华效应。例如：

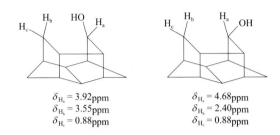

$\delta_{H_a} = 3.92\text{ppm}$　　　　$\delta_{H_a} = 4.68\text{ppm}$
$\delta_{H_b} = 3.55\text{ppm}$　　　　$\delta_{H_b} = 2.40\text{ppm}$
$\delta_{H_c} = 0.88\text{ppm}$　　　　$\delta_{H_c} = 0.88\text{ppm}$

H_a 在右边的化合物中与 H_b 存在范德华效应，H_b 会把 H_a 核外电子推向 C，使 H_a 周围电子云密度减小，屏蔽效应减弱，其化学位移相对左边的 H_a 向低场位移；而 H_b 在以上两种化合物中均有范德华效应，只是左边化合物中的羟基基团较大（相对于 H_a），范德华效应显著，其化学位移向低场移动更多，当然不排除场效应的作用。

（5）氢键　氢键的模式为：

$$\bar{X}—H\cdots\bar{Y}$$

其中，X、Y 通常是 O、N 和 F 等电负性大的元素。氢键的形成使氢受到去屏蔽作用（吸电子基团），核磁共振信号移向低场。

氢键的形成可以在分子之间，也可以在分子内。分子间生成氢键的难易与样品的浓度、溶剂的性质、温度有关。浓度降低、温度升高，生成分子间氢键的可能性减少，核磁共振信号向高场位移。

例如在纯的乙醇中存在分子间的氢键：

$$H—O—CH_2—CH_3$$

$$CH_3—CH_2—O—H$$

当溶剂为 CCl_4 时，乙醇的浓度不同，C_2H_5 的谱峰位置基本不变，而 OH 的化学位移变化很大：纯乙醇的羟基质子的 $\delta = 5.28\text{ppm}$，当将其配置成 5%～10% 浓度的 CCl_4 溶液时，羟基质子的 δ 范围在 3～5.0ppm，而当乙醇在 CCl_4 溶液中的浓度降低至 0.5% 时，羟基质子的化学位移 δ 可移至 1.0ppm 左右。

在常温下，水分子间就存在氢键：

$$\begin{matrix} H & H & O \\ & O\cdots H & H \end{matrix}$$

温度降低时氢键作用增强，H_2O 的谱线则向低场移动，实验中观测到的谱线位置是各种分子（未结合氢键的、双分子结合的和多分子结合的）OH 化学位移的平均值。因为各种分子 OH 之间会发生交换作用，如果交换速度大于核磁共振谱仪的工作频率，就只能观测到一条谱线。

（6）溶剂效应　高分辨核磁共振实验往往离不开溶剂。但是由于溶剂和溶质分子间的相互作用，使得不同的溶剂下溶质分子的化学位移可能不同，这种因溶剂不同而引起化学位移 δ 值改变的效应，称为溶剂效应。

实验证明：$CDCl_3$ 和 CCl_4 等溶剂对化合物的 δ 值基本上没有影响。但如果选用芳香性的溶剂，如 C_6H_6、C_6D_6 或 C_5H_5N，则变化较大，对于 OH、SH、NH_2 和 NH 等活泼氢而言，溶剂效应更加强烈。这是因为具有磁各向异性的芳香溶剂分子对样品分子的接近将发生不同的屏蔽和去屏蔽作用。

各种溶剂对化学位移的影响大小不一，情况复杂且无规律性。因此，在实际工作中应该尽量减少溶剂效应：尽可能使用同一种溶剂；尽量使用浓度相同或相近的溶液；在测试灵敏度许可的前提下，尽量使用稀溶液，以减少溶质的相互作用。

（7）pH 值的影响　对于氨基酸来说，质子化学位移随 pH 值变化的原因在于在氨基酸的水溶液中存在以下解离平衡：

$$H_3^+N—CRH—COOH \underset{H^+}{\longleftrightarrow} H_3^+N—CRH—COO^- \underset{OH^-}{\longleftrightarrow} H_2N—CRH—COO^-$$

—NH_3^+ 和—COOH 上的质子由于和水的快速交换，一般观测不到其共振吸收峰。当 pH 值升高时，羧基基团解离，产生负的电荷密度，从而使所有质子受到的屏蔽增加，化学位移减小；当 NH_3^+ 上的质子解离时，屏蔽增加更大，化学位移更小。

图 4-5 是组氨酸（His）环上 2—CH 以及甘氨酸（Gly）质子化学位移的 pH 滴定曲线。

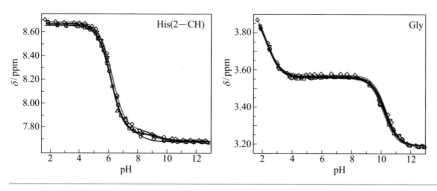

图 4-5　化学位移随 pH 变化的曲线

4.5 自旋耦合

4.5.1 自旋偶合与自旋裂分

在高分辨的 NMR 谱中，不仅能够观察到原子核周围电子云密度不同而引起的化学位移的变化，还可以观察到同一分子中不同的核间的相互作用，这种核间的相互作用很小，它虽不影响核的化学位移，但对图谱的峰形有着重要影响。通常，核自旋之间的相互作用有两种形式，一种是通过两个核磁矩之间直接传递的耦合作用，称为偶极 - 偶极相互作用。另一种是通过成键电子传递的间接作用称为自旋 - 自旋耦合。由于自旋 - 自旋耦合的作用，引起 NMR 谱峰的增多，这种现象称为自旋 - 自旋耦合裂分。它与外磁场 B_0 无关，与核所处的空间方位无关，且只有当同一分子中具有磁不等价的核时才可能出现自旋 - 自旋耦合裂分现象。例如，乙醇（CH_3— CH_2— OH）在核磁共振谱图中，可观察到 CH_3 和 CH_2 分别呈现三重峰和四重峰，且 CH_3 的三重峰强度之比为 1：2：1，CH_2 的四重峰强度之比为 1：3：3：1（图 4-6）。

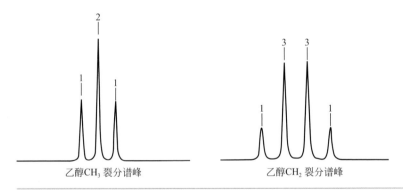

乙醇CH_3裂分谱峰　　　　　乙醇CH_2裂分谱峰

图 4-6　乙醇核磁共振谱图

通常核的自旋耦合裂分有以下规则：

① ^1H 原子核受耦合作用而产生的谱峰裂分数为 $n+1$，n 表示产生耦合的 ^1H 原子核（$I=1/2$）的数目，这称为 $n+1$ 规律。严格来讲，因受自旋量子数为 I 的 n 个原子核自旋耦合，产生的谱峰数目应为 $2nI+1$，这称为 $2nI+1$ 规律。$n+1$ 规律仅是 $2nI+1$ 规律的特例（$I=1/2$）。

② 每相邻两条谱峰间的距离都是相等的。

③ 谱峰间强度比为 $(a+b)^n$ 展式式的各项系数。

从前面提到的乙醇为例，$n=3$，产生的四重峰的各峰的强度比为 1：3：3：1。

4.5.2　耦合常数和计算方式

自旋-自旋耦合产生峰的裂分后，两峰间的距离称为耦合常数，用 J 表示，单位是赫兹（Hz）。当两种类型的质子（分别以 A、B 表示）发生自旋耦合时，反映在核磁共振谱上是各自的共振峰被发生耦合的质子裂分成多重峰，裂分的距离是相等的，因此，对质子 A、B 来说，自旋耦合常数 J_{AB} 为一常数。耦合常数的大小，表示自旋-自旋耦合作用的强弱，与核所处的化学环境密切相关，如核间距、化学键的数目以及二面角等，J 一般为 5～8Hz。因 J 耦合作用是通过围绕在核外的电子云间接传递的，使核磁矩之间产生能量耦合，因此它会随着化学键数目的增加而迅速减弱。所以，耦合常数是化合物分子结构的一种属性，对于分析化合物的结构和构型非常重要。

耦合常数的大小可以从核磁共振谱图上测得，它等于自旋裂分的两个峰之间的距离。将两个相邻裂分峰的化学位移 δ 差值乘以谱仪兆数，就是耦合常数值。例如：在 500MHz 核磁共振谱图中，J_{AB}= 裂分峰的化学位移差值 ×500=(3.828-3.812)×500=8Hz。

4.6　常见基团的化学位移范围

根据 H 的化学位移值可以了解氢核所处的化学环境，预测质子的种类以及周围的化学环境，进而推测有机化合物的结构。熟悉常见基团的化学位移值，能大大提高解谱工作的效率。下面介绍不同类型质子的化学位移值。

（1）饱和碳氢化合物　饱和碳氢化合物 H 的化学位移一般为 $\delta0.7$～1.7。其中，甲基质子（CH_3）大多在高场：$\delta0.7$～1.3，亚甲基（CH_2）次之：$\delta1.2$～1.4，处于相对低场的次甲基位于 $\delta1.4$～1.7。长链饱和碳氢化合物的 CH 和 CH_2 往往相互重叠不易区分，只有甲基质子处于较高场（$\delta0.7$～1.3）能与其他峰分离，容易在谱图上指认。当连接电负性大的基团时，化学位移会向低场移动。如图 4-7 是正庚烷的氢谱。

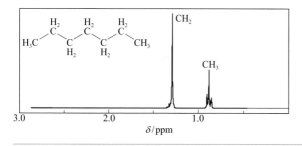

图 4-7　正庚烷的氢谱

（2）烯烃　烯烃化合物中 H 有两类特征峰。一类是直接与不饱和碳相连的氢（C＝C—H），其化学位移值一般在 $\delta 4.5 \sim 6.0$，另一类是烯丙位的 H（C＝C—CH$_2$—），化学位移在 $\delta 1.6 \sim 2.6$。当连接电负性大的基团时，化学位移会向低场移动。以下是 1- 戊烯的氢谱（图 4-8）。

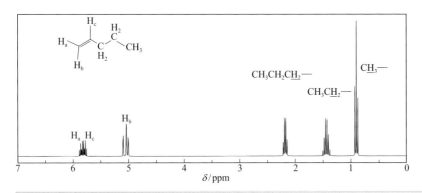

图 4-8　1- 戊烯的氢谱

（3）芳香化合物　芳香化合物与烯烃一样也有两类质子，一类是苯环上的 H，其化学位移一般在 $\delta 6.5 \sim 8.0$ 之间；另一类是苄基氢，其化学位移位于 $\delta 2.3 \sim 2.7$ 之间。当连接电负性大的基团时，化学位移会向低场移动。当烯键连接强去屏蔽基团时，如 C＝CH—OR 其烯氢的化学位移也会落在 $\delta 6.5 \sim 8.0$ 之间。以下是乙苯的氢谱（图 4-9）。

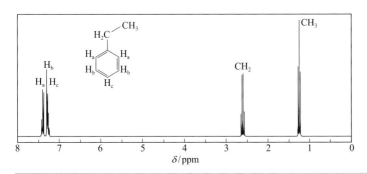

图 4-9　乙苯的氢谱

（4）杂芳环　杂芳环含杂原子，氢的化学位移与所含的杂原子的位置和种类有关，同时也受溶剂的影响。常见杂芳环上的 H 的化学位移 δ 值如图 4-10 所示。

（5）炔烃　炔烃的化学位移一般在 $\delta 1.7 \sim 3.1$ 范围内。当连接吸电子取代基时，化学位移会向低场移动；当连接给电子取代基时，化学位移会向高场移动。以下是 1- 己炔的氢谱（图 4-11）。

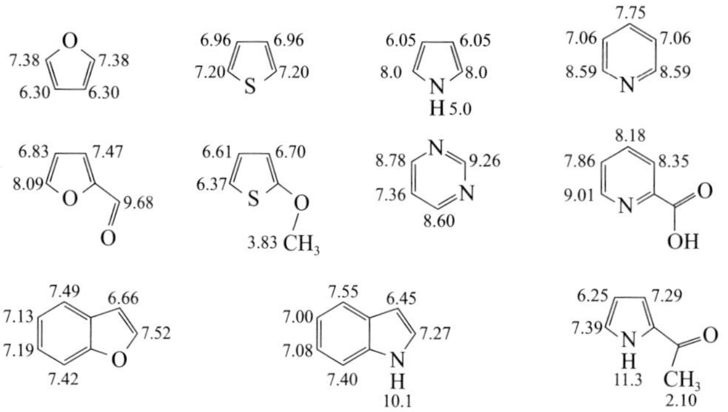

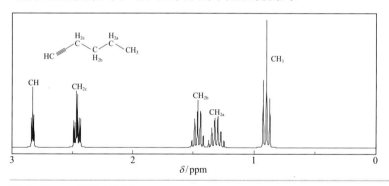

图 4-10　常见杂芳环上 H 的化学位移 δ 值

（6）醇　醇的羟基氢是可变的，它的化学位移值与浓度、溶剂、温度以及存在的微量的水、酸或碱有关，一般在 δ0.5~5.0 之间。因羟基氢是活泼质子，可与其他质子存在快速交换，使羟基氢不与相邻碳氢耦合裂分而表现尖锐的单峰。在代谢组学研究中，羟基氢可与溶液中的 H_2O 的质子发生快速交换，而由于饱和转移效应导致羟基氢的信号在饱和压水序列中无法观测到。

图 4-11　1- 己炔的氢谱

与氰基相连的碳氢（—CH—C≡N）化学位移在δ2.1～3.0ppm

（7）卤代烷　卤素原子属于吸电子基团，因此在卤素原子邻近的 H 的化学位移会因为去屏蔽效应向低场移动，移动的大小与卤素原子的电负性有关。碘化物（CH—I）的化学位移在 δ2.0~4.0，溴化物（CH—Br）的化学位移在 δ2.7~4.1，氯化物（CH—Cl）的化学位移在 δ3.1~4.1，氟化物（CH—F）的化学位移在 δ4.2 ～ 4.8。以下是 1- 氯戊烷的 H 谱（图 4-12）。

（8）醚　醚类化合物与醇相似，与氧原子相连的碳氢由于 O 的吸电子效应，其化学位移出现在 δ3.2~3.8。以下是乙醚的 H 谱（图 4-13）。

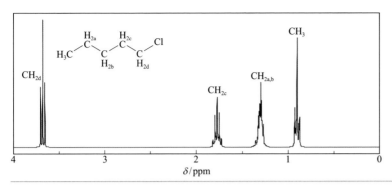

图 4-12　1- 氯戊烷的氢谱

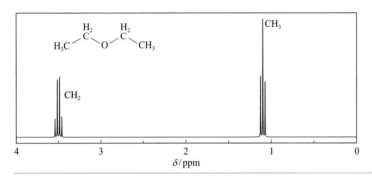

图 4-13　乙醚的氢谱

（9）胺　胺类化合物中 NH 的质子同羟基的质子一样属于活泼 H，峰的位置可随浓度、溶剂、温度以及 pH 值不同而发生改变。NH 上的 H 除了位置可变以外，还常常表现出宽而弱的峰形。这类化合物的 NH 的化学位移一般在 $\delta 0.5\sim 4.0$，与 N 原子相连的碳氢（CH—N）的化学位移出现在 $\delta 2.2 \sim 2.9$。以下是 1- 丙胺的氢谱（图4-14）。

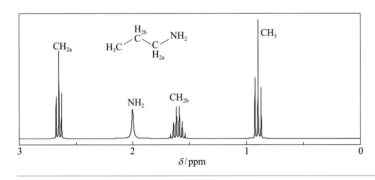

图 4-14　1- 丙胺的氢谱

（10）醛　由于羰基（C＝O）磁各向异性和 O 原子的诱导效应使醛基氢的化学

位移大大向低场移动，一般在$\delta 9.0\sim 10.0$，这个区域是醛基氢的特征峰，一般没有其他类型的氢会出现在此区。与羰基相连的αH的化学位移在$\delta 2.1\sim 2.4$。以下是2-甲基丁醛的氢谱（图4-15）。

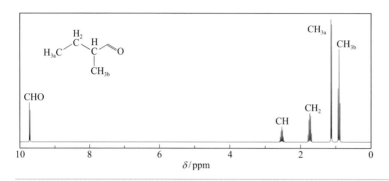

图4-15　2-甲基丁醚的氢谱

（11）酮和酯　酮和酯的αH（CH$_\alpha$—C=O）的化学位移在$\delta 2.1\sim 2.4$，烷氧基（—CO$_2$CH—）峰出现在$\delta 3.4\sim 4.8$之间。下图是甲乙酯的氢谱（图4-16）。

（12）羧酸　羧酸的αH（—CH—CO$_2$H）的化学位移在$\delta 2.1\sim 2.4$。羧酸上H的化学位移一般在$\delta 11.0\sim 12.0$，但此H为活泼氢，可与（重）水中的H/D发生快速交换，导致羧酸上的H消失而观测不到信号。

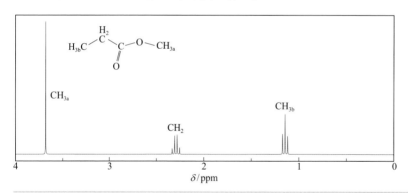

图4-16　甲乙酯的氢谱

（13）酰胺　含酰胺的化合物中，CONH质子的化学位移位于$\delta 5.0\sim 9.0$，αH（CH—CONH）的化学位移位于$\delta 2.1\sim 2.5$，与N相连的碳氢（CON—CH）的化学位移位于$\delta 2.2\sim 2.9$。以下是尿素的氢谱（图4-17）。

（14）活泼氢的化学位移　由于活泼氢在溶液中存在相互交换，并受到氢键、温度、浓度等因素影响很大，化学位移δ值很不固定。表4-1是常见活泼氢的化学位移归纳值。

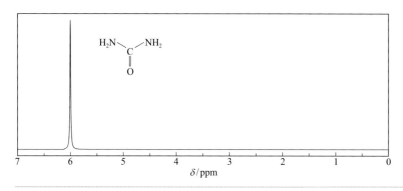

图 4-17 尿素的氢谱

表 4-1 常见活泼氢的化学位移归纳

化合物类型	δ/ppm	化合物类型	δ/ppm
醇	0.5~5.5	RSO₃H	11~12
酚	10.5~16	ArSH	3~4
酚（分子内氢键）	4~8	RNH₂	0.4~3.5
烯醇（分子内氢键）	15~19	ArNHR	2.9~4.8
羧酸	10~13	RCONHR	6~8.2
肟	7.4~10.2	RCONHAr	7.8~9.4
硫醇	0.9~2.5	SiH	3.8

如图 4-18 所示是对以上常见基团化学位移的总结。

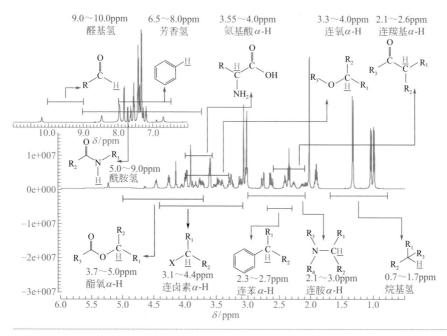

图 4-18 常见基团的化学位移

4.7 代谢组学研究中常用的二维谱

在一维核磁共振谱中，常观察到谱峰密集的排布在一个较小的区域内，因此仅凭一维核磁共振谱来测定化学位移和耦合常数以及解析化合物结构存在很大困难。二维谱的出现为化合物结构解析打开了新的思路。二维谱的思想最早是在 1971 年由比利时科学家 Jeener 提出，后经 Ernst 和 Freeman 研究组的努力，发展了许多二维方法并运用于物理、化学以及生物医学研究中，对结构解析提供了很大的帮助，并成为 NMR 的一个重要分支。

二维（2D）核磁共振谱可分为三大类：①相关谱；② J- 分解谱；③多量子谱。

代谢组学研究中最常用的 2D 核磁共振谱主要有二维相关谱，如 H-H 相关 2D 谱 H-H TOCSY、H,H-COSY，C-H 相关谱 HSQC、HMBC；二维 J- 分解 ^{1}H NMR 谱。下面依次介绍这些常用的二维 NMR 谱能提供哪些有助于化合物结构解析的有用信息。

（1）全相关谱　全相关谱（Total Correlation Spectroscopy，TOCSY）的脉冲序列中加入了自旋锁定期（Spin-Lock），在自旋锁定期内，所有的氢核都表现出同样的化学位移，即化学位移被暂时去除，使原有的质子之间的弱耦合（$\Delta v > J$）都变成强耦合（$\Delta v \gg J$），从而给出同一自旋体系所有质子之间的交叉峰。图 4-19 是 TOCSY 的示意图，在该谱图上，F1 维和 F2 维均为氢核的化学位移，在谱图中有两类谱峰，一类是落在对角线上的对角峰，另一类是偏离于对角线以外的交叉峰。交叉峰的出现表明质子之间有关联。

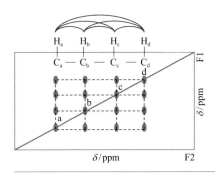

图 4-19　TOCSY 图谱上可见交叉峰的示意

（2）H,H - 化学位移相关谱　从 TOCSY 上能从某个氢核出发，找到与它处于同一耦合体系的所有氢核的谱峰。但是仍无法获取这个耦合体系中不同质子间的连接关系。而 **H,H - 化学位移相关谱**（Chemical Shift Correlation Spectroscopy，COSY）

则能给出同碳和邻碳上相连的质子间的交叉峰。通过 COSY 谱即可以找到同一耦合体系中相邻质子之间的连接关系。图 4-20 为 COSY 的示意图。

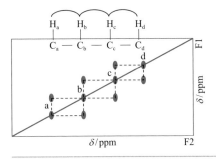

图 4-20　COSY 图谱上显示相邻质子的交叉峰

（3）二维 J- 分解 ^{1}H NMR 谱　在一维谱上，谱峰密集的排列在一个较小的化学位移范围之内，由于谱峰的重叠而无法获知谱峰的位置、数目以及耦合常数。二维 J- 分解 ^{1}H NMR 谱就是将化学位移和耦合常数从 F1 和 F2 维分开，F2 维显示化学位移，F1 维显示耦合裂分的情况。在代谢组学图谱解析时，最常用的是同核二维 J- 分解 H 谱。如图 4-21 所示是血样的 J- 分解 NMR 谱以及相对应的 1 维氢谱。

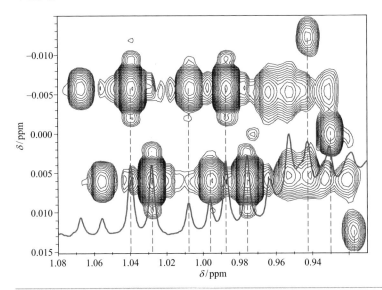

图 4-21　J- 分解 NMR 谱显示质子的裂分

（4）异核单量子相关谱　异核单量子相关谱（Heteronuclear Single-quantum Correlation，HSQC）是检测的 H-C 异核单量子相关性，谱图的交叉峰显示 ^{1}H 核和

与其直接相连的 ^{13}C 核的相关性，HSQC 的 F2 维是 ^{1}H 的化学位移，F1 维是 ^{13}C 的化学位移。

（5）异核多键相关图谱　异核多键相关图谱（Heteronuclear Multiple Bond Correlation，HMBC）和 HSQC 一样，HMBC 的 F2 维是 ^{1}H 的化学位移，F1 维是 ^{13}C 的化学位移。HMBC 是通过异核多量子相关实验把 ^{1}H 核和远程耦合的 ^{13}C 核关联起来，可检测出 2 ～ 3 键的质子与碳的远程耦合。从 HMBC 上可以找到两个自旋体系的连接信息。在 HMBC 上看不到与 H 直接相连的 C 交叉峰，但可能在此处出现卫星峰，如果在此处出现交叉峰，那说明该 C 存在着与之对称的相同的 C。

图 4-22 是 HSQC 和 HMBC 的示意图。

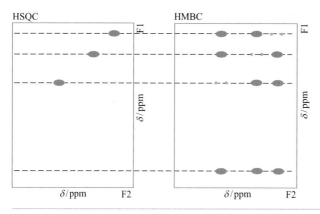

图 4-22　HSQC 和 HMBC 示意图

4.8　核磁共振谱图解析

（1）图谱解析步骤　代谢组学涉及的样品一般是体液或动植物组织提取物，其中代谢物数目众多，涉及几十甚至上百种，因此在相对小的化学位移范围之内存在着严重的谱峰重叠，仅凭一维 NMR 谱无法完成谱峰的归属。二维 NMR 谱除了包含一维 NMR 谱中的信息，还含有更多的结构信息。对于代谢组学涉及的复杂生物样品，必须通过以上二维 NMR 谱才能完成结构解析。

首先，浏览一维 NMR 谱。虽然一维 NMR 谱对化合物结构解析只能提供极其有限信息，但其重要性仍不可忽视。从一维 NMR 谱上可以对样品有一个直观的理解，可以根据经验，比如本章提到的常见基团的化学位移，来判断该样品大概含有何种的官能团或结构，再有针对性地一一归属。

从 TOCSY 入手，对自旋体系有一个整体的掌握，了解这个自旋体系内有几种不同的质子，化学位移分别是多少。再通过 COSY 依次确定它们的连接顺序。同时还需要借助 J- 分解氢谱了解这些峰的裂分和耦合常数，这对图谱解析来说是必不可少的。

另外，还需要通过 HSQC 了解与质子直接相连碳的化学位移，从而对其所处的化学环境或化学基团有更深入的了解，另外，HMBC 可以提供该质子 2~3 键以内的 C 的化学位移信息，还可以了解该自旋体系与相邻自旋体系的连接关系。通过以上所有信息的整合从而判断化学结构式。

（2）举例 在实际操作中，我们需要综合运用这些知识来完成物质的结构解析。以下是代谢组学中几种常见代谢物混合溶液的核磁谱图，其名称和结构完全未知，接下来我们通过以上提到的几种代谢组学常用的二维 NMR 谱对其中的几种代谢物进行结构解析。

首先可以直观地了解到图 4-23 中，框出来的化学位移在 $\delta1.0$ 左右的谱峰。

在本章节 "4.6 常见基团的化学位移范围" 中提到 CH_3 的化学位移大概在 $\delta0.7~1.3$ 之间，因此此峰可能为 CH_3。

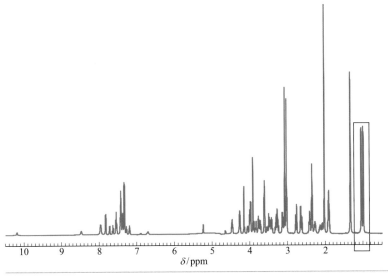

图 4-23 典型的一维 NMR 氢谱

通过 J- 分解谱（图 4-24）可以得知这里有两个双峰，化学位移分别为 $\delta0.99$ 和 $\delta1.04$。

通过图 4-25 可以找到与这两个峰所在的耦合体系，用虚线框出。将谱图放大，如图 4-26 所示。

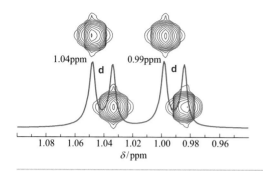

图 4-24　J- 分解谱显示图 4-23 中加框峰的裂解形式

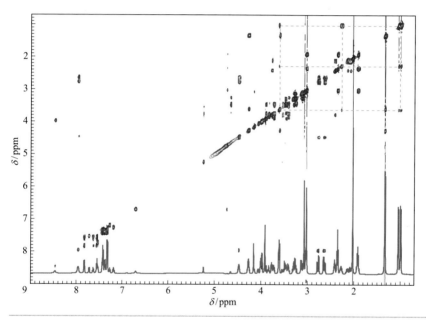

图 4-25　图 4-23 的 TOCSY 图谱显示 $\delta 0.99$ 和 $\delta 1.04$ 峰的耦合体系

可以发现，以上研究的化学位移为 $\delta 0.99$ 和 $\delta 1.04$ 与化学位移为 $\delta 2.27$ 和 $\delta 3.61$ 的氢存在着相同的耦合关系。提示化学位移为 $\delta 0.99$ 和 $\delta 1.04$ 处的两个氢可能是对称结构，即两个 CH_3，也就是可能存在这样的结构：

$$
\begin{array}{c}
CH_3 \\
| \\
H_3C \longrightarrow C \longrightarrow ? \\
| \\
?
\end{array}
$$

那为什么这两个甲基的化学位移会有如此微小的不同？此碳链还将如何延伸？继续通过 J- 分解谱（图 4-24）分析。

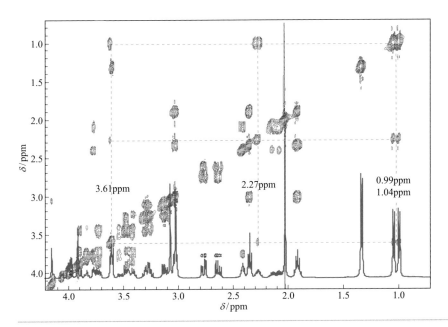

图 4-26　图 4-25 谱图所框区域放大效果

这两个甲基的峰形均为双峰，由 *n*+1 规则，可知这两个甲基所连碳上只连着一个 H，且从图 4-27 的 COSY 和 TOCSY 谱上可以看出该质子的化学位移为 *δ*2.27。

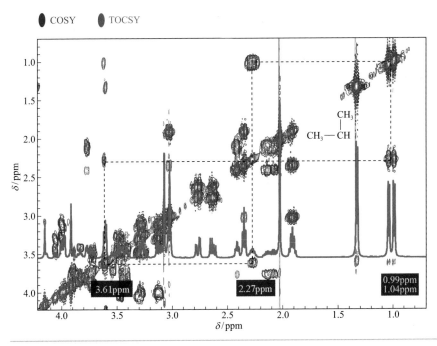

图 4-27　图 4-23 的 COSY 和 TOCSY 的叠加图

因此，可以确定该化合物一部分的结构为：

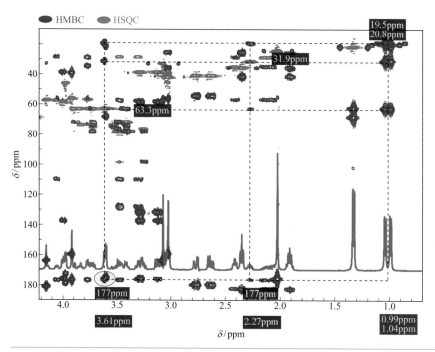

$$
\begin{array}{c}
CH_3 \\
| \\
H_3C \; - \; C \; - \; ? \\
| \\
H
\end{array}
$$

那么，还连接着什么样的结构呢？从 TOCSY 和 COSY 上可以看出，随着碳链的进一步延伸，本自旋体系内应该还有一个化学位移为 $\delta 3.61$ 的 H。那关于 C 的信息呢？再分析图 4-28 所示。

图 4-28　图 4-23 的 HMBC 和 HSQC 叠加图

从图 4-28HSQC 谱（红色的）中可以看到化学位移为 $\delta 0.99$ 和 $\delta 1.04$ 的质子直接相连 C 的化学位移分别为 $\delta 19.5$ 和 $\delta 20.8$，而该化学位移处，HMBC 谱（蓝色的）中也有相应的谱峰，说明了此处有对称结构，也就是存在着两个甲基，这更加证实了前面在 TOCSY 谱中得出的判断。

还可以看到这 4 种氢的化学位移所对应的碳的化学位移：

4种氢 化学位移	CH₃	CH₃	CH	CH—?
$\delta\,^1H$	0.99ppm	1.04ppm	2.27ppm	3.61ppm
$\delta\,^{13}C$	19.5ppm	20.4ppm	31.9ppm	63.3ppm

另外，从 HMBC 上可以看到化学位移为 δ3.61 的 H 除了连接 δ19.5、δ20.4 和 δ31.9 的 C 以外，还连接一个化学位移为 δ177 的 C，如图 4-28 所示，用红色圈标识出。羧基碳的化学位移一般在 δ160 ～ 180，此区的 C 是羧基碳的特征峰。因此该碳连接一个羧基，那么另一个基团是什么呢？是否有可能是 H 呢？如果是 H 的话，那么该物质的结构式应该是：

CH₃
|
H₃C — C — C — COOH
|
H

如果是这个结构式的话，那么这两个甲基应该是化学等价的，化学位移应该相同。但是事实上，这两个甲基的化学位移不同，说明了化学位移为 δ63.3 的碳所连的 4 个基团应该是不对称结构，而不应该连着两个 H。再看看这个 H 的化学位移为 δ3.61，如果只连着一个羧基的话，其化学位移应该在 δ2.1 ～ 2.6 之间，另外其 C 的化学位移也不可能在 δ63.3。而氨基酸 α-H 的化学位移为 δ3.5 ～ 4.0，且 α-C 的化学位移也与之相符。所以这个未知化合物的结构为：

CH₃ NH₂
| |
H₃C — C — C — COOH
| |
H   H
缬氨酸（Valine）

下面，展示另一个化合物的解谱过程（图 4-29）。

在图 4-29 一维谱上可以看到芳香区的谱峰，它们是否来自同一个物质？这需要 TOCSY 和 COSY 来解答（图 4-30）。

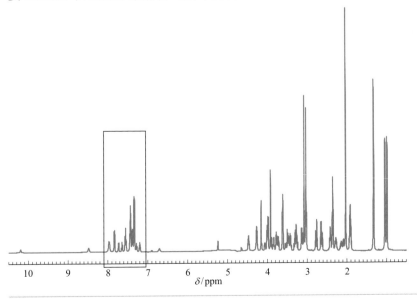

图 4-29 典型的一维 NMP 氢谱

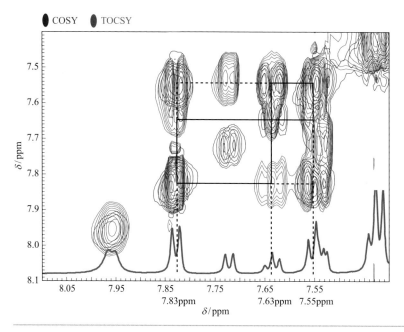

图 4-30　图 4-29 的芳香区 COSY 和 TOCSY 图谱

可以在 TOCSY 谱（图 4-30 红色）上找到这样一个自旋体系：氢的化学位移分别为 $\delta7.55$、$\delta7.63$ 和 $\delta7.83$，从 COSY 谱（蓝色）上可以得出它们的连接关系是：H($\delta7.83$)-H($\delta7.63$)-H($\delta7.55$)，也就是说 H($\delta7.63$) 在中间，H($\delta7.83$) 和 H($\delta7.55$) 在两边。这个化学位移区间的 H 应该为苯环上直接相连的质子（详见本章 4.6 常见基团的化学位移范围），三个不同的化学位移意味着该苯环上存在三个不同的氢，那么可能存在哪些结构呢？归纳起来通常有以下三种：

哪一种是正确的呢？如图 4-31 所示。

从 J- 分解谱（图 4-31）上看到这三个氢对应的峰形都是多重峰，这可能由于苯环 π 键的原因，具体原因还需要借助其他的谱图来分析（图 4-32）。

从 HSQC 谱（图 4-32 红色部分）上可以看到与这 3 个氢直接相连 C 的化学位移分别为：

$\delta\ ^1H$	7.83	7.63	7.55
$\delta\ ^{13}C$	130.1	135.3	131.5

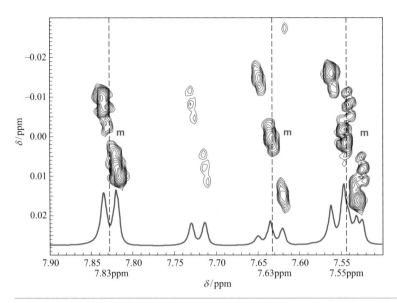

图 4-31　J- 分解谱显示图 4-29 中芳香区的峰的裂解形式

m代表多重峰

另外值得注意的是，在 HMBC 谱（图 4-32 蓝色部分）上这三个氢中只有 H

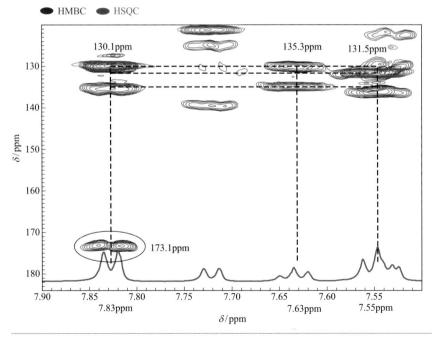

图 4-32　图 4-29 芳香区的 HMBC 和 HSQC 叠加图

（δ7.83）连接着化学位移为δ173.1的C，刚才提到苯环上三个质子的连接顺序是：H(δ7.83)-H(δ7.63)-H(δ7.55)，且HMBC可提供2~3键以内C-H的耦合关系，因此，可能H(δ7.83)的邻位C连接有取代基，且这个取代基与苯环直接相连C的化学位移为δ173.1：

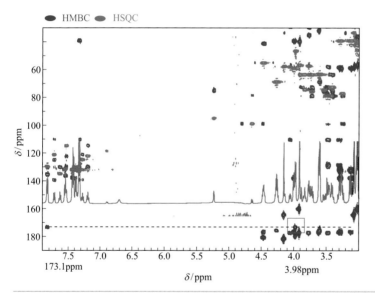

那么这个C(δ173.1)还连接着什么基团呢？将 HMBC 和 HSQC 展开观察（图4-33）。

图 4-33　图 4-29HMBC 和 HSQC 叠加图

从图 4-33 中发现在 HMBC 的脂肪区，化学位移为δ3.98 的 H 与这个 C(δ173.1)存在连接关系。将这一部分放大观察（图 4-34），确实如此。

为了寻找取代基更多的信息，将 HMBC 和 HSQC 谱图的δ¹H3.98ppm 处纵向展开（图 4-35）。

从 HSQC 谱（图 4-35 红色部分）上发现 H（δ3.98）直接相连的 C 的化学位移为δ46.3，另外还连接 C(δ173.1) 和 C(δ179.3)。

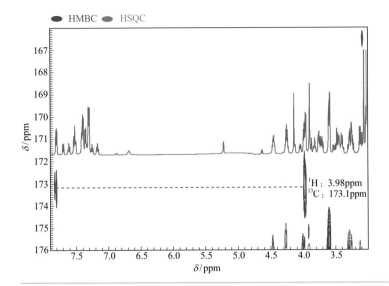

图 4-34　部分图谱放大效果

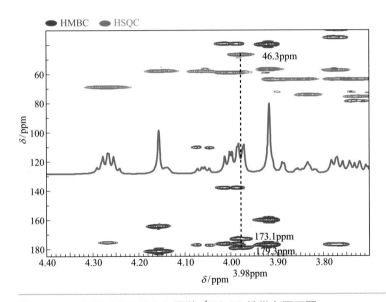

图 4-35　HMBC 和 HSQC 图谱 δ^1H3.98 处纵向展开图

可以预测化学结构为：

当 C 的化学位移为 δ173.1 时，可能为羧基、酰氯基、酰胺基或酯基，但从刚才在 HMBC 上得到的信息可以看出这个 C(δ173.1) 并不在最末端，所以只可能为酰胺基或酯基。另外，这个 C(δ173.1) 连接着化学位移为 δ46.3 的 C，且与此 C(δ46.3) 直接相连 H 的化学位移为 δ3.98。同时，C(δ46.3) 还连接着化学位移为 δ179.3 的 C。因此推测的结构式如下所示：

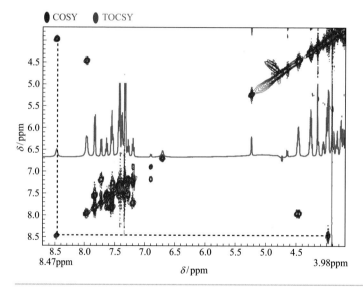

接下来还需要进一步寻找信息：

在图 4-36 可以看到，H（δ3.98）与 H（δ8.47）存在耦合关系。

图 4-36　图 4-29 的 COSY 和 TOCSY 图谱

而从图 4-37HMBC 和 HSQC 谱图上，没有找到这个 H（δ8.47）相连 C 的化学位移。说明了这个 H（δ8.47）没有与 C 相连。说明这个结构中存在的是酰胺基，而非酯基。另外，C（δ179.3）不与其他原子存在连接关系，说明应该在该分子末端，所以应该是羧基。因此这个分子的结构是：

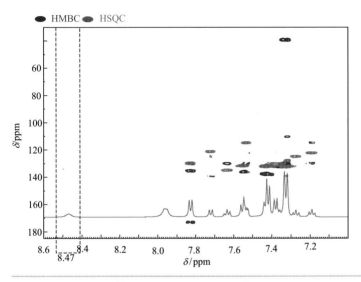

图 4-37　图 4-29 的 HMBC 和 HSQC 图谱

4.9　常见问题及解决方案

由于核磁共振实验涉及很多方面，参数多而复杂，因此在实验过程中出现问题是难免的。如何针对实验中常见的问题，找到相应的解决办法，是核磁共振谱仪管理和操作人员所具备的基本条件之一。下面就针对核磁共振操作过程中经常出现的问题以及相应的解决办法做一些归纳。

（1）核磁共振检测样品时为什么要使用氘代试剂　在核磁共振检测时需要用氘信号进行锁场以减少场的漂移。

（2）配制样品时如何选择氘代试剂　选择氘代试剂通常要遵循的原则是：根据样品的极性选择与其极性相似的溶剂。目前市场常见的氘代试剂按其极性从小到大排列为：苯、氯仿、乙腈、丙酮、二甲基亚砜、吡啶、甲醇、水。另外，还要注意溶剂峰的化学位移，最好远离样品峰。例如：多糖类化合物采用重水（D_2O）作溶剂，其优点是测定 $^{13}CNMR$ 时没有溶剂信号的干扰。多糖类化合物也可采用氘代二甲基亚砜作溶剂，二甲基亚砜在 ^1H 或 ^{13}C 谱上溶剂信号与多糖的信号几乎不发生重叠，这为多糖 NMR 图谱的解析带来方便。另外，溶剂效应会带来化学位移的差别，在与文献数据对照分析时也应当注意。

（3）配制样品时如何确定溶剂的量　通常在检测样品高度的量筒上都绘有相应线圈的位置及刻度，一般只要保证样品的长度比线圈上下各多出 3mm 即可，过少会影响自动匀场效果，过多不但会浪费溶剂而且会稀释样品，减少了处在线圈中的有效样品量。这种情况下要注意将样品液柱的中心与定深量筒上的线圈中心对齐。例如，使用 5mm 核磁管时，样品的溶剂量为 0.5mL 左右。

（4）核磁管使用时要注意什么　首先尽量选用优质核磁管，如果样品管过细或者有裂纹，很容易造成样品管在探头内破碎，污染探头。因此在使用样品管前，首先要在平面上滚动，确定平直；然后对灯光仔细检查有无裂纹；插入转子时要注意是否过紧过松。另外，要根据样品量的大小来选择不同大小规格的核磁管，如可选择的核磁管大小有 5mm、3mm、2.5mm、1.7mm 等。

（5）放入样品后检测不到氘锁信号　有许多原因可能会引起氘锁信号的丢失。但首先要查找样品的原因，核实样品是否真的添加了氘代试剂，样品的高度是否合适，样品是否放置到探头的检测线圈范围。如果样品中加入了氘代试剂，应粗略地计算氘的含量。如果刚放入磁体内的样品氘代试剂的含量远小于前面的样品，就应该考虑锁场的功率和增益。或者采用自动锁场（现代的谱仪一般都具有自动锁场功能）。

如果锁场功率和增益都有了合理的数值依然找不到氘锁信号，就要考虑磁场偏置的问题。调整磁场偏置时可参考氢谱的化学位移。如果刚换上的样品的溶剂为氘代氯仿，而刚换下的样品溶剂为重水，那么就要减小磁场偏置以查看氘锁信号，因为氯仿的溶剂峰出现在较低场。如果刚换上的样品的溶剂为氘代二甲基亚砜（Dimethyl Sulfoxide，DMSO），就要考虑增大磁场偏置，因为 DMSO 的溶剂峰出现在较高场。

如果通过上述方法仍然找不到氘锁信号，就要考虑谱仪控制柜与计算机之间的通信连接，此时，需要在专门的技术人员指导下重启仪器来检测相关原因。

（6）放入样品后能观察到氘锁信号，但无法锁场　遇到这种情况，首先要检查锁场相位是否正确。当锁场相位偏离较大时，便无法进行有效的锁场和匀场。检查相位时，脱锁观察是比较直观的方法，再通过调整锁场相位使之得到校正。

（7）实验完成后样品无法弹出　当完成实验，输入相应的命令后样品无法弹出。这时，首先检查压缩空气是否正常，是否与要求的值有大的出入，如果明显小于正常值，说明压缩空气压力不足，检测是否漏气。如果压缩空气压力没问题，要考虑样品是否卡在探头里了。此时可以将探头的固定螺丝拧开，轻轻抽出探头再装回。再进行吹气，样品通常能被弹出。

（8）谱图采集时无信号产生　发现这种情况，要考虑以下几方面的原因：①样品未能进入探头检测线圈范围。在做不锁场实验时（例如，许多杂核实验不需要锁场），样品未进入探头检测线圈就采样。②设置的观察核和想要的观测核不一致时，采集时就无法观察想要的信号。③样品中所要观测的核的浓度不够时，如 ^{13}C 核的灵敏度比较低，在较短的采样时间内无法看到信号。或者样品本身的溶解度比较小，导致累加次数较少时看不到信号。④所设置的谱宽和中心频率不准确。对于常用的氢谱，变换锁场溶剂后磁场偏置有较大的变化，因此要对频率偏置作相应的调整，否则在定义的谱宽内无法产生信号。⑤采样前未调谐。当更换样时，要针对新样品的性质进行调谐。^1H 谱的调谐范围很窄，一般不调谐也可以观察到信号，而对于 ^1H 以外的其他核，有时会因没有调谐而看不到信号，例如 ^{13}C，有时就会因没有对 ^{13}C 进行调谐，而在采集二维 HSQC 实验时无信号产生。⑥去偶实验中参数设置不当。如果做去偶实验，应该检查去偶参数是否正确，因为没有去偶的谱图质量比较差，也可能导致在短时间内无法看到信号。⑦90°脉冲宽度不对。在 NMR 中，每一脉冲都受到射频场强度的控制，当选用的脉冲宽度是通常的 90°脉宽时，应检查是否射频场强度也是通常的数值。

（9）谱图基线不平　在采集生物样品的代谢指纹图谱时通常采用多脉冲程序以达到较好的压制水峰的效果，此时如果 90°脉冲设置不正确会导致谱图基线不平。

4.10　植物代谢组学研究中样品的提取方法

在植物代谢组学研究中，有关代谢物的提取方法有很多。但是，由于植物代谢物具有高度不一致的物理化学性质，到目前为止，还没有一种理想的方法可以同时高效率地检测所有类别的代谢物。所以，植物代谢物提取方法应该根据实验目的、目标代谢物的种类以及不同的植物提取部位而有所侧重。评价代谢物提取方法好坏的标准主要有：①保持代谢物原来的生化状态；②高的提取率和产率；③提取过程中不应有选择性和任何物理化学修饰；④较好的可重复性和可操作性。

目前，常见的植物代谢组学样品提取方法主要步骤有：①植物材料的破碎与代谢反应的淬灭。植物材料一般使用液氮研磨或电子匀浆机直接破碎，液氮研磨是植物提取的"金标准"，但效率低且十分耗力，不适合大量样品的检测。电子匀浆机效率高，但不适合少量样品的提取。淬灭的目的是使代谢反应停止并防止代谢物的降解，传统的淬灭方法是通过对样品瞬时低温（-40℃甲醇）或高温（沸腾甲醇/乙醇/水）处理，或极端 pH 值的强酸（高氯酸，三氯乙酸）或强碱（氢氧化钠，氢氧化钾）处理实现的。液氮淬灭法也是人们常使用的一种灭活方法。②代谢物的提取。常用的代谢物提取溶剂有：甲醇、乙醇、乙腈、高氯酸、三氟乙酸、氢氧化钾等，根据实验目的的不同使用单一的或者二元、三元溶剂提取植物初级及次级代谢物。针对不同的代谢物，应选用提取率高、重复性好的试剂，提取过程中也要注意溶剂饱和及提取次数等问题。此外，超声波辅助萃取、超临界流体萃取、固相萃取等方法在植物代谢组学研究中也是广泛使用的。③浓缩。由于提取过程造成了代谢物的稀释，故需要进行代谢物的浓缩。水相提取物一般使用冷冻干燥器低温低压干燥，冷冻干燥可以除去水分同时还可以防止代谢物的热降解。有机相一般使用减压蒸发或者旋转蒸发的方法达到浓缩的目的。需要注意的是，冷冻干燥和溶剂蒸发都不适合挥发性代谢物的研究。④制备 NMR 样品。称取一定量的浓缩后的干粉加入 0.4 ~ 0.6mL NMR 配样缓冲溶液就可以制备成 NMR 样品进行分析了。NMR 配样缓冲溶液一般要使用一定离子强度的磷酸缓冲液控制 pH 值，以及用于锁场的氘代试剂（水相 D_2O，有机相 CD_3Cl）和少量的用于定性定量的内标 [3-（三甲基硅）丙酸（Trimethylsily lpropionic Acid，TMSP）和四甲基硅烷（Tetramethylsilane，TMS）]。

下面简述基于 NMR 的植物代谢组学研究的提取步骤：

① 植物鲜样液氮速冻，-80℃冰箱冷藏备用。使用研钵液氮研磨鲜样，取 100 ~ 250mg 研磨粉样，加入 1mL A 溶剂（甲醇：水 =1：1，体积比），振荡 30s，冰浴上超声 60s，重复 3 次，4℃，12000r/min 离心 10min，取上清，旋转蒸发除去甲醇，-40℃冷冻干燥，取 2 ~ 10mg 提取物加入 0.6mL 10% D_2O 的磷酸缓冲液（pH=7.4）用于 NMR 分析。上述固体残留物加入 1mL B 溶剂（甲醇：氯仿 = 1：2，体积比），振荡 30s，冰浴上超声 60s，重复 3 次，4℃，12000r/min 离心 10min，取上层有机相，旋转蒸发除去甲醇和氯仿，-40℃冷冻干燥，取 2 ~ 10mg 提取物加入 0.6mL CD_3Cl（含 0.1% TMS）用于 NMR 分析。

② 植物鲜样液氮速冻，-80℃冰箱冷藏备用。使用研钵液氮研磨鲜样，-40℃冻干机冷冻干燥，准确称量 25.0mg 样品，加入 1mL 提取溶剂 C（0.1mol/L 含 10% D_2O 磷酸盐缓冲液，2% TSP，pH=7.4），使用组织破碎仪 20Hz 振荡 1.5min，重复 3 次，4℃，12000r/min 离心 10min，取 0.6mL 用于 NMR 分析。

4.11　新技术及发展趋势

核磁共振可提供原子之间的连接关系，能有效认识代谢物结构，可提供原位的质和量的代谢物分子信息，同时核磁共振技术具有检测的同步性、分子信息丰富、无创等特点，因此核磁共振分析已经成为代谢组学的重要分析手段。代谢组学的核心任务是如何快速、有效的获取原位的代谢指纹图谱信息。代谢组分析虽然已有初步成型的技术和方法，但仍然缺乏对低浓度未知代谢物的结构确定方法及对重叠峰的定量分析方法。新近发展的联仪技术：高相液相色谱 - 二极管阵列检测 - 固相萃取 - 质谱 - 核磁共振（High-Performance Liquid Chromatography-Diode-Array Detector-Solid Phase Extraction- Mass Spectrometry-Nuclear Magnetic Resonance，HPLC-DAD-SPE-MS-NMR）联仪提供了有效的低浓度未知代谢物的结构确定方法（图 4-38）。

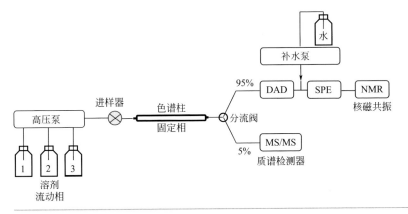

图 4-38　HPLC-DAD-SPE-MS-NMR 联仪系统的工作示意图

HPLC-DAD-SPE-MS-NMR 联仪系统主要是由高相液相色谱、二极管阵列检测、质谱、固相萃取、核磁共振五大主要部分组成。样品首先由高相液相色谱柱分离，由色谱柱洗脱下来的样品分为两部分：95% 的样品流入二极管阵列检测器（Diode-Array Detector，DAD），而只有 5% 的样品进入质谱分析从而获取样品的分子量的信息。采取这样的分流方式是由于质谱的检测灵敏度较高所致。流入 DAD 检测的部分再经过一个补水泵加水的过程流入 SPE 系统。需要特别指出的是，对于不同化学性能的代谢物，应当选择不同的固相萃取柱，从而使我们感兴趣的代谢产物保留在 SPE 柱上，补加水的目的也是为了减少样品中有机溶剂的含量从而使代谢物获得有效的保留。保留在 SPE 柱上的样品再经过吹干，用相应的氘代溶剂洗脱，直接送入核磁共振仪进行各种核磁共振图谱的采集。HPLC-DAD-SPE-MS-NMR 联仪系统的优势首先在于集成分子的极性、官能团、分子量及原子之间的连接关系等信息，达到有效地解析未知代谢物结构的目的。其次，可以通过多次 SPE 色谱柱重复富集，提高被检代谢物的浓度，克服核磁共振检测灵敏度低的缺点。再次，被检样品经过吹干后再用全氘代溶剂洗脱入核磁共振系统，这样避免了在核磁实验中多溶剂峰压制的必要性。最后，这个联仪系统避免了氘代溶剂进入质谱系统，使得代谢物分子量的信息更加准确。在核磁共振系统中，如果配置微量探头或超低温探头则可大大提高检测灵敏度。

　　这一联仪系统已经在植物次生代谢物的鉴定方面得到了广泛的应用，如在迷迭香中发现鼠尾草酸、顺式 -4- 葡萄糖苷香豆酸等。由于植物次生代谢物的分子较大、极性较弱，一般使用 C_{18} 的色谱柱就可以达到较好的分离和富集效果。但是，目前对于分离和富集极性较强的小分子，如动物体液及组织细胞的代谢物，仍存在很多问题，有待于进一步发展。

参考文献

高汉宾，张振芳，2008. 核磁共振原理与实验方法. 武汉：武汉大学出版社.

毛希安，2000. 现代核磁共振实用技术及应用. 北京：科学技术文献出版社.

裘祖文，裴奉奎，1987. 核磁共振波谱学. 北京：科学出版社.

杨崇仁，李兴从，王德祖，1990. 核磁共振新技术在天然有机化合物结构解析中的应用. 昆明：云南省新闻出版局.

张华，2005. 现代有机波谱分析. 北京：化学工业出版社.

Derome A E, 1987. Modern NMR Techniques for Chemistry Research. New York: Pergamon Press.

Kaiser K A, Barding G A, Larive C K, 2009. A comparison of metabolite extraction strategies for ¹H-NMR-based metabolic profiling using mature leaf tissue from the model plant *Arabidopsis thaliana*. Magn Reson Chem, 47: S147-S156.

De Koning W, van Dam K, 1992. A method for the determination of changes of glycolytic metabolites in yeast on a subsecond time scale using extraction at neutral pH. Anal Biochem, 204: 118-123.

Lambert J B, Holland L N, 2006. Nuclear Magnetic Resonance Spectroscopy: An introduction to principles, applications, and experimental methods. New Jersey: Pearson Education Inc.

Mattoo A K, Sobolev A P, Neelam A, et al., 2006. Nuclear magnetic resonacne spectroscopy-based metabolite profiling of transgenic tomato fruit engineered to accumulate spermidine and spermine reveals enhanced anabolic and nitrogen-carbon interactions. Plant physiol, 142: 1759-1770.

Nicholson J K, Lindon J C, Holmes E, 1999. 'Metabonomics': understanding the metabolic responses of living systems to pathophysiological stimuli via multivariate statistical analysis of biological NMR spectroscopic data. Xenobiotica, 29: 1181-1189.

Tang H R, Wang Y L, 2006a. Metabonomics-a revolution in progress. Prog Biochem Biophys, 33: 401-417.

Tang H R, Wang Y L. High resolution NMR spectroscopy in human metabolism and metabonomics. In:Webb G A, Ed. Handbook of Modern Magnetic Resonance,; Kluwer Academic Publishers, 2006b.

第5章
代谢组学数据预处理分析方法

陈天璐①　王玉兰②　吴俊芳③

① 上海交通大学附属第六人民医院，上海，200233

② 新加坡南洋理工大学李光前医学院，新加坡表型中心

③ 湖北省武汉市硚口区同济医院

为了充分获得各种仪器检测数据中的潜在信息，发现能有效表征不同植物主要差异的代谢物，最终解读数据中蕴含的生物学意义，代谢组学数据处理过程一般分为下机数据提取、峰提取和预处理、统计模式识别和结果解读几个步骤。本章将重点介绍代谢组学数据预处理分析方法。

5.1　NMR 数据集的预处理

　　为了得到可以进行后期分析的数据，原始数据集通常需要进行预处理。其中，数据的预处理主要包括数据的归一化（Normalization）、谱峰对齐（Peak Alignment）和数据的标度换算（Scaling）等。

5.1.1　NMR数据的归一化

　　复杂的原始 NMR 谱图经过相位、基线校正和化学位移定标后，为了使不同浓度的样品之间具有可比性，常常需要对原始谱图分段积分以进行谱图数据的量化分析，如用归一化方法对数据进行预处理。早期的归一化方法常指单位分段间距（Bucket Size）内代谢物积分值占全谱有效信号的比例，其单位分段积分间距多为 δ 0.04（Waters et al., 2005），从而将原为 32K 的谱图分为数百个数据点，但是，因 δ 0.04 的单位分段间距太大而严重降低了谱图的分辨率，影响了重叠谱峰中代谢物的归属和后期分析 [图 5-1（a）]。因而随着计算机技术的日益发展，积分区间现多取为 δ0.002 或更小 [图 5-1（b）]。分段数据点的增多也更好地保持了原始谱的信息。

　　目前常用的归一化方式主要有三种。第一种如上所述，以全谱有效信号和为 1，以分段积分值占全谱有效信号的比例为归一化后的变量。此种归一化方式主要用于

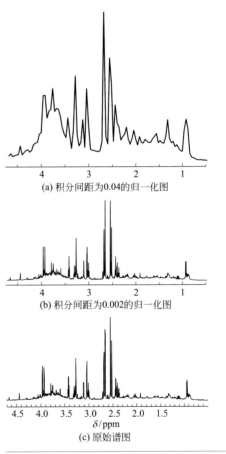

(a) 积分间距为0.04的归一化图

(b) 积分间距为0.002的归一化图

δ/ppm

(c) 原始谱图

图 5-1　一维 ^{1}H NMR 谱的不同分段积分间距的归一化图和原始谱图

消除不同样品之间适度范围内的浓度差异。如在常规动物模型的尿样样品中，这种归一化方式的使用可以消除不同动物由于饮水等因素导致尿样浓度不同所带来的差异。但是，当样品中某种代谢物的含量变化极高时，这种方法不适用。这是因为升高的代谢物会使本来没有变化的代谢物含量相对下降，继而导致后期数据分析中伪结果的产生。例如在糖尿病病人的体液样品中（葡萄糖含量极高），若采取第一种归一化方式，则糖以外其余的代谢物占全谱的百分比均相对降低。这时，最适合的方法是第二种方法，即以单位分段积分值与相对不变的代谢物的峰面积之间的比值作为归一化后的变量。这种归一化的方法对葡萄糖以外其余代谢物变化规律的寻找和生物学意义的解释影响较小。对植物代谢组分析，最好的方法是以植物提取之前的干重为基础进行归一化，这种方法得到的结果是代谢物变化的绝对值。此外，Dieterle 研究小组还提出了概率熵归一化（Probabilistic Quotient Normalization）的方法，即通过寻找最可能的稀释因子（Most Probable Dilution Factor）来减小生物样品中由于样品稀释原因导致的不同波谱在后期分析的差异（Dieterle et al., 2006）。

5.1.2　NMR谱峰对齐

在实验过程中，由于样品的 pH 值和浓度等因素影响，容易造成某些官能团出现化学位移的偏移的现象。虽然对谱峰分段积分的方法能够缓解积分间距内微小的谱峰漂移现象，但是对偏移较大的代谢物仍然不起作用，造成在后期的数据分析中出现线性负载图的畸变。如图 5-2 所示，样品中柠檬酸因为含有三个羧基，且其三

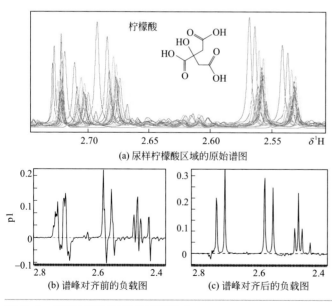

(a) 尿样柠檬酸区域的原始谱图

(b) 谱峰对齐前的负载图　　　(c) 谱峰对齐后的负载图

图 5-2　谱峰对齐对数据分析的影响

级电离常数也非常接近（3.13，4.7，6.4）（Xiao et al., 2009），因而其化学位移对溶液环境异常敏感。在不进行谱峰对齐操作时，多种代谢物负载图出现了显著的畸变，且与柠檬酸邻近的代谢物（如二甲胺）的变化趋势因被其掩盖而得不到正确的信息[图5-2（b）]。为此Stoyanova等（2004）提出了自动校正NMR谱峰对齐的方法。此外，还可通过集束搜索（Beam Search）（Lee et al., 2004）和遗传算法（Genetic Algorithm）（Forshed et al., 2003）等数学运算达到NMR谱峰对齐的目的，再进行归一化等操作，进而提供更接近于原始谱的数据信息[图5-2（c）]，为后续数据的多变量分析奠定坚实的基础。

5.1.3 统计全相关谱

基于 NMR 的各种分析方法，统计全相关谱（Statistical Total Correlation Spectroscopy，STOCSY）是近年来发展起来的应用于代谢组学的一种新的数据分析手段（Cloarec et al., 2005）。它借助"数理统计中的相关分析方法，寻找不同变量之间的联系，并通过计算机实现图形显示，为数据提供更高的可视性，发掘分子结构、生理学关系等信息"，帮助寻找新的生物代谢轮廓信息（朱航，2008）。这种方法通过对一系列一维谱的统计分析而得到一个准二维谱，其交叉峰并非与二维 NMR 谱一样来自相互耦合的原子，而是来自峰面积（浓度）变化相近一维 NMR 信号。高度的相关性可以认为是来自于同一分子中不同质子的 NMR 信号。此方法对于谱峰的归属和指认提供了很大的帮助，尤其对单峰的归属和指认帮助较大（图5-3）。同时，由于不同分子可能涉及共同的生物化学代谢通路，包括浓度的相互依赖或者具有共同的反应调节机制，因而对于处于同一代谢途径中不同的代谢物之间相关关系的挖掘也可以提供重要的信息。

随着该方法的进一步发展，各种不同形式的统计相关谱分析方法逐步被发掘。除了同核统计全相关谱外，该方法也同样适用于异核的统计全相关谱（Heteronuclear Statistical Total Correlation Spectroscopy，HET-STOCSY）（Coen et al., 2007; Wang et al., 2008）以及分析同类样品不同的数据采集方式的统计全相关分析。使用色谱 - 核磁联仪设备，在相同时间流出的代谢物，将其色谱和核磁谱进行相关分析可以增加对尿样中代谢物的归属（Cloarec et al., 2007）。另外统计全相关分析可用于分析色谱质谱和 NMR 的数据相关分析，提高了对色谱质谱的归属（Crockford et al., 2006）。统计相关谱分析方法逐渐成为代谢组学中多变量数据挖掘的一种有效的常规工具，为代谢组学方法提供了新的发展空间。同样，它们也是利用来自同一分子或代谢通路上分子间信号的相关性，整合通过不同的检测手段或不同核的检测所得到的数据建立分子的相关网络，从而进一步获得结构或代谢途径的相关信息。

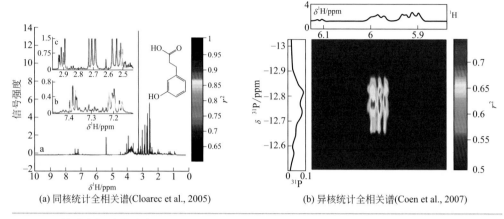

(a) 同核统计全相关谱(Cloarec et al., 2005)　　　　(b) 异核统计全相关谱(Coen et al., 2007)

图 5-3　统计全相关谱的应用

5.2　MS 数据预处理

　　前文提到的气质联用或液质联用等基于质谱（MS）平台的仪器所获得的谱图可能含有几百到几千个色谱峰，每个色谱峰每秒至少有 3 ～ 5 次扫描，甚至有些精密仪器扫描次数在 20 ～ 50 次。因此，一张色谱图可能含有几千或几万张质谱图（Dettmer et al., 2007），如何从这些海量数据中挖掘出有效信息显得非常必要。数据提取作为数据处理的第一步，该过程将各种仪器得到的图谱转换成可分析的数据形式如网络通用格式（Network Common Data Form，NetCDF）或美国信息交换标准代码（American Standard Code for Information Interchange，ASC Ⅱ）等格式，供后续处理和分析。如果一个实验需要完成批量样品的信息处理，那么仅提取这一步的工作量就已经非常巨大，纯手工分析基本是不可能的。随着计算机信息化的发展，分析技术的自动化极大地改善了仪器的性能和工作效率。以美国珀金埃尔默（Perkin Elmer）公司的 GC-MS 为例，数据的提取可以采用仪器的 Turbomass 软件积分，并将每张谱图中的各个谱峰按照保留时间和质荷比进行匹配，得到完整的分析数据（Qiu et al., 2010）。之后，可采用配套的数据格式转换插件（DataBridge）将数据转换为其他多种格式，便于后续分析软件的读取。除了各公司提供的数据导出和数据格式转换插件，越来越多的研究者利用通用的 Proteowizard 软件中的 msConvert 插件进行各种仪器数据格式之间的转换。当前使用较多的数据格式为 mzML、netCDF 和 mzXML。随着代谢组学技术走向成熟，数据提取和格式转换工具发展迅速，日臻完善。

生物样品中代谢物受环境的影响较为明显，同时，样本的收集、存储、制备和仪器检测过程中也处处存在着误差（Qiu et al., 2007）。因此，为消除外在或人为干扰因素的影响，需要采用适当的方法来改善数据性质，提高数据的稳定性。另外，图谱中提取的海量数据也给统计分析带来了极大的负担。因此，需要进一步提取图谱中有用的信息（如谱峰强度等）用于后续分析（NI et al., 2008）。预处理和峰提取这一步就是将大量谱图数据转化并整合为一个峰数据集/表的过程。该数据集由一系列用保留时间、质荷比和信号强度三维标识的峰组成。由于各样本间和各个峰之间存在着千丝万缕的内在联系，在数据量明显减少的同时，复杂度并没有明显减小。典型的代谢组学预处理过程主要包括奇异点剔除、去噪、基线校准、峰对准、峰识别、峰特征提取以及结果整理等步骤（图5-4）。数据处理的方法和理论繁杂多样，几乎可以应用于各个领域。根据不同的分析仪器、数据特征和需求，应采取不同的预处理步骤和方法，尽量提高最终提供的谱峰信息的可靠性。

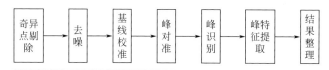

图 5-4 典型的代谢组学数据预处理过程

5.2.1 MS奇异点剔除

如果个别样本与同组其他样本的谱图明显不同，或某个谱图几乎没有出峰，综合考虑样本信息和实验操作后，可将其作为奇异点去除，不参加后续的处理。虽然剔除奇异点有利于得到理想数据的分析结果，但应谨慎操作，避免误删重要信息或忽略有研究价值的"非常规"现象。

5.2.2 MS去噪和平滑

生化实验中，由于样品制备过程、测量手段和仪器的不完善，噪声和误差是不可避免的。数据中的噪声主要包括测量噪声和随机噪声。去噪平滑是数据预处理中重要的一步。针对质谱或色谱数据的消噪方法主要包括阈值限制、匹配滤波、移动窗平均（一般取5点或7点）滤波、中值滤波、Savitzky-Golay多项式拟合和离散小波变换等方法。匹配滤波和移动窗平均滤波原理相对简单，很多软件都带有该功能，应用较为广泛。

5.2.3　MS基线校准

理想情况下，所有谱图的强度值应该以零为基础，即没有物质洗脱出来时，强度值应该为零。由于当前测量方法不够完善、仪器受到污染或者性能不稳定，实际检测谱图的强度值常常都大于零，需要对其基线进行校准。常用的基线校准方法是将同一谱图的所有数据值减去最小值，使基线为零。这对于后续寻找谱峰的起点和终点非常有帮助。

5.2.4　MS峰对准

随着检测理论和电子技术的发展，分析仪器的精度、稳定性和重复性日益提高。但是，样本数量的增加必然引起测量时间的增加，而积累起来的时间偏移对数据处理有不可忽略的影响。峰对准就是要修正这些时间偏差，使得所有样本中代表同一个物质的谱峰的保留时间一致，便于批量处理和统计分析，提取出有可比性、有意义的变量。

峰对准方法可分为两类。一类是预先在样本制备时人为地插入几个标准组分。预处理过程中，识别出这些标准组分的谱峰，通过它们分段线性地调整保留时间。另一类是在获取数据后完全依赖数学方法进行对准。此类方法又可以细分为线性对准和非线性对准。线性对准的代表方法与插入标准组分的方法类似，可以选择所有样本中都出现的，保留时间和强度都较理想的峰作为标志物质，逐一分段调整各个样本；也可以选择一个样本作为参考样本，调整其他样本与参考样本对准。非线性对准的方法比如 Nielsen 的相关优化变形窗法（Correlation Optimized Warping，COW）、Par Jonsson 的协方差法以及快速傅里叶变换法等。相关优化变形窗法是通过相关性找到最好的一些片段窗来进行校准，但要求样本间的时间偏差不能大于相邻两个峰之间的时间间隔。协方差法通过找到谱图间的最大协方差来进行峰对准，在样本拥有极大相似程度时非常有效。在当前的代谢组学研究中，对比样本的谱图通常较为接近，大部分的主要峰都会出现在所有样本中，因而协方差法的使用较广。

5.2.5　MS谱峰识别

峰识别即确定峰的起点和终点。一般采用求导的方法（二阶导数为零的拐点）或二阶高斯滤波方法。

5.2.6　MS峰特征提取

峰特征提取主要是提取峰高或计算峰下覆盖的面积。面积的计算可选用矩形积分法、梯形积分法或精度更高的龙贝格积分法（变步长的梯形积分）。

5.2.7 MS批次效应去除

批次效应表示样品在不同批次中处理和测量产生的与试验期间记录的任何生物变异无关的技术差异。受日期、环境、处理组、实验人员、试剂、平台等一些非生物因素的影响，在试验过程中的每一步都有可能引入批次效应，如果不妥善处理批次效应，可能会严重影响试验结论的准确性（Leek et al., 2010）。

常见的去除批次效应的方法有ComBat法、替代变量分析法、距离加权判别法和基于比值的方法等。前面提到的各种归一化方法也对批次效应的去除有一定帮助。

（1）基于比值的方法 基于比值的方法是通过减去每个批次中参考样本的均值来调整不同批次的差异。如果每个批次有多个参考样品，则使用参考样品的几何平均值或算术平均值为参考。

该方法原理简单且操作门槛低，使用的前提是每个批次中都有参考样本。

（2）距离加权判别法 距离加权判别（DWD）法是一种对高维低样本量的数据进行两类判别的方法（Huang et al., 2012；Zhang et al., 2015）。该方法基于支持向量机（SVM）算法，认为每个批次的样品属于一个特定的分类，使用DWD作为分类算法，通过寻找两批次之间的最优超平面，分离出不同批次的样品。通过计算每个批次中所有样本到超平面的平均距离，然后减去这个平面的法向量与平均距离的乘积，得到调整后的数据。该方法1次只能调整2个批次的数据，对于有多个批次的大型研究数据不适用。

（3）ComBat方法 ComBat方法是一种基于经验贝叶斯方法去除批量效应的方法，尤其对小样本数据更加有效（Müller et al., 2016）。该方法基于估计参数的先验分布，为每个变量独立估算每个批次的均值和方差并进行调整。该方法总体优于其他方法，适用于批次分组已知情况下批次效应的去除。

（4）替代变量分析（SVA）法 替代变量分析（SVA）法直接从表达数据中估计所有未测量因子的影响（Leek and Storey，2007）。SVA算法分为4个基本步骤：①移除主要变量的贡献获得残差表达矩阵；②对残差表达矩阵进行分解（例如SVD或PCA方法）（Jolliffe and Cadima，2016），通过残基表达矩阵上的变量与潜在因子之间关联的显著性识别出引起表达变异的变量子集，即与感兴趣的生物因子不相关的其他潜在因子引起的代谢表达值变异部分；③对每个变量子集，根据原始表达数据中该子集的批次效应信号构建一个替代变量；④重新构建删除批次效应的数据集。SVA方法适用于批次分组未知的情况下批次效应的去除。该方法的局限性在于只去除主要的批次效应，且不适用于样本数目较小的批次校正。

5.2.8　MS重叠峰识别

实际检测谱图中，由于物质的保留时间很接近或峰宽度过大，代表多个物质的峰经常会重叠在一起，无法人工识别或分离。为了得到准确可靠的结果，必须从重叠峰中分离出各个峰后再提取每个峰的特征，这也是峰提取的难点所在。

早期的峰识别算法大多基于统计分布和多阶求导平滑，效果不够理想，后来产生了反卷积方法。比如，NIST 开发的可免费获取的自动化质谱反卷积和识别软件（Automatic Mass Spectral Deconvolution and Identification System，AMDIS）和 Leco 公司开发的 Chroma TOF 软件都采用了该方法。但是，早期的反卷积方法只适合于处理单一样本，处理速度和自动化程度也不够理想。近年来，一些学者尝试使用基于多元曲线分辨（Multivariate Curve Resolution，MCR）的方法，基本实现了批量样本重叠峰的识别和分离（Jonsson et al., 2006）。

（1）反卷积　反卷积是卷积法的逆运算。反卷积的功能如图 5-5 所示。左边的色谱总离子峰（黑实线）实际上由三个独立的成分（分别用绿、红和蓝三种颜色标出）叠加而成。质谱图的叠加效果也已用相应的颜色标出。经过解卷积后，三个独立的色谱峰及其所对应的质谱图会被分离出来。分离出的成分个数由矩阵的秩决定。

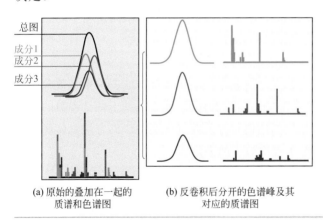

(a) 原始的叠加在一起的　　　(b) 反卷积后分开的色谱峰及其
　　 质谱和色谱图　　　　　　　　 对应的质谱图

图 5-5　反卷积示意图

（2）多元曲线分辨法　对于代谢组学这样大样本量且复杂的三维数据，需要采用高阶数据分析方法进行处理。传统的基于迭代拟合或特征值特征向量的高阶数据分析方法均要求数据满足三线性特征结构，否则将无法得到合理的解。在通常的实验中，完全符合三线性的数据很难得到。1993 年，Tauler 提出了一种可用于非三线性数据分析的基于交替最小二乘迭代优化的多元曲线分辨方法（Multiple Curve Resolution，MCR）（Garrido et al., 2008）。该方法以渐进因子分析所得的分析结果作为交替最小二乘迭代优化的初始值，可实现多个非三线性数据矩阵的同时分析，在化学领域的组分确定、重叠峰分辨、高阶数据分辨、化学成像分析等方面都有一定的应用。在代谢组学数据预处理中，该方法的优势日益突出。

MCR 方法的数学思想如图 5-6 所示。第一行是矩阵描述，第二行是图形描述。对于一个由 N 个样本组成的三维数据（在某一段保留时间窗内）组成的矩阵 Data，通过 MCR 可以得到 C 和 S 两个矩阵。其中，C 矩阵是分离出来的色谱峰，每一列是一个峰（独立的成分，用不同颜色表示）；S^T 矩阵是与每一个色谱相对应的质谱数据，每一行是一个质谱数据。C 的列数与 S^T 的行数是一样的，都是提取出来的峰的个数。

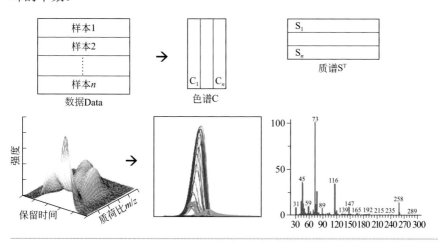

图 5-6　MCR 方法的主要思想（D=CS^T+E，E 为误差矩阵）

MCR 方法可被分为三种方式：迭代式、非迭代式和混合式。其中，非迭代式和大部分混合式方法很难实现自动化，不适合代谢组学大量样本数据的分析。迭代式以交替回归（Alternating Regression，AR）方法和目标转换因素分析法（Target Transformation Factor Analysis，TTFA）为代表。一些学者已经尝试将 AR 方法用于质谱色谱数据重叠峰的分离提取中，相应的 R 软件包可在 CRAN 下载使用。

与反卷积方法相比，以 MCR 为核心的算法不仅可以同时处理大量样本，而且纵观全局，从保留时间和质荷比二维上分别解读样本数据，适合代谢组学的应用需求。此外，由于综合了相关性很高的多样本信息，利用各物质浓度比在同组样本中波动很小的原则，即使两个物质（峰）的保留时间完全一样，该方法也可以将它们识别并分离出来。这是以往所有重叠峰处理方法都无法实现的。

5.2.9　MS定量计算

对代谢物的定量计算主要依靠标准曲线来实现。首先，将具有指定浓度梯度的一系列（混合的或单一的）标准品与被测样本一起进行测试、峰提取和强度计算。其次，针对标准品中的每一个目标物质，建立其强度和浓度的对应关系曲线，得到确定的计算公式。可以是线性对应关系，也可以是非线性的对应关系。最后，根据被测样本中目标物质的强度和计算公式，反推出样本中该物质的浓度。该过程中，混合标准品成分的选择和浓度梯度的设计需要综合考虑目标物质的化学结构以及其检测限和定量限。最佳浓度梯度点的组合是建立标准曲线的关键。除了曲线拟合程度外，还需要适当考虑样本中目标物质的峰强度范围。

5.2.10　MS谱峰提取的软件工具

根据开发者和公开程度，实现预处理、峰提取和定量计算功能的软件主要分为两种。

（1）分析仪器公司研发，仪器自带的软件包。如沃特斯（Waters）公司的MassLynx、力可（Leco）公司的 Chroma TOF 以及珀金埃尔默（Perkin Elmer）公司的 Turbomass（只能手动提取峰）等。该类软件与特定仪器配套使用，内部算法不公开，使用受到一定的限制。

（2）公开的，可免费下载的软件包。如美国斯克利普斯研究所开发的 XCMS、美国国家标准及技术研究所（National Institute of Science and Technology, NIST）开发的 AMDIS（Automatic Mass Spectral Deconvolution and Identification System）、马普植物分子生理研究所（Max Planck Institute of Molecular Plant Physiology）开发的Tagfinder（http://www-en.mpimp-golm.mpg.de/03-research/researchGroups/01-dept1/Root_Metabolism/smp/index.html）和日本 RIKEN 生物信息研究中心开发并维护的MSDIAL（http://prime.psc.riken.jp/compms/msdial/main.html）等。其中，XCMS 应用最为广泛。该软件包最初为 LC-MS 数据预处理而开发，后被应用到其他数据的处理上。由于其源代码完全公开，可根据实际需要进行修改。但是代码复杂，初期需投入较多精力，修改有一定难度。近年来，该软件提供了有图形界面的网络版XCMSonline（https://xcmsonline.scripps.edu），还增加了少许统计分析功能，进一步扩展了其应用范围。Tagfinder 是基于 JAVA 开发的专用于批量代谢组学数据预处理和峰提取的软件。该软件及其配套的一系列小软件功能齐全、操作简便，且下载和使用全免费，用户数量和影响力上升迅速。MS-DIAL 是一个多功能的代谢组学数据分析平台。该平台可以处理来自不同厂商的下机数据，可对数据进行峰提取和预处理（包括解卷积），还可采用多个数据库进行物质鉴定（包括脂质的鉴定）。

根据样本处理能力，预处理和峰提取软件（包）又可分为两类：只能处理单一样本的软件，如 Chroma TOF、AMDIS 和 Turbomass；能够同时处理多个样本的软件，如 MassLynx、XCMS、Tagfinder 和 HDA 等。

参考文献

朱航，2008. 基于核磁共振的代谢组学研究中的几种新数据分析方法与应用. 中科院研究生院博士论文.

Cloarec O, Campbell A, Tseng L H, et al., 2007. Virtual chromatographic resolution enhancement in cryoflow LC-NMR experiments *via* statistical total correlation spectroscopy. Anal Chem, 79: 3304-3311.

Cloarec O, Dumas M E, Craig A, et al., 2005. Statistical total correlation spectroscopy: an exploratory approach for latent biomarker identification from metabolic ^{1}H NMR data sets. Anal Chem, 77: 1282-1289.

Cloarec O, Dumas M E, Trygg J, et al., 2005. Evaluation of the orthogonal projection on latent structure model limitations caused by chemical shift variability and improved visualization of biomarker changes in ^{1}H NMR spectroscopic metabonomic studies. Anal Chem, 77: 517-526.

Coen M, Hong Y S, Cloarec O, et al., 2007. Heteronuclear ^{1}H-^{31}P statistical total correlation NMR spectroscopy of intact liver for metabolic biomarker assignment: application to galactosamine-induced hepatotoxicity. Anal Chem, 79: 8956-8966.

Crockford D J, Holmes E, Lindon J C. et al., 2006. Statistical heterospectroscopy, an approach to the integrated analysis of NMR and UPLC-MS data sets: application in metabonomic toxicology studies. Anal Chem, 78: 363-371.

Dettmer K, Aronov P A, Hammock B D, 2007. Mass spectrometry-based metabolomics. Mass Spectrom Rev, 26: 51-78.

Dieterle F, Ross A, Schlotterbeck G, 2006. Probabilistic quotient normalization as robust method to account for dilution of complex biological mixtures. Application in ^{1}H NMR metabonomics. Anal Chem, 78: 4281-4290.

Forshed J, Schuppe-Koistinen I, Jacobsson S P, 2003. Peak alignment of NMR signals by means of a genetic algorithm. Anal Chim Acta, 487: 189-199.

Garrido M, Rius F, Larrechi M, 2008. Multivariate curve resolution-alternating least squares (MCR-ALS) applied to spectroscopic data from monitoring chemical reactions processes. Anal Bioanal Chem, 390: 2059-2066.

Huang H, Lu X, Liu Y, et al., 2012. R/DWD: distance-weighted discrimination for classification, visualization and batch adjustment. Bioinformatics, 28:1182-1183.

Jolliffe I T, Cadima J, 2016. Principal component analysis: a review and recent developments. Philos Trans A Math Phys Eng Sci, 374: 20150202.

Jonsson P, Johansson E S, Wuolikainen A, et al., 2006. Predictive metabolite profiling applying hierarchical multivariate curve resolution to GC–MS data-a potential tool for multi-parametric diagnosis. J Proteome Res, 5:1407-1414.

Lee G C, Woodruff D L, 2004. Beam search for peak alignment of NMR signals. Anal Chim Acta, 513: 413-416.

Leek J T, Storey J D, 2007. Capturing heterogeneity in gene expression studies by surrogate variable analysis. PLoS Genet, 3: 1724-1735.

Leek J T, Scharpf R B, Bravo H C, et al., 2010. Tackling the widespread and critical impact of batch effects in high-throughput data. Nat Rev Genet, 11: 733-739.

Müller C, Schillert A, Röthemeier C, et al., 2016. Removing Batch Effects from Longitudinal Gene Expression - Quantile Normalization Plus ComBat as Best Approach for Microarray Transcriptome Data. PLoS One, 11(6): e0156594.

Ni Y, Su M M, Lin J C, et al., 2008. Metabolic profiling reveals disorder of amino acid metabolism in four brain regions from a rat model of chronic unpredictable mild stress. FEBS Lett, 582: 2627-2636.

Qiu Y, Cai G, Su M, et al., 2010. Urinary metabonomic study on colorectal cancer. J Proteome Res, 9: 1627-1634.

Qiu Y, Su M, Liu Y, et al., 2007. Application of ethyl chloroformate derivatization for gas chromatography-mass spectrometry based metabonomic profiling." Anal Chim Acta, 583: 277-283.

Stoyanova R, Nicholls A W, Nicholson J K, et al., 2004. Automatic alignment of individual peaks in large high-resolution spectral data sets. J Magn Reson, 170: 329-335.

Wang Y L, Cloarec O, Tang H R, et al., 2008. Magic angle spinning NMR and ^{1}H-^{31}P heteronuclear statistical total correlation spectroscopy of intact human gut biopsies. Anal Chem, 80: 1058-1066.

Waters N J, Waterfield C J, Farrant R D, et al., 2005. Metabonomic deconvolution of embedded toxicity: application to thioacetamide hepato- and nephrotoxicity. Chem Res Toxicol, 18: 639-654.

Xiao C N, Hao F H, Qin X R, et al., 2009. An optimized buffer system for NMR-based urinary metabonomics with effective pH control, chemical shift consistency and dilution minimization. Analyst, 134: 916-925.

Zhang Y, Ren J, Jiang J, 2015. Combining MLC and SVM Classifiers for Learning Based Decision Making: Analysis and Evaluations. Comput Intell Neurosci, 2015: 423581.

第6章
基于代谢组学数据的多变量分析

吴俊芳[①]　王玉兰[②]　陈天璐[③]

① 湖北省武汉市硚口区同济医院

② 新加坡南洋理工大学李光前医学院，新加坡表型中心

③ 上海交通大学附属第六人民医院，上海，200233

6.1 引言

由于通过 NMR 和 MS 方法所得到的代谢组信息具有样品量多、数据信息复杂以及多维数据矩阵内各变量之间具有高度的相关性等特点，我们常常无法用传统的单变量分析方法提取数据信息。因而，如何从这些海量数据中挖掘并提炼出各代谢物之间潜在相关的信息，对于后续生物标记物的寻找和生物学意义的解释影响重大。同时，选择合适的数据分析方法对于代谢组信息的正确提取也是至关重要的。

无论是 NMR 还是 MS 所获得的数据集，最终都是通过化学计量学（Chemometrics）的方法对数据进行分析。化学计量学是瑞典化学家 S. Wold 在 20世纪 70 年代最早提出来的（Wold，1995）一门化学分支学科。它运用数学、统计学、计算机科学与化学相结合的方法与手段，设计和选择最优的化学测量方法，解析化学测量数据并最大限度地获得测量数据所包含的信息（俞汝勤等，1991）。在化学计量学方法中，解决复杂体系中归类问题和标记物搜索的主要手段是模式识别（Pattern Recognition）。它的主要思想是借助计算机对采集的多维海量原始信息进行压缩降维和归类分析，然后根据化学测量数据矩阵将样本集按照样本的某种性质（通常是隐含的）进行分类、特征选取以及寻找其内部规律的一种多元分析技术（倪永年等，2004; Weckwerth et al., 2005）。主要包括非监督（Unsupervised Methods）和监督（Supervised Methods）两种分类方法。其中，非监督的模式识别方法是根据数据本身的属性来判断样本是否属于不同的类别（胡育筑等，1997），如主成分分析（PCA）和系统聚类分析（Hierarchical Cluster Analysis，HCA）等。监督的模式识别方法是对已知类别的样本随机分为两部分（训练集和测试集），利用已知类别的训练集建立模型，通过测试集的正确率来表征建立模型的性能，常见的方法有偏最小二乘法（Partial Least Squares，PLS）、线性判别分析（Linear Discriminant Analysis，LDA）和 K 最近邻近法（K-nearest Neighbor Analysis，KNN）等（邱玉洁等，2005）。

6.2 基于单维统计模式识别

统计学将事物数量特征的变动及其影响因素分为两类，一类是随机因素引起的随机变动，另一类是受控因素引起的系统性变动。代谢组学中常用的 T 检验、方差分析和曼 - 惠特尼（Mann-Whitney）检验等单维分析方法就是通过对数据所反映的数量变动进行分解，并在一定的显著水平下对其进行显著性检验，以判断数量变动属于随机因素引起的随机变动还是控制因素引起的系统变动的方法和过程。各方法通常假设样本间相互独立，总体数据满足正态分布。

6.2.1　T检验和U检验

T检验和U检验是统计量为T和U的假设检验，也是比较两组均数差别（如比较药物治疗组与安慰剂治疗组病人的差别）最常用的方法。当样本数较大且符合正态分布时，建议采用U检验。当样本量很小时（如样本量为10），只要每组中的变量呈正态分布，且两组方差不会明显不同，就可以进行T检验。代谢组学中常用T检验初步判断两组样本（两个正态总体）间是否有显著差异。

6.2.2　方差分析

方差分析法（Analysis of Variance，ANOVA）由英国统计学家R. A. Fisher于1923年首创（史永刚等，2010）。为了纪念Fisher，以F命名，故方差分析又称为F检验。方差分析是检验多组样本均值间的差异是否具有统计意义的一种方法。严格来说，方差分析并不是研究方差，而是研究数据间的变异。代谢组学中用此法辅助检验样本组间是否有差异。方差分析包括单因素、两因素、多因素和协方差分析。最常用的单因素单向方差分析基本思想是：将所有样本总变异按照其变异的来源分解为组内和组间两个部分，然后进行比较，评价由某种因素所引起的变异是否具有统计学意义。

方差分析的前提条件有两个：
① 各处理组样本来自随机、独立的正态总体。
② 各处理组样本的总体方差相等。
使用前应先确认数据集是否满足这两个条件，否则将大大降低结果的可信度。

6.2.3　曼-惠特尼U检验

以上提到的几种方法都属于参数检验。这类检验方式对数据集所在总体的分布有一定的要求。对于待处理的数据，理论上应服从正态分布。可实际的分布常常是未知的。因此，对数据集各种性质要求很低的非参数类检验方法可成为参数检验方法的有效补充。曼 - 惠特尼 U[Mann-Whitney U，也称为 Mann-Whitney-Wilcoxon(MWW)、Wilcoxon Rank-Sum 或 Wilcoxon-Mann-Whitney] 检验是两个独立样本的非参数秩和检验。当两个样本总体分布相同（不一定是正态分布）时，考察两个总体是否有显著差异，或者说两个样本是否来自相同的总体。当两总体服从正态分布时，该方法就是 T 检验。当无法确定两总体是否相同时，建议采用 Z 检验或 Wald-Wolfowits 检验，考察数据全貌。

6.2.4　简单相关分析

一般认为，相关的概念是 1877 ～ 1878 年间由 Francis Galton 提出的。但真正使这方面理论系统化的是 Karl Pearson。正是由于后者的出色工作使得相关理论大放光彩，得到了广泛的应用。为了纪念他的贡献，简单相关分析中所用的相关系数被称为皮尔逊（Pearson）相关系数。当两个连续变量 X 和 Y 在散点图上的散点呈现直线趋势时，就可以认为二者存在直线相关趋势，也称为简单相关趋势。Pearson 相关系数，也称积差相关系数，是人们定量地描述线性相关程度好坏的一个常用指标。相关系数的取值范围是 [-1，1]。数值的大小反映相关程度，正负表示相关的方向。

Spearman 相关系数是也是一种常用的简单相关分析方法。它是一种非参数（即与分布无关）的检验方法。该方法根据原始数据的排序位置而不是具体数值进行求解，计算公式与 Pearson 相同。与 Pearson 相关系数不同的是，因为使用的是排序，Spearman 相关系数的观测值不需要服从正态分布。另外，在出现极端值时，由于极端值的秩次通常不会有明显的变化，所以对 Spearman 相关性系数的影响也非常小。

在代谢组学中，可用这些系数建立样本的某些生化和物理参数与代谢物之间的联系，也可用其标示参数之间或代谢物之间的关联性，为冗余分析和代谢通路研究提供依据。在此基础上，又发展出了用于多变量相关性分析的各种方法。在本章多维统计模式识别和多组学联合分析部分会有介绍。

6.3　多维统计模式识别

在代谢组学研究中，往往需要对反映样本的多个变量（峰）进行观测，从各个角度收集数据信息以便进行较为全面的分析，进而寻找其中的规律。多变量大样本无疑会为科学研究提供丰富的信息，但也在一定程度上增加了数据采集的工作量。更重要的是，在大多数情况下，变量之间可能存在的相关性增加了问题分析的复杂性。虽然经过预处理，各种干扰仍然存在且不可忽视。有较高容错性的多维统计模式识别自然成为代谢组学分析的合适工具。从处理问题的性质和解决问题的方法等角度，多维统计模式识别可分为有监督的分类（Supervised Classification）和无监督的分类（Unsupervised Classification）两种。另外，多维统计模式识别分析之前，数据还需要进行标度换算。

6.3.1 数据的标度换算

由于数据中各变量的量纲可能不同或相对浓度的差别很大，有时甚至会达到几个数量级。这种未经处理的数据经过多变量分析时，容易凸显出含量较高的信号的作用，同时遗失低含量信号的信息。因而对后期模型的建立和特异性生物标记物的寻找影响较大。为了克服量纲不同和浓度差异对结果的影响，并提高模型的预测能力优化数据信息的提取，需要对数据集进行预处理。这种预处理主要分为数据的标度换算（Scaling）和加权（Weighting）以及数据的回溯转换（Back Transformation）等（Meloun et al., 1992）。基于投射原理进行聚类分析的模式识别方法对数据预处理的方式非常敏感，不同的预处理结果可能导致最终分析结果的不同（Vandenberg et al., 2006），因而处理方式的选择显得格外重要。

数据的标度换算方式有很多种，主要包括中心化换算（Mean Center Scaling）、自适换算（Unit Variance Scaling）和帕莱托换算（Pareto Scaling）等（Vandenberg et al., 2006），其目的在于尽可能减小样本间浓度的差异或者赋予所有变量相同的权重。其中，中心化换算是指将每一个变量值与当前所在列所有变量值均数的差值作为换算后矩阵，然后建立新的坐标系。新坐标系的原点与矩阵群点的中心相重合，在保持原有数据关系的同时，尽量减少数据的动态范围（邱玉洁等，2005）[图 6-1（a）]。通过中心化换算得到的 NMR 的线性负载图与原始谱最为接近，但是通过这种方法得到的代谢物的协方差运算对模型的分离作用不大，因而通过这种运算方法对模型的解释能力较差（Cloarec et al., 2005）。其换算公式如下：

$$y_{np} = x_{np} - \bar{x}_p \tag{6-1}$$

式中，y_{np} 是经过中心化换算后的矩阵描述相；x_{np} 是原始矩阵中的原始数据；$\bar{x}_p$ 是数据组内该描述项的均值。

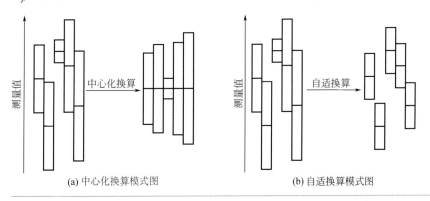

(a) 中心化换算模式图　　　　　　　　(b) 自适换算模式图

图 6-1　NMR 数据标度换算方式的模式图（Eriksson et al., 2006）

自适换算是指经过中心化处理后的数据矩阵在消除每列变量的标准偏差后所建立的一种新的矩阵换算方式。它的优点是对所在每一列的变量值都加以同样的权重，有利于分析含量较低代谢物的变化趋势 [图 6-1（b）]。虽然自适换算得到的 NMR 线性负载图畸变较为严重 [图 6-2（a）]，但是通过这种方法得到的代谢物变化最能反映实际发生变化的物质（Cloarec et al., 2005）。其换算公式如下：

$$y_{np} = \frac{\left(x_{np} - \overline{x_p}\right)}{S_p}$$

$$S_p = \sqrt{\frac{1}{n-1} \sum_{n=1}^{n} (x_{np} - \overline{x_p})^2}$$

（6-2）

　　式中，y_{np} 是经过自适换算后矩阵描述项；x_{np} 是原始矩阵中的原始数据；$\overline{x_p}$ 是该描述项所在数据组的均值；S_p 是该描述项所在数据组的标准偏差。

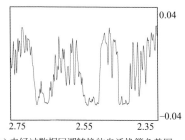 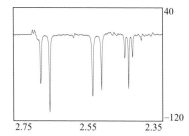

(a) 未经过数据回溯转换的自适换算负载图　　(b) 经过数据回溯转换的自适换算负载图

图 6-2　回溯转换对数据可视化的影响

　　帕莱托换算是介于中心化换算和自适化换算中间的一种换算方式，因而它集中了两种换算方法的优缺点。通过这种换算方式得到的 NMR 线性负载图同样呈现畸变，但不是很严重，通过其线性负载图得到的代谢物变化与模型的相关程度介于上述两种换算方式之间。其换算公式如下（其中各变量的意义同自适换算）：

$$y_{np} = \frac{\left(x_{np} - \overline{x_p}\right)}{\sqrt{S_p}} S_p$$

$$= \sqrt{\frac{1}{n-1} \sum_{n=1}^{n} (x_{np} - \overline{x_p})^2}$$

（6-3）

6.3.2　NMR数据的回溯转换

　　数据的回溯转换是指畸变的负载图通过一定的转换方式后得到类似于 NMR 差谱的具有直观可视性的图谱，保持了 NMR 图谱的峰型，从而提高了负载图的解释度。数据的回溯转换与数据预处理中不同的标度换算方式密切相关（Cloarec et al., 2005）。若数据进行的是中心化换算，负载图不会发生畸变，因而数据不需要经过

　　　　　　植物代谢组学——方法与应用（第二版）

转换即可以直接用于后期的分析中。而自适换算导出的负载值需要乘以每列变量的标准偏差值（S_p）才能在后期的数据中得到可视的谱图 [图 6-2(b)]。在帕莱托换算中，导出的负载值的数据需要乘以每列变量的标准偏差的平方根值以进行数据的转换。

6.3.3 非监督的模式识别方法

非监督方法通常包括数据点的降维处理（Dimensional Reduction）和聚类分析（Cluster Analysis）。其中数据点的降维处理是指用多维空间中主要的几个成分去代表整体数据。聚类分析是指寻找有聚类趋势样本的共同特征（Goodacre et al.，2007）。早期的代谢组学多采用非监督方法来处理数据，其优势主要是能在不具备任何样品分组信息的情况下通过对高维数据降维，实现样本代谢表型内在关系的可视化，旨在认识分布在多维空间数据点潜在的特点和相互之间的联系。这种方法可以尽可能地显示在数据集（Dataset）中不同样本之间内在的异同点、分离趋势或异常数据点（Outlier）的存在，不会使模型出现过度拟合的问题。主要有主成分分析（PCA）、系统聚类分析（Hierarchical Cluster Analysis，HCA）（Wagner et al.，2003）等，其中以 PCA 最为常见（Ciosek et al.，2005）。

6.3.3.1 PCA 分析方法

经过归一化以后的数据常表述为 N（行）×K（列）的数据矩阵 [图 6-3（a）]，其中 N 表示观测值（Observations），可以是分析数据模型的生物个体样本、化合物结构和连续反应不同的时间点等；K 表示变量值（Variables），可以是谱的原始分段积分变量（NIR、NMR 和 HPLC-MS 等）以及各种处理中（压力、温度和流量等）的测量值等。在数据矩阵中 [图 6-3（a）]，N 代表模型中不同的样本，K 代表分段积分区间的每一个积分变量。例如，x_{11} 则表示 1 号样本在 x_1 积分区间内的相对积分面积 [图 6-3（b）]，第一行多个积分区间的积分强度值共同构成了 1 号样本在多维空间的特征分布。因而多维空间中的每一个点代表了一个实体样本，但数据实际上是一个 p 维空间的矢量 [图 6-3（c）]。

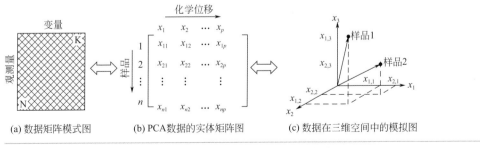

(a) 数据矩阵模式图   (b) PCA数据的实体矩阵图   (c) 数据在三维空间中的模拟图

图 6-3　代谢组数据的原始矩阵及数据在三维空间中的表示方式

从数学上来讲，PCA 先直接对样本测量数据矩阵进行分解，后取其中的主成分（得分向量）来投影，然后进行判别分析。对样本测量数据矩阵进行主成分分解有多种方法，一般采用非线性迭代偏最小二乘法或线性代数中常用的奇异值分解法。其数据矩阵表示如下：

$$PC_1 = u_{11}x_1 + u_{21}x_2 + \cdots + u_{p1}x_p$$
$$PC_2 = u_{12}x_1 + u_{22}x_2 + \cdots + u_{p2}x_p$$
$$\vdots$$
$$PC_p = u_{1p}x_1 + u_{2p}x_2 + \cdots + u_{pp}x_p$$

其中，PCA 所得的第一主成分轴（PC_1）是该数据矩阵的最大方差方向，最大化地描述着数据集中的变量；接下来的主成分表示数据集中第二方差值的轴，依此类推。主成分之间相互独立且这些主成分轴相互正交，共同穿过空间坐标系的中心，这样就可保证从高维到低维空间投影中尽量多地保留了有效信息。尽管在理论上通过输入的变量值计算可以得到很多个主成分，但是真正有效的主成分只是最开始计算出来的少数的几个（Wold et al., 1987）。因而，最后通过较低维数的空间对数据进行描述，达到了数据降维的目的，并可以直观地在降维以后的空间内研究样本的特征和样本之间的相关关系。简单来讲，PCA 是通过样本矩阵提取样本向量，然后提取其变量向量。

过 PCA 分析的数据可通过得分图（Scores Plot）和负载图（Loading Plot）表现。其中负载图又可分为散点负载图（Scatter Loading Plot）和线性负载图（Line Loading Plot）（图 6-4）。主成分的得分图主要表示数据点的分布趋势 [图 6-4（a）]，图中的每一个点代表一个样本，所有样本之间的异同体现于得分图中样本的分离趋势或聚集度。点的聚集表示观测变量具有高度的相似性，点的离散代表了观测变量有明显的差异性。需要说明的是，由于 PCA 分析是无监督的方法，样品的分类信息不参与模型的建立，图形中颜色的差异仅为视觉的辨认方便。散点负载图和线性负载图反映的是导致样本区别的变量或代谢物。其中变量离原点的空间距离越远，且与得分图样本分离轴（如 $p[1]$ 或 $p[2]$）的趋势一致，则代表此变量对模型的影响越大（Teague et al., 2007）。

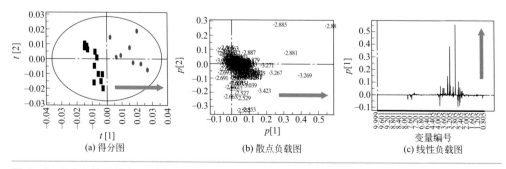

(a) 得分图　　　　　(b) 散点负载图　　　　　(c) 线性负载图

图 6-4　PCA 结果的表示形式

PCA 方法的主要应用在于观察实验模型中的组间分离趋势以及是否有异常点（Outlier）的出现。如图 6-5 所示，不同颜色符号的离散程度分别代表了对照组和处理组的样本在 PC_1 和 PC_2 轴的分布趋势。由 PCA 得分图可见，对照组出现了一个明显远离对照组的其他样本的异常样本，表明该样本的代谢组与其他样本有显著差异。通过查阅原始谱发现，此动物的尿样在样本收集过程中被粪样污染，因而在 PCA 得分图上会表现出异常偏离的趋势，变成整个模型的异常点。为了消除解释上的差异，在找到异常点出现的明确原因后，可在后续的数据分析中去掉此异常样本。同时，通过 PCA 方法还可看到在 95% 的置信区间内，两个组别之间具有明显的分离趋势，说明处理因素对两组样本的代谢模式有显著的影响。

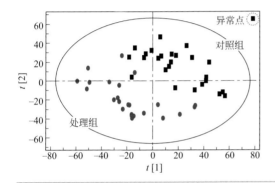

图 6-5　PCA 方法对模型分离趋势和异常点的分析

6.3.3.2　聚类分析

聚类的基础是差异性或相似性的度量。取不同的相似性度量方法和不同的聚类准则，会得到不同的聚类结果。各种方法的目标都是使类内样本间的接近度大，类间、样本间的接近度小。

大量的聚类方法大致可以分为顺序聚类、分层聚类和模型聚类三个系列。顺序聚类法按顺序逐一考察样本到各类间的最短距离，根据预先给定的阈值决定是否属于该类或新建一个类。此类方法速度较快，但结果与样本的顺序和给定的阈值有关。分层聚类采用凝聚或分裂算法将对象按层次进行分解，形成一个分层的嵌套聚类（聚类谱系或树状聚类）。该系列方法的缺点在于，一旦一个合并或分裂完成，就不能撤销，即该方法不能更正错误的决定。模型聚类方法是根据模型和优化的评价函数把数据集进行分割，应用最为广泛。代谢组学中常用的聚类方法有 k- 平均（距离平方和最小聚类法）和迭代自组织（Iterative Self-Organizing Data Analysis Technology Algorithm，ISODATA）法。它们都属于模型聚类法。对于 k- 平均聚类，当类密集，且类与类之间区别明显（比如球形聚集）时，效果很好。此外，算法的复杂度不高，对处理大数据集是高效的。但是，该方法结果与初始质心有关，对

"噪声"和孤立点数据敏感，而且必须预先给出聚类的类别数，所以使用前通常要通过多次尝试确定合适的初始参数。ISODATA 法是一种基于经验的人机交互自适应方法，应用广泛，改进版本很多。该方法需要人为定义的参数较多，结果对经验的依赖性较强。

此外，Hubert 等提出了稳态 PCA（Robust PCA）的方法，它结合投射原理和低维空间估算的方法，改进了样本的分类效果并能够更好地判断异常样本（Hubert et al., 2004）。Scholz 等提出了独立成分分析（Independent Component Analysis）方法，根据峰度（Kurtosis）标准确定最佳主成分数量，从中提取独立成分并进行聚类分析，有效地解决了样本间最大差异与研究焦点不一致的问题（Scholz et al., 2004）。

6.3.3.3 典型相关分析

在单维统计中，研究两个随机变量之间的线性相关关系，可以用简单相关系数 Pearson。如果要研究两组变量的相关关系，比如某种植物的代谢信息（所有可测可鉴定的代谢物或仪器检测的所有峰）与其他信息（比如品种、产地、种植方式、土壤灌溉多种参数、环境气候多种参数以及高度、宽度、颜色等）、某种疾病的代谢组信息与各种临床生化信息等，直接采用多变量相关分析方法比逐一考察每两个变量之间的相关系数要科学简便。

1936 年，霍特林（Hotelling）借用主成分分析的思想，首先提出了典型相关分析（Canonical Correlation Analysis，CCA）法，用于两组变量相关性的分析中。其基本思想是，对于两组变量 X 和 Y，分别构建每组中各个变量的线性组合 $U=a'X$ 和 $V=b'Y$，以这两个新的合成变量（称为典型变量）代替这组原始变量，并对 U 和 V 进行相关性分析，用来代表这两组变量之间的相关性。构建典型变量的原则是选取使两典型变量间 Pearson 相关系数最大的线性组合。典型相关分析可看成为典型变量间的 Pearson 相关分析，是对两个变量间的 Pearson 相关分析以及一个变量和一组变量间的因子分析的推广。当两个变量组均只有一个变量时，典型相关分析就是简单相关分析。

典型相关分析是一种比较复杂的多维分析方法，结果和参数较多。在实际应用中要特别对其应用条件和结果解释加以推敲。几点建议如下。首先，在进行变量间关联程度的分析时，最好能先根据定性分析理出变量的层次结构，直接使用简单相关分析进行研究。如果变量众多且纠缠不清，或者变量结构复杂，呈现网状结构，可选择典型相关分析。但这也仅仅是数据分析的第一步。在发现了数据蕴含的基本规律后，最好再换用其他更为精确的多维统计分析模型加以深入分析。其次，对结果进行分析时，要注意重点和主次关系。最重要的是典型相关系数和结构系数。通常只选一两对典型变量的结果进行解释，绘制典型结构图。

6.3.4 监督的模式识别方法

有监督的模式识别方法是指在了解样品分类信息的前提下，寻找已知分类组别之间的变量差异，或寻找变量和变量之间的相关关系。这种方法主要是找出样品分类的最大差异，主要包括偏最小二乘法（Partial Least Analysis 或 Projection to Latent Structure，PLS）、贝叶斯概率论方法（Bayesian Probabilistic Approaches），线性判别法（Linear Discriminant Analysis，LDA）和神经网络（Neural Networks，NN）等（Holmes et al., 1994; Holmes et al., 2001），其建模方法随着研究体系不同而有所不同。

6.3.4.1 偏最小二乘法 PLS 和 O-PLS

偏最小二乘法是一种新型的多因变量对多自变量的多元统计数据分析方法，它于 1983 年由伍德（S. Wold）和阿巴诺（C. Albano）等人首次提出。近几十年来，它在理论、方法和应用方面都得到了迅速的发展，可以同时实现回归建模（多元线性回归）、数据结构简化（主成分分析）以及两组变量之间的相关性分析（典型相关分析）。这是多元统计数据分析中的一个飞跃。在代谢组数据处理中以 PLS 方法最为常见。这种方法应用最小二乘法的原理，即对于大量的实验数据而言，不能要求其拟合函数的偏差严格为零，但为了使近似曲线尽量反映数据点的变化趋势，通常需要其偏差平方和最小。在实验数据中，通过这种处理方法可以最大限度地反映分类组别之间的差异。此外，通过 PLS 的方法还可以观察数据和与分类模型相关的其他变量之间的相关关系。

我们知道生物体是一个复杂的整体，其代谢水平具有高度的个体差异，容易受到遗传水平、环境改变等多种因素的影响。因而在实验设计中，如何去除与实验观测变量无关的随机信息（又可称为结构噪声，Structured Noise），最大化地提取与实验本身相关的变化是代谢组数据分析中需要关注的一个重要问题。从事化学计量学的学者继而在 PLS 的基础上提出了正交信号校正（Orthogonal Signal Correction，OSC）的方法（Wold et al., 1998; Trygg et al., 2002）。通过这种方法，可以去除与 Y 矩阵无关的 X 矩阵的变化，从而使 X 矩阵和 Y 变量之间的关系最大化（Wold et al., 1998; Trygg et al., 2002）。需要说明的是，PLS 和 O-PLS 的方法在模型的预测能力上并无明显差异，PLS 方法主要通过自身主成分的提取来代偿结构噪声的影响 [图 6-6（a）]，而 O-PLS 则通过旋转坐标系，消除结构噪声，从而使得对照组和处理组差别达到最大 [图 6-6（b）]。但是 O-PLS 的使用必须以 PLS 模型通过模型验证为基础，它仅用于寻找引起模型发生差异的代谢物。对于没有通过模型验证的 PLS 模型，通过 O-PLS 处理虽然也可以得到完全分离的两组，但是其寻找到的代谢物有可能不具备有生物学意义。

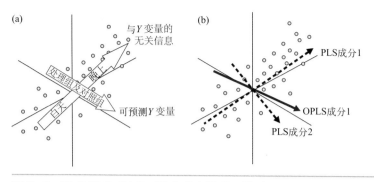

图6-6　PLS 和 O-PLS 对结构噪声处理和差别

　　经过 PLS-DA（或 O-PLS-DA）分析的数据最终通过相关系数图（Coefficient Plot）表现出来（图6-7）。因为通过 PCA 负载图得到的引起模型差异的代谢物变量也可能由于某些代谢物的浓度本身较高所致，故在此基础上继而提出了相关系数图的表示方法（Cloarec et al., 2005）。此种表示方法以 NMR 谱的化学位移（变量）为横轴，一个纵轴与线性负载图相同，代表变量的负载值；另一纵轴（Color Bar）代表与模型有关所有变量的相关系数值。其中相关系数较高的呈现为热色系（Hot Color），相关系数较低的代谢物呈现为冷色系（Cold Color）。然后通过查阅相关系数表，规定超过临界值的代谢物（变量）对模型的区分具有显著的意义。此种表示方法以变量的相关系数为基准，避免了 NM/LCMS 谱中由于不同代谢物浓度差异引起的变化，且由相关系数图得到的变量即为机体受到内源性或外源性刺激后代谢应答的生物标记物（群）。

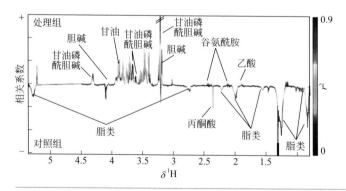

图6-7　相关系数图的表示方法（Martin et al., 2007）

6.3.4.2　线性判别分析

　　设有多个总体，已知样品来自其中的某一个，但不知它究竟来自哪一个。判别分析就是根据对这些总体的已知知识和待判别的样品的一些指标的观测值，来判别该样品应归属于哪一个总体。判别分析方法有多种，包括距离判别、Bayes 判别以及 Fisher 判别。其中，Fisher 判别就是我们要关注的线性判别分析。

线性判别分析在形式上同主成分分析很相似，但两者在原理上有本质的差别。主成分分析关注的是寻找能最高效表达原数据信息的方向，而线性判别分析的重心则在寻找最能区分不同类数据的方向。线性判别分析的目标是类间距离与类内距离的比值最大。所以，经过线性判别分析变换，所获得的新的数据将达到最大的区分性。这一点同聚类方法有相似之处。在线性判别的基础上，又衍生出了基于二次函数（Quadratic DA）和累积比数（Logit DA）等多种判别分析方法。

6.3.4.3　支持向量机

以上模式识别方法大都采用的是线性分解法。除了聚类法外，都不适用于非线性分类的情况。然而，在实际应用中，非线性的情况是很难避免的。支持向量机是在统计学习理论的 VC 维理论和结构风险最小原理上发展起来的新一代学习算法，可以实现线性或非线性分类。它在生物信息学、文本分类、手写识别以及图像处理等领域已经获得了较好的应用，在代谢组学数据处理上也有成功应用（Statnikov et al., 2008）。

支持向量机方法的几个主要优点是：

① 它是专门针对有限样本情况的，其目标是得到现有信息下的最优解而不仅仅是样本数趋于无穷大时的最优值。

② 算法最终将转化成为一个二次型寻优问题，从理论上说，得到的将是全局最优点，解决了在神经网络方法中无法避免的局部极值问题。

③ 算法将实际问题通过非线性变换转换到高维的特征空间（Feature Space），在高维空间中构造线性判别函数来实现原空间中的非线性判别函数，特殊性质能保证机器有较好的推广能力，同时它巧妙地解决了维数问题，其算法复杂度与样本维数无关。

核函数是支持向量机方法的核心。只要定义不同的核函数，就可以实现许多不同的学习算法。支持向量机的核函数一般有多项式核、高斯径向基核、指数径向基核、多隐层感知核、傅里叶级数核、样条核和 B 样条核等。最常用的核函数是高斯径向基。

支持向量机的主要思想是将输入信息通过核函数转化并投影到高维空间后采用各种常规方法进行建模分类，然后再返回到低维空间，给出分类结果（Suykens and Vandewalle，1999）。最简单的情况，在一维上（用一种信息）无法区分的情况可以通过增加维数（区分的角度或信息）实现成功分离。这一特征是它实现非线性分类的关键。而也正是这一特征给分类后的关键变量提取增加了难度。可以用权值、阈值以及交叉验证的方式提取出可能的关键变量。在基因组和蛋白组数据分析中广泛使用的变量筛选方法是递归的变量排除法（Recursive Feature Elimination）。该方法重复进行"分类、变量排序、删除排在最后的 $x\%$ 变量"的操作，直到变量数减少到满足预先给定的值。剩下的变量及其排序就是其对于分类贡献的显著程度。

6.3.4.4　随机森林

随机森林（Random Forest，RF）最早由 Leo Breiman 和 Adele Cutler 提出，于1995 年由贝尔实验室命名。它是由多个决策树构成的分类器。其输出由所有树输出的投票决定。这种较为年轻且原理简单的机器学习方法已经在各种工程和基因筛选领域，包括植物代谢领域，都得到了成功的应用。

随机森林的特点主要有：变量的数量对结果的准确率影响不大，但对学习速度有显著影响；可用多种标准评估变量的重要性，但结果存在一定的矛盾；随机性使森林具有较高的容错性，即使有很大部分数据缺失，仍然可以维持准确度；对于各组样本数量不平衡的数据集有一定的补偿机制。

随机森林的主体是决策树。决策树是由结点和有向边组成的一种实现分治策略的层次数据结构。大量决策树的合理组合就是随机森林。构建森林的过程就是逐步确定树木的数量、每棵树用到哪些训练样本和变量的过程。森林形成之后，对于一个新的待分类样本，每棵树都会得出相应的分类结论。最后的结果由所有树的投票来决定。与其他组合分类技术相比较，当树的数目相当大时，随机森林不易出现过拟合现象。可见，构建随机森林有两大特点：一是选取样本和变量是随机的；二是每棵树只用部分样本和变量来构建。而决策树的构建也是相对简单的逐级二分类模式。因此，该方法与各种基于 PCA 思想的模式识别方法是完全不同的两个体系。对于常规方法分析结果不够理想的数据，随机森林往往可以得到令人满意的结果（Amaratunga et al., 2008; Statnikov et al., 2008; Scott et al., 2010）。

6.3.4.5　梯度提升

梯度提升（Gradient Boosting，GB）是一种解决回归和分类问题的集成机器学习技术，其产生的预测模型是弱预测模型 (比如决策树) 的集成。像其他提升方法一样，它以分阶段的方式构建模型，并且通过允许对任意可微分损失函数进行优化作为对一般提升方法的推广。

假设已经有一个不完美的朴素模型。在梯度提升的每个阶段，梯度提升算法通过对损失函数进行优化，纠正旧模型的误差（以梯度下降的方向），实现模型性能的提升。同时，通过持续不断地对模型进行多次修改，最终得到一个完美的模型。GB 更像是一种思想，随着该思想的普及应用，出现了 GBDT、xgboost 和 lightgbm 等多种分支方法。GBDT 是以决策树为基学习器的 GB 算法，xgboost 扩展和改进了

GBDT，在某些应用中达到了更快的速度和更高的准确率，lightgbm 则是在 xgboost 的基础上的进一步改进优化。

6.4　数据模型的识别和验证

通过多变量分析建立模型的可靠性验证是进行后期数据分析的重要前提。我们知道代谢组学研究的焦点是建立模型，寻找特定的生物标记物或发现与特定的生物学系统相关代谢通路。但是建立的模型是否具有有效性，能否在该模型基础上进行下一步的分析和演绎还有待考证。因而对数据的质量控制和统计算法的有效性验证在近年来的研究中逐渐受到重视。人们越来越认识到，在数据处理和分析的各阶段，模型的交互验证（Cross Validation）对于非监督和监督的模式识别分析都是必需的。

在多变量分析中，主要有三种进行模型验证的方法。第一种是通过内部验证（Internal Validation）的方法，即通过模型拟合的 Q^2 值来表示模型的预测能力。通常认为 $Q^2 > 0.9$ 代表模型的预测能力很强；$Q^2 > 0.5$ 认为模型的预测能力一般；当 Q^2 更小时，表明模型的预测能力很差。一般来讲，Q^2 值的大小与实验研究的样本量相关。样本量越小，认为有意义的模型需要的 Q^2 值越大；样本量越大，如在人群队列研究中，其 $Q^2 > 0.3$ 都可认为其预测能力尚可。但是内部验证的方法与建立模型的多种因素相关（如 PLS 中的隐变量个数、神经网络中的训练次数等），常常会提高最终模型的预测能力，使模型出现过拟合（Overfitt）的趋势，因而其不能作为外部模型验证（External Model Validation）的替代方式。常用的外部验证的方法包括舍一法和排列实验。

舍一法（Leave One Out Method）模型验证的基本组成元素通常包括 3 个部分，即训练集（Training Set）、验证集（Validation Set）和测试集（Test Set）。通过训练集得到数个可能的模型，验证集来评价训练集的质量，然后通过独立的测试集数据用来检验优化好的模型的预测能力。常规的舍一法模型验证中，是将训练集和验证集合并，然后随机地分为两个数据组，每次通过随机地舍去一部分样本然后观察剩余样本的模型预测能力，如此反复循环，最后得到模型的预测值（Brown et al., 2005）从而对模型进行评价（图 6-8）。

排列实验（Permutation Test）作为另外一种外部模型验证方法，主要用于验证 PLS/DA 模型的

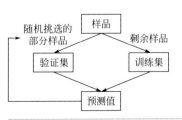

图 6-8　舍一法的模式图

拟合程度（User Guide to SIMCA-P+，2008）。它通过随机化改变 y 变量的顺序，观察在多次随机排列 y 变量（Permutated y Variables）的模型与原始 y 变量（Original y Variables）模型之间的差异。然后对随机化产生的 R^2 值和 Q^2 值与原始累积的 R^2 值和 Q^2 值之间做回归线（图 6-9），回归线与纵轴的截距即为检验模型质量的一个指标。其中随机化的 R^2 和 Q^2 值分别表示在随机化 y 变量模型下对数据的解释程度和对模型的预测能力（Clayton et al., 2006; Slupsky et al., 2007）。可以通过两个方面对排列实验的模型验证进行判定：首先是根据回归线的斜率。如果回归线的斜率越大，与纵轴的截距越小，提示有越多的数据用来解释模型，因而模型的预测能力也比较好。其次是通过随机化的 R^2 和 Q^2 值的差别来判定。若两者之间的差别越小，则认为模型所解释的数据和预测的数据差别较小，由此推断模型的质量较好（Clayton et al., 2006; Slupsky et al., 2007）。简言之，若原始模型的预测能力大于任何一次随机排列 y 变量的预测能力，则模型质量较好，可以做后续的模型生物标记物群寻找的前提 [图 6-9（b）]；反之此模型较差，不宜做后期的分析 [图 6-9（a）]。

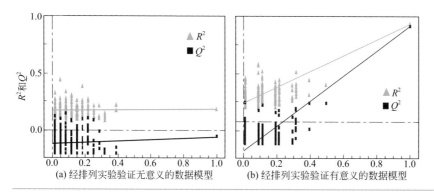

图 6-9　排列实验的表示方法

6.5　模式识别的软件工具

可用于单维和多维统计分析的软件工具很多。本书仅列举代谢组学数据分析中最常用的一些，包括单机的软件和网络工具。单机软件主要有 SPSS、SAS、SIMCA、GraphPad、IP4M 等操作简单的多功能软件，以及 matlab、R、python 等可自定义编写代码的平台。随着互联网的普及和快速发展，各种网络分析工具层出不穷且越来越受青睐。全功能的网络平台主要有 XCMS Online、W4M、MetaboAnalyst 4.0 和 MZmine2 等。各平台的功能对比如表 6-1 所示。XCMS Online

是在著名的 XCMS 基础上发展而来的一款基于云计算的用户友好型的数据处理平台。除了数据预处理功能，新增了单因素和多因素统计分析方法、代谢物特征注释和代谢物鉴定，为非靶向代谢组学提供了完整的工作流程方案。W4M 是一个基于 Galaxy Web 的完全开源和协作式的代谢组学数据处理平台，主要功能包括预处理、标准化、质量控制、统计分析（单变量，多元 PLS / OPLS）和注释步骤。其操作简便，功能强大，且可以多个项目并行运行，便于用户快速分析大型数据集（网址为 https://workflow4metabolomics.org/）。MetaboAnalyst 4.0 是一款结合统计分析、代谢物功能与生物学注释及可视化为一体的完全免费的 web 平台代谢组学数据分析软件，主要用于统计分析、通路和富集分析、网络分析等，具有广泛的用户群和不可忽视的影响力。（网址为：https://www.metaboanalyst.ca/）。MZmine2 是一款开源软件，其主要目标是设计一款用户友好型、灵活性强、易扩展的软件。该软件主要处理 LC-MS 平台数据，可用于靶标和非靶标代谢组学数据分析（网址为 http://mzmine.github.io/）。

表 6-1 代谢组学全功能网络平台功能比较

功能	XCMS Online	W4M	MetaboAnalyst 4.0	MZmine2
原始数据预处理				
LC-MS	√	√	√	√
GC-MS	√	√	√	√
NMR	—	√	√	—
MS/MS	√	—	—	√
DIMS	—	—	—	—
物质鉴定	√	√	√	—
数据调理				
归一化	√	√	√	√
尺度化	√	√	√	√
缺失值填充	√	√	√	√
数据转换	—	√	√	—
Ratio 变量	—	—	—	—
基本统计量	—	√	—	—
提取行变量	—	—	—	—
合并样本	—	√	—	√
统计分析				
单变量统计	√	√	√	√
PCA/(O)PLS-DA	√	√	√	√
SVM	—	—	√	—
RF	—	—	√	—

功能	XCMS Online	W4M	MetaboAnalyst 4.0	MZmine2
Biosigner	—	√	—	—
Boruta	—	—	—	—
通路 / 富集分析	√	—	√	√
完整的 workflow	—	√	—	√
其他高级功能				
相关和距离	—	√	√	—
回归分析	—	—	—	√
ROC 分析	—	—	√	—
层次聚类	√	√	√	√
画图工具	√	√	√	√
效能和样本估计	—	√	√	—
多组学整合	√	—	√	—
时间序列	—	—	√	—
网络分析	—	—	√	—

注："√"和"—"分别代表该网络平台"有"和"无"相应的功能。

6.6　代谢组和其他组学数据的联合分析

由于生物学现象的复杂多变以及基因表达调控的复杂多样，研究单一组学已经难以满足系统生物学的研究要求，多组学交叉研究已成为系统生物学的一大研究热点（Hasin et al., 2017；Karczewski and Snyder，2018）。采用多组学联合分析可以实现蛋白 / 转录及代谢物的全谱分析，筛选出重要的代谢通路、基因、蛋白或代谢物进行实验分析和研究，为研究人员提供了一套完整的生物信息，包括从疾病的发病机制（遗传、环境或发育）到功能和表型的改变（蛋白质水平、代谢水平）。代谢组学是系统生物学的重要组成部分，是与表型组最为接近的组学。作为其他组学（基因组、转录组等）与表型组之间的桥梁，代谢组学常基于表型数据与其他组学进行整合分析。例如，将代谢组学与基因组学相结合，找出可以表征番茄风味的代谢物，同时鉴定出相应的单核苷酸态性（SNP）位点，为番茄风味丢失历史以及风味改良提供科学依据；将代谢组学与转录组学相结合，定位了基因 - 基因、代谢物 - 基因的网络途径，鉴定出拟南芥在硫缺乏生长条件下功能注释错误的基因。这些研究表明代谢组学与其他组学的联合分析具有科学性和必要性，且对植物代谢组学的发展意义深远。

6.6.1 联合分析方法和策略

根据多组学信号之间的关系，联合分析的方法可分为关联性分析和互补性分析。具体来说，关联性分析是试图发现不同组学数据之间在不同研究条件下的关联性，借助一个关联网络，例如某种疾病状态下的基因 - 蛋白 - 代谢的共表达网络，产生更好的实验假设，进一步进行分子生物的研究，以及发现潜在的治疗靶点。而互补性分析是试图找到不同组学数据之间的正交信号（彼此之间相互独立的标志物），并采用这种正交信号组成的变量集合进一步提高疾病表型预测和预后的精准度。其实，这两种分析思路也并非完全独立。试想一种复杂疾病表型，基因组学的数据可以从一定程度上解释这种疾病，代谢组学的数据也可以提供一些新的解释，这两种解释之间也存在着一定程度的相关性和特异性。所以往往在多组学的研究中会同时包含这两种思路的研究方法，将不同组学的相关信号和正交信号集成到一起进行分析。

6.6.1.1 关联性联合分析方法

关联性分析是代谢组学和其他组学联合研究的主流方法。目前，这类方法可以大概分为两个子类：单维分析和多维分析。单维分析，即衡量变量和变量之间的关联，包括 Pearson、Spearman 和线性回归等方法。另外，许多强大的生物信息学方法也被采用于更复杂的单变量关联分析中，例如，最大信息系数法（Maximum Information Coefficient，MIC）被报道能够捕获大型数据集内部的复杂相关关系。多维分析，即计算矩阵和矩阵之间整体的关联。这类方法通常需要先降维，然后用降维后的组合变量来代表整个数据集进行关联分析。包括方法包括主成分分析（PCA）、偏最小二乘法（Partial Least Squares，PLS）、典型相关分析（Canonical Correlation Analysis，CCA）和协惯量分析（Co-Inertia Analysis，CoIA）等方法。此外，还可以按照线性和非线性、参数和非参数以及是否考虑协变量对各种方法进行分类。

（1）广义线性回归　广义线性回归分析是将线性回归分析原理和方差分析原理相结合起来的一种线性回归分析方法，把自变量的线性预测函数当作因变量的估计值。其主要目的是扩大线性回归分析的应用范围，与线性回归模型相比，广义线性回归模型有以下推广：①自变量可以是任意类型的变量；②随机误差项不一定服从正态分布；③引入连接函数。

（2）信息熵　信息熵是衡量信息的不确定性的指标，不确定性越大，信息熵越大，而影响信息熵的主要因素是概率。信息熵有三个性质：①单调性。即发生概率越高的事件，其携带的信息量越低。②非负性。即信息熵不能为负，因为负的信息（得到某个信息后不确定性增加）是不合逻辑的。③累加性。即多个随机事件同时存在的总不确定性的量度，可以表示为各事件不确定性的量度之和。

（3）最大信息系数法　最大信息系数法（Maximum Information Coefficient，MIC），是一种基于互信息的非参数方法，用于衡量两个变量之间的关联程度（结果也具有非负性）。MIC 具有普适性，在样本量足够大时，能够捕获数据集内部各种复杂的相关关系，而不限定于特定的函数类型，或者说能均衡覆盖所有的函数关系。此外，MIC 还能为不同类型的但噪声程度相似的相关关系（如相同噪声的线性关系和正弦关系）给出相同或相近的相关系数。

（4）多元方差分析　当因变量不止一个时，即一个或多个因子变量对应了多个因变量时，可使用多元方差分析（Multivariate Analysis of Variance，MANOVA）。当因子变量只有一组时，称为单因素 MANOVA，因子变量有多组时，称为多因素 MANOVA。单因素 MANOVA 有两个前提假设，一是多元正态性；二是方差 - 协方差矩阵同质性。若单因素 MANOVA 的前提假设未能满足，可尝试使用稳健多元方差分析或者更换非参数多元方差分析（如置换多元方差分析）。

置换多元方差分析（Permutational Multivariate Analysis of Variance，PERMANOVA），又称非参数多因素方差分析或 ADONIS 分析，其本质是基于 F 统计的方差分析，依据距离矩阵对总方差进行分解的非参数多元方差分析方法。使用 PERMANOVA 可分析不同分组因素对样品差异的解释度，并使用置换检验进行显著性统计。

（5）O2PLS　如本书 6.3.4.1 所述，O-PLS 是一种无监督学习的多变量回归方法，可用于代谢组学数据的分类和特征筛选。O2PLS 对两个组学的数据进行双向建模和预测，可以客观地描述两数据组间是否存在关联趋势，也可作为关联分析的一种方式。不同于常用的相关性系数计算，O2PLS 模型不仅可以反映不同数据组间的整体关联，更重要的是可以直接体现不同变量在模型中的权重，从而更加精准地发现关键变量。

（6）协惯量分析　协惯量分析（Co-Inertia Analysis，CoIA）是一种基于协方差矩阵，找出物种空间和环境空间存在的协同结构，并将物种变量和环境变量投影到同一空间（又称为协惯量平面，Co-Inertia Plane）的多元统计方法。在分解两组数据总惯量的过程中，根据实际情况存在多种备选方法，例如 PCA、对应分析（Correspondence Analysis，CA）等，并且允许使用不同的方法分别对各数据集分析。因此 CoIA 可对应多种融合类型，例如 PCA-PCA 融合的 CoIA、CA-PCA 融合的 CoIA 等。除常规的定量数据外，还可通过与多重对应分析、模糊主成分分析等的结合，实现对定性数据、模糊数据等的分析，充分体现了 CoIA 的灵活性。

（7）冗余分析　冗余分析（Redundancy Analysis，RDA）是响应变量矩阵与解释变量矩阵之间多元多重线性回归的拟合值矩阵的主成分分析，是一种回归分析结合主成分分析的排序方法，也是多响应变量（Multi-response）回归分析的拓展。

RDA 中通常使用标准化后的解释变量，因为在很多情况下解释变量具有不同的量纲，解释变量标准化的意义在于使典范系数的绝对值（即模型的回归系数）能够度量解释变量对约束轴的贡献，解释变量的标准化不会改变回归的拟合值和约束排序的结果。

6.6.1.2 互补性联合分析方法

补充性分析通过找到不同组学数据之间的正交信号（彼此之间相互独立的标志物），并采用这种正交信号组成的变量集合进行疾病表型的预测和预后。随着机器学习和人工智能的蓬勃发展，这类方法在组学领域也得到了较广泛的应用，成为互补性联合分析的主流方法。基于学习方式，可将方法大致分为无监督学习、有监督学习和强化（增强）学习。其中，有监督学习通过学习被标记的训练集来构建一个最优模型，从而预测新的未标记数据。这类有监督的机器学习算法经常被用于组学数据的特征值筛选和分类预测。常见的有支持向量机（SVM）、决策树、随机森林（RF）、人工神经网络（ANN）、梯度提升（GB）等算法。

6.6.1.3 联合分析策略和工具

大量研究证实代谢物组与其他组学（如基因组、转录组、微生物组等）之间存在着紧密而复杂的关联，这种关联在植物和人体健康中发挥着重要的作用。目前，代谢物组和其他组学的联合分析仍存在诸多问题，如组学数据的结构差异、混杂因素的影响和复杂的相关关系等。本书介绍一些联合分析的策略和工具，以期为多组学数据集成分析提供方法学支持。

IOMA（Integrative Omics-Metabolic Analysis）（Yizhak et al., 2010）是一种可以整合定量蛋白组和代谢组数据的计算方法。该方法基于确定反应速率的机理模型，将蛋白组学和代谢组学定量数据与基因组规模的代谢网络模型整合在一起，以预测不同扰动下的通量变化。在预测通量分布的同时，还考虑了某些酶的代谢物底物和产物的浓度缺失水平，蛋白组学和代谢组学数据中的潜在噪声，以及简化速率方程的形式。与常用的通量平衡分析（Flux Balance Analysis，FBA）和最小化代谢调节（Minimization of Metabolic Adjustment，MOMA）方法相比，IOMA 有着显著的优势。

代谢组和微生物组的广义相关分析（Generalized Co-Rrelation Analysis for Metabolome and Microbiome，GRaMM）是 2019 年提出的一种衡量代谢物与微生物互相关程度的方法（Liang et al., 2019）。GRaMM 通过整合典型线性回归、最大信息系数、代谢混杂效应消除、多种归一化方法和流程，可以处理各向异性的两类组学数据，还能够考虑已知的混杂因素的影响以及线性 / 非线性相关。该方法虽然是为代谢组和微生物组变量设计的，但也可以用于其他组学变量间的互相关分析。

2018 年，Pedersen 等提出了一个计算框架（Pedersen et al., 2018），用于整合宏基因组、代谢组和表型数据集，识别与表型紧密关联的核心代谢物和微生物。该计算框架的核心思想是降维。首先，代谢组和微生物组分类学数据通过聚类或分箱法降维，微生物组功能数据集通过 KEGG 等知识库进行层级分类降维。其次，筛选与表型显著相关的特征集进行关联分析。最后，采用留一法识别关键的代谢物、微生物和功能。

SIMPLEX（Simultaneous Metabolite，Protein，Lipid Extraction）是一种脂质、代谢物和蛋白质数据的多元整合方法（Coman et al., 2016）。与单分子工作流程相比，SIMPLEX 在研究设计上提供了根本性的突破，它可以以同样的效率和重现性从一个样品中并行获取多个类别分子的信息。基于该方法的质谱工作流可以同时定量 106 个细胞中的 360 种脂质、75 种代谢物以及 3327 种蛋白质。

2020 年，国内首个"代谢物组 - 微生物组（16S rRNA 或宏基因组）- 表型"联动分析专用平台 3Mcor 上线。该平台将大量单维和多维分析方法进行改造和组合，建立了 1 个自相关和 3 个不同层面的互相关流程。可以分析来自扩增子测序（16S，18S，ITS）或宏基因组测序的微生物数据集（OUT/ASV/taxa/function）和来自质谱或 NMR 的代谢组数据集（定性或定量）。其界面友好、操作简便、分析速度快。平台不仅考虑了代谢组和微生物组的关联，还可以考虑表型和混杂因素，结果有更加明确的生物学意义。通过多种方法联用和多个流程互验证，极大提高了结果的可靠性。

6.6.2 联合分析典型案例

6.6.2.1 LC-MS 非靶向代谢组学和转录组学联合分析揭示野生番茄果实成熟代谢及抗病性的遗传框架

2020 年 9 月，以色列魏茨曼研究所 Asaph Aharoni 教授团队和德国莱布尼茨植物遗传学和作物植物研究所（IPK）在 Nature Genetics 期刊发表合作研究成果（Szymański et al., 2020）。该研究以秘鲁野生番茄品种（LA0716 或 PI246502）和现代栽培番茄品种 M82 构建的遗传群体为研究对象，研究方法如图 6-10 所示，通过对 580 个渐渗系的番茄多组学数据进行转录组学和代谢组学联合分析，结合病原体敏感性分析，确定了与数百种转录物和代谢物水平相关的基因组位点。其中，通过整合基因组 - 转录物 - 代谢物 - 表型 QTL 分析，确定了番茄果实中的基本生物碱 α-番茄碱（α-Tomatine）在果实发育和成熟过程中（具体为 α-Tomatine 被转化为七叶皂苷和番茄苷途径中）的一个酶学步骤，并分析了在果皮组织中促进黄酮类化合物积累相关的位点和基因。同时，作者提供了果实对番茄最常见的真菌病原菌之一灰霉病菌（*Botrytis cinerea*）获得的抗性的分子数据，鉴定了参与病原体防御的基因和代谢物，并将真菌抗性与果实成熟调控网络的变化联系起来。该研究为理解番茄果实成熟过程中的代谢和病原菌抗性提供了遗传框架，并为研究关键果实品质性状（尤其是在对抗风味和抗病性等关键水果质量性状的丢失方面）提供了依据。

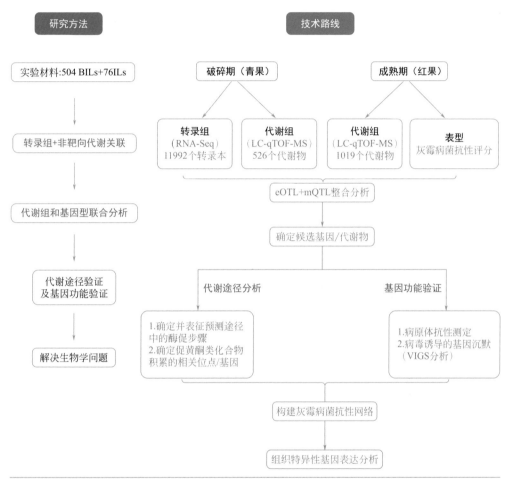

图 6-10　利用野生番茄渐渗系阐明转录组和代谢组变异对果实性状和病原菌响应的遗传基础的潜在影响

6.6.2.2　多组学（蛋白组学、转录组学、代谢组学以及脂质组学）分析揭示沙漠绿藻的极端光照抗性

2020 年 7 月，国际学术期刊 Nature Plants 在线报道了德国马克斯普朗克分子植物生理学研究所 Mark Stitt 教授团队的研究（Treves et al., 2020）。在两倍全日照的

辐射下，小球藻（*Chlorella ohadii*）的表现远超我们的预期，说明目前我们对于植物光合作用机制如何运行以及光合功能上限的了解还不够全面。比起在极端光辐射下由光损伤所导致的死亡，独特的光系统 Ⅱ 功能特性使得小球藻能够维持高速率的光合和生长，并且伴随着组成和细胞结构的重大改变。作者通过氧化还原蛋白质组学、转录组学、代谢组学以及脂质组学生成了一个多层数据集，其中包含核、叶绿体和线粒体编码的转录本、代谢物和脂质的信息，以及暴露于极端光照水平后的不同时间内蛋白质的氧化还原反应，初步揭示了小球藻耐受极端光损伤的分子机制，发现翻译后氧化还原调节在促进烟酰胺腺嘌呤二核苷酸磷酸（Nicotinamide Adenine Dinucleotide Phosphate，NADPH）穿梭、NADPH 利用、热休克反应和脂质合成等方面起着至关重要的作用。本研究通过对于整体和个例特异性的比较分析，揭示了有效的还原剂利用有助于小球藻在极端光照下所演化出的极端抗性。

6.6.2.3　蛋白质组学和代谢组学帮助新冠重症患者分类

2020 年 5 月，西湖大学郭天南团队领衔，在 Cell 上发表了文章（Shen et al., 2020）。研究者首先使用基于 TMT 的蛋白质组学技术和非靶向代谢组学技术分析了 46 名新型冠状病毒肺炎（Corona Virus Disease 2019，COVID-19）患者和 53 名健康对照个体的血清，总共鉴定和定量了 894 种蛋白质和 941 种代谢物（包括 36 种药物及其代谢物）。在无分子选择下，来自新冠病毒（SARS-CoV-2）感染患者的血清的组学数据可从健康个体中很好地分辨出来，而其他组则表现出一定程度的分离。基于 18 位非严重和 13 位严重患者的蛋白质组学和代谢组学数据，研究者建立了一个机器学习模型，从而对 29 个重要变量进行了优先级排序，其中包括 22 种蛋白质和 7 种代谢产物。在 10 名患者的独立测试组中测试了该模型，除一名患者外其余严重患者均正确识别。为了进一步验证该分类器，研究者开发了针对 22 种蛋白质和 7 种代谢物的靶向质谱分析，并在 19 名患者中进行了测试，其中 16 位患者分类正确。此外，研究者还建立了蛋白质组学和代谢组学的差异表达图谱，在与临床症状相关联后，在重症 COVID-19 患者中，93 种差异表达蛋白中的 50 种，以及 204 个差异代谢产物中的 80 种，均与巨噬细胞的功能、血小板脱颗粒和补体系统的激活有关。这些发现揭示了重症 COVID-19 患者血清中蛋白质和代谢产物的特征性变化，为 COVID-19 的诊断研究提供了新策略。

6.6.3　联合分析可参考的数据库

随着代谢组学的飞速发展，组学数据在数量和复杂性上急剧增加。数据库的开发对于组学数据的整合归纳和挖掘分析都有着重要的作用。当前，代谢组学研究中涉及的数据库大致可划分为两个层次，即存储原始检测数据的原始数据库以及存储代谢物和代谢通路相关信息的代谢物库（贾伟，2018）。

6.6.3.1　原始数据库

原始数据库的出现和标准化建设为深度挖掘数据以及提高数据的利用率提供了一种有效途径，大大促进了代谢组学技术的进步，也为多组学的联合分析以及多学科的交叉研究奠定了数据基础，是组学发展的必然趋势。当前，最具代表性的四大库是 Metabolomics Workbench、MetaboLights、Metabolome Express 和 Metabolomic Repository Bordeaux（MeRy-B）。

Metabolomics Workbench 数据库（http://www.metabolomicsworkbench.org）由美国国立卫生研究院（NIH）资助，加州大学圣地亚哥超级计算机中心（SDSC）和协调中心（DRCC）共同开发，是一个国家级代谢组学原始数据存储平台，可以提供各种实验设计、分析工具、代谢物标准、教程和培训等。

MetaboLights 数据库（http://www.ebi.ac.uk/metabolight）由生物技术和生物科学研究委员会（BBSRC）资助建设，欧洲生物信息学研究所（EMBL-EBI）进行维护，支持用户上传其原始代谢组学数据，被称作代谢组学领域的"基因银行"，是一个跨物种、跨平台的代谢组学原始数据和代谢产物知识库。该库主要包括两部分资源：①原始数据和相关信息；②代谢物在代谢组学实验中的生物作用信息、位置、浓度及原始图谱。

Metabolome Express 数据库（https://www.metabolome-express.org）可以与多个基于互联网的数据分析工具协同工作，对所有提交的 GC-MS 代谢组学数据集进行在线的存储、处理、可视化和统计分析，是一个文件传输（FTP）服务器和网络工具。用户可以从公开提交的数据集中搜索合适的代谢组数据，重新进行统计分析并给出标准化的报告；也可以对多个独立的实验数据进行整合分析和荟萃分析；还可以通过 FTP 将自己的数据上传到服务器，利用标准化的数据处理流程进行在线的数据处理。

MeRy-B 数据库（http://services.cbib.u-bordeaux2.fr/MERYB/home/home.php）是首个基于 ^{1}H-NMR 平台的植物代谢组学专用数据库。该库主要存储植物代谢谱原始数据和代谢物信息，也提供可视化的工具对数据进行基本的统计分析，库中现有一千余项植物 ^{1}H-NMR 检测的代谢数据和对应的实验条件、一系列已鉴定的和未知的植物代谢物信息以及一系列植物代谢物的浓度。

6.6.3.2　代谢物库

代谢物库是产生较早且发展相对成熟的代谢组学数据库，主要是存储各种代谢物的基本信息，包括代谢产物的简介、化学式、分子量、化学分类、化学性质、所在的代谢通路和图谱等。用户可以将待检测物质的信息与库中代谢物的信息进行一一比对，对目标物质进行定性。目前，京都基因与基因组百科全书（Kyoto Encyclopedia of Genes and Genomes，KEGG）、Metabolite Link（METLIN）、格勒母代谢组数据库（The Golm Metabolome Database，GMD）和小分子通路数据库（The Small Molecule Pathway Database，SMPDB）等代谢物库发展相对成熟，应用广泛，是该类数据库的代表（贾伟，2018）。具体介绍见1.2.2代谢途径及代谢物数据库。

6.7 小结

主成分分析（PCA）主要用于观察样本整体的分布趋势和是否有离群点的发生。而监督的分析方法包括使用偏最小二乘法（PLS）、随机森林和梯度提升方法，发现数据（X变量）和其他变量（Y变量）之间的相关关系。所建立的模型的质量用舍一法进行交叉验证检验，并用交叉验证后得到的R^2X和Q^2（分别代表模型可解释的变量和模型的可预测度）对模型有效性进行评判。在此之后，通过排列实验随机多次改变分类变量y的排列顺序得到相应不同的随机Q^2值对模型有效性做进一步的检验。然后对模型进行正交矫正处理（O-PLS-DA），最大化地凸显模型内部不同组别之间的差异，并通过分析相关系数，对有统计意义的代谢物进行进一步的归纳。最后，通过查阅文献重点分析出现显著性差异的代谢物所涉及的代谢途径，对其生物学意义进行详尽的解释。

参考文献

胡育筑，1997. 化学计量学简明教程. 北京：中国医药科技出版社.

贾伟，2018. 代谢组学与精准医学. 上海：上海交通大学出版社.

倪永年，2004. 化学计量学在分析化学中的应用. 北京：科学出版社.

邱玉洁，夏圣安，叶朝晖，等，2005. 生物医学核磁共振中的模式识别方法. 波谱学杂志，22: 99-111.

史永刚，栗斌，田高友，2010. 化学计量学方法及matlab实现. 北京：中国石化出版社.

俞汝勤，1991. 化学计量学导论. 湖南：湖南教育出版社.

Amaratunga D, Cabrera J, Lee Y S, 2008. Enriched random forests. Bioinformatics, 24:

2010-2014.

Brown M, Dunn W B, Ellis D I, et al., 2005. A metabolome pipeline: from concept to data to knowledge. Metabolomics, 1: 39-51.

Ciosek P, Brzoka Z, Wrolewski W, et al., 2005. Direct and two-stage data analysis procedures based on PCA, PLS-DA and ANN for ISE-based electronic tongue-effect of supervised feature extraction. Talanta, 67: 590-596.

Clayton T A, Lindon J C, Cloarec O, et al., 2006. Pharmaco-metabonomic phenotyping and personalized drug treatment. Nature, 440: 1073-1077.

Cloarec O, Campbell A, Tseng L H, et al., 2007. Virtual chromatographic resolution enhancement in cryoflow LC-NMR experiments *via* statistical total correlation spectroscopy. Anal Chem, 79: 3304-3311.

Cloarec O, Dumas M E, Craig A, et al., 2005. Statistical total correlation spectroscopy: an exploratory approach for latent biomarker identification from metabolic ^{1}H NMR data sets. Anal Chem, 77: 1282-1289.

Cloarec O, Dumas M E, Trygg J, et al., 2005. Evaluation of the orthogonal projection on latent structure model limitations caused by chemical shift variability and improved visualization of biomarker changes in ^{1}H NMR spectroscopic metabonomic studies. Anal Chem, 77: 517-526.

Coman C, Solari F A, Hentschel A, et al., 2016. Simultaneous Metabolite, Protein, Lipid Extraction (SIMPLEX): A Combinatorial Multimolecular Omics Approach for Systems Biology. Mol Cell Proteomics, 15: 1453-1466.

Eriksson L, Johansson E, Kettaneh-Wold N, et al., 2006. Multi- and megavariate data analysis part II: advanced applications and method extensions. Umetrics Inc.

Goodacre R, Broadhurst D, Smilde A, et al., 2007. Proposed minimum reporting standards for data analysis in metabolomics. Metabolomics, 3: 231-241.

Hasin Y, Seldin M, Lusis A, 2017. Multi-omics approaches to disease. Genome Biol, 18: 83.

Holmes E, Foxall P J, Nicholson J K, et al., 1994. Automatic data reduction and pattern recognition methods for analysis of ^{1}H nuclear magnetic resonance spectra of human urine from normal and pathological states. Anal Biochem, 220: 284-296.

Holmes E, Nicholson J K, Tranter G, 2001. Metabonomic characterization of genetic variations in toxicological and metabolic responses using probabilistic neural networks. Chem Res Toxicol, 14: 182-191.

Hubert M, Engelen S, 2004. Robust PCA and classification in biosciences. Bioinformatics, 20: 1728-1736.

Karczewski K J, Snyder M P, 2018. Integrative omics for health and disease. Nat Rev Genet, 19: 299-310.

Liang D, Li M, Wei R, et al., 2019. Strategy for intercorrelation identification between metabolome and microbiome. Anal Chem, 91: 14424-14432.

Martin F P, Dumas M E, Wang Y L, et al., 2007. A top-down systems biology view of microbiome-mammalian metabolic interactions in a mouse model. Mol Syst Biol, 3: 112-127.

Meloun M, Militky J, Forina M, 1992. Chemometrics for analytical chemistry Volume: PC-aided statistical data analysis. Ellis Horwood Limited. First edition.

Pedersen H K, Forslund S K, Gudmundsdottir V, et al., 2018. A computational framework to integrate high-throughput '-omics' datasets for the identification of potential mechanistic links. Nat Protoc, 13: 2781-2800.

Scholz M, Gatzek S, Sterling A, et al., 2004. Metabolite fingerprinting: detecting biological features by independent component analysis. Bioinformatics, 20: 2447-2454.

Scott I M, Vermeer C P, Liakata M, et al., 2010. Enhancement of plant metabolite fingerprinting by machine learning. Plant Physiol, 153: 1506-1520.

Shen B, Yi X, Sun Y T, et al., 2020. Proteomic and Metabolomic Characterization of COVID-19 Patient Sera. Cell, 182: 59-72.

Slupsky C M, Rankin K N, Wagner J, et al., 2007. Investigations of the effects of gender, diurnal variation, and age in human urinary metabolomic profiles. Anal Chem, 79: 6995-7004.

Statnikov A, Wang L, Aliferis CF, 2008. A comprehensive comparison of random forests and support vector machines for microarray-based cancer classification. BMC Bioinformatics, 9:319-328.

Suykens J A K, Vandewalle J, 1999. Least squares support vector machine classifiers. Neural Process Lett, 9: 293-300.

Szymański J, Bocobza S, Panda S, et al., 2020. Analysis of wild tomato introgression lines elucidates the genetic basis of transcriptome and metabolome variation underlying fruit traits and pathogen response. Nature Genetics, 52:1111-1121.

Teague C R, Dhabhar F S, Barton R H, et al., 2007. Metabonomic studies on the physiological effects of acute and chronic psychological stress in Sprague-Dawley rats. J Proteome Res, 6: 2080-2093.

Treves H, Siemiatkowska B, Luzarowska U, et al., 2020. Multi-omics reveals mechanisms of total resistance to extreme illumination of a desert alga. Nature Plants, 6: 1031-

1043.

Trygg J, Wold S, 2002. Orthogonal projections to latent structures (O-PLS). J Chemom, 16: 119-128.

Vandenberg R A, Hoefsloot H C J, Westerhuis J A, et al., 2006. Centering, scaling, and transformations: improving the biological information content of metabolomics data. BMC Genomics, 7: 142-156.

Wagner C, Sefkow M, Kopka J, 2003. Construction and application of a mass spectral and retention time index database generated from plant GC/EI-TOF-MS metabolite profiles. Phytochemistry, 62: 887-900.

Weckwerth W, Morgenthal K, 2005. Metabolomics: from pattern recognition to biological interpretation. Drug Discov Today, 10: 1551-1558.

Wold S, 1995. what do we mean with it, and what do we want from it? Chemometr Intell Lab, 30: 109-115.

Wold S, Antti H, Lindgren F, et al., 1998. Orthogonal signal correction of near-infrared spectra. Chemometr Intell Lab, 44: 175-185.

Wold S, Esbensen K, Geladi P, 1987. Principal component analysis. Chemometr Intell Lab, 2: 37-52.

Yizhak K, Benyamini T, Liebermeister W, et al., 2010. Integrating quantitative proteomics and metabolomics with a genome-scale metabolic network model. Bioinformatics, 26: i255-260.

第7章

基于色谱/质谱联用技术的代谢物定性

赖长江生[①]　段礼新[②]　漆小泉[③]

① 中国中医科学院中药资源中心，北京，100007

② 广州中医药大学，广州，510006

③ 中国科学院植物研究所，北京，100093

7.1 引言

代谢组学旨在对某个生物体或某个组织甚至单细胞中的所有小分子代谢组分及其动态变化进行无歧视性高通量分析。从代谢组学概念提出至今，已经跨越了第二个十年，无论是分析技术还是代谢组学应用，都获得了较大的发展。代谢组学正深入到新技术开发、多平台整合、数据处理、代谢物定量、定性分析和生命机理阐释等方面，代谢物的定性就是其中的重点和难点问题之一。代谢组学产生的数据量是庞大的、复杂的，其中绝大部分是代谢物产生的，也包含仪器的背景噪声、色谱柱流失或实验带来的外源性污染物信号等。定性就是将复杂的数据转变成有生物学意义的代谢物信息，从而更好地阐述生物体代谢变化情况。特别是对那些差异代谢物，如生物标志物，与功能基因、生物性状相关的代谢物进行定性具有重要的理论和实际意义。随着高分辨、高精确度质谱仪器的出现以及多平台整合技术的发展，不仅提高了代谢组学的分析探测能力，也提高了对代谢物结构进行定性的水平。与此同时，有机化合物结构解析的策略化、智能化、软件化和专业数据库的积累也为快速鉴定代谢物提供了可能。

植物代谢产物结构复杂多样，数量庞大，对代谢物的鉴定极具挑战性。植物在长期进化过程中，为了适应不同的外界环境，合成成千上万的代谢产物。据估计，植物中的代谢物有 20～100 万种之多 (Dixon and Strack，2003)，包括苯丙素类、醌类、黄酮类、单宁类、萜类、甾体及其苷类、生物碱类等次生代谢产物，每一大类的已知化合物都有数千种甚至数万种以上。仅三萜类物质就有 10000 余种，它们一般由含 30 个碳原子的 2,3- 氧化鲨烯或鲨烯，经过 2,3- 氧化鲨烯环化酶（2,3-Oxidosqualene Cyclase，OSC）或鲨烯环化酶（Squalene Cyclase，SC）环化产生 200 多种不同类型的骨架结构，再经过氧化、糖基化和其他的修饰，生成纷繁复杂、结构迥异的三萜类代谢物（Xu et al.，2004）。在植物界，首次对模式植物拟南芥编码的 13 条 OSC 基因代谢产物进行了完整的研究，它们的三萜产物谱见图 7-1。这些产物的结构复杂多样，如果加上后续的生物修饰，将产生更多的中间体及甾醇和萜类终端产物。这些化合物结构十分类似，可能存在同分异构体、手性异构体等。它们的极性相当，质谱图类似，鉴定困难，而且其中的绝大部分没有商业标准品，也没有被质谱数据库所收载（如 NIST 和 WiLEY 数据库）。

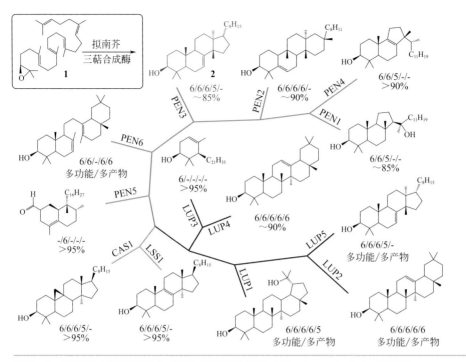

图 7-1　拟南芥中所有三萜合成酶的代谢产物结构（Morlacchi et al., 2009）

图中符号PEN1、PEN2、PEN3、PEN4、PEN5、PEN6、LUP1、LUP2、LUP3、LUP4、LUP5代表不同环化酶；CAS1和LSS1代表不同合成酶

　　传统的植物化学鉴定方法不适合代谢组学高通量、微量样品的分析以及数百个代谢物同时定性的需求。传统植物化学方法对几十千克的植物材料进行提取、分离、纯化等获得化合物单体，这个过程十分漫长、耗时耗力。而传统的代谢物结构鉴定一般也要通过紫外光谱（Ultraviolet Spectra，UV）、红外光谱（Infrared Spectra，IR）、核磁共振（Nuclear Magnetic Resonance，NMR）及质谱（Mass Spectrum，MS）等技术。对于全新结构的代谢产物往往需要通过上述四谱联用，理化性质测定，单晶 X 光衍射结构鉴定，化学转换以及化学合成等方法进行结构确证。而代谢组学分析一般仅分析数十到数百毫克的植物样品，采用微分离制备技术进行样品前处理，采用高灵敏度的质谱或核磁共振仪器进行代谢谱测定。因此传统的结构鉴定方法很难在代谢组学分析中发挥作用。当然，经过传统的提取、分离技术制备的标准物质可以作为代谢组学分析中的对照品，在结构鉴定时，它们的结构鉴定数据具有重要的参考意义。

　　质谱是代谢物定性的常规手段之一，但却不是结构确证最可靠的方法。特别是对异构体（Isomer）很难进行区分，如葡萄糖和果糖，它们有非常相似的质谱图，仅由质谱很难将它们区分开。另外，依赖质谱对代谢组学分析中的代谢物进行定性有以下几方面的不足：其一，对生物样本进行非目标性的代谢组学分析，其前处理过程要求尽量保持全组分，所以样本一般不经过或很少经过纯化处理，属于非常"脏"的样本。这样就导致在色谱分离过程中会存在共流峰（Co-eluting Peaks）和基质的干扰，造成质谱峰的不纯；其二，解卷积过程造成部分解卷积或谱图不纯，影响了代谢物定性的准确性；其三，目前缺乏合适的代谢组学数据库，已有的数据库如 NIST/EPA/NIH 和 WILEY 等含有大量人工合成物质，天然产物所占有的比例有限，而商品化的天然产物标准物质也远远不能满足代谢组学分析中定性的需要。因此，在短时期内，人们很难对所有代谢物进行结构确认，况且不同实验室所采用的定性方法和标准也不尽相同。所以对代谢组学分析中的化合物进行定性已经成为一个瓶颈问题。2005 年，代谢组学标准化工作组（Metabolomics Standards Initiative，MSI）成立，旨在推动代谢组学研究报告的标准化，2007 年 MSI 将代谢物定性划分为四个水平，目前，这一标准还在逐步进行完善（Sumner et al., 2007）。

第一水平：已鉴定的化合物（Identified Compounds）。由于新化合物首次鉴定一般会有很严格的结构鉴定数据，故对已知化合物的定性主要采用和已知数据进行比对的方法。比对的标准如下所述。

（1）获得标准物质并比对定性数据　要求在确定的实验条件下，两种相互独立或正交的鉴定数据（如保留时间 / 指数和质谱，保留时间和核磁共振谱，精确质量和串联质谱，精确质量和同位素模式，^{1}H-NMR/^{13}C-NMR 和 2D-NMR 谱）来验证所分析的代谢物是否为相应的标准物质。如果仅与标准物质的文献数据进行比对，只能作为第二水平的定性。

（2）质谱图比对　在鉴定过程中若使用谱图比对的方法，标准物质的谱图应该适当地描述或者标准物质的谱图可以免费获取，如果不能提供鉴定的谱图，只能算作推断性的定性。

（3）额外的定性数据　在（1）的定性数据的基础上，提供其他额外的定性数据，或提供立体构型数据。额外数据包括溶剂选择性地提取，保留时间，m/z，紫外吸收全波段光谱，化合物的最大吸收波长（λ_{max}），最大摩尔吸光系数（ε_{max}），化学衍生化，同位素标记，二维核磁共振以及红外光谱等。

对新化合物的首次鉴定需要充分的结构鉴定数据，包括立体结构的确定数据，很多杂志提出新化合物的鉴定标准可以采用，如美国化学会杂志。一般包括提取、分离纯化方法，元素分析结果，精确分子量，碎片离子质谱图，核磁共振数据（^{1}H，^{13}C，2D-NMR）和其他的谱图数据，如红外光谱、紫外光谱、化学衍生化等。

第二水平：推断性注释的化合物（Putatively Annotated Compounds），没有可以对照的标准物质，主要基于标准物质的物理化学性质和（或）数据库谱图相似度的比较。

第三水平：推断性判断化合物的类别（Putatively Characterized Compound Classes），代谢物的定性基于某已知类型代谢物共有的物理化学性质，或某已知类型代谢物共有的谱图特征。

第四水平：未知化合物（Unknown Compounds），在前面三个层次之外，未能鉴定或分类的代谢物，只要能通过谱图进行区分，而且能够定量分析的代谢物，都属此列。

7.2 常见有机物质谱裂解规律

植物产生的代谢物结构千变万化，非常复杂，但是它们均由一定的基本结构单位按不同的方式组合而成。如 C_2 单位（乙酸单位），组成脂肪酸、酚类、苯醌等聚酮类化合物；C_5 单位（异戊烯单位），组成萜类和甾醇类；C_6 单位，如香豆素、木质体等苯丙素类化合物；氨基酸单位，生成如生物碱类化合物；结构类型相似的化合物一般具有类似的质谱裂解规律，对常见化合物谱图的了解，有助于判断化合物的类别，推断结构或取代基团。

7.2.1 烷烃化合物

（1）直链烷烃　分子离子峰一般存在，但是强度随烷烃碳链的增长而下降。奇质量数的碎片离子峰成群（C_nH_{2n+1}），如 m/z 29，43，57，71，85，99…（图 7-2），各峰之间质量相差 14(CH$_2$)。在 C_nH_{2n+1} 碎片离子峰后面一般存在小一个质量数的小峰，即 C_nH_{2n} m/z 28，42，56，70，84，98…。一般强度最高的碎片离子是 C_3（m/z 43）或 C_4（m/z 57），其他碎片离子强度呈平滑曲线下降，直至 $M-C_2H_5$，8 个碳以上的直链烷烃，质谱很相似，区别仅在于分子离子峰。

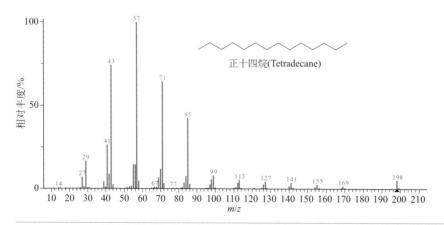

图 7-2　正十四烷的质谱图

（2）支链烷烃　分子离子峰弱，支链烷烃在分支处呈现优势断裂，断裂生成的碎片离子峰较强，从谱图中可以判断支链化合物支链所在位置。

7.2.2　烯烃化合物

结构中含有双键的化合物，常发生 β 开裂，麦氏重排（Mclafferty Rearrangement）和逆狄尔斯 - 阿尔德开裂（Retro Diels Alder Fragmentation）等。

7.2.3　芳香族化合物

芳香族化合物由于苯环的存在，分子离子峰较强。苯的分子离子峰 m/z 87 是基峰，稠环芳香化合物的分子离子峰是基峰。容易发生 β 开裂、麦氏重排、α 开裂和氢的重排以及逆狄尔斯 - 阿尔德开裂等断裂方式，m/z 39，51，65，77，78，91，92 是芳香族烃类物质的特征离子。酚类化合物分子离子峰较强，酚开裂时脱去 CO。

7.2.4　醇类化合物

醇类化合物一般分子离子峰很小，醇类化合物裂解方式主要有脱水和 α 开裂，脱水峰（M-18）十分明显。

7.2.5　醚类化合物

脂肪醚分子离子峰很小，但是芳香醚的分子离子峰较大。脂肪醚主要发生 α 开裂，生成较强的 m/z 45，59，73，87…的峰。甲苯醚 β 开裂形成 m/z 93 的碎片，随后脱去 CO 生成稳定的 m/z 65 的离子。

7.2.6　醛类化合物

脂肪醛分子离子峰较明显，大于 C_4 的脂肪醛分子离子峰强度明显递减，芳香醛的分子离子峰较稳定。α 开裂得到的 M-1 峰是醛的特征峰，有一定的强度，有时比分子离子峰还强。在 $C_1 \sim C_3$ 的脂肪醛 α 开裂丢失 R·自由基，形成 m/z 29 的 HC≡O$^+$ 的离子峰是强峰。碳链更长的脂肪醛 α 开裂丢失 HCO·自由基，形成 M-29 的 R$^+$ 离子峰。C_4 以上的脂肪醛还可以发生麦氏重排，得到 m/z 44 的基峰。

7.2.7　酮类化合物

酮类化合物与醛类似，重要的是 α 开裂，酮羰基两侧都可以发生，遵守丢失最大烃基的规则。当存在 γ-H 的时候，容易发生麦氏重排。

7.2.8 酸类化合物

支链一元酸的分子离子峰较小，芳香酸的分子离子峰较大。麦氏重排产生 m/z 60 的基峰是支链一元酸（C≥4）的特征离子。$α$ 开裂丢失 R·自由基，形成 m/z 45 的离子。

7.2.9 酯类化合物

酯类化合物可以发生 $α$ 开裂丢失 R·自由基或·OR 自由基，产生 m/z 59＋n×14 和 29＋n×14 的离子。脂肪酸甲酯的特征离子为 74。

7.2.10 胺类化合物

脂肪胺分子离子峰较小，芳香胺分子离子峰较大，一元胺的分子离子峰为奇数。$α$ 开裂是最重要的裂解方式，优先丢失最大的烃基。

7.2.11 含硫、含卤素的化合物

含硫、含卤素的化合物，根据质谱中 M／M＋2 强度比值容易判断（姚新生，1996）。

7.3 GC-MS 代谢产物定性方法

GC-MS 为广泛应用于代谢组学研究的重要平台之一。第 2 章详细介绍了 GC-MS 的原理、方法和应用。GC-MS 的特点是一种硬电离的方式，即一定能量的电子束轰击化合物，将其击碎，生成不同质量的带电离子（碎片离子），化合物的结构信息就包含在这些碎片离子的质量和强度分布之中，即常说的质谱图。这个过程是稳定的，因而可以建立标准物质的质谱库，化合物的定性也就是人工解析质谱图或者软件智能化的谱图检索。此外，代谢物的色谱行为，即保留时间，也与结构有关，可以转化为保留指数，作为定性的辅助参数。GC-MS 定性分析常见步骤如下。

7.3.1 质谱数据预处理，获得纯的质谱图

GC-MS 分析产生的总离子流色谱（TIC）中存在基质背景（信号噪声）、柱流失以及共流出（Co-elution）峰等杂质离子或共存峰的离子碎片，所以 GC-MS 产生

的原始数据不适合直接进行代谢物的定性分析。其原始数据需要经过滤噪、平滑、峰检测和重叠峰解卷积（Deconvolution）等数据处理来获得纯的质谱图（Pure Mass Spectrum）后才能进行谱库比对等定性分析。如图 7-3（a）是 27.063min 色谱峰顶点的原始质谱信号，图 7-3（b）是该峰附近背景质谱信号，图 7-3（c）是由图（a）减去（b）获得的该峰纯的质谱图。由此例可以看出，通过背景扣除，排除了杂质信号的干扰后，化合物纯的质谱与原始质谱有较大差别。图 7-3（d）是通过谱库检索出相似度为 99% 的候选物质六氯联苯。

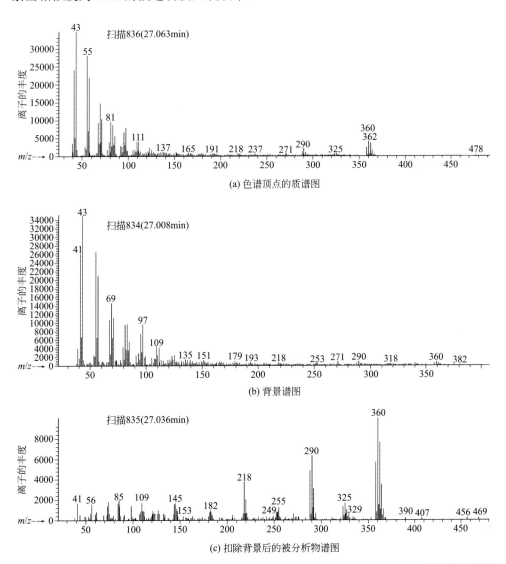

图 7-3

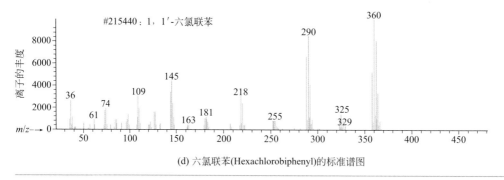

(d) 六氯联苯(Hexachlorobiphenyl)的标准谱图

图 7-3　质谱数据预处理后谱图的比较（Ekman et al., 2008）

　　解卷积是一个数学算法过程，这个过程对于拆分共流峰非常重要。假设纯化合物峰的碎片离子强度的比例是不随浓度变化的，解卷积就是从一个复杂的重叠峰中提取单个峰，解卷积的效果会直接影响代谢物的定性。目前，不同软件的解卷积算法不太一样，如 NIST 免费的 AMDIS 软件，LECO 公司的 Chroma TOF 商业软件等，由于解卷积的算法不同，得到的结果也不尽相同。另外，质谱采集速率、化合物的浓度、样品基质以及峰平滑的效果等因素也都会影响解卷积结果。此外，解卷积还会产生假阳性或假阴性的结果（Lu et al., 2008）。图 7-4 是 LECO 公司 Chroma TOF 软件解卷积的效果图，图中（a）是 GC-TOF/MS 时间在 23.9 ～ 24.0min 的总离子色谱图（TIC），图中（b）为解卷积后的分析色谱图，其中包含三个物质（峰 349，峰 350，峰 351），分别用不同的颜色标注，它们的特征离子分别为 92，81，202。图 7-4（c）、（d）、（e）分别为它们的质谱图。

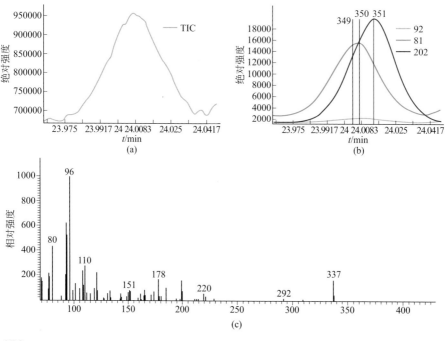

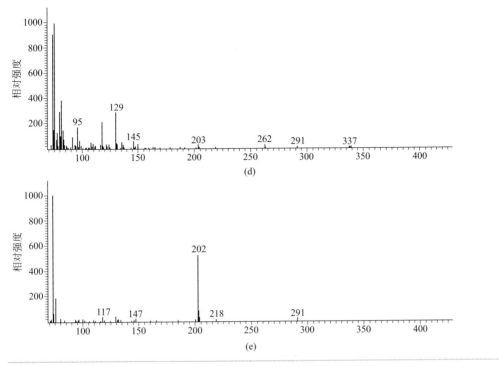

图 7-4　LECO 公司 Chroma TOF 软件解卷积效果图

7.3.2　谱库检索

在 GC/MS 定性分析中，一般采用计算机辅助检索的方法，即计算机自动将组分的质谱图与数据库中谱图进行匹配比对。如，常用的 NIST 数据库一般包括正检索和逆检索。将实验采集的谱图与库中谱图进行比对称为正检索；而用谱库中标准物质谱图与实验采集的谱图进行比对则称为逆检索。通过两种方式的谱图比较，计算机给出正检索和逆检索的相似系数，从而给出一系列相似度不同的候选物质。一般来讲，正/反相似度均大于 80% 的检索结果其结构的可信度较高，若小于 60% 则可信度则偏低。对于异构体、同系物和结构特征较为相似的化合物，由于它们质谱图差别不大，所以必须结合其他的定性方法才能够进行结构确证。如果正检索匹配度低，而逆检索匹配度高，则说明待检索的谱图可能是混合物，或者本底干扰严重（盛龙生等，2005）。采用 GC-TOF/MS 获得的谱图与标准谱图相比，高质荷比离子丰度一般偏低，而低质荷比离子丰度偏高，这对谱库搜索产生了一定影响。

7.3.3　结合保留指数对化合物定性

GC/MS 对异构体、同系物定性时，相似度接近，很难确定是哪一个物质，需要辅助其他的定性参数。由于气相色谱的分离能力很高，对异构体、同系物或结构特征较相似的化合物也可能使其达到分离，所以采用保留时间进行定性也是一种有效的方法。由于保留时间与仪器、色谱柱和操作条件，如柱温、进样量、流速、色谱柱长短密切相关，所以仅采用保留时间进行定性不适合不同实验室之间的数据比较。化合物在色谱柱上的保留行为其本质是化合物同固定相之间的相互作用。当固定相一定时，这种相互作用的大小直接与化合物的拓扑、几何和电性特征相关。在对化合物结构和色谱分离原理研究的基础上，人们提出定量结构-保留关系(Quantitative Structure-Retention Relationships，QSRR)理论，即研究结构与保留时间之间的函数关系，从而对化合物（包括未知化合物）色谱行为进行预测和分析。保留指数（Retention Index 或 Kovats Index，RI 或 KI)的概念是由 Kovats 在 1958 年提出，是最广泛的 GC 定性参数之一，目前有数千种化合物的保留指数可查。对于结构非常相似的同系物，如正构烷烃或饱和脂肪酸甲酯（结构仅仅相差一个 CH_2），在 GC 恒温分析时，保留时间呈现等距离分布的特点（保留时间与碳原子个数呈线性函数关系)（图 7-5），这类化合物拥有较好的 QSRR，可以作为度量其他物质保留能力的参照系。如果将这些标准物质添加到待测组分里面，以它们作为参照系，就可以将待测组分的保留时间转化为相对于正构烷烃或饱和脂肪酸甲酯的保留值（保留指数)。一般来讲，待测组分的保留指数是用前后两个靠近它的正构烷烃或饱和脂肪酸甲酯来标定。为了计算方便，规定正构烷烃的保留指数为该烷烃分子中碳原子数的 100 倍，例如正己烷的 RI 为 600，正庚烷为 700，正十五烷为 1500，通过一定的计算公式，将待测物质的保留时间转化为保留指数。在色谱柱和柱温一致的情况下，保留指数就只与化合物的结构有关，而与其他实验条件无关，具有很好的准确度和重现性。只要 GC 能将结构相近的物质分开，它们就具有不同的保留指数，再与质谱结合，将可显著提高结构确定的准确性。Kovats 提出计算化合物的保留指数公式只适合恒温分析，对于沸点范围较宽的复杂组分混合物的分析，一般采用程序升温的方法。在程序升温时，组分的保留指数的测定有所不同，需要校正。

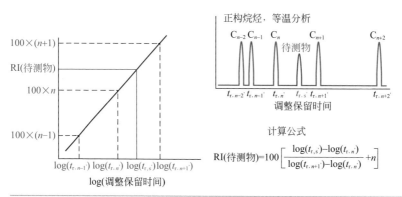

图 7-5　正构烷烃作为标准技术保留指数的原理

Van Den Dool 等经过推算，于 1963 年定义程序升温保留指数的计算公式为：

$$I_X^T=100n+100[(T_{R_x}-T_{R_n})\ /\ (T_{R_{(n+1)}}-T_{R_n})]$$

式中，T_R 代表保留温度；x 表示待分析的化合物；n 和 $n+1$ 分别表示正构烷烃的碳原子数。对于单一线性程序升温，可用相应的保留时间 t_R 代替 T_R。一般来讲，保留温度的测量比保留时间的测定要麻烦一点，由于保留温度和保留时间通常具有高度的相关性，所以用保留时间代替上式中的保留温度来计算保留指数。

德国马普植物分子生理研究所 Joachim Kopka 提出，在代谢组学研究中基于保留指数和质谱对代谢物进行定性（Wagner et al.，2003），并依此建立了 GOLM METABOLOM DATABASE 数据库（Kopka et al.，2005）。

举例：利用 GC-MS 对紫苏挥发油进行分析（梁晟等，2008），保留时间分别为 14.90min 和 15.68min 的两个峰进行质谱检索，检索结果显示二者皆有可能为 α-石竹烯（α-Caryophyllene）或 β- 石竹烯（β-Caryophyllene），而且匹配度分别为 0.95 和 0.97，仅通过质谱无法确定这两个峰的归属。作者使用正构烷烃作为参照系，采用线性升温程序，计算两个峰的保留指数分别为 1429 和 1460。查阅文献后发现，物质 β- 石竹烯报道的保留指数在 1430 左右，而 α- 石竹烯报道的保留指数在 1460 左右，分别与实验结果所得的相吻合，从而完成了对它们的定性。对于匹配度相近、不易鉴定的化合物，采用取消基峰计算谱图相似度的方法，消除基峰对相似度的重大贡献，从而更加准确地反映不同化合物质谱指纹间的差异，提高定性的准确度。如香料中某挥发性化合物 A，未去基峰前其质谱图与数据库（NIST02）中 β-水芹烯的谱图相似度为 0.9725，与 3- 蒈烯的质谱图相似度为 0.9562，谱图相似度都很大（图 7-6）。去基峰后其与 β- 水芹烯和 3- 蒈烯的谱图相似度分别为 0.9608、0.945，用 DB-5 毛细管柱分离样品后，保留指数为 1029，β- 水芹烯的文献保留指数为 1030，而 3- 蒈烯的文献保留指数为 1011，因而此化合物应被鉴定为 β- 水芹烯（苏越等，2009）。

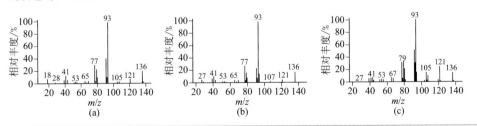

图 7-6　香料中某化合物 A（a）与 β- 水芹烯（b）和 3- 蒈烯（c）的质谱图

7.3.4　手动巡视质谱图，推测可能的结构

对于谱库检索相似度不够高的代谢物，可能是谱库中不含有该代谢物，需要手

动巡视质谱图，通过质谱解析经验对未知化合物进行结构推断，这是非常有挑战性的工作，需要极强的经验知识和分析能力。下面是通常用到的判断未知物结构的一些经验方法。

（1）查看分子离子　分子离子峰是推测分子量的依据，理论上讲，分子离子应是谱图中质荷比最大的那个离子，如果分子离子不稳定，则其分子离子峰相对丰度很低或者根本就不出现。有时分子离子与其他离子或气体分子碰撞，可能会生成质量更高的离子。杂质的混入所产生高质量的离子峰也会对分子离子峰的判断构成难度。判断分子离子峰时，要考虑拟判断的分子离子峰与其他碎片之间的质量差是否合理，分子离子在发生裂解时，丢失的游离基或中性小分子在质量上是有一定规律的，如 M-1、M-15、M-18 等，一般不会出现 3 ~ 14，21 ~ 26、37、38、50 ~ 53、65、66 等质量丢失。此外，分子离子是否符合氮规律，一个化合物含有偶数个氮原子或不含氮原子时，分子量为偶数；当含有奇数个氮原子时，分子量为奇数。不符合"氮规则"的离子峰一定不是分子离子峰。对不出现分子离子峰的化合物，可使用较软的电离方式，如化学电离（Chemical Ionization，CI）等。

（2）分析同位素模式　通过同位素模式分析元素组成。植物天然产物一般含有C、H、O、N、P、S、Cl、Si 等元素，它们都存在天然丰度的同位素（Isotope），而且它们的丰度是恒定的，丰度最大的轻同位素，用 A 表示，重 1 到 2 个质量单位的重同位素，分别用 A+1 和 A+2 表示。表 7-1 是常见元素的同位素及其丰度。对于只含 C、H、O、N 等元素，分子量不大的小分子化合物来讲，可以利用同位素离子峰的相对丰度来推测样品的分子式。对于含有 S、Cl、Br、Si 的化合物，M+2的丰度明显加大，重同位素的丰度分布可由二项式展开式来计算：

$$(a+b)^n = a^n + na^{n-1}b + n(n-1)a^{n-2}b^2/2! + n(n-1)(n-2)a^{n-3}b^3/3! + \cdots$$

式中，a 表示轻同位素相对丰度；b 表示重同位素相对丰度；n 表示同位素原子的数目。

对于含重同位素元素较多的化合物，可以查 Beynon 表决定化合物的组成及分子式。分子量越大，要求质谱仪对同位素的丰度测量的准确度也越高。

表 7-1　天然产物常见元素的同位素及其丰度[①]

元素		同位素A		同位素A + 1		同位素A + 2		元素类型[④]
		质量	丰度/%	质量	丰度[③]/%	质量	丰度[③]/%	
氢	H	1	100	2	0.015	—	—	"A"
碳	C	12	100	13	1.1[②]	—	—	"A + 1"
氮	N	14	100	15	0.37	—	—	"A + 1"
氧	O	16	100	17	0.04	18	0.20	"A + 2"

元素		同位素A		同位素A + 1		同位素A + 2		元素类型④
		质量	丰度/%	质量	丰度③/%	质量	丰度③/%	
硅	Si	28	100	29	5.1	30	3.4	"A + 2"
硫	S	32	100	33	0.79	34	4.4	"A + 2"
氯	Cl	35	100	—	—	37	32.0	"A + 2"
溴	Br	79	100	—	—	81	97.3	"A + 2"
碘	I	127	100	—	—	—	—	"A"
氟	F	19	100	—	—	—	—	"A"
磷	P	31	100	—	—	—	—	"A"

① Wapstra and Audi（1986）。

② 1.1 ± 0.02，取决于来源。

③ 相对丰度（相对含量最高的同位素）。

④ "A"，只有一个天然丰度的同位素；"A+1"，有两个同位素的元素，其中第二个同位素比丰度最大的同位素重一个质量单位；"A+2"，这类元素含有比丰度最大同位素重二个质量单位的同位素。由于 ^2H 在自然界含量很低，对重同位素峰的影响不大，通常把它作为 A 元素。

（3）分析碎片离子，判断裂解规律　从质谱图手动解析化合物的结构是非常复杂和烦琐的事情，McLafferty 和 Turecek 有关于这方面详细的专著（McLafferty and Turecek 1993），这里不再详述。

7.3.5　标准物质进行比对

代谢物结构的最终确认，可以通过购买标准品，在相同的实验条件下，比较保留时间或保留指数和质谱来确认。但是，目前市场上可供购买的代谢物质，特别是次生代谢物往往较少。

其他的定性方法还包括高分辨 GC-MS、MS/MS，使用衍生化试剂 MTBSTA（Fiehn et al., 2000）和 MSTFA-d₉（Herebian et al., 2005）对化合物结构进行推断。

7.4　LC-MS 代谢产物定性方法

LC-MS 对化合物结构的解析步骤与 GC-MS 基本相同，相对于 GC-MS 拥有数量庞大的数据库，LC-MS 却没有"标准质谱库"，代谢物的定性更加依赖标准物质。LC-MS 常采用软电离方式，如电喷雾电离（Electrospray Ionization，ESI）和大气压化学电离（Atmospheric Pressure Chemical Ionization，APCI）技术等，LC-MS 的质谱图较 GC-MS 的简单，一般得到化合物的准分子离子峰，碎片离子峰很少。高分辨的分子离子（计算准确的分子量及预测分子式）是 LC-MS 定性最重要的线索，结合同位素模式，可以推断化合物的分子式，查找数据库，获得候选物质，MS/MS 或 MS" 根据裂解碎片信息，确定分子中可能含有哪些基团或骨架，推断候选物质的断裂方式，对候选物质进行确认，最后再与标准物质进行比对。

7.4.1　熟悉待分析样品的信息

在对未知代谢物进行定性之前，需要充分了解待分析物的来源、品种、组织部位，可获知的代谢途径以及本种、本属植物中已知结构的代谢产物。通过基因注释和共表达等其他生物学信息，推断可能的结构修饰。对于 LC-MS 来说，可以连接二极管阵列检测器，观察代谢物的紫外吸收情况，预判断化合物的结构类别和可能存在的基团。此外，根据样品性质还要确定采用哪种离子化方式，如胺类、季铵盐、含杂原子化合物如氨基甲酸酯，适合采用 ESI 离子化方式；弱极性 / 中等极性的小分子，如脂肪酸、邻苯二甲酸、含杂原子化合物如氨基甲酸酯、脲等，适合采用 APCI 的离子化方式。碱性化合物宜采用正离子模式检测，酸性化合物宜用负离子模式检测，如果代谢物的性质未知，正负离子则都需要检测。当然，有些化合物正负离子模式都会出峰。

7.4.2　数据处理

LC-MS 数据需要经过去噪、对齐等数据处理来除去 LC-MS 中的本底离子，常见的本底离子见表 7-2。

表 7-2　LC-MS 中常见的本底离子

杂质离子	来源	离子组成
m/z 15 ～ 150	溶剂离子	$[(H_2O)_nH^+, n= 3 \sim 112]$
m/z 102	H+ 乙腈 + 乙酸	$C_4H_7NO_2H^+$，102.0549
m/z 102	三乙胺	$(C_2H_5)_3NH^+$，102.1283
m/z 149	管路中邻苯二甲酸酯的酸酐	$C_8H_4O_3H^+$，149.0233
m/z 288，316	2mL 离心管产生的特征离子	
m/z 279	管路中邻苯二甲酸二丁酯	$C_{16}H_{22}O_4H^+$，279.1591
m/z 384	瓶的光稳定剂产生的离子	
m/z 391	管路中邻苯二甲酸二辛酯	$C_{24}H_{38}O_4H^+$，391.2843
m/z 413	邻苯二甲酸二辛酯 + 钠	$C_{24}H_{38}O_4Na^+$，，413.2668
m/z 538	乙酸 + 氧 + 铁（喷雾管）	$Fe_3O(O_2CCH_3)_6$，537.8793

7.4.3　代谢物分子式推测

高分辨质谱是 LC-MS 鉴别化合物的有力工具。化合物是由不同元素按一定比例组成的，不同元素包含不同数目的质子、中子和电子组成，人们规定 C 元素的质量为 12.000u，其他元素的质量为相对 C 元素的比值，如 $^1H = 1.007825u$，$^{14}N = 14.003070u$，$^{16}O = 15.994910u$。对于低分辨质谱而言，同一整数位的质量可能有许多种排列组合的方式，如分子量同样为 28 的化合物可能是 CO、N_2 或者 C_2H_4，但是只要质谱的质量精确度足够高，就能推断化合物的元素组成，如 CO（27.9949）、N_2（28.0061）和 C_2H_4（28.0313）。目前的质谱仪如傅立叶转换-离子回旋共振质谱（Fourier Transform Ion Cyclotron Resonance Mass Spectrometry，FT-ICR-MS）能够达到分辨率大于 100 万，质量精确度到 1ppm，最新的四级杆-飞行时间质谱（Q-TOF-MS）其分辨率能够达到 20 万。然而即使质量精确度达 0.1ppm，单独依靠高质量精确度推断元素组成仍显不足，如果辅以同位素丰度模式则可以显著排除一些错误的分子式。Tobias Kind（Kind and Fiehn，2006）显示，质量精确度虽然为 3ppm，但是辅以同位素模式（2% 同位素丰度测量误差）推测分子式的效果却优于单纯质量精确度为 0.1ppm 的质谱仪（表 7-3）。质谱仪生产厂家一般提供同位素丰度过滤功能，如 Agilent 公司的分子特征提取（Molecular Feature Extraction，MFE）算法结合精确质量数，单同位素质量、同位素丰度和同位素峰距离（Spaceing Between Isotope Peak）就能给出几种可能的候选分子式（Sana et al.，2008）。

氮规律和不饱和度计算都可用来判断分子组成。不饱和度的计算，初步判断含有多少双键或环。化合物的不饱和度 = C + Si − 1/2(H+F+Cl+Br+I) + 1/2(N+P)+1，其中，O 和 S 不必计算在内。这个公式基于元素最低价成键状态（Lowest Valence State），对绝大多数化合物适用。但是，当 N、P 不是三价而是五价（共价键），S 不是二价而是四价或六价时，此公式计算的不饱和度就不够准确了。

表 7-3　在不同质量精度和同位素丰度模式下可能的分子式数量

分子量	没有同位素丰度信息					2% 同位素丰度准确度	5% 同位素丰度准确度
	10ppm	5ppm	3ppm	1ppm	0.1ppm	3ppm	5ppm
150	2	1	1	1	1	1	1
200	3	22	2	1	1	1	1
300	24	11	7	2	1	1	6
400	78	37	23	7	1	2	13
500	266	115	64	21	2	3	33

分子量	没有同位素丰度信息					2% 同位素丰度准确度	5% 同位素丰度准确度
	10ppm	5ppm	3ppm	1ppm	0.1ppm	3ppm	5ppm
600	505	257	155	50	5	4	36
700	1046	538	321	108	10	10	97
800	1964	973	599	200	20	13	111
900	3447	1712	1045	354	32	18	196

Tobias Kind 和 Oliver Fiehn 提出由高分辨质谱推测分子式的 7 个黄金法则 (Kind and Fiehn，2007)。

① 限制未知峰分子式中元素的数目。元素数目的绝对值可以通过分子质量除以元素的质量得到。例如分子质量为 1000Da 的分子，C 原子的最大数目不超过 1000/12 = 83，对于植物天然产物，分子式中 N、P、S 的数目则远远少于肽。

② 进行 LEWIS 和 SENIOR 规则判断分子组成。

③ 同位素丰度模式过滤。

④ 进行 H/C 比例检查。

⑤ 进行杂原子比例检查。

⑥ 进行多元素 H，N，O，P，S 概率检查。

⑦ 对于 GC-MS，执行 TMS 取代位置的检查。

7.4.4　搜索数据库，寻找候选物质

通过上述的精确分子量、同位素丰度模式、氮规律和不饱和度推断未知峰的元素组成，生成分子式，由分子式可以在不同的数据库，如 Metlin、Chemspider、KEGG、MASSBANK、PUBCHEM 等搜索可能的结构。

7.4.5　结合多级质谱对化合物结构进行推断

对于 LC-Q-TOF/MS（四极杆 - 飞行时间质谱）可以对化合物进行 MS/MS 分析，IT-TOF/MS（离子阱 - 飞行时间质谱）和 Orbitrap/MS（静电场轨道阱质谱）离子阱类质谱可以进行 MS^n 多级质谱检测，每一级质谱均可获得高分辨的碎片信息，来确定分子中可能含有的碎片，结合分子量，推断可能的候选物质。

7.4.6　标准物质比对

代谢物结构的最终确认，还得通过购买标准品进行比对。对于结构全新和标准品

无法获得的化合物，就只能采用不同的方法纯化富集，利用 NMR 等方法来鉴定结构。

举例：Christoph Böttcher（2008）采用 LC-Q-TOF/MS 分析野生型拟南芥（Ler）、拟南芥查耳酮合酶突变体（*transparent testa4*，*tt4*）和查耳酮异构酶（*tt5*）突变体代谢谱，*tt4* 突变体阻断了拟南芥中所有黄酮类化合物的合成，*tt5* 阻断了黄酮和二氢黄酮醇的合成，*tt4* 和 *tt5* 突变体中积累了一些新的化合物。作者从三种拟南芥材料中共鉴定了 75 个化合物，其中 40 个化合物为首次从拟南芥植物中发现。按照 MSI（Sumner et al.，2007）定义的代谢物鉴定四个水平，其中第一水平鉴定的代谢物 21 个，第二水平鉴定的代谢物 22 个，第三水平鉴定的代谢物 11 个。鉴定的代谢物主要是黄酮（苷）、黄酮醇（苷）、查耳酮（苷）、酚类胆碱酯（苷）、芥子碱、精胺（苷）以及硫代葡萄糖苷的降解产物等。代谢物的定性首先辨认（准）分子离子、簇离子（Cluster Ions）、源内裂解离子并判断它们的电荷状态，在较短的时间窗口内，将有相同色谱峰形的离子进行聚类，去除不相关的离子。第二步，有目的地选择分子离子进行碰撞裂解，基于准确质量（LC-Q-TOF/MS 和 ESI-FT-ICR-MS）、同位素丰度模式、碎片离子和中性丢失，搜索数据库，查找化合物的质谱文献，推断化合物的结构（图 7-7）。作者还通过购买标准品，化学合成、从植物中分离纯物质等来进行其他物质的结构确认。

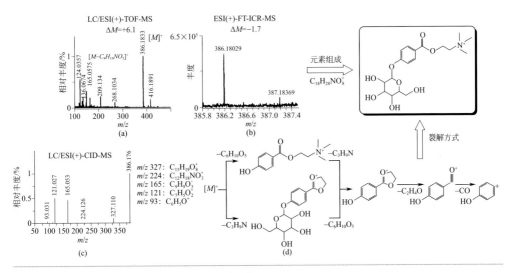

图 7-7　拟南芥中新化合物 T21 的结构解析过程

图 7-7（a）是由 LC-ESI(+)-TOF-MS 分析野生型和 *tt4* 突变体的代谢谱，发现在 7.0min 存在有差异的色谱峰，*m/z* 386.183，387.188，388.189 和 165.058 为共流出离子，它们具有相似的峰形，通过分析 *m/z* 386.183 是分子离子，*m/z* 387 和 388 是同位素离子，*m/z* 165 可能是化合物源内裂解产生的离子，属于同一个化合物的离子。通过元素组成分析 [限制条件：元素 ^1H、^{12}C、^{16}O 无限制，$^{14}N \leqslant 5$、

^{32}S≤2，偶电子状态，等效双键（不饱和度）（Double Bond Equivalents，DBE）≥−2，分子量误差小于 15ppm]，产生了 10 个候选的分子式。图 7-7（b）通过更高分辨率的仪器 ESI(+)-FT-ICR/MS 测定分子离子的准确分子量为 386.18029，使用相同的限制条件，产生了唯一一个分子式 $C_{18}H_{28}NO_8^+$（<2ppm）。图 7-7（c）对分子离子进行 MS/MS 分析，碰撞能量为 15eV 和 25eV，计算每个碎片离子的元素组成和每个中性丢失的元素组成，获得碎片离子的分子式信息。图 7-7（d）是结合生物合成起源，特征的碎片离子 m/z 121.017 为 4- 羟基苯甲酰基，中性丢失 m/z 59.07 为 C_3H_9N；m/z 162.05 为己糖 $C_6H_{10}O_5$，最终推断了 T21 可能的分子结构及裂解过程。为了验证结构准确性，作者进一步化学合成了苷元 4- 羟基苯酰胆碱，苷元 CID 质谱同样出现了离子 m/z 165，121 和 93，故鉴定该未知化合物为 4-Hexosyloxybenzoylcholine，是首次从拟南芥中鉴定的新化合物。

7.4.7　多平台交叉验证方法对代谢物的定性

单一的定性方法不足以应对植物复杂的代谢体系及为数众多的代谢物。许国旺研究组提出生物标志物发现和识别的新方法，包括 LC-MS 指纹分析和多变量数据分析发现标志物。综合 FT-MS 测定精确质量，通过微制备、MS/MS 碎片信息、GC-MS 和保留指数、文献检索和合成同位素化合物识别等方法鉴定化合物（许国旺，2008）。

7.4.8　LC-MS代谢物定性分析策略

LC-MS 平台代谢组学的代谢物定性存在诸多困难，也容易收到一些分析因素的影响，如样品浓度、背景基质和共流峰的干扰。因此，采用一些特定的定性分析策略或手段，从而提高代谢物结构推测的准确度、二级质谱图检索的匹配度等。

7.4.8.1　空白扣减

为了有效地去除样本数据集中混合的空白离子，可将样本与空白样品中峰强度比在 20 以上的离子作为样本数据。在 Microsoft Excel 操作平台上，定义质荷比（误差小于 0.02Da）、保留时间（误差小于 0.2min）、质谱峰面积比值及加和离子等条件，通过 SUMPRODUCT 函数等方法对空白组和样品组数据进行二元比较，实现空白离子的扣减（Lai et al.，2016）。

7.4.8.2　化合物在线逐级暴露策略

在常规的基于超高效液相色谱 - 高分辨质谱联用（UHPLC-HRMS）的非靶向代谢组学分析中，低丰度成分通常被高丰度成分限制检出。所以，以往单针进样通常只能完整表征到主要成分。新型的在线逐级暴露策略可以有效克服以上难题。具体方案如下：低浓度样品作为参照，进行正常质谱分析；针对中浓度样品时，设置多个质谱切割检测窗口，不检测高丰度成分及此窗口内的其他化学成分；针对高浓度样品，额外再增加质谱切割检测窗口，重点消除中等丰度成分对微量化合物检出的影响。最终，该方法可以显著提高单针分析时化合物的暴露量，增加微量化合物的检出（Lai et al., 2015）。

7.4.8.3 二维质量亏损过滤策略

靶向代谢组学的灵敏度显著高于非靶向技术，故快速识别候选类型化合物再辅助靶向代谢组学方法可显著提高化合物鉴定的数目。引进质量亏损过滤策略的理念，开发基于"五点"或者多点的二维质量亏损过滤策略（或称泛扇形质量亏损过滤策略），精准筛选目标化合物，提高化合物发现效率。基于"五点"的二维质量亏损过滤筛选区域是在由整数质量（X 轴）和小数质量（Y 轴）构成的二维筛选区域内由五个端点构成，端点 a 代表最小分子量化合物，其他四个端点需要根据每类化合物的组成预估数值，需要根据母核或者配基中小数质量对整数质量的斜率大小决定数值大小。端点 b 和端点 c 构成下边界线段 bc；端点 d 和端点 e 构成上边界线段 ed，其中线段 ed 的斜率不小于线段 bc。端点 b 为母核结构中小数质量最小的潜在化合物，同理，端点 c 为该母核结构加上系列斜率贡献最小的配基组成的一个潜在化合物，m/z 通常需小于 1500。端点 e 和端点 d 分别为最大小数质量的母核加上最少和最多数目的斜率贡献最大的配基基团而形成。例如三七皂苷类化合物的筛选区域为：$y \geqslant -0.0006x + 0.6299$（$441 < x < 503$）；$y \geqslant 0.0002x + 0.2213$（$503 \leqslant x < 1421$）；$y \geqslant 0.0057x - 7.4812$（$1421 \leqslant x < 1467$）；$y \leqslant 0.0004x + 0.2286$（$591 < x \leqslant 1467$）；和 $y \leqslant 0.0006x + 0.1116$（$441 \leqslant x \leqslant 591$），其中 y 和 x 分别表示小数质量和整数质量，且所有边界允许 0.01Da 的误差。通过 Microsoft excel 操作平台中的"IF"函数分别进行五个条件的筛选，符合条件的输出数值为 1，不符合则输出为 0，累加五个条件输出的数值之和，当累加和为 2 的则认为是候选的三七皂苷类化合物的前体离子 (Lai et al., 2015)。

针对苦木素类物质，五边形的端点数值分别为：端点 a 为 m/z 363.1444；骨架化合物 $C_{19}H_{25}O_9$ 侧链加上三个氧原子，形成端点 b 点（m/z 457.1346）；端点 c 点为 m/z 943.3447、端点 d 点为 m/z 855.4014、端点 e 点为 m/z 531.2442。建立的区域为：$y \geqslant -0.0001x + 0.1822$（$363 < x < 457$）；$y \geqslant 0.0004x - 0.063$（$457 \leqslant x < 943$）；$y \leqslant -0.0006x + 0.9523$（$855 \leqslant x < 943$）；$y \leqslant 0.0005x - 0.0134$（$531 < x \leqslant 855$）；$y \leqslant 0.0006x - 0.0712$（$363 \leqslant x \leqslant 531$）。最终，总共鉴定了 148 个苦木素类物质，其中 86 个为可能的新化合物，15 个首次在鸦胆子植物中发现（Tan et al., 2016）。

7.4.8.4 诊断离子网络分析

质谱分析生物样品时，许多化合物可通过特殊部分的中性丢失而形成共同的诊断离子，因此可以通过一种新型的诊断离子网络策略在复杂样品中快速发现目标化合物并对其进行结构分类。在该网络中，所连接的节点和线段分别表示具体的质荷比和中性丢失的质量。提取不同的诊断离子之后，可发现许多重复峰（相同的 m/z 值，保留时间 < 0.1min），它们可认为是来源于相同的化合物；非重复峰可认为是新的诊断离子，可用于发现其他结构类似物。例如，采用诊断离子网络策略分析中药天麻时，首先使用 m/z 423.09（巴利森苷的高丰度诊断离子）用于筛选其结构类似物，共发现了 22 个相关化合物。在这个过程中，许多重要的诊断离子 m/z 727.20、889.26、833.25、995.30、1125.34 和 1157.35 及小分子量的碎片离子被动态地添加到该网络中，以便快速鉴定其他结构类似物（Lai et al., 2016）。

7.4.8.5 同分异构体区分策略

由于缺乏标准参考数据，在代谢组学研究中，对位置和几何异构现象的区分仍然是主要瓶颈。同分异构体的 MS/MS 谱图十分相近，并且亲脂性参数（Clog$P$）也可能完全相同，更加剧了区分、鉴定的难度。因此，从少量标准物质或文献数据来开发普适的同分异构体区分策略可作为同分异构体鉴定的重要手段。同分异构体区分策略包括三个核心步骤：首先，基于自建化合物数据库和代谢产物生物合成途径，总结化合物类型（含连接基团及位置）；其次，通过色谱质谱数据、Clog$P$、分子氢键分析和少量化学标准品，确定化合物裂解方式（如诊断离子和诊断离子比值）及色谱洗脱顺序；最后，鉴定其他同分异构体时都采用合理设定的自定义规则，依据相同的修饰产生相似的色谱和质谱行为而区分位置或几何同分异构体（Garran et al., 2019; Xue et al., 2020）。此外，可以根据文献和实测数据，明确待分析化合物的结构类型和相关的生物合成途径，通过核心骨架化合物的结构修饰改造（如主要代谢位置或相关基团等）建立数据庞大的虚拟化合物数据库，重点包含化合物的分子式、质荷比及相关的加和离子等（Lai et al., 2016）。通过二元比较该库与实测的质荷比等数据，快速鉴定系列可推测的化合物。

参考文献

梁晟, 李雅文, 赵晨曦, 等, 2008. GC-MS 结合保留指数对中药挥发油的定性. 分析测试学报, 27：84-87.

盛龙生, 苏焕华, 郭丹滨, 2005. 色谱质谱联用技术. 北京：化学工业出版社.

苏越, 刘素红, 王呈仲, 等, 2009. 谱图相似度分析结合保留指数对单萜烯同分异构体的 GC- MS 定性分析. 分析测试学报, 28：525-528.

许国旺, 2008. 代谢组学——方法与应用. 北京：科学出版社.

姚新生, 1996. 有机化合物波谱解析. 北京：中国医药科技出版社.

Bőttcher C, Roepenack-Lahaye E V, Schmidt J, et al., 2008. Metabolome Analysis of Biosynthetic Mutants Reveals a Diversity of Metabolic Changes and Allows Identification of a Large Number of New Compounds in Arabidopsis. Plant Physiology, 147: 2107-2120.

Dixon R A, Strack D, 2003. Phytochemistry meets genome analysis and beyond. Phytochemistry, 62: 815-816.

Ekman R, Silberring J, Westman-Brinkmalm A, et al., 2008. Mass spectrometry Instrumentation, Interpretation and Application. (New Jersey: John Wiley & Sons).

Fiehn O, Kopka J, Trethewey R N, et al., 2000. Identification of uncommon plant metabolites based on calculation of elemental compositions using gas chromatography and quadrupole mass spectrometry. Anal Chem, 71: 3573-3580.

Garran T A, Ji R, Chen J L, et al., 2019. Elucidation of metabolite isomers of *Leonurus japonicus* and *Leonurus cardiaca* using discriminating metabolite isomerism strategy based onultra-high performance liquid chromatography tandem quadrupoletime-of-flight mass spectrometry. J Chromatogr A, 1598: 141-153.

Go E P, 2010. Database Resources in Metabolomics: An Overview. J Neuroimmune Pharmacol, 5: 18-30.

Herebian D, Hanisch B, Marner F J, 2005. Strategies for gathering structural information on unknown peaks in the GC/MS analysis of Corynebacterium glutamicum cell extracts. Metabolomics, 1: 317-324.

Kind T, Fiehn O, 2006. Metabolomic database annotations via query of elemental compositions: Mass accuracy is insufficient even at less than 1 ppm. BMC Bioinformatics, 7: 234.

Kind T, Fiehn O, 2007. Seven Golden Rules for heuristic filtering of molecular formulas obtained by accurate mass spectrometry. BMC Bioinformatics, 8:105.

Kopka J, Schauer N, Krueger S, et al., 2005. GMD@CSB.DB: the Golm Metabolome Database. Bioinformatics, 21: 1635-1638.

Lai C J S, Tan T, Zeng S L, et al., 2015. An integrated high resolution mass spectrometric data acquisitionmethod for rapid screening of saponins in *Panax notoginseng* (Sanqi). J. Pharm. Biomed. Anal, 109:184-191.

Lai C J S, Zha L, Liu D H, et al., 2016. Global profiling and rapid matching of natural products using diagnostic product ion network and in silico analogue database: *Gastrodia elata* as a case study. J Chromatogr A, 1456: 187-195.

Lu H, Dunn W B, Shen H, et al., 2008. Comparative evaluation of software for deconvolution of metabolomics data based on GC-TOF-MS. Trends in Analytical

Chemistry.

McLafferty F W, Turecek F, 2003. Interpretation of Mass Spectra-forth edition. California: University Science Books.

Morlacchi P, Wilson W K, Xiong Q, et al., 2009. Product Profile of PEN3: The Last Unexamined Oxidosqualene Cyclase in *Arabidopsis thaliana*. ORGANIC LETTERS, 11: 2627-2630.

Sana T R, Roark J C, Li X, et al., 2008. Molecular formula and METLIN personal metabolite database matching applied to the identification of compounds generated by LC/TOF-MS. J Biomol Tech, 19: 258-266.

Sumner L W, Amberg A, Barrett D, et al., 2007. Proposed minimum reporting standards for chemical analysis. Metabolomics, 3: 211-221.

Tan T, Lai C J S, Zeng S L, et al., 2016. Comprehensive profiling and characterization of quassinoids from the seeds of *Brucea javanica* via segment and exposure strategy coupled with modified mass defect filter. Anal Bioanal Chem, 408: 527-533.

Wagner C, Sefkow M, Kopka J, 2003. Construction and application of a mass spectral and retention time index database generated from plant GC/EI-TOF-MS metabolite profiles. Phytochemistry, 62: 887-900.

Xu R, Fazio G C, Matsuda S P T, 2004. On the origins of triterpenoid skeletal diversity. Phytochemistry, 65: 261-291.

Xue Z, Lai C, Kang L, et al., 2020. Profiling and isomer recognition of phenylethanoid glycosides from *Magnolia* officinalis based on diagnostic/holistic fragment ions analysis coupled with chemometrics. J Chromatogr A, 1611: 460583.

第 8 章
植物脂质组

刘浩卓[①]　刘宁菁[②]　陈定康[①]　姚　楠[①]　陈晓亚[②]

① 中山大学 生命科学学院，广州，510275

② 中国科学院分子植物科学卓越创新中心，上海，200032

8.1 植物脂质简介

脂质，一类易溶于有机溶剂的疏水或两亲性小分子，是细胞中不可或缺的组成成分，在生物体各生命过程中发挥重要的作用。植物中存在着上千种脂质分子，根据其结构和化学特性可分为脂肪酸类（Fatty Acids，FAs）、甘油脂类（Glycerolipids，GLs）、鞘脂类（Sphingolipids，SPLs）以及甾醇类（Sterols）等。本节将详细介绍各类脂质的结构及特点。

8.1.1 植物脂肪酸类

脂肪酸是由一条烃链和末端羧基组成的羧酸，植物的脂肪酸主要在质体中合成。在生物体中，脂肪酸主要以结合态形式存在于甘油脂类、鞘脂类以及一些细胞外脂类（角质、蜡质等）中，仅有少量以游离态形式存在。根据脂肪酸碳链的长度、含有碳碳双键的数目和位置以及碳链上的修饰，已知植物中的脂肪酸超过 450 种（Ohlrogge et al.，2018）。虽然种类繁多，但常见的脂肪酸主要为十六碳的棕榈酸（Palmitic Acid，C16∶0）以及十八碳的硬脂酸（Stearic Acid，C18∶0）、油酸（Oleic Acid，C18∶1△9）、亚油酸（Linoleic Acid，C18∶2△9，12）和 α- 亚麻酸（α-Linolenic Acid，C18∶3△9，12，15）（图 8-1）。

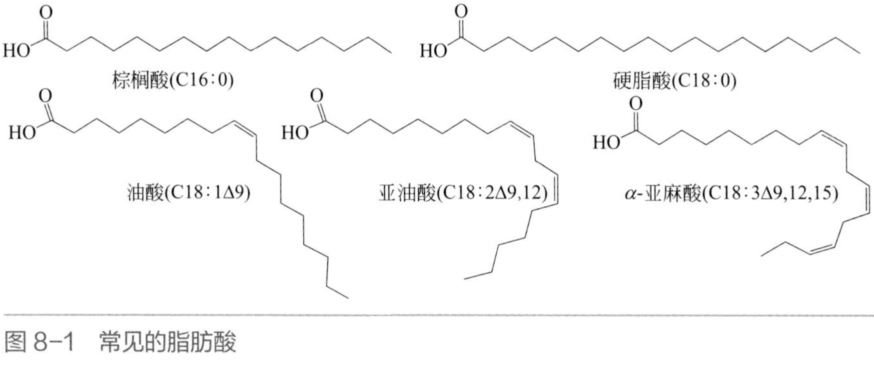

图 8-1　常见的脂肪酸

根据碳链的长度，脂肪酸可以被分为碳链长度小于 6 的短链脂肪酸（Short Chain Fatty Acids，SCFAs）、碳链长度在 6 ～ 12 之间的中链脂肪酸（Medium Chain Fatty Acids，MCFAs）、碳链长度在 14 ～ 18 之间的长链脂肪酸（Long Chain Fatty Acids，LCFAs）以及碳链数超过 18 的超长链脂肪酸（Very Long Chain Fatty Acids，VLCFAs）。根据脂肪酸链中不饱和碳碳双键的数目，脂肪酸可分为不含有双键的饱和脂肪酸（Saturated Fatty Acids）、含有一个双键的单不饱和脂肪酸（Monounsaturated Fatty Acids）、含有两个双键的双不饱和脂肪酸（Di-unsaturated Fatty Acids）以及含有超过两个双键的多不饱和脂肪酸（Polyunsaturated Fatty Acids）。以亚油酸为例（化学命名为顺式，顺式-9,12-十八碳二烯酸），它的碳链长度为十八碳，并在9号、10号和12号、13号碳位之间含有两个不饱和双键，因此，按照前述分类亚油酸属于双不饱和长链脂肪酸。

8.1.2　植物甘油脂类

甘油脂类由甘油骨架（图8-2）与两分子脂肪酸在骨架 sn-1 和 sn-2 位置以酯键相连形成。而甘油骨架的 sn-3 号位常耦连多种修饰头基，基于这些修饰头基的差异，甘油脂类主要分为酰基甘油（Acylglycerol）、甘油糖脂（Glycosyl-Glycerides）以及甘油磷脂（Phospho-Glycerides or Glycerophospholipids）等。

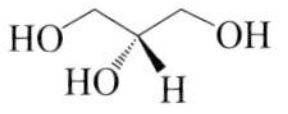

图 8-2　甘油脂类的基本骨架结构

8.1.2.1　酰基甘油

酰基甘油多数为中性脂，是脂肪酸与甘油形成的甘油酯。根据与甘油骨架形成的脂肪酸数量，酰基甘油分为三酰甘油（Triacylglycerols，TAGs，俗称油脂或脂肪）、二酰甘油（Diacylglycerols，DAGs）以及单酰甘油（Monoacylglycerols，MAGs）（图8-3）。酰基甘油中含量最多且最为人熟知的是三酰甘油。根据三酰甘油中脂肪酸链之间的差异，三酰甘油可分为三个脂肪酸链相同的简单三酰甘油和三个脂肪酸链不同的混合三酰甘油。作为主要的储能脂类，三酰甘油主要形成油体（Oil Body）储存在植物的种子和果实中形成植物油。植物油中三酰甘油中的脂肪酸主要为五类常见的脂肪酸，例如在一些油料作物棕榈、向日葵、菜籽的油脂中，TAG 中常见脂肪酸的比例超过70%（Ye et al.，2019）。

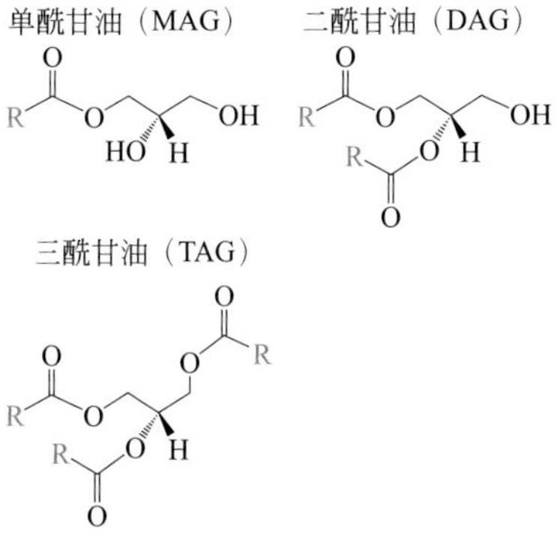

图 8-3　酰基甘油的结构式

8.1.2.2　甘油糖脂

甘油糖脂是由二酰甘油与己糖通过糖苷键相连形成的中性脂类。在植物中，最常见的甘油糖脂包括单半乳糖甘油二酯（Monogalactosyl Diacylglycerols，MGDGs）、双半乳糖甘油二酯（Digalactosyl Diacylglycerols，DGDGs）和硫代异鼠李糖甘油二酯（Sulfoquinovosyl Diacylglycerols，SQDGs）等（图8-4）。

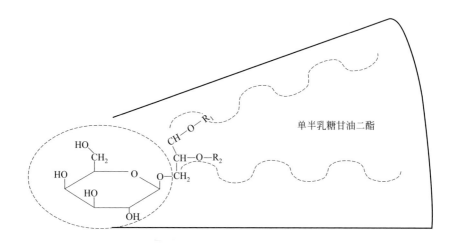

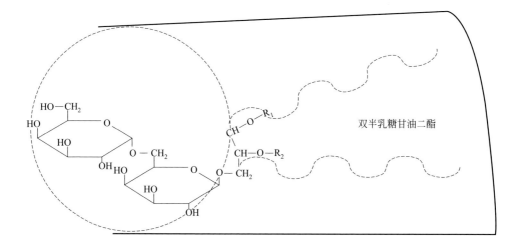

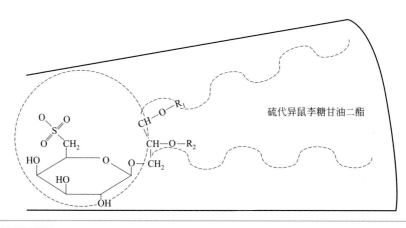

图 8-4 常见的甘油糖脂

MGDGs 由一个半乳糖头基和二酰甘油骨架组成。在分子结构上，MGDG 呈现出圆锥状，在水相中易形成非双分子的脂质层。而 DGDG 则是两个半乳糖与二酰甘油形成的圆柱状分子，在水相中易形成双分子脂质层。相对于 MGDG 和 DGDG，SQDG 在植物中是一类丰度较低的含磺基的酸性糖脂，其甘油骨架的 sn-3 位相连的头基为 6 号位磺酸化的异鼠李糖。

从总体上说，甘油糖脂中富含长链脂肪酸，但不同的甘油糖脂对脂肪酸链饱和度的偏好各不相同，MGDG 和 DGDG 偏好长链多不饱和脂肪酸，尤其是 α- 亚麻酸，而 SQDG 更偏好长链饱和脂肪酸。

8.1.2.3 甘油磷脂

甘油磷脂由一个二酰甘油骨架与一个含磷酸基团的极性头基组成，是细胞膜系统中最主要的构成组分。甘油骨架的亲脂性与极性头基的亲水性使得甘油磷脂具有两亲的特性，在水相中易形成脂肪酸链朝内、亲水头基朝外的磷脂双分子层。根据 sn-3 位置头部基团的不同，磷脂可以分为磷脂酸（Phosphatidic Acids，PAs），磷脂酰胆碱（Phosphatidylcholines，PCs），磷脂酰乙醇胺（Phosphatidylethanonlamines，PEs），磷脂酰甘油（Phosphatidylglycerols，PGs），磷脂酰肌醇（Phosphatidylinositols，PIs），磷脂酰丝氨酸（Phosphatidylserines，PSs）（图 8-5）。其中磷脂酰肌醇的肌醇头基可以进一步磷酸化，形成多磷酸的磷脂磷酸肌醇（Phosphoinositides，PIPs），例如磷脂酰肌醇 -4- 磷酸（Phosphatidylinositol-4-phosphates，PI4Ps）和磷脂酰肌醇 -4,5- 二磷酸 [Phosphatidylinositol-4,5-bisphosphate，PI（4,5）P2] 等。除此之外，植物中还存在一类特殊的甘油磷脂——心磷脂（Cardiolipins，CLs），由两个带负电的磷脂通过二聚化形成含有 4 个脂酰链的双磷脂酰甘油。

在植物细胞中，甘油磷脂的合成主要发生在内质网、高尔基体和线粒体中，作为膜系统的结构单元，其含量高、分布广。以拟南芥为例，在胞膜和胞间连丝膜组分中，主要的磷脂为 PE（约 45%）和 PC（约 20%），叶绿体中主要的磷脂为 PG 和 PC，线粒体中主要的磷脂为 PE、PC 和 CL（Grison et al.，2015；Yu and Benning，2003；Jouhet et al.，2004）。此外，各类磷脂对携带脂酰链的二酰甘油也有不同的偏好，PC、PE、PI 和 PA 中富含不饱和十六碳和十八碳的脂肪酸；PG 中饱和脂肪酸的比例相对其他磷脂更高；PS 倾向于选择含有超长链脂肪酸的二酰甘油为骨架（Grison et al.，2015）。

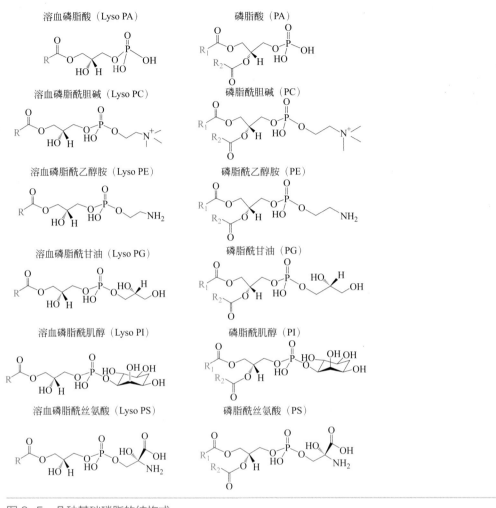

图 8-5　几种基础磷脂的结构式

8.1.3　鞘脂

鞘脂，作为重要的膜脂成分，特征是具有一个长链的鞘氨醇骨架（Sphingoid Long Chain Bases，LCBs）。植物中已经发现超过 200 种鞘脂，其多元化主要由鞘脂的头基、脂肪酰链以及鞘氨醇骨架共同形成（戴光义等，2018）。根据其头部基团和脂肪酸链的种类可将植物鞘脂分为糖基磷酸肌醇神经酰胺（Glycosyl Inositolphosphoceramides，GIPCs）、葡糖神经酰胺（Glucosylceramides，GlcCers）、神经酰胺（Ceramides，Cers）、羟基神经酰胺（Hydroxyceramides，hCers）和鞘氨醇长链基团（Long-Chain Bases，LCBs）及其磷酸衍生物。在拟南芥中糖基磷酸肌醇神经酰胺占鞘脂总量的 60%~65%，葡糖神经酰胺占 30%，神经酰胺、羟基神经酰胺和鞘氨醇长链基团及其磷酸衍生物占比不到 10%（Markham et al.，2006）。

在植物中，最主要的长链鞘氨醇骨架包括 4- 鞘氨醇（Sphingosine，d18：1）、二氢鞘氨醇（Sphinganine，d18：0）、4,8- 鞘氨醇（Sphingadiene，d18：2）、4- 羟基二氢鞘氨醇（4-Hydroxysphinganine，t18：0）和 4- 羟基 -8- 鞘氨醇（4-Hydroxysphinenine，t18：1），它们在内质网中由棕榈酰辅酶 A 与丝氨酸经缩合反应、羟化反应等过程逐步形成。随后，长链鞘氨醇骨架与一分子的脂肪酸在神经酰胺合酶的催化下通过酰胺键相连，形成神经酰胺。神经酰胺作为鞘脂最基本的骨架，其骨架脂肪酸链的 2 号碳位还可以被羟基化，可形成羟基神经酰胺 hCer；除此之外，神经酰胺在内质网上与一分子 UDP-Glc 结合生成葡糖神经酰胺 GlcCer，也可以从内质网转移至高尔基体中，原本的氢原子头基被糖基肌醇磷酸修饰，形成复杂的糖基肌醇磷酸神经酰胺 GIPC（图 8-6）。GIPC 是植物体中含量最高的鞘脂类，其头基的核心是一个葡糖醛酸（Glucuronic Acid，GlcA）- 肌醇 - 磷酸。但仅以葡糖醛酸 - 肌醇 - 磷酸为头基的鞘脂非常少，大多数的 GIPC 分子会在此基础上进一步糖基化，形成糖基 - 葡糖醛酸 - 肌醇 - 磷酸神经酰胺。已知 GIPC 中葡糖醛酸偶联的糖基可为六碳糖（Hexose），例如葡萄糖（Glucose）、果糖（Fucose）、甘露糖（Mannose），也可以是五碳糖（Pentose），例如木糖（Xylose）。这些糖基还可以被继续修饰，例如葡萄糖的侧链可以被羟基、氨基或者乙酰胺修饰（Buré et al.，2014）。

葡糖神经酰胺和 GIPC 主要分布在细胞膜（尤其是细胞膜的脂筏区）、液泡膜、内质网和高尔基体中（Carmona-Salazar et al.，2021）。不同的鞘脂对脂肪酸链以及鞘氨醇骨架的偏好不尽相同。例如在拟南芥中，虽然鞘脂的鞘氨醇骨架多为三羟基的鞘氨醇，尤其是 t18：1，但相较于其他鞘脂，葡糖神经酰胺含更多 d18：1 的鞘氨醇骨架；除此之外，在脂肪酸链的选择上，葡糖神经酰胺的脂肪酸链主要以 C16：0 为主，而神经酰胺和 GIPC 均主要含有超长链脂肪酸（Chen et al.，2012）。

8.1.4 植物甾醇

植物甾醇是类异戊二烯衍生物，属于三萜家族。与动物的胆固醇相似，植物甾醇以四碳环为骨架，3 号碳位有一个羟基以及 17 号碳位含有 8 ～ 10 个碳原子的脂肪族侧链（Valitova et al.，2016）。主要的植物甾醇包括 β- 谷甾醇（β-Sitosterol，29 碳）、豆甾醇（Stigmasterol，29 碳）以及菜油甾醇（Campesterol，28 碳）（Valitova et al.，2016）（图 8-7）。除了常见的这三种，甾醇碳环中不饱和双键的数目和位置、24 号碳位烷基的差异赋予了植物中甾醇结构组成的丰富多样性。已有研究表明，植物中的甾醇超过 250 种。除了游离态，甾醇可与脂肪酸或酚酸形成甾醇酯（Sterol Ester，SE），或是以甾醇葡糖苷（Sterol Glycosides，SG）或酰化甾醇葡糖苷（Acylated Sterol Glycosides，ASG）的形式存在，其中甾醇酯中的脂肪酸大多为常见的长链脂肪酸（Valitova et al.，2016）。

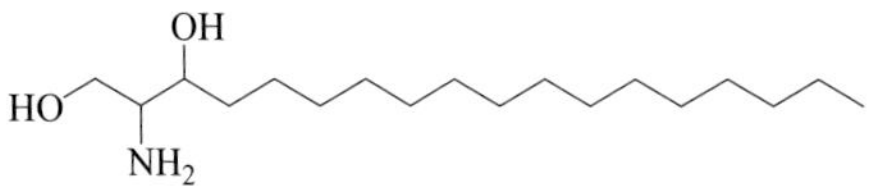

二氢鞘氨醇(d18:0)

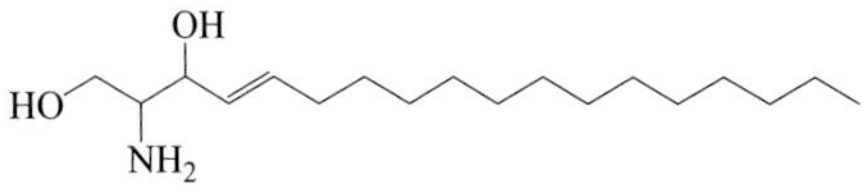

鞘氨醇(d18:1)

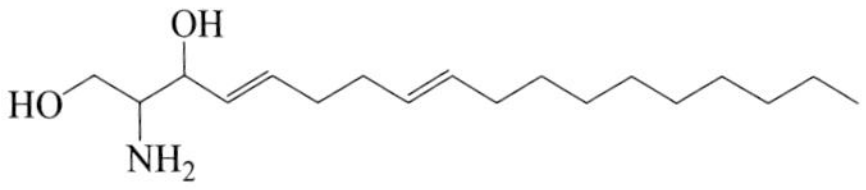

鞘氨醇(d18:2$^{\Delta 4反式, \Delta 8反式}$)

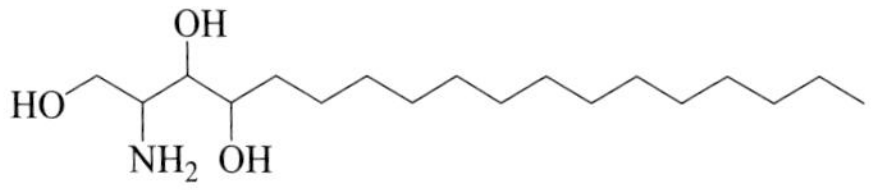

4-羟基二氢鞘氨醇(t18:0)

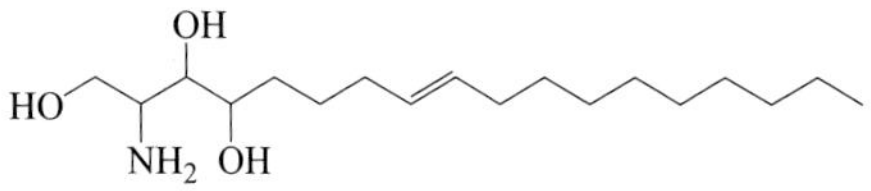

4-羟基鞘氨醇(t18:1$^{\Delta 8反式}$)

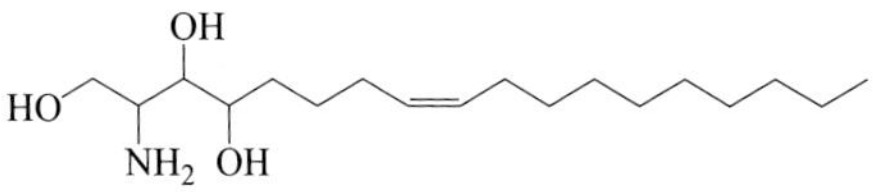

4-羟基鞘氨醇(t18:1$^{\Delta 8顺式}$)

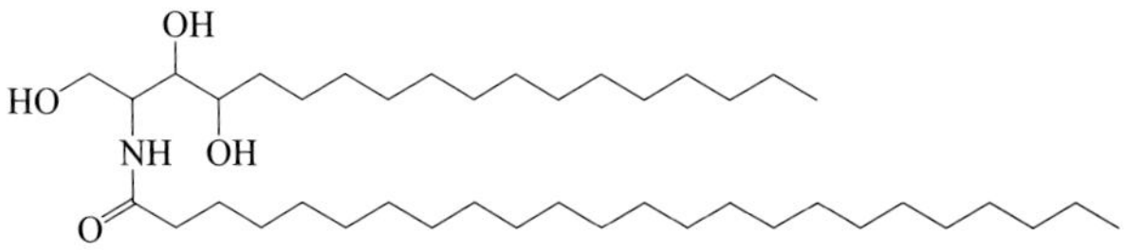

神经酰胺(t18:0/c24:0)

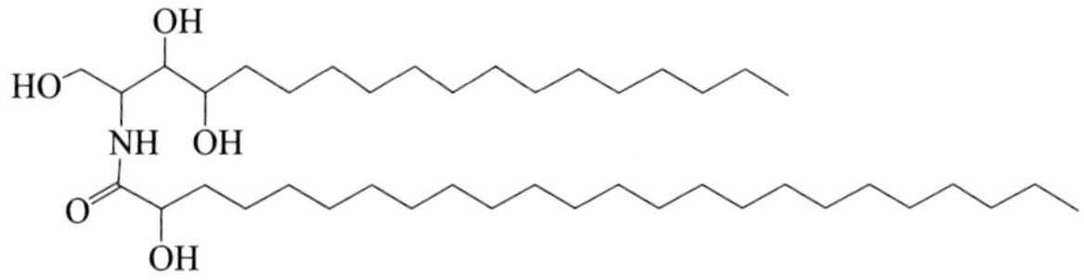

羟基神经酰胺(t18:0/h24:0)

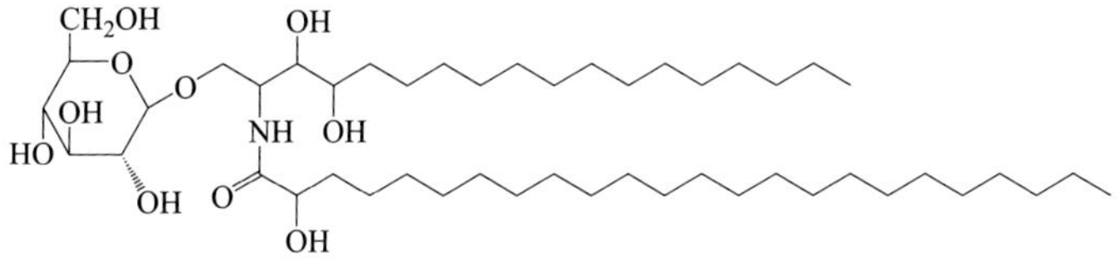

葡糖神经酰胺(t18:0/h24:0)

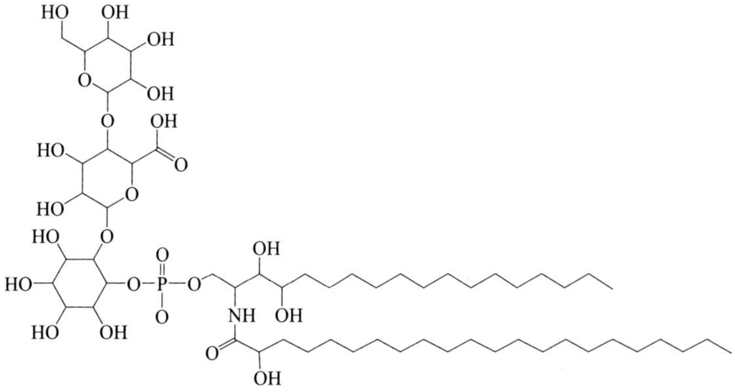

糖基磷酸肌醇神经酰胺(t18:0/h24:0)

图8-6　不同类型的鞘脂

d—二羟鞘氨醇（Dihydro）；t—三羟鞘氨醇（Trihydro）；h—羟基化的脂肪酸链；C—非羟基化脂肪酸链

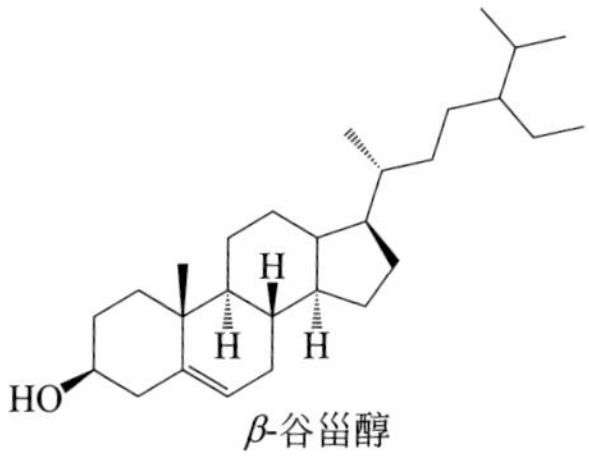

β-谷甾醇

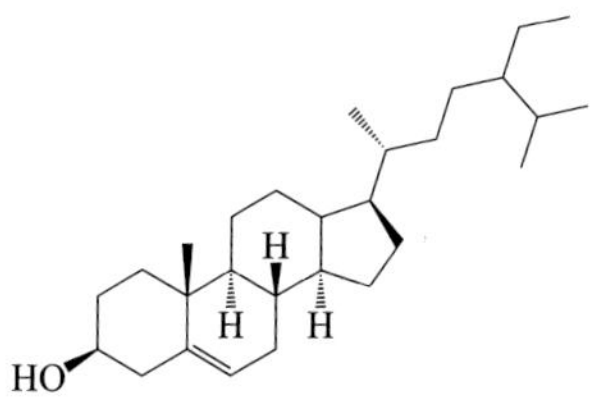

豆甾醇

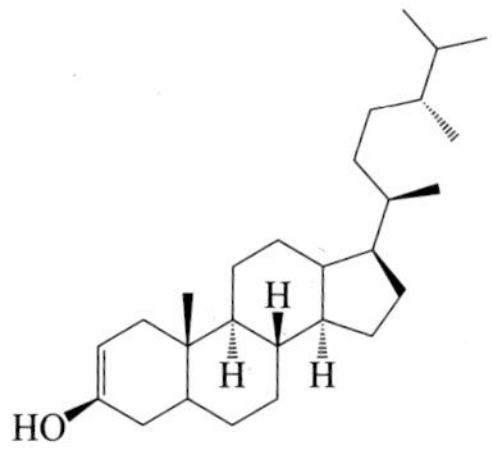

菜油甾醇

图8-7　常见的三种甾醇结构式

8.2 植物脂质的功能

脂质在是生物大分子中的主要类群之一，在植物生命活动中扮演着重要的角色。它们或作为膜脂参与细胞膜系统的构建，或是以储存脂质的形式参与能量与物质代谢，或是作为信号分子调控生命活动；而植物表面覆盖的脂质层则提供基础的保护屏障。本节将从以上四个方面整体叙述脂质在植物生命活动中的功能。

8.2.1 膜脂功能

脂质由于其疏水性，在水相中易形成连续的疏水屏障。这种疏水屏障构成了生物膜的基本骨架。在真核生物中，膜将细胞分割成了众多相对独立又相互联系的功能亚区。在植物中，磷脂类作为脂膜构建的基本单元，为其他脂类、蛋白和多糖等物质提供了支持基质。脂质的分布并不是随机的，相反它们在不同膜中的特异排列影响着膜的结构、特性乃至功能。因此，研究不同膜的脂质构成对了解细胞各个功能亚区有着极为重要的意义。下文以线粒体膜、叶绿体膜、细胞膜、内质网、高尔基体膜为例，阐述膜质作为膜组成的功能。

8.2.1.1 线粒体膜脂和叶绿体膜脂

线粒体是细胞内主要的产能部位，叶绿体是植物进行光合作用的场所，二者均含有双层膜。植物线粒体内外膜以及基质中的脂质分布并不对成，但主要的脂质均为磷脂，其中以 PC 和 PE 为主（约占线粒体总脂的 80%）（Horvath and Daum，2013）。叶绿体除了具有的双层膜，还进一步演化出类囊体膜结构。相比细胞中其他膜成分，叶绿体膜脂富含糖脂，包括 MGDG 和 DGDG，二者占叶绿体总脂的 60%～80%（Kobayashi et al.，2016；Kalisch et al.，2016）。其余的脂类主要是 SQDG、PG 以及非常微量的 PI（Kobayashi et al.，2016）。叶绿体中脂类在膜中的分布与其功能是密切相关的。MGDG 分子结构为锥形，易形成六角相，而 DGDG 则为圆柱体，易形成层状相，二者以一定比例构成叶绿体内囊体结构的基本骨架（Demé et al.，2014）。

8.2.1.2 细胞膜

细胞膜作为细胞的屏障，应对外界生物以及非生物胁迫，保证细胞内环境相对稳定、各种生命活动得以完成。构成细胞膜的主要脂类为磷脂、鞘脂和甾醇。与大多数以磷脂为基本骨架的膜相同，细胞膜磷脂主要为含有长链脂肪酸的 PC 和 PE（Grison et al.，2015），而 PG、PI、PA、PS 的含量则相对较少。细胞膜作为细胞间物质交流与信号传递的第一道关卡，富含可以作为信号分子的多磷酸化形式的

PIPs。细胞膜还富含大量的鞘脂（约占细胞膜总脂的 40%～50%），而细胞膜鞘脂又以 GIPC 为主（约占总鞘脂的 70%）。带负电的 GIPC 头基对细胞膜恒定电势差的形成与维持起到非常重要的作用。细胞膜中的甾醇则主要是游离态的，甾醇和鞘脂还可以与细胞膜上的蛋白发生互作，在细胞膜上形成功能性微区，例如脂筏（Lipid Raft），调控细胞膜的功能（Grison et al.，2015）。

8.2.1.3 内质网与高尔基体膜

内质网是单层脂质双分子层构成的连续的膜系统，是细胞内十分活跃的物质合成场所，许多脂类、糖类、防御化合物都在此生成。内质网上的脂膜弯曲、折叠，为物质代谢提供了相对稳定的微区，为多数跨膜酶类提供了支持。而且内质网膜处于相对活跃的动态中，可以将合成的物质通过其四通八达的"网络系统"运输到细胞不同的位置。高尔基体是由膜扁平囊状膜结构和周围的膜泡形成的复合体，常分布在内质网与细胞膜之间，是细胞内物质加工（包括蛋白糖基化修饰、脂类加工）以及物质分选的主要场所。

从脂质组成上看，内质网膜与高尔基体膜的主要构成均为磷脂、甾醇和鞘脂。其中磷脂主要为 PC 和 PE，甾醇则主要为游离甾醇，鞘脂则主要为葡糖神经酰胺。在植物中，内膜系统中各脂类的比例相对稳定，一旦发生失衡则会导致膜结构的崩塌，例如 PC、PE 在内质网中的大量积累会导致内质网膜的异常扩展（Eastmond et al.，2010）。

8.2.2 储藏脂类

在细胞中，储藏脂类常以脂滴（Lipid Droplets，LDs）形式存在。脂滴普遍存在于各种生物体中，其尺寸、数目在不同的细胞中有所差异，但总的来说都是一种包含大量中性脂类（包括 TAG 和甾醇酯）的疏水性颗粒。这些中性脂可从内质网中直接从头合成，也可以是多余的结构膜脂或其他脂类通过脂类转移酶代谢合成（Zhang et al.，2009）。大量的中性脂在内质网腔中聚集成凸点，当凸起到一定程度时便从内质网上释放到细胞内，形成简单以中性脂类为核心的磷脂双分子包被的脂球。植物中大部分脂类，例如脂肪酸、PA 或是甾醇等积累过多会对细胞本身造成很大的伤害，因此细胞会将多余的游离脂类转换成无毒的中性脂类，如 TAG 或甾醇酯，积累在脂滴中；同时，脂滴中的 TAG 等在细胞脂质合成不足时易于转化成所需的脂类，参与调节细胞的生理活动（Wang，2016）。储存脂类作为细胞的能源物质，是脂质代谢产能的主要来源之一。通过脂噬（Lipophagy）过程，LD 中的 TAG 被脂解成游离的脂肪酸，进入线粒体或者过氧化酶体中产生能量供细胞使用（Fan et al.，2019）。植物中的这些储藏脂类，尤其是 TAG，是植物油的主要成分。增加 TAG 等的含量，对油料作物生产有着非常重要的意义。

8.2.3　脂类的信号传导功能

脂类不仅仅可以在膜上作为信号受体，还可以以游离态形式作为信号分子参与植物生长发育以及应对环境胁迫过程的调控。

8.2.3.1　脂类作为信号受体

脂类不仅是膜系统的结构单元，它们也是细胞内外物质、信号的初级接收器，响应并传递刺激信号。拟南芥细胞膜含有大量的鞘脂成分 GIPC，已有研究表明细胞膜上的 GIPC 可以结合钠离子，作为感受盐胁迫的受体，管控细胞膜上钙离子通道的开放（Jiang et al.，2019）。另有研究表明 GIPC 可以识别植物病原菌的毒素蛋白（Necrosis and Ethylene-inducing Peptide 1-like，NLP），参与调控植物 - 病原菌的互作（Lenarčič et al.，2017）。

8.2.3.2　脂类作为信号分子

植物中存在着少量未形成聚集态的游离脂类，例如游离脂肪酸、磷脂酸、鞘氨醇、神经酰胺等，它们常作为信号分子，参与调控植物体内各种生命活动。

游离脂肪酸，它在植物生长发育和应对外界胁迫过程中与植物激素存在着交互作用。一些不饱和脂肪酸（例如花生四烯酸、亚油酸、α- 亚麻酸）的氧化形式可以作为信号分子激活体内多数生理反应。例如 α- 亚麻酸的氧化态是植物激素茉莉素（Jasmonate，JA）的前体，参与 JA 介导的信号通路，并影响植物细胞壁的形成以及植物对昆虫的防御反应。此外，植物体内 C16：1 或 C18：2、C18：3 的含量会直接影响植物对病原菌的抵抗能力（Ongena et al.，2004）。

甘油磷脂，如 PAs 和 PI 及其磷酸化形式，往往被认为扮演信号分子的角色而发挥功能。PAs 作为重要的二级信使，参与植物对外界刺激和胁迫的响应。当植物受到病原菌侵扰时，体内会积累大量的 PA，引起植物活性氧（Reactive Oxygen Species，ROS）反应以及超敏反应（Hypersensitive Response，HR）（Laxalt and Munnik，2002）。PIs 也是非常重要的信号分子，不仅可与蛋白互作、激活蛋白的功能，同时还可以在特异的磷脂酰肌醇 - 磷酸酶（PI-Phospholipase C，PI-PLC）作用下降解成可溶的信号分子肌醇多磷酸（Inositol Polyphosphates，IPPs）（Gunesekera et al.，2007）。

鞘脂，细胞中游离着的鞘氨醇 LCB，磷酸化的 LCB-P，神经酰胺以及磷酸化的神经酰胺，是重要的信号调节分子（Bi et al.，2014; Zeng and Yao，2022）。在植物中，LCBs/LCB-P 和神经酰胺 / 神经酰胺 -1- 磷酸被认为是调节植物产生程序性死亡（Programmed Cell Death，PCD）的信号分子对。LCBs 中 t18：0 可以激活植物 ROS，上调抗病相关基因的表达，并引起植物发生细胞死亡从而增强植物抵抗病原菌的能力（Peer et al.，2010; Liu et al.，2020; Zeng and Yao，2022）。最近的研究表明 JA 途径影响神经酰胺代谢过程，诱导神经酰胺和羟基神经酰胺的积累，参与调控神经酰胺代谢相关基因的转录。同时，鞘脂代谢重要酶的缺失也干扰了 JA 在抗虫等过程中的作用（Huang et al.，2021）。

8.2.4　表面脂质

植物的表面具有一层连续透明的疏水性被盖，用以调节植物和外界环境之间水和气体的交换，并保护植物抵御生物和非生物胁迫（Delude et al.，2016）。植物表面疏水性层含有大量的脂质，它们附着在细胞壁外，形成角质内层、表面蜡质混合层和表皮蜡质晶体层（Samuels et al.，2008）。角质是一类脂质高聚物，主要来源于长链脂肪酸。十六碳和十八碳脂肪酸在细胞色素 P450 的催化下生成含有两个羧基的二羧酸，并进一步在甘油 -3- 磷酸乙酰辅酶 A 转移酶（Glycerol-3-Phosphate Acyl-CoA Transferase，GPATs）的作用下生成单酰甘油（Yang et al.，2012）。在番茄中发现的 GDSL 家族的蛋白 Cutin Deficient 1（CD1）可以在体外催化单酰甘油聚酯化，生成线性的角质低聚物（Yeats et al.，2014），而角质的高聚组装途径则尚未解析。植物的蜡质为一些单体的超长链脂肪族化合物和次生代谢物（例如三萜等）的混合物（Jetter and Riederer，2016）。总体来说，角质主要是支撑植物表层物质的骨架，帮助植物免受机械损伤，而蜡质在植物保水、植物与环境互作（例如植物与昆虫互作）中扮演着非常重要的角色（Riederer and Schreiber，2001）。

8.3　植物脂质碎裂规律

8.3.1　脂肪酸类

脂肪酸类的基本结构形式［图 8-8（a）］，其中 R 代表烃基链，由 1 个 CH_3 和 n 个 CH_2 组成，在植物中常见的脂肪酸链长一般是 14 ～ 26 碳原子，大多数是偶数个碳原子。在植物的脂肪酸类中多存在不饱和双键。脂肪酸的检测一般采用 GC-MS 联用检测系统，气质检测需要对脂肪酸进行衍生化，这有利于脂肪酸的挥发，便于气相质谱对脂肪酸的检测，常见的脂肪酸衍生化或酯化有甲基、乙基和丁基酯化，其中甲基酯化最为常见，其一般质谱碎裂规律见图 8-8（a）。

8.3.2　甘油脂类

甘油脂类的基本骨架上的羟基氢原子均可被不同的基团取代。在植物体内的甘油脂类主要是酰基甘油、甘油糖脂和甘油磷脂三大类。它的检测一般通过液相 - 质谱联用仪，使用反相色谱柱（常使用 C_{18} 填料色谱柱）分离，可以将大多数的甘油脂类分离开，质谱碎裂方式见图 8-8（b）。在实际情况下，以正离子模式 40V 电压的条件对甘油糖脂 DG（16：0/16：0/0：0）进行碎裂采集时，得到的谱图信息显示其母离子为含 Na 的加合物，以 Na 连接在不同位置时，共有三个基团可以碎裂，即 $C_{16}H_{31}O_2Na$、$C_{19}H_{35}O_3Na$ 和 $C_{16}H_{32}O_2$，故此可得出其碎裂方式 [图 8-8（c）]。

8.3.3 鞘脂类

鞘脂由一分子鞘氨醇与一分子脂肪酸通过酰胺键结合形成，在植物中以 18 碳原子鞘氨醇骨架的鞘脂为主，鞘脂可通过液相 - 质谱联用仪进行检测，鞘脂的检测常使用反相色谱柱（常使用 C_8 或 C_{18} 填料色谱柱）分离，一般碎裂方式见图 8-8（d）。在实际情况下，以正离子模式 40V 电压的条件对神经酰胺（d18：0/16：0）进行碎裂采集时，得到的谱图信息显示其共有三个基团可以碎裂，即两个—OH 和 $C_{16}H_{30}O$，故此可得出其碎裂方式 [图 8-8（e）]。

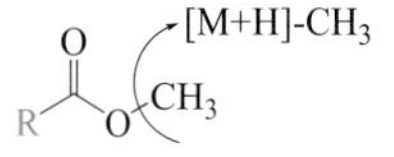

(a)

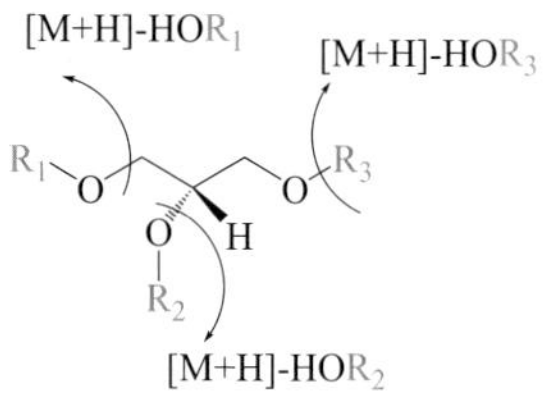

(b)

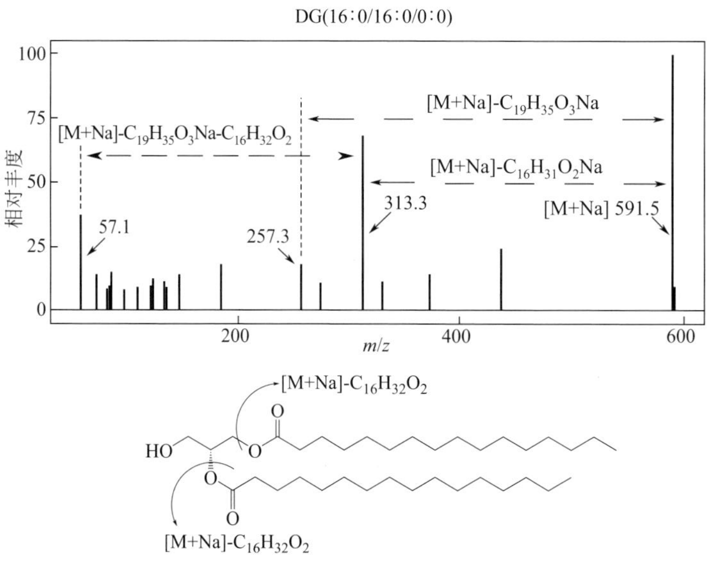

DG(16：0/16：0/0：0)

[M+Na]-C₁₉H₃₅O₃Na-C₁₆H₃₂O₂

[M+Na]-C₁₉H₃₅O₃Na

[M+Na]-C₁₆H₃₁O₂Na

[M+Na] 591.5

57.1

257.3

313.3

相对丰度

m/z

[M+Na]-C₁₆H₃₂O₂

HO

[M+Na]-C₁₆H₃₂O₂

(c)

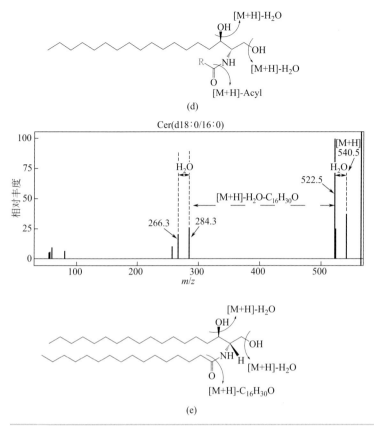

(d)

Cer(d18:0/16:0)

(e)

图 8-8　各类脂质的碎裂规律

（a）脂肪酸甲基酯化的质谱碎裂规律；（b）甘油脂类的一般碎裂规律；（c）在正离子模式40V电压的情况时，甘油糖脂DG（16:0/16:0/0:0）的实际碎裂规律；（d）鞘脂的一般碎裂规律；（e）在正离子模式40V电压的情况时，神经酰胺（d18:0/16:0）的实际碎裂规律

8.4　植物脂质组样品制备

　　植物脂质组的样品制备直接关系到整个实验的成功与否，本节主要介绍使用气相质谱与液相质谱联用仪检测植物脂质组的样品制备方法，在样品的制备过程中，主要可分为以下三个过程，分别是样品收集、样品保存、样品提取三个步骤。

　　首先在样品收集上，根据实验目标以及实验对象的特异性，设置合理取样标准。比如检测植物的根、茎、叶等器官的含脂量时，需要根据植物实际生长的状态来决定取样量：对于木质化程度较高的根与含水量较高的幼叶组织则采取不同的采样量标准和样品前处理方式。随着科学技术的发展，质谱仪的灵敏度越来越高，可以达到 pg 级甚至 fg 级的物质含量，所以在植物样品的准备上仅需少量的样品即可完成对脂质的检测，每个生物学样品在 100~500mg 鲜重（对于含水量丰富的样品需适当增加样品数量），在收集样品的过程中，样品取下后应立即保存在低温状态下，如液氮或者干冰中，以防止脂质的降解。

其次在样品保存中，收集完成后的样品应该用干冰或液氮迅速冷冻，并转移到在 -80℃ 环境中密封保存。尽可能保证采集完样品后立即进行提取，以保证样品在保存过程中脂质含量降解的最少。如遇到样品的准备周期很长，根据实践经验参考，样品在 -80℃ 密封保存可达半年至一年时间左右。

最后在样品的提取过程中，植物样品一般采用干重计量，在提取前将样品进行超低温冻干，去除组织中的水分，样品中的脂质能比较稳定保存，也能排除水分的干扰。脂质提取有多种方法，以下分别阐述脂肪酸、磷脂、鞘脂以及脂质组学样品提取方法。

8.4.1 脂肪酸提取

脂肪酸的检测需要使用气相质谱，同时需要对脂肪酸进行衍生化加成反应，以下是常见的脂肪酸提取及衍生化反应步骤。

① 取 10 ～ 30mg 干重植物组织样品进行破碎，加入玻璃珠或者石英珠使用植物组织破碎仪 2min、30Hz 进行破碎（也可根据实际情况选取合适的破碎时间和频率）；

② 加入 1mL 环己烷，10μg 内标（C17：0 脂肪酸甲酯）混匀；

③ 10000g 离心 3min 取上清，并转移到新的离心管中；

④ 加入 400μL 水，振荡混匀，20000g 离心 2min；取上层有机相，并迅速冻干；

⑤ 加入 295μL 甲基叔丁基醚（Methyl Ttert-Butyl Ether，MTBE），5mL 三甲基氢氧化硫到冻干样品中；

⑥ 室温孵育 30min 后装入进样品内，以备上机检测。

8.4.2 甘油磷脂及脂质组学样品提取

甘油磷脂及脂质组学样品提取步骤简述如下（Bligh et al.，1959; Markham et al.，2006; Narayanan et al.，2016）。

① 将植物叶片或组织加入装有 6mL 异丙醇的 50mL 玻璃管中，并加入 0.01%二叔丁基对甲酚（Butylated Hydroxytoluene，BHT），并加入相应的脂质内标，75℃水浴 15min 使得脂水解酶失活；

② 待样品冷却至室温后，加入 3mL 氯仿和 1.2mL 水，使用振荡器在室温下振荡 1h；

③ 转移上清至新的玻璃管中，将叶片留在旧的玻璃管中，并加入 4mL 氯仿：甲醇（2：1，体积比），在室温下继续用振荡器振荡样品于室温下过夜，上清被转移到第一次转移的玻璃管中。注意植物叶片或组织需要变成白色为止；

④ 将两次上清液使用氮气吹干，保存至 -80℃ 直至检测分析，使用 1mL 氯仿重溶；

⑤ 叶片使用 105℃ 过夜烘干，称重计量。

8.4.3　鞘脂提取

由于植物鞘脂的含量较低，需要对植物鞘脂的提取方法进行改进，其鞘脂提取方法简述如下（Bi et al.，2014; Markham et al.，2006）。

① 取 30mg 冻干植物组织样品，加入 2mL 提取液（正己烷：水：异丙醇 =20：25：55，体积比），使用研磨器研磨均匀；

② 将研磨完毕的上清样品转移到玻璃试管中，再加入 1mL 提取液研磨并转移；

③ 加入相应的鞘脂内标，并将提取液终体积定容到 3mL，60℃ 水浴 10min，$1200g$ 离心取上清转移到新的玻璃管中；

④ 沉淀继续加入 1mL 提取液，振荡混匀，60℃ 水浴 10min，$1200g$ 离心取上清转移到刚才的玻璃管中，并定容至 4mL 终体积；

⑤ 将 4mL 样品分装到两个 2mL 离心管中，氮气吹干备用；

⑥ 使用 1mL 甲胺乙醇复溶，振荡 2min，超声 3min，使用 50℃ 水浴 1h，氮气吹干；

⑦ 取其中一个备份用 300μL 含 0.1%（体积比）甲酸的四氢呋喃：甲醇：水（2：1：2，体积比）混合液重溶，$13000g$ 离心 30min，转移上清至进样瓶中。

8.5　脂质组学分析工具

在运用质谱对脂质组定性定量时，常用的扫描方法有三种，DDA（Data-Dependent Acquisition）、DIA（Data-Independent Acquisition）以及 MRM。其中 DDA 的方法为先对所有 ms¹ 进行一次扫描，然后对其中 TOP N 的母离子使用较窄的 m/z 窗口进行击碎，采集 ms² 信息，由此使用得到的离子对信息进行数据处理，方法简单容易操作，但是重复性较差。DIA 常用的方法为 SWATH（Sequential

Window Acquisition of All Theoretical Spectra），其同样是先对 ms¹ 进行一次扫描采集，然后不对母离子进行预选，而是将所有母离子进行碎裂采集，得到的数据较为复杂，难以处理，但理论上可以完全收集所有碎片信息。MRM 属于靶向组学，是强化后的 SRM（Selected Reaction Monitoring），当已知目标物质信息时，可以对母离子与子离子大小进行预设，采集时会只针对预设大小进行高分辨筛选扫描，从而可以在背景复杂的样品中剥离出目标脂质，从而进行定量分析，MRM 在通量上不如 DDA 与 DIA，但是结果更为精确可信。

与基因、蛋白质不同的是，代谢物具有各式各样的空间结构，离子碎裂方式各不相同，所以不能够使用 *de novo* 的方式来鉴定。精确的脂质鉴定需要以下几个步骤：①专业的数据信息库；②对 MS/MS 谱图信息的理论匹配；③ MS/MS 谱图与色谱图的准确匹配；④多维的下游数据筛选过滤。传统上，科研人员需要长时间进行一步步的人工筛选，故此数据自动化分析软件显得尤为重要，下面为大家介绍一些比较具有代表性的脂质组数据分析工具。

8.5.1　XCMS

XCMS 是一款代谢组数据处理的开源程序包（R package）（Smith et al.，2006），XCMS 的出现是代谢组数据流程化处理的里程碑事件，它主要基于 LC-MS 的数据处理，也可以应用在 GC-MS 的数据上，同时具有可视化的线上版本（https://xcmsonline.scripps.edu/）。经过 XCMS 处理得出的谱图信息可以联合其他 R packages 组合使用，进行深层次数据挖掘，如联合 Muma Package 进行 PCA 分析、多元统计分析等，也可以联合 Ggplot2、Pheatmap 等绘图 R Packages 进行图形绘制。2018 年，开发团队将 METLIN 作为依赖数据库，新开发了 XCMS-MRM，可进行对代谢物的靶向 MRM，提供了 15500 个分子的离子对信息（Domingo-Almenara et al.，2018）。

该 R 包支持的质谱数据文件格式有 netCDF、mzML、mzXML 和 mzData，不属于这些格式的下机数据需要通过数据转换后方可使用。将原始文件导入，首先需要对色谱峰进行提取，如图 8-9（实例数据为取自 faahKO 包）。峰谱图提取之后进行峰合并，将分裂的峰补充完整，以便于峰比对与峰分组。将不同样品间的数据整理完毕后即可进行定量分析，值得注意的是，定量分析主要依据是峰信号强度，但是 XCMS 尚未具有对信号强度标准化的功能，使得分析结果可能存在些许瑕疵，需要开发团队进一步补充。总体来说，XCMS 作为一款最早的开源代码包，功能强大、应用广泛，且由于代码公开，用户可根据自身需求进行修改，达到各自的分析目的。

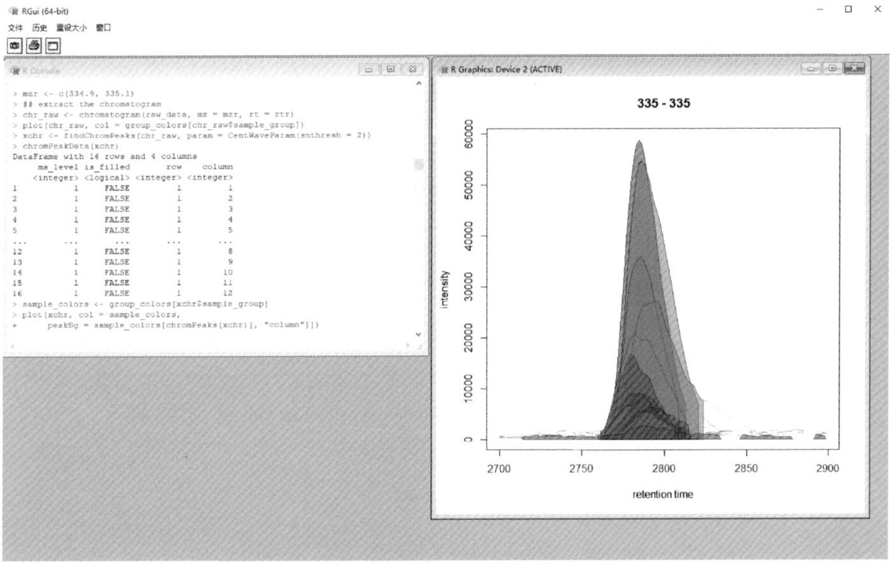

图 8-9　XCMS 操作界面

intensity—丰度；retention time—保留时间

8.5.2　MS-DIAL

　　MS-DIAL（Mass Spectrometry-Data Independent Analysis Software）是 一 款 免费公开的界面可视的代谢组数据处理软件（Tsugawa et al.，2015），功能十分强大，可处理 DDA、DIA 等不同扫描形式的下机数据，普适于 GC-MS 及 LC-MS，也可以通过稳定同位素标记来解析代谢物结构。2020 年 6 月，MS-DIAL 开发组发布了该软件的 Version 4.0（Tsugawa et al.，2020），在 MS-DIAL 4 中装载了非靶向的脂质组学平台，更新了对离子迁移率数据的支持以及决策树注释的功能，且相关分析流程符合脂质组学标准计划（Lipidomics Standard Initiative，LSI）的半定量定义及脂质结构简写标记系统，并且开发团队通过对 81 项研究中利用 10 种不同 LC-MS仪器采集的 1056 个脂质组学样品数据的研究分析，获得了 117 种亚类的 8051 种脂质的真实实验数据，例如保留时间（Retention Time，RT）、碰撞截面积（Collision Cross Section，CCS）、质荷比（Mass Charge Ratio，m/z）、同位素离子、加合物类型和 MS/MS 碎片离子信息，该脂质组数据库是目前最大的通过实验得到的真实数据库。开发团队通过以上工具对脂质进行注释与半定量功能进行了测试，假阳率仅在 1% ～ 2%。

　　MS-DIAL 支持的数据格式有 ABF、mzML、netCDF 和 IBF，一般的质谱下机数据需要格式转换后方可使用。在建立新的分析项目时，可根据自身仪器情况调节详细参数以得到最佳鉴定结果。例如，调节加合物类型、保留时间的准确度容忍、离子大小的准确度容忍等。初步结果如图8-10所示，后续可根据自身需要进行数据过滤以及使用内标定量等功能。

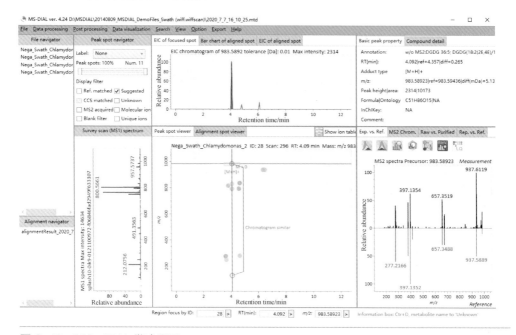

图 8-10　MS-DIAL 鉴定界面

m/z—质荷比；Retention time—保留时间；Relative abundance—相对丰度；Reference—参照

8.5.3　LipiDex

LipiDex 也是一款免费的数据处理软件，但是是由 JAVA 编写，需要用户安装 JAVA 才可使用。开发组专注于脂质组的研究（Hutchins et al.，2018），其独特的峰纯化算法可精准鉴定并定量共洗脱的同位素峰，还值得一提的是，Library Forge 的算法（Hutchins et al.，2019）可以根据用户提供的数据进行学习归类，产生更贴合用户需求的谱图信息库。

该软件界面相对简洁明了，共有五个功能模块（图8-11），LIBRARY GENERATOR、LIBRARY FORGE、SPECTRUM GENERATOR、SPECTRUM SEARCHER、PEAK FINDER。前三个模块与库的建立及查看相关，主要的功能鉴定模块是后两个。SPECTRUM SEARCHER 可以将用户的 MS/MS 谱图与谱图库进行对比，得到一个初步匹配结果的 CSV 文件，这些 CSV 文件可进一步在 PEAK FINDER 中进行数据过滤，即可得到最终鉴定结果。

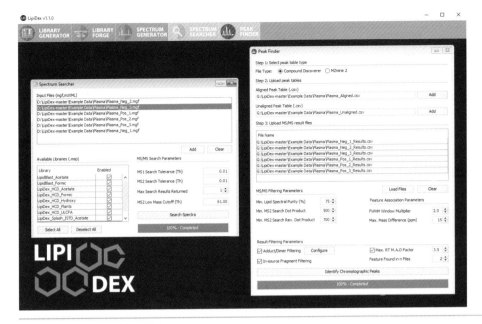

图 8-11　LipiDex 使用界面

8.5.4　LipidBlast

　　LipidBlast（http://fiehnlab.ucdavis.edu/projects/LipidBlast/）是一个公开的脂质组学数据库，数据库信息主要来源于计算机预测，包含了 212516 张谱图，覆盖了 26 大类，共 119200 种脂质，例如磷脂类、甘油脂类、细菌脂聚糖类、植物糖脂类等（表 8-1），许多复杂糖脂的结构与谱图信息首次于这一数据库公开发布（Kind et al.，2013）。这一数据库经过了 40 种不同类型的质谱出产的数据检验，对于脂质的鉴定均保持较好的准确性，但主要使用于离子阱类质谱仪。

表 8-1　LipidBlast 的脂质种类

序号	脂质种类	简称	组分数目	二级谱图数	二级数据库数
1	磷脂酰胆碱	PC	5476	10952	2
2	溶血磷脂酰胆碱	lysoPC	80	160	2
3	缩醛磷脂酰胆碱	Plasmenyl-PC	222	444	2
4	磷脂酰乙醇胺	PE	5476	16428	3
5	溶血磷脂酰乙醇胺	lysoPE	80	240	3
6	缩醛磷脂酰乙醇胺	Plasmenyl-PE	222	666	3
7	磷脂酰丝氨酸	PS	5123	15369	3
8	鞘磷脂	SM	168	336	2
9	磷脂酸	PA	5476	16428	3

序号	脂质种类	简称	组分数目	二级谱图数	二级数据库数
10	磷脂酰肌醇	PI	5476	5476	1
11	磷脂酰甘油	PG	5476	5476	1
12	心磷脂	CL	25426	50852	2
13	神经酰胺 -1- 磷酸	CerP	168	336	2
14	硫酸脑苷脂	ST	168	168	1
15	神经节苷脂	[Glycan]-Cer	880	880	1
16	单酰甘油	MG	74	148	2
17	二酰甘油	DG	1764	3528	2
18	三酰甘油	TG	2640	7920	3
19	单半乳糖甘油二酯	MGDG	5476	21904	4
20	双半乳糖甘油二酯	DGDG	5476	10952	2
21	硫代异鼠李糖甘油二酯	SQDG	5476	5476	1
22	二酰化磷脂酰肌醇单甘露糖苷	Ac2PIM1	144	144	1
23	二酰化磷脂酰肌醇双甘露糖苷	Ac2PIM2	144	144	1
24	三酰化磷脂酰肌醇双甘露糖苷	Ac3PIM2	1728	1728	1
25	四酰化磷脂酰肌醇双甘露糖苷	Ac4PIM2	20736	20736	1
26	二磷酸化六酰基脂质 A	LipidA-PP	15625	15625	1
合计			119200	212516	50

注：参阅 Kind et al.，2013.

8.5.5　Avanti Polar Lipids

Avanti Polar Lipids（https://avantilipids.com/）以出售高纯度脂质标准品而闻名，是脂质组研究中不得不提的著名机构。1967 年，Avanti 由 Dr. Walter A. Shaw 创立，整个团队拥有超过 150 年的脂质合成经验，拥有目前最大的高纯度脂质标准品库，并且数目仍在不断增加中，如果尚未找到自己目标脂质类型，也可以委托 Avanti 进行新的研发。他们的产品包含磷脂、鞘脂、甾醇、脂肪酸类等众多种类，可提供定性、定量、成像（荧光）等多种不同需求的脂质分子及相关技术支持。

8.5.6　其他工具

MZmine 2（Pluskal et al.，2010），初版发表于 2006 年，是一款开发较早的开源代谢组数据处理工具，功能齐全。Version 2.0 中将数据处理（Data Processing）

模块与核心模块严格分开，方便了用户操作。与初版相比，新增的功能有支持在线数据库、支持 MS^n 数据、改善了同位素峰鉴定、鉴定结果可视化与 RANSAC 算法的使用。

LipidMatch（Koelmel et al.，2017），一个 R 语言编写的开源工具，算法独特，可以对脂质进行鉴定注释及排序，且内含一个有 56 类，超过 250000 种脂质的 in Silico 数据库，值得一提的是，其具有氧化脂质、胆汁酸、鞘氨醇和特定加合物类型等一些其他数据库很少包含的脂质类型。

LipidIMMS Analyzer（Zhou et al.，2019），是一个处理脂质组学数据的在线网站（http://imms.zhulab.cn/LipidIMMS/），出自中科院上海有机化学研究所的朱正江教授课题组。这一工具首次将离子淌度（Ion Mobility，IM）运用到脂质鉴定中，利用质荷比、保留时间、碰撞截面积、二级谱图信息来进行脂质鉴定，且自身携带了超过 260000 种脂质的四维信息库。上文提到的 MS-DIAL 4 中离子淌度的运用也溯源于此。

Lipid Search，一款商用的脂质组分析工具，由 Ryo Taguchi 教授和 MKI（Mitsui Knowledge Industry Co.）联合开发，与 Thermo Fisher 开展了深度合作，深度嵌合 Orbitrap 类质谱，同时可兼容其他类型质谱仪，可以处理 CID/HCD 产生的 MS^2 与 MS^3 离子，配有超过一百七十万个脂质离子及预测信息的数据库。

8.6 多组学联合分析

随着科研工作日渐入微，单一组学已经无法很好地解释复杂的生物发育进程或疾病产生原因。因为生物体的生理活动通常牵涉到多种不同功能分子间的联动，所以需要将其统筹在一起做系统分析才能更真实地阐述其内在机制。代谢组（脂质组）作为信息表达的最终体现者，对生物体的表型、状态具有重要的指示作用，常常与其他组学进行联合分析以揭示生物体的运动机制（图 8-12）。

代谢组（脂质组）与基因组的联合分析方法一般为 mGWAS（Metabolome Genome-Wide Association Study），具体方法是通过对某一组具有遗传变异的实验对象的全基因组进行比较分析，鉴定出与某一代谢物相关的变异信息。有研究将 214 种大豆生态型以 52 种脂类相关代谢物进行 GWAS 分析，共得到 279 个候选基因，它们与脂肪酸代谢、磷脂合成、氨基酸转运、油菜素内酯合成、糖酵解等生物途径相关，最终这些得到的大豆的性状、代谢物、基因三者间关系被构建成了三维遗传网络图谱（Liu et al.，2020）。表观基因组同样也可以与代谢信息进行联合分析，相对应的方法被称为 EWAS（Epigenome-Wide Association Studies），为了研究

DNA 甲基化对人类代谢情况的影响，曾有研究根据血液代谢数据进行 EWAS 分析（Petersen et al.，2014）。

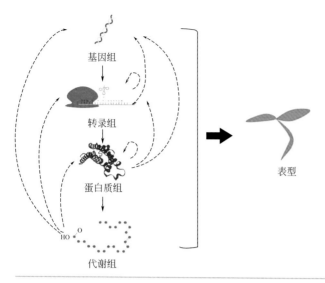

图 8-12　各组学间的联系

代谢组与转录组的联合分析一般被用于剖析代谢通路，例如通过对马铃薯与番茄的转录组的共表达分析并结合具体的代谢组数据，解析了固醇碱（Steroidal Glycoalkaloids，SGAs）的生物合成路径（Itkin et al.，2013）。在以拟南芥为模型的植物自噬领域研究中，通过自噬突变体 *atg* 转录组与代谢组的联合分析，揭示了自噬对细胞稳态与应激反应至关重要，并影响了很多不同的代谢通路（Masclaux-Daubresse et al.，2014）。

代谢组与蛋白质组的联合分析常常用于发现生物标志物，或目标蛋白的功能解析，研究结果一般具有较强的应用价值。同样在拟南芥自噬功能的研究中，以自噬突变体 *atg5* 为主要背景进行蛋白组与脂质组的联合分析，发现过氧化物酶体相关蛋白、内质网相关蛋白与磷脂、鞘脂含量发生了显著变化，表明了自噬对内质网应激反应有重要影响作用，对脂质稳态与内膜组分也具有重要作用（Havé et al.，2019）。

8.7　展望

迄今为止，脂质组学的进步很大程度上得益于质谱和色谱技术的发展。早在 20 世纪 50 年代，脂类分析主要采取 TLC，该技术简单、成本低廉，至今仍然广泛使用于各实验室。常见的脂类 TLC 分析选用高分辨的硅胶玻璃板作为分离基质，氯仿甲醇氨水（例如氯仿：甲醇：2 mol/L 氨水 = 65：25：4，体积比）作为展开剂。层析结束后，脂类可选用樱草黄［使用浓度为 0.01%（质量浓度）的樱草黄溶于丙酮：水 =60：40（体积比）混合液中］显色剂在紫外下显色观察。

虽然 TLC 可以简单快速地对脂类进行分析，但涉及更精确的脂类定性、定量分析，还需要更高级的技术与方法。质谱技术与色谱技术联用的开发和使用为多种脂质的精确分析与鉴定提供了平台。对于低分子量的脂类，例如脂肪酸和甾醇，主要采用电子轰击和 GC-MS 技术来分析（Christie，2007）。早期该技术主要在高电离能模式下进行脂质分子的分离鉴定，经过改进后，利用低电离能模式，该技术还可以区分双键脂类中同分异构体（Hejazi et al.，2009a）；而场致电离离子源（Field Ionization，FI）与正交加速 TOF/MS 配合，并联用 GC×GC 则可以更加精准地对脂类进行检测甚至鉴定新的结构（Hejazi et al.，2009b）。

由于在气相模式下大部分的脂类需要衍生化，所以样品制备较为烦琐，易存在衍生不完全导致的定量定性不准确。现今植物脂质组测定的方法常采用先离子化提纯的样品，后进行质谱分析的策略。测试方法主要包括鸟枪法和基于 LC-MS 技术开发出的各类方法。随着离子源技术以及质谱分析技术的发展，可用于脂质组学测定的离子化手段更为多样，包括 ESI、MALDI、APCI、APPI、用银或金离子作为初级离子的二次离子质谱（Secondary Ion Mass Spectrometry，SIMS）以及解吸电喷雾电离（Desorption ESI，DESI）；而串联的质谱分析技术包括产物离子扫描（Product Ion Scan）、前体离子扫描（Precursor-Ion Scan）、中性丢失扫描（Neutral-Loss Scan）以及 SRM/MRM 等（Yang and Han，2016）。通过不同电离技术与质谱技术的串联，实现了对脂质组学测定的不同技术要求。如上述提到的鸟枪法常将测定物 ESI 化后，直接引入质谱分析，但该方法无法引入额外的分析维度，因而对脂类的识别性较差，不适于分析大量等压 / 异构脂的复杂样品。近年来有人利用解吸电喷雾电离作为鸟枪法的电离模式去增加鸟枪法分析的分辨度。鸟枪法快速、简便以及高通量的特性，使其成为非靶向脂质组学的主要检测方法。而液相色谱技术与质谱技术串联使用的液相色谱质谱 / 质谱技术，是利用不同特性的色谱柱，将电离后的化合物组分进行色谱分离，再将化合物注入质谱仪中进行分析。该方法是目前脂质组学测定最主要的方法，由于脂类不同的特性，电离条件、色谱柱的选取和液相条件的适配度是脂质组学成功的重要因素。近些年以 UHPLC 作为主要的分离手段取代了高效液相色谱（HPLC），极大地提高了分辨率（Züllig and Köfeler，2021）。但它仍然存在着不少问题，首先该技术极度依赖化合物电离特性的信息，无法测定未知电离特性的脂类；其次，难以在同一色谱条件下，分离存在差相异构体的脂类；再者，在 MRM 质谱模式下，无法在较短时间内鉴定大量脂类。

近年来质谱成像技术（Mass Spectrometry Imaging，MSI）的发展为可视化脂质组学带来了新的契机。该技术主要利用 MALDI 技术扫描样本表面，使得脂质分子解吸离子化，并通过质谱获取对应位置点离子的信号强度，再结合图像处理软件可绘制出指定脂类在样品不同位置的比例以及分布情况，使得生物组织切片中的脂质分布具象化（Klein et al.，2018）。该技术在植物中的运用为研究脂质在细胞中特异分布提供了便捷。然而如何提高检测范围、增加检测分辨度是脂质质谱成像技术发展的关键。最近，研究人员运用了 MADLI-MSI 以及单细胞脂质组学技术对人类成纤维细胞进行了细胞脂质亚型分类（Lipotypes）（Capolupo et al.，2022）。同时，他们联合单细胞 RNA 测序技术进一步将转录组定义的细胞亚型与特定脂类（鞘脂）定义的细胞亚型进行关联，建立了单个人类真皮成纤维细胞的脂质组 - 转录组联动网络，为细胞间异质脂质代谢状态以及可能的功能研究奠定了基础。这一项研究同时也为今后植物脂质组学的发展提供了广阔的思路。

总体来说，高通量、高精准度的脂质测定技术的开发将大大推动脂质组学的发展。同时，基于靶向或非靶向脂质组学与可视化脂质组学结合的单细胞脂质组学分析也将为今后精细化脂质组学研究开辟新的思路。如何充分利用并发展设备与技术革新带来的益处，将对包括植物脂质组学在内的生命科学的发展产生极大的影响。

参考文献

戴光义, 2018.植物鞘脂结构、代谢和功能的研究进展.植物生理学报, 54: 1748-1762.

Bi F C, Liu Z, Wu J X, et al., 2014. Loss of ceramide kinase in Arabidopsis impairs defenses and promotes ceramide accumulation and mitochondrial H_2O_2 bursts. Plant Cell. 26: 3449-3467.

Bligh E G, Dyer W J, 1959. A rapid method of total lipid extraction and purification. Can J Biochem Physiol, 37: 911-7.

Bure C, Cacas J L, Mongrand S, et al., 2014. Characterization of glycosyl inositol phosphoryl ceramides from plants and fungi by mass spectrometry. Anal Bioanal Chem, 406: 995-1010.

Capolupo L, Khven I, Lederer A R, et al., 2022. Sphingolipids control dermal fibroblast heterogeneity. Science, 376 (6590):eabh1623.

Chen M, Markham J E, Cahoon E B, 2012. Sphingolipid Delta8 unsaturation is important for glucosylceramide biosynthesis and low-temperature performance in Arabidopsis. Plant J, 69(5): 769-781.

Christie W W, Dobson G, Adlof R O, 2007. A practical guide to the isolation, analysis and identification of conjugated linoleic acid. Lipids, 42: 1073-1084.

Delude C, Moussu S, Joubes J, et al., 2016. Plant Surface Lipids and Epidermis Development. Subcell Biochem, 86: 287-313.

Deme B, Cataye C, Block M A, et al., 2014. Contribution of galactoglycerolipids to the 3-dimensional architecture of thylakoids. FASEB J, 28: 3373-3383.

Domingo-Almenara X, Montenegro-Burke J R, Ivanisevic J, et al., 2018. XCMS-MRM and METLIN-MRM: a cloud library and public resource for targeted analysis of small molecules. Nat Methods, 15: 681-684.

Eastmond P J, Quettier A L, Kroon J T, et al., 2010. Phosphatidic acid phosphohydrolase 1 and 2 regulate phospholipid synthesis at the endoplasmic reticulum in Arabidopsis. Plant Cell, 22: 2796-2811.

Fan J, Yu L, Xu C, 2019. Dual Role for Autophagy in Lipid Metabolism in Arabidopsis. Plant Cell, 31: 1598-1613.

Fouillen L, Maneta-Peyret L, Moreau P, 2018. ER Membrane Lipid Composition and Metabolism: Lipidomic Analysis. Methods Mol Biol, 1691: 125-137.

Grison M S, Brocard L, Fouillen L, et al., 2015. Specific membrane lipid composition is important for plasmodesmata function in Arabidopsis. Plant Cell, 27: 1228-1250.

Gunesekera B, Torabinejad J, Robinson J, et al., 2007. Inositol polyphosphate 5-phosphatases 1 and 2 are required for regulating seedling growth. Plant Physiol, 143:1408-1417.

Have M, Luo J, Tellier F, et al., 2019. Proteomic and lipidomic analyses of the Arabidopsis *atg5* autophagy mutant reveal major changes in endoplasmic reticulum and peroxisome metabolisms and in lipid composition. New Phytol, 223: 1461-1477.

Hejazi L, Ebrahimi D, Hibbert D B, et al., 2009a. Compatibility of electron ionization and soft ionization methods in gas chromatography/orthogonal time-of-flight mass spectrometry. Rapid Commun Mass Spectrom, 23: 2181-2189.

Hejazi L, Ebrahimi D, Guilhaus M, et al., 2009b. Determination of the composition of fatty acid mixtures using GC x FI-MS: a comprehensive two-dimensional separation approach. Anal Chem, 81:1450-1458.

Horvath S E, Daum G, 2013. Lipids of mitochondria. Prog Lipid Res, 52(4): 590-614.

Huang L Q, Chen D K, Li P P, et al., 2021.Jasmonates modulate sphingolipid metabolism and accelerate cell death in the ceramide kinase mutant *acd5*. Plant Physiol, 187: 1713-1727.

Hutchins P D, Russell J D, Coon J J, 2018. LipiDex: An integrated software package for high-confidence lipid identification. Cell Syst, 6: 621-625,e5.

Hutchins P D, Russell J D, Coon J J, 2019. Mapping lipid fragmentation for tailored mass spectral libraries. J Am Soc Mass Spectrom, 30: 659-668.

Itkin M, Heinig U, Tzfadia O, et al., 2013. Biosynthesis of antinutritional alkaloids in solanaceous crops is mediated by clustered genes. Science, 341: 175-179.

Jetter R, Riederer M, 2016. Localization of the transpiration barrier in the epi- and intracuticular waxes of eight plant species: Water transport resistances are associated with fatty acyl rather than alicyclic components. Plant Physiol, 170: 921-934.

Jiang Z, Zhou X, Tao M, et al., 2019. Plant cell-surface GIPC sphingolipids sense salt to trigger $Ca^{(2+)}$ influx. Nature, 572: 341-346.

Jouhet J, Marechal E, Baldan B, et al., 2004. Phosphate deprivation induces transfer of DGDG galactolipid from chloroplast to mitochondria. J Cell Biol, 167(5): 863-874.

Kalisch B, Dormann P, Holzl G, 2016. DGDG and Glycolipids in Plants and Algae. Subcell Biochem, 86: 51-83.

Kaul K, Lester R L, 1975. Characterization of inositol-containing phosphosphingolipids from tobacco leaves. Plant Physiol, 55(1):120-129.

Kind T, Liu K, Lee D, et al., 2013. LipidBlast in silico tandem mass spectrometry database for lipid identification. Nat Methods, 10(8): 755-758.

Klein O, Hanke T, Nebrich G, et al., 2018. Imaging Mass Spectrometry for Characterization of Atrial Fibrillation Subtypes. Proteomics Clin Appl, 12(6): e1700155.

Kobayashi K, Endo K, Wada H, 2016. Roles of Lipids in Photosynthesis. Subcell Biochem, 86: 21-49.

Koelmel J P, Kroeger N M, Ulmer C Z, et al., 2017. LipidMatch: an automated workflow for rule-based lipid identification using untargeted high-resolution tandem mass spectrometry data. BMC Bioinformatics, 18(1): 331.

Laxalt A M, Munnik T, 2002. Phospholipid signalling in plant defence. Curr Opin Plant Biol, 5(4): 332-338.

Lenarčič T, Albert I, Böhm H, et al., 2017. Eudicot plant-specific sphingolipids determine host selectivity of microbial NLP cytolysins. Science, 358: 1431-1434.

Liu J Y, Li P, Zhang Y W, et al., 2020. Three-dimensional genetic networks among seed oil-related traits, metabolites and genes reveal the genetic foundations of oil synthesis in soybean. Plant J, 103(3): 1103-1124.

Liu N J, Zhang T, Liu Z H, et al., 2020. Phytosphinganine Affects Plasmodesmata Permeability via Facilitating PDLP5-Stimulated Callose Accumulation in Arabidopsis. Mol Plant, 13: 128-143.

Markham J E, Li J, Cahoon E B, et al., 2006. Separation and identification of major plant sphingolipid classes from leaves. J Biol Chem, 281: 22684-22694.

Masclaux-Daubresse C, Clément G, Anne P, et al., 2014. Stitching together the multiple dimensions of autophagy using metabolomics and transcriptomics reveals impacts on metabolism development and plant responses to the environment in Arabidopsis. Plant Cell, 26: 1857-1877.

Mongrand S, Morel J, Laroche J, et al., 2004. Lipid rafts in higher plant cells: purification and characterization of Triton X-100-insoluble microdomains from tobacco plasma membrane. J Biol Chem, 279: 36277-36286.

Narayanan S, Prasad P V V, Welti R, 2016. Wheat leaf lipids during heat stress: II, Lipids experiencing coordinated metabolism are detected by analysis of lipid co‐occurrence. Plant Cell and Environment, 39: 608-617.

Ohlrogge J, Thrower N, Mhaske V, et al., 2018. PlantFAdb: a resource for exploring hundreds of plant fatty acid structures synthesized by thousands of plants and their phylogenetic relationships. Plant J, 96: 1299-1308.

Ongena M, Duby F, Rossignol F, et al., 2004. Stimulation of the lipoxygenase pathway is associated with systemic resistance induced in bean by a nonpathogenic Pseudomonas strain. Mol Plant Microbe Interact, 17(9):1009-1018.

Peer M, Stegmann M, Mueller M J, et al., 2010. *Pseudomonas syringae* infection triggers de novo synthesis of phytosphingosine from sphinganine in *Arabidopsis thaliana*. FEBS Lett, 584: 4053-4056.

Petersen A K, Zeilinger S, Kastenmüller G, et al., 2014. Epigenetics meets metabolomics: an epigenome-wide association study with blood serum metabolic traits. Hum Mol Genet. 23: 534-545.

Pluskal T, Castillo S, Villar-Briones A, et al., 2010. MZmine 2: modular framework for processing, visualizing, and analyzing mass spectrometry-based molecular profile data. BMC Bioinformatics, 11:395.

Riederer M, Schreiber L, 2001. Protecting against water loss: analysis of the barrier properties of plant cuticles. J Exp Bot, 52(363): 2023-2032.

Samuels L, Kunst L, Jetter R, 2008. Sealing plant surfaces: cuticular wax formation by epidermal cells. Annu Rev Plant Biol, 59: 683-707.

Smith C A, Want E J, O'Maille G, et al., 2006. XCMS: Processing Mass Spectrometry Data for Metabolite Profiling Using Nonlinear Peak Alignment, Matching, and Identification. Anal Chem, 78(3):779-87.

Tsugawa H, Ikeda K, Takahashi M, et al., 2020. A lipidome atlas in MS-DIAL 4. Nat Biotechnol. 38: 1159-1163.

Valitova J N, Sulkarnayeva A G, Minibayeva F V, 2016. Plant sterols: diversity, biosynthesis, and physiological functions. Biochemistry (Mosc), 81:819-834.

Wang C W, 2016. Lipid droplets, lipophagy, and beyond. Biochim Biophys Acta, 1861(8

Pt B): 793-805.

Yang K, Han X, 2016. Lipidomics: Techniques, Applications, and Outcomes Related to Biomedical Sciences. Trends Biochem Sci, 41(11): 954-969.

Yang W, Simpson J P, Li-Beisson Y, et al., 2012. A land-plant-specific glycerol-3-phosphate acyltransferase family in Arabidopsis: substrate specificity, sn-2 preference, and evolution. Plant Physiol, 160: 638-652.

Ye Z, Li R, Cao C, et al., 2019. Fatty acid profiles of typical dietary lipids after gastrointestinal digestion and absorbtion: A combination study between in-vitro and in-vivo. Food Chem, 280: 34-44.

Yeats T H, Huang W, Chatterjee S, et al., 2014. Tomato Cutin Deficient 1 (CD1) and putative orthologs comprise an ancient family of cutin synthase-like (CUS) proteins that are conserved among land plants. Plant J, 77(5): 667-675.

Yu B, Benning C, 2003. Anionic lipids are required for chloroplast structure and function in Arabidopsis. Plant J, 36: 762-770.

Zeng H Y, Yao N, 2022. Sphingolipids in plant immunity. Phytopathol Res, 4:20.

Zhang M, Fan J, Taylor D C, et al., 2009. DGAT1 and PDAT1 acyltransferases have overlapping functions in Arabidopsis triacylglycerol biosynthesis and are essential for normal pollen and seed development. Plant Cell, 21:3885-3901.

Zhou Z, Shen X, Chen X, et al., 2019. LipidIMMS Analyzer: integrating multi-dimensional information to support lipid identification in ion mobility-mass spectrometry based lipidomics. Bioinformatics, 35: 698-700.

Züllig T, Köfeler H C, 2021. High resolution mass spectrometry in lipidomics. Mass Spectrom Rev. 40: 162-176.

第9章
植物代谢网络

周 飞、卢 山

南京大学 生命科学学院，南京，210023

9.1 引言

植物的代谢网络可能是自然界中最复杂的网络系统之一。在历史上，植物的各种代谢产物曾经被人为地分为"初生"（Primary）和"次生"（Secondary）代谢物。这样区分的出发点是，人们一度认为初生代谢物，例如碳水化合物（Carbohydrate）、脂肪酸（Fatty Acid）和蛋白质（Protein），对植物的生长发育至关重要；而次生代谢物往往作为植物天然产物的代名词，被认为是居于次要、从属地位。但迄今为止已经从不同植物中鉴定出了超过 100000 种次生代谢物，如异戊二烯类（Isoprenoid）、苯丙烷类（Phenylpropanoid）和生物碱类（Alkaloid）化合物。与初生代谢物在所有的物种以及各类细胞形式中普遍存在不同，次生代谢物的合成与分布往往既具有种属特异性又在同一种植物体内具有时空特异性（如不同组织、器官或发育阶段），因而又称为植物特异代谢物（Plant Specialized Metabolite）（Gang，2005）。对不同代谢物的生物合成途径及其生理作用的研究表明，一些次生代谢物在植物间的信号传递、植物对生物或非生物胁迫的响应等生理活动中都发挥重要作用；而一些初生代谢物（包括所有植物激素）实际上与次生代谢物有共同的一部分代谢途径。因此，所谓的"初生"和"次生"之间没有明显的界线。

在植物代谢网络中居于核心位置的无疑是光合作用和呼吸作用。光合作用利用光能将空气中的 CO_2 固定为碳水化合物，为其他代谢途径提供碳源；而呼吸作用则直接调控了碳和能量在不同代谢途径之间的分配。此外，作为固着生长的光合自养生物，植物还需要通过自身的代谢活动来适应环境，以更好地满足组织、器官的生长与发育，并保证正常的生理活动，因而需要各代谢途径之间相互关联，构成复杂网络，以实现对代谢过程的精细调控以及信号传递。

从总体上看，植物的各种代谢过程构成了一个立体网络。在平面上存在着相互联系的各条代谢途径，以及它们在物质、能量水平上的协同、转运、再分布。不同的调控模式构成了代谢网络的立体部分。其中既有存在于代谢平面上的调控方式（例如基于蛋白质相互作用的各种组织形式），也有在转录组（Transcriptome）水平乃至表观遗传学（Epigenetics）水平上进行的多基因多层次的调控网络。此外，对高等植物的多细胞个体而言，不同细胞类型，以及不同组织、器官之间各自的代谢及其调控网络又再次构成一个总体网络，不仅受到植物自身发育过程的调控，而且还受到外界环境的调控并与之发生应答。

目前对植物的初生代谢途径及其调控方式了解得比较清楚，而对次生代谢的研究还有所欠缺。其中原因之一在于植物次生代谢产物的种类和分布较为复杂，而且其成分及含量的变化与植物表型之间的关联也难以确定。因而难以从植物的表型变化回溯到某一具体代谢突变，也难以根据代谢变化预测相应的表型特征。以往的研究工作通常局限在对单一或一小类化合物进行分析，但基于组学（Omics）手段和代谢网络分析对于代谢谱的研究则不仅有利于对具有明显表型差异的个体进行比较，即便在表型差异并不明显时也可以鉴定出其代谢物的变化，从而开展进一步的分析。通过新基因的鉴定、功能互补研究、数量性状位点（Quantitative Trait Loci，QTL）分析以及利用各种研究系统对代谢网络进行解析等工作将有助于把代谢组学与功能基因组学研究直接联系起来，从而为进一步的代谢工程研究提供理论和技术指导。

9.2 植物代谢网络的特征

9.2.1 区室化

植物代谢过程在特定的细胞、细胞器或亚细胞器结构中特异分布，形成代谢的区室化（Compartmentation）特征。例如 C_4 植物通过光合作用在叶肉（Mesophyll）细胞中羧化磷酸烯醇式丙酮酸（Phosphoenolpyruvate，PEP），将 CO_2 固定为草酰乙酸（Oxaloacetate，OAA），并进一步转化为 C_4 的苹果酸或天冬氨酸。C_4 羧酸随后被转移到维管束鞘细胞（Bundle Sheath）进行脱羧还原，所形成的 CO_2 参与卡尔文循环，而余下的丙酮酸或丙氨酸则再次运输到叶肉细胞进入下一个循环（图 9-1）。这一代谢过程发生在分布于不同组织区室中相邻的两个不同类型的细胞中。

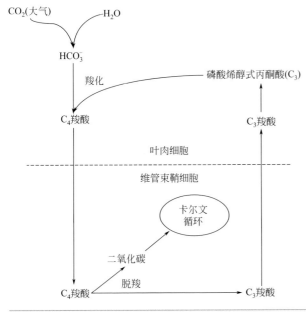

图 9-1 C_4 植物的光合作用（Buchanan et al.，2000）

在代谢区室化中研究得比较详细的是植物的异戊二烯类合成途径。在高等植物中同时存在着细胞质中的甲羟戊酸（Mevalonate，MVA）途径和质体中的甲基赤藓糖-4-磷酸（Methylerythritol-4-Phosphate，MEP）途径。MVA途径在细胞质中以乙酰辅酶A为底物，首先合成C_5的异戊烯基二磷酸（Isopentenyl Diphosphate，IPP），随后IPP在异构酶（IPP Isomerase，IPI）的催化下形成其异构体二甲基丙烯基二磷酸（Dimethylallyl Diphosphate，DMAPP）。而MEP途径则在质体中以丙酮酸（Pyruvate）和甘油醛-3-磷酸（Glyceraldehyde 3-Phosphate，GA3P）为底物同时产生IPP和DMAPP（质体中仍存在IPI以调控二者之间的异构化）（图9-2）。一般而言，MVA途径为胞质中的倍半萜（Sesquiterpenoid）、三萜（Triterpenoid）等的生物合成提供底物，而MEP途径则为质体中的单萜（Monoterpenoid）、二

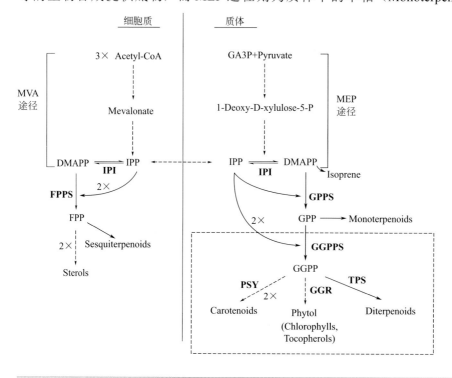

图9-2 异戊二烯类代谢途径的亚细胞分布

胞质中的MVA途径利用乙酰辅酶A合成C_5的IPP，并经异构酶（IPI）的作用形成DMAPP。在质体中MEP途径以丙酮酸和甘油醛-3-磷酸为底物同时合成IPP和DMAPP。不同数量的IPP与DMAPP经异戊烯基转移酶催化形成具有不同C_5单元的异戊烯基二磷酸中间产物，其中包括催化形成牻牛儿基二磷酸（GPP，C_{10}）、法尼基二磷酸（FPP，C_{15}）和牻牛儿基牻牛儿基二磷酸（GGPP，C_{20}）的GPP合酶（GPPS）、FPP合酶（FPPS）和GGPP合酶（GGPPS）。GGPP是重要的代谢枢纽化合物。类胡萝卜素、叶绿素和维生素E的侧链以及二萜类化合物都来自GGPP，相应下游代谢途径的端口酶是八氢番茄红素合酶（PSY）、牻牛儿基牻牛儿基还原酶（GGR）和萜类合酶（TPS）

萜（Diterpenoid）和类胡萝卜素（Carotenoid）的生物合成提供底物（Zhao et al.，2013）。然而这两条代谢途径并不是截然分开的。越来越多的研究表明，在二者之间存在代谢物的交换（Laule et al.，2003; Vranova et al.，2013）。有趣的是，在红藻门（Rhodophyta）绝大多数物种、绿藻门（Chlorophyta）等藻类中只含有 MEP 途径，而且在它们已经完成基因组测序的物种中，也没有发现编码完整 MVA 途径所需的酶基因（Schwender et al.，1996; Yang et al.，2014）。目前对这些生物中 MEP 途径的亚细胞定位研究才刚刚开始，对它们所代表的早期植物中异戊二烯类代谢途径的亚细胞分布也并不了解。对这两条萜类代谢上游途径的研究将有助于揭示生物早期演化中的两次内共生过程等一系列关键进化问题（Lichtenthaler，2010）。

在同一个细胞器中的一些酶也会存在不同的亚细胞器分布。它们所催化的代谢反应在细胞器的不同区域具有不同的功能。例如类胡萝卜素代谢途径中的玉米黄质环氧化酶（Zeaxanthin Epoxidase，ZEP）催化玉米黄质（Zeaxanthin）经花药黄质（Antheraxanthin）向堇菜黄质（Violaxanthin）的转化过程。在类囊体中，ZEP 与催化其逆反应的堇菜黄质去环氧化酶（Violaxanthin De-Epoxidase，VDE）共同推动这三种类胡萝卜素成分的相互转化，从而构成叶黄素循环（Xanthophyll Cycle）。叶黄素循环是植物响应高光胁迫的重要的保护机制。而在叶绿体被膜的内侧，经 ZEP 所产生的堇菜黄质则进一步被催化成为新黄质（Neoxanthin），进入脱落酸的合成途径（图 9-3）。进一步的研究表明，ZEP 在叶绿体基质中也有分布，但是其功能尚不清楚（Schwarz et al.，2015）。

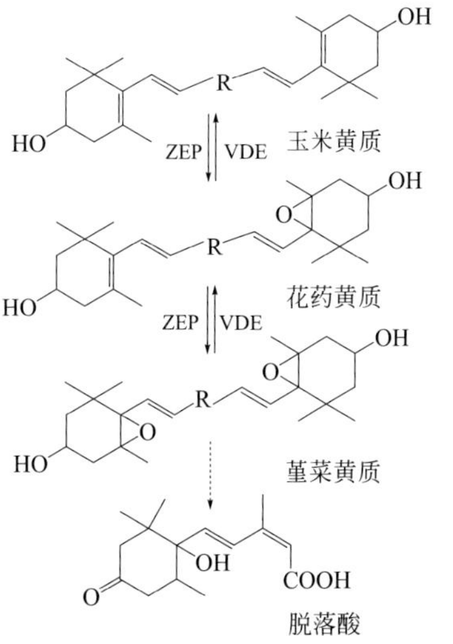

图 9-3 植物的叶黄素循环

植物的玉米黄质环氧化酶（ZEP）分布在叶绿体的类囊体、基质和被膜内侧。在类囊体上，ZEP 与催化其逆反应的堇菜黄质去环氧化酶（VDE）共同催化玉米黄质、花药黄质和堇菜黄质之间的转化，构成植物响应高光胁迫的叶黄素循环机制。在叶绿体被膜上，ZEP 催化形成的堇菜黄质是脱落酸的合成前体。目前还不明确 ZEP 在胞质中的作用

与之相似，当同一个酶的产物被不同代谢途径用作底物时，植物也需要对酶或者相应的代谢途径进行空间区分，从而避免对底物的无序竞争。例如牻牛儿基牻牛儿基二磷酸（Geranylgeranyl Diphosphate，GGPP）是赤霉素、类胡萝卜素、叶绿素、维生素 E 等多种重要化合物的合成前体（图 9-2）。植物以 IPP 和 DMAPP 经 GGPP 合酶（GGPP Synthase，GGPPS）催化产生 GGPP。GGPPS 通过与不同下游途径的

端口酶（Entry Enzyme）相互作用等机制调控 GGPP 在下游各代谢分支之间的分配。Rodriguez-Concepcion 实验室近期对拟南芥、水稻、辣椒和番茄等不同物种中 GGPPS 的不同调控机制进行了较为系统的综述（Barja and Rodriguez-Concepcion，2021）。

液液相分离（Liquid-Liquid Phase Separation，LLPS）是近年来发现的新的介于蛋白复合体与亚细胞器区室之间的新的区室化结构（Hyman et al.，2014）。与其他区室类型不同，LLPS 不具有外侧的膜结构，其所含生物分子通常存在于油滴状的结构中，并通过对周围微环境理化性质的调控来调节自身的组装和代谢能力（O'Flynn and Mittag，2021）。自发现以来，LLPS 已经迅速成为植物代谢及其他生理研究中的热点（Kim et al.，2021；Wunder and Mueller-Cajar，2020）。

9.2.2　蛋白-蛋白相互作用

在代谢网络中，蛋白之间的相互作用频繁发生。参与同一代谢过程且彼此之间具有一定蛋白 - 蛋白相互作用的多酶复合体通常称为代谢元（Metabolon），在代谢元的内部可能形成闭合的代谢物通路。代谢中间物在这个密闭的通道中从一个酶促位点迅速移动到下一个酶促位点，直到反应完成（Yanofsky and Rachmeler，1958）。这样不仅提高了反应速度，而且由于代谢中间物与酶的活性位点相对集中，在局部提高了底物和酶的浓度，可以有效地促进代谢过程。另外，闭合的代谢物通路也防止了部分代谢中间物对细胞的毒害作用，或防止通路外其他细胞成分对代谢过程的干扰。目前在植物的苯丙烷类途径等代谢过程中已经证实了代谢物通路的存在。细胞内环境复杂，既有各种不同的代谢物、代谢途径之间的相互作用，也有各种因素对酶活的影响。通过代谢元和代谢物通道对代谢过程的调控具有两个明显优势。一是可以保证局部代谢过程的稳定性，二是在需要时可以通过对代谢元结构的调整来改变代谢流的方向，或者将整个代谢过程以代谢元为单位迁移到代谢网络中新的部位。这相比于通过基因表达和转录翻译从头产生新的酶蛋白，可能会更加迅速、有效。纤维素合成过程中的纤维素合酶复合体（Cellulose Synthase Complex，CSC）是一个通过代谢元进行整体调控的很好的例子（Gardiner et al.，2003；Lei et al.，2012）。

对于卡尔文循环多酶复合体的研究表明，代谢途径上并不相邻的两个酶蛋白也可以通过它们之间的相互作用来调控整个卡尔文循环的代谢活性。例如磷酸核酮糖激酶（Phosphoribulokinase，PRK）和 3- 磷酸甘油醛脱氢酶（Glyceraldehyde-3-Phosphate Dehydrogenase，GAPDH）都能够形成同源二聚体，也可以经一个无酶活的小蛋白 CP12 参与由彼此的单体相结合形成一个异源二聚体。这些二聚体的聚合与解聚参与了对 PRK 和 GAPDH 酶活的调控（图 9-4）（Winkel，2004）。由此可见，利用空间组织的变化，代谢元不仅可以通过代谢物通路来提高代谢效率，也可以针对其中某一酶蛋白进行活性和调控方式的转变，从而对代谢网络加以调整。

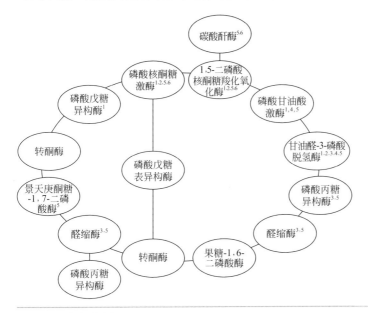

图 9-4　卡尔文循环

上标显示各蛋白组分在纯化的蛋白复合体中共同存在（上标1，2，6）、具有蛋白-蛋白相互作用（3，4）或共同存在于膜上（5）。其中磷酸核酮糖激酶、核酮糖-1，5-二磷酸羧化氧化酶和景天庚酮糖-1，7-二磷酸酶为卡尔文循环所特有，其他酶也参与糖酵解途径或磷酸戊糖途径（Winkel，2004）

　　卡尔文循环中 CP12 的作用还显示，除酶蛋白之间的相互作用之外，非酶促蛋白也可以通过相互作用对酶蛋白进行调控，或作为支架蛋白（Scaffoldin）来调控多酶复合体的组织。例如类囊体上具有捕光蛋白结构域的 LIL3 蛋白可以通过结合牻牛儿基牻牛儿基还原酶（Geranylgeranyl Reductase，GGR）参与叶绿素和维生素 E 的生物合成（Takahashi et al.，2014; Tanaka et al.，2010）。而近期的研究显示，一个不具有酶促活性的 GGPPS 同源蛋白可以作为招募蛋白（GGPPS Recruiting Protein，GRP）与 GGPPS 形成异源二聚体，并结合在 LIL3 上。在同一复合体中还包括四吡咯途径中的原叶绿素酸酯氧化还原酶（NADPH：Protochlorophyllide Oxidoreductase，POR）和叶绿素合酶（Chlorophyll Synthase，CHLG）。而 GGPPS 在叶绿体基质中则以同源二聚体的形式存在。由此可见，LIL3 作为支架蛋白，将这一多酶复合体定位在类囊体上，从而保障 GGPPS 所合成的 GGPP 被专一用于叶绿素的生物合成（图 9-5）（Zhou et al.，2017）。

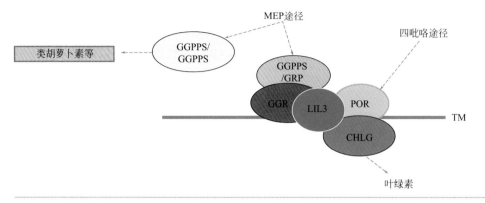

图 9-5　植物的叶绿素合酶复合体

牻牛儿基牻牛儿基二磷酸合酶（GGPPS）通过与其招募蛋白GRP互作形成异源二聚体，或自身形成同源二聚体。GGPPS/GRP异源二聚体与牻牛儿基牻牛儿基还原酶（GGR）共同结合在LIL3上，并与四吡咯途径中的原叶绿素酸酯氧化还原酶（POR）和叶绿素合酶（CHLG）在类囊体膜（TM）上共同形成一个大的蛋白复合体，从而将GGPPS催化产生的GGPP专一用于叶绿素的生物合成。而位于叶绿体基质中的GGPPS同源二聚体为类胡萝卜素生物合成等代谢途径提供底物

9.2.3　基因共表达与调控元

大量的研究表明，共表达是代谢网络的一个共性。有研究证明，在拟南芥中吲哚类、苯丙烷类的生物合成都存在基因共表达现象，在纤维素和其他细胞壁组分生物合成途径中的酶，以及异戊二烯类代谢途径上的酶基因也存在共表达现象。Mentzen 和 Wurtele 利用 AraCyc 中代谢途径对拟南芥 1330 个基因的表达特征进行分析，结果显示同一代谢途径上的基因具有较高的共表达特性（Mentzen and Wurtele，2008）。

在代谢过程中，居于核心地位的卡尔文循环、三羧酸循环等代谢途径上的酶基因往往具有较高的共表达水平。初生代谢中的类胡萝卜素、叶绿素生物合成途径等可能也因为其参与光合作用等重要生理过程而具有较高的共表达水平。Wei 等（Wei et al.，2006）在对包含 15 个以上基因的代谢途径进行的分析中，鉴定出 100 种以上的基因可能共表达。其中参与叶绿素生物合成途径和参与卡尔文循环途径的基因共表达水平最高。前者中 GUN4（At3g59400）与很多基因都存在共表达，它既参与叶绿素的生物合成也参与质体向核的信号转导（Larkin et al.，2003）。而卡尔文循环中一些推断的参与光合作用或者电子传递的叶绿体蛋白基因则具有很高的共表达性。此外，基于基因芯片数据的分析表明，在代谢途径上位置相近的酶基因可能有较大的共表达趋势。利用同一代谢途径上的相关基因可能共表达这一假设，Jiao 等

（Jiao et al.，2010）基于代谢网络分析了 174 条代谢途径上 2268 个基因。根据这些基因的表达谱，推测了 91 个高度可信的基因 - 转录因子对。其中部分结果在以往的研究工作中已经得到证实。

得益于测序技术的发展，现在除了传统的 TAIR（http://www.arabidopsis.org）、ATTED- Ⅱ（http://atted.jp）和 Genevestigator（http://www.genevestigator.com）之外，还有大量对基因共表达进行可视化分析的平台和软件。基因共表达分析已经逐渐成为发现新催化或调控元件的入手点。例如 Ruiz-Sola 等（2016）分析了拟南芥 GGPPS 的 12 个同源蛋白编码基因。除去一个假基因（*At3g14510*）和一个编码无酶活蛋白的基因（*At4g38460*）外，其余基因的编码产物分布在不同的亚细胞区室中，有 7 个位于质体（Lange and Ghassemian，2003; Beck et al.，2013）。Ruiz-Sola 等分析了这些基因及其上下游代谢途径中酶编码基因的共表达网络，并结合相关突变体的代谢物和表型分析、蛋白 - 蛋白相互作用分析，发现 AtGGPPS11（At4g36810）是居于枢纽（hub）地位的关键酶蛋白。AtGGPP11 通过与端口酶的蛋白互作将 GGPP 输送到下游各个代谢分支。随后在不同物种中的一系列研究工作显示，GGPPS 通过与端口酶互作等方式将代谢流导入下游各个不同的分支途径（Barja and Rodriguez-Concepcion，2021）（图 9-6）。另外，近期 Li 等（Li et al.，2020）综合分析了番茄生活史中的基因表达和代谢网络。这一研究不仅证实了以往发现的调控机制，而且还发现了参与糖苷生物碱（Steroidal Glycoalkaloid）和类黄酮代谢的新的转录因子。

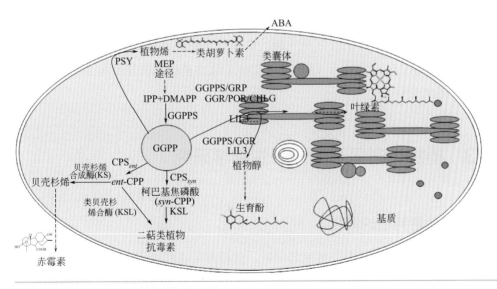

图 9-6　植物 GGPPS 的代谢调控网络

对 GGPPS 的分析显示，连接多个代谢途径的枢纽基因可能与相邻代谢途径之间存在较高的共表达关系。Wei 等（Wei et al.，2006）的研究发现，在代谢网络中各基因所具有的连接数并不是均匀或者随机分布的。大部分基因只有较少的连接，而另一小部分则拥有复杂的连接网络。在其研究的 139 个具有 20 个以上连接的枢纽基因中，有 65% 是单拷贝基因；而在连接少于 20 个的基因中，只有 37% 是单拷贝基因。反过来看，单拷贝基因平均拥有 11.5 个连接，而具有同源基因的那些基因平均只有 5 个连接。这暗示在进化过程中，代谢途径是先通过酶基因的复制，然后各自承担原有代谢分支中的一部分，从而逐步展开的。类似的进化过程还报道于植物的合成基因簇（Biosynthetic Gene Cluster，BGC）。通过将参与同一代谢途径的多个酶基因在基因组上串联排列，植物得以对这些基因进行共表达调控，从而成为类似原核生物操纵子（Operon）的结构。Field 和 Osbourn（Field and Osbourn，2008）较早地在拟南芥的三萜合成途径中发现这样的结构。其中 1 个萜类合酶、2 个 P450 以及另一个参与对代谢物进行修饰的酶依次排列在拟南芥第五条染色体上（*At5g47980*，*At5g47990*，*At5g48000* 和 *At5g48010*），并且具有相似的表达特征。而水稻则在其第 2 和第 4 条染色体各包含一个 BGC。其中在第 2 条染色体的 245-kb 区域中包含了编码柯巴基二磷酸合酶（Copalyl Diphosphate Synthase，CPS）、贝壳杉烯合酶（Kaurene Synthase，KS）以及 P450 等酶的一系列基因，参与二萜植保素植物卡生（Phytocassane）的生物合成。其中编码 CYP76M5、CYP76M8、CYP76M7 这三个 P450 的基因连续排列（Swaminathan et al.，2009）。但是最近的研究发现，其中的 CYP76M8 实际上参与了由第 4 条染色体上 170-kb 的 BGC 中 6 个酶基因所负责的另一种二萜植保素稻壳酮（Momilactone）的生物合成（Kitaoka et al.，2021）。这一结果支持了通过基因复制导致酶的新功能化的代谢途径进化过程。

9.3 植物代谢网络的分子生物学研究

9.3.1 代谢网络的简化

鉴于植物代谢网络的复杂性和特异性，进行相关研究的一个循序渐进的方案是利用一些相对简化的模式系统建立初步的代谢网络框架，随后根据特定的研究对象进行不断优化并加以分析。简单的植物细胞形式或特化的植物组织，如藻类、腺毛（Glandular Trichome）等，都为降低植物代谢网络的复杂度提供了便利。在单细胞绿藻中，衣藻（*Chlamydomonas*）不仅早已成为植物生理学研究与细胞生物学研究的模式生物，而且其核、质体以及线粒体基因组测序工作均已完成。生物信息学分析表明，衣藻的代谢产物和同源基因都远少于高等植物。而在腺毛中基本没有光合作用等初生代谢活动。这些都为代谢网络研究提供了一个较为容易的出发点。

9.3.1.1 藻类

在高等植物中，由于细胞、组织的分化，妨碍了对一些代谢过程的研究。例如在研究光合作用时，高等植物的叶片包括叶肉细胞、维管细胞、表皮细胞等不同细胞类型，而且在叶片中分为栅栏组织和海绵组织多层排列，使得相应研究中的抽提物（代谢物、酶、RNA 等）实际上是不同类型细胞的混合物。虽然通过不同手段可以分离出特定的细胞器，但是仍然无法区分不同细胞类型的来源。而使用能够光合作用的单细胞绿藻，如小球藻（*Chlorella*）、衣藻等，则可以避免这一问题。单细胞绿藻的初生代谢过程与高等植物非常接近，因而早期对于光合作用的大量研究工作来自单细胞的栅藻（*Scenedesmus*）和小球藻。除了细胞类型一致之外，单细胞藻类的另一个优势在于其生长可以比较容易地实现同步化。在研究中，代谢物和基因表达水平都较高等植物细胞更加一致。而对于异戊二烯类代谢途径中 MEP 途径的早期发现，在很大程度上也是得益于栅藻可以利用外界提供的乙酸盐或葡萄糖进行异养生长，由此人们可以利用 ^{13}C 标记这些外加碳源，同时采用核磁共振的方法检测细胞内不同化合物的标记情况，以监测同位素标记在不同代谢物之间的流向。

在各种藻类中，衣藻始终是进行植物生理和分子生物学研究的一个良好材料。也有较多的代谢网络工作以衣藻为入手点。例如 Boyle 和 Morgan（Boyle and Morgan，2009）通过对衣藻的基因表达分析和代谢分析勾画了其细胞内质体、线粒体和细胞质三个不同区室之间的代谢网络分布。这一工作构建了包括 484 个代谢反应、458 种代谢物的初生代谢网络，其中包括 212 个质体蛋白、99 个细胞质蛋白和 125 个线粒体蛋白。其检测的代谢物中有 215 种分布于质体，162 种分布于细胞质中。该结果显示了质体在初生代谢中的核心作用以及细胞质作为代谢物转运枢纽的作用。通过对处于自养和异养状态下细胞同化能力的分析显示，在自养生长状态下，每一摩尔碳源可以产生 28.9g 生物量，而在异养下则只有 15g，表明异养状态下吸收的碳大约有一半用于能量供应。这些研究结果都对高等植物代谢网络研究具有参考价值。

此外，Manichaikul 等（Manichaikul et al.，2009）也以衣藻为基础，提出了一个将基因组数据、新基因分析与功能鉴定和代谢网络完善的工作路线。这一工作包括根据同源序列获得候选基因、基因功能鉴定和表达谱分析、通过突变等手段对基因在代谢网络中相应功能的鉴定，以及通过以上结果对代谢网络的完善和进一步分析的循环过程。这一工作路线对于高等植物的初生代谢网络研究同样适用。

9.3.1.2　腺毛

腺毛是一个研究植物异戊二烯类代谢的良好材料（Wagner et al.，2004）。植物在腺毛中合成和储存大量萜类化合物。从早期关于分离获得腺毛的工作（Gershenzon et al.，1992），到近期开展的组学研究（Dai et al.，2010），关于腺毛的研究工作及方法学探讨已经有较多报道。

以薄荷为例，较高的薄荷醇（Menthol）含量、适度的薄荷酮（Menthone）以及较低的胡薄荷酮（Pulegone）与薄荷呋喃（Menthofuran）含量构成了优质薄荷精油。Croteau 等在过去 20 年里对薄荷腺毛内的萜类代谢网络与调控网络进行了系统的研究（Croteau et al.，2005）。在大量前期分子生物学和生物化学研究基础上，Rios-Estepa 等（Rios-Estepa et al.，2008）得以通过局部的代谢网络分析对薄荷醇的生物合成加以研究。这一代谢过程涉及细胞质、内质网、白色体（Leucoplast）和线粒体四个亚细胞区室。研究表明，在一些不良生长状态下，如低光、干旱等，胡薄荷酮和薄荷呋喃积累，而薄荷醇与薄荷酮含量下降，从而影响了精油质量。Rios-Estepa 等利用动态数学模型精确模拟了胡椒薄荷（*Mentha × piperita*）中单萜类挥发油组成的积累情况，并随后利用这一模型分析了低光强下分支点化合物胡薄荷酮和薄荷呋喃的积累过程。他们对环境影响下代谢物变化的分析显示，只有当薄荷呋喃对代谢分支点的胡薄荷酮还原酶（Pulegone Reductase，PR）具有抑制作用时，才能对实验数据进行合理解释。此后研究者利用重组蛋白进行了体外的酶活分析，结果证实薄荷呋喃的确是 PR 的弱的竞争性抑制剂（K_i=300μmol/L），而且对植物叶片上腺毛细胞进行的代谢物分析也表明薄荷呋喃特异性地积累在腺毛细胞里，而且在低光强下，其浓度可以高达 20mmol/L（在正常生理状态下，腺毛中的薄荷呋喃含量约为 400μmol/L 以下）。这些研究结果表明，通过代谢网络的数学模型结合代谢物分析，以阐明植物代谢调控机制的可行性。

此外，在青蒿中利用激光显微切割技术（Laser Microdissection，LMD）的分析也获得了有趣的结果。青蒿的腺毛由 3 对分泌细胞（顶部 1 对和次顶部 2 对）、2

对柄细胞和 2 对基细胞构成。Olsson 等人利用 LMD 分别分离了这些细胞。结果显示与青蒿素生物合成直接相关的法尼基焦磷酸合酶（FPPS）、紫穗槐 -4，11- 二烯合成酶、紫穗槐二烯 -12- 羟化酶以及青蒿醛 D11（13）还原酶分布在顶部分泌细胞中，可能在青蒿素合成之后直接将其储存在腺毛顶部的角质层下的空腔里。这些酶只有 FPPS 在叶肉细胞中也有分布，显示了异戊二烯途径在青蒿叶片与腺毛中分布的组织特异性（Olsson et al.，2009）。

9.3.2　代谢控制分析

代谢控制分析（Metabolic Control Analysis，MCA）是分析代谢途径或代谢网络中位于任何一个酶上的代谢物的水平和代谢流的水平。这可以根据已知的代谢途径，通过依次过量表达相应的酶基因等手段，对代谢过程加以扰动，从而对原有稳态和条件变化后新的稳态下的代谢物水平加以分析。在 Rios-Estepa 和 Lange（Rios-Estepa and Lange，2007）的一篇论文中，列举了可以获得的分析数据与软件，以及已有的针对不同研究材料和代谢途径的数学模型。

由于对光合作用过程及其中间产物较为了解，代谢控制分析也较早在其中得到了应用。早在 1989 年，Kruckeberg 等（Kruckeberg et al.，1989）就利用这一方法比较了山字草属植物 *Clarkia xantiana* 质体中和细胞质中磷酸葡萄糖异构酶对淀粉与蔗糖生物合成的影响。研究发现质体中的磷酸葡萄糖异构酶只在高光强和高 CO_2 浓度下对淀粉合成有可观的调控作用；而胞质中的磷酸葡萄糖异构酶则在黑暗中发挥主导作用，可能主要是因为其参与了蔗糖的生物合成。

而 Rios-Estepa 和 Lange（Rios-Estepa and Lange，2007）的研究显示，在碳同化的过程中，只有景天庚酮糖二磷酸酶（Sedoheptulose Bisphosphatase）和 1,5- 二磷酸核酮糖羧化酶 / 加氧酶（Ribulose-1,5-Bisphosphate Carboxylase/Oxygenase，Rubisco）起到调控作用；而在此之后，其他的酶和质体内被膜上的磷酸丙糖转运体（Triose Phosphate Transporter）等都可能起到重要的调控作用。这一工作说明，通过简单地向植物中转入少量参与卡尔文循环的酶基因，不大可能有效地提高光合作用能力。而 Peterhansel 等（Peterhansel et al.，2008）的研究工作也表明，利用代谢工程提高光合能力需要考虑光合电子传递链、Rubisco 活性、光呼吸、景天庚酮糖 -1,7- 二磷酸酶以及果糖 -1,6- 二磷酸酶的活性等。

Poolman 等（Poolman et al.，2009）利用异养（悬浮培养）的拟南芥和来自 AraCyc 的代谢网络信息建立了一个基因组水平上的代谢模型。其研究结果显示在异养下 Rubisco 依然活跃，这与在与一些含油种子中发现 Rubisco 参与油脂代谢中

CO_2 回收的报道相一致。在非光合条件下，Rubisco 的羧化酶作用脱离卡尔文循环，而与葡萄糖 -6- 磷酸脱氢酶、内酯酶（Lactonase）、6- 磷酸葡萄糖酸脱氢酶、核酮糖 -5- 磷酸激酶一同催化葡萄糖 -6- 磷酸形成两分子的 3- 磷酸甘油酸，并消耗一分子 ATP 来还原 2 分子的 NADP（Schwender et al.，2004）。

在次生代谢方面，也有较为成功的研究工作。Fray 等人通过一系列的研究工作向番茄中转入八氢番茄红素合酶（Phytoene Synthase，PSY）编码基因，来试图提高番茄果实中的类胡萝卜素含量。这为研究类胡萝卜素代谢网络及其调控提供了一个很好的模型。早期利用组成型启动子过量表达 *PSY* 来提高类胡萝卜素生物合成的工作，并未在果实中提高色素含量，反而得到生长受到阻遏的表型。随后的工作证明矮化是由于过量表达的 PSY 与赤霉素的生物合成途径竞争代谢底物 GGPP，是赤霉素的生物合成受到抑制（Fray and Grierson，1993; Fray et al.，1995）。随即 Fraser 等（Fraser et al.，2002）的工作使用果实特异的启动子，以及利用转运肽将 PSY 导入质体中，获得了较好的效果。对于类胡萝卜素代谢途径中不同酶的代谢流控制系数（Flux Control Coefficient，FCC）分析表明，在野生型番茄果实中，PSY 的 FCC 为 0.36；在转基因植物中其酶活水平上升了 5 ～ 10 倍，但是其 FCC 下降到 0.15，类胡萝卜素水平也只提升了 2 倍左右，表明在转基因植株中 PSY 对于类胡萝卜素合成的调控作用有所减弱。这一分析显示番茄果实中类胡萝卜素生物合成途径的代谢流在不同条件下可能受到多种酶的调控，决定代谢速率的机制并非恒定（Rios-Estepa and Lange，2007）。

9.3.3 支架蛋白的使用

代谢网络研究的一个重要目标是实现天然产物的高效异源合成，从而突破植物原材料供应的限制。但是在阐明代谢途径和克隆鉴定相关酶基因之后，在异源宿主（如细菌、酵母等单细胞生物）中进行代谢途径的重建往往因为缺乏植物中原本存在的调控机制而难以取得成功，例如仅仅通过异源表达酶蛋白可能无法实现代谢元的组装。因此，Dueber 等（Dueber et al.，2009）尝试了一种利用人工合成的支架蛋白的代谢策略。他们合成了包括一系列配基序列的支架蛋白。在大肠杆菌中表达这一支架蛋白后，其中的各个配基与它们相应的乙酰乙酰辅酶 A 硫解酶（Acetoacetyl-CoA Thiolase，AtoB，来自大肠杆菌内源）、3- 羟基 -3- 甲基戊二酰 CoA 合酶（3-Hydroxy-3-Methylglutaryl CoA Synthase，HMGS，来自酵母）以及 3- 羟基 -3- 甲基戊二酰 CoA 还原酶（3-Hydroxy 3-Methylglutaryl CoA Redutase，HMGR，来自酵母）相结合，从而在不提高酶蛋白表达水平和代谢通量的基础上将合成能力增加了 77 倍。这一研究工作展示了利用支架蛋白模拟天然多酶复合体来促进代谢效率的广阔可能性。

9.3.4　潜在的代谢能力

得益于各种模式植物的各种组学研究工作，目前对于植物代谢网络中大部分途径的主干部分已经有了比较详细的了解。参与这些代谢步骤的酶基因也已经从不同植物中得到了克隆鉴定。但是次生代谢的特点在于其种属特异性和时空特异性。对一种植物中特定代谢途径的研究工作往往难以应用到另一种植物。一些酶在进化中可能形成了未知的新功能，而在植物中其他代谢途径尚不能为之提供底物；而另一些基因失去了原有功能或不再表达，但同一代谢途径上的其他基因依旧表达并具有酶活。这些都造成了植物中一些潜在的代谢能力。

例如利用来自仙女扇（*Clarkia breweri*）的芳樟醇合成酶（Linalool Synthase，LIS），转入番茄后获得的产物是 8- 羟基芳樟醇（Lewinsohn et al.，2001）；在矮牵牛中（*Petunia hybrida*）中形成芳樟醇的糖苷（Lücker et al.，2001）；在康乃馨（*Dianthus caryophyllus*）中则形成芳樟醇氧化物（Lavy et al.，2002）。说明新底物的引入触发了番茄、矮牵牛和康乃馨中对于芳樟醇进一步的催化能力。这些催化活性在非转基因植株中由于底物的缺乏而无法体现。此外，对水稻的分析中也显示，除 *PSY* 外，编码参与类胡萝卜素生物合成的各种酶基因在胚乳中均有表达，说明水稻胚乳中可能曾经具有类胡萝卜素合成能力（Lewinsohn and Gijzen，2009）。更进一步，对于花椰菜的一个橙色突变体分析表明，在野生花椰菜的紧缩的花序中所有与类胡萝卜素生物合成相关的酶基因都有所表达，且表达水平与其橙色突变体相当。但是野生花椰菜在花序中并无类胡萝卜素积累。这一结果说明在代谢网络中除了未知的催化活性之外，还有其他潜在的调控机制需要阐明（Li et al.，2001）。从该花椰菜突变体中克隆的 *OR* 基因已经成为对植物类胡萝卜素代谢改造的重要工具。

此外，近年来对 GGPPS 的研究表明，GGPPS 在进化中形成了具有同源性但无酶促活性的小亚基蛋白。这些小亚基蛋白通过与 GGPPS 的相互作用，或将其酶促产物由 C_{20} 的 GGPP 转变为 C_{10} 的 GPP，从而将代谢流引入单萜的生物合成；或进一步促进其催化活性和产物的专一性（Orlova et al.，2009；Wang and Dixon，2009；Zhou et al.，2017）。考虑到 GGPP 参与多种重要代谢过程，以 GGPPS 的小亚基作为支架蛋白对代谢进行调控可能是一个新的改造手段。

9.4 存在问题与展望

植物与人类的生存息息相关。在过去的两个世纪里，随着各种化学分析手段的发展和运用，大约有 10 万种以上的植物天然产物结构得到了鉴定；各主要代谢途径也逐步得到解析。自 20 世纪 90 年代以来，分子生物学、生物信息学研究技术突飞猛进。目前已经有一大批参与植物代谢过程的基因得到克隆和功能鉴定。除传统的代谢网络分析平台 KEGG、MetaCyc 和 PMN 一直在更新外，ModelSEED 等新的分析平台也不断被开发出来，使代谢网络分析越来越便捷（Schlapfer et al.，2017; Capsi et al.，2020; Kanehisa et al.，2021; Seaver et al.，2021）。这些不断发展的分析手段为深入研究植物代谢网络、并将之运用于植物代谢工程，提供了有力的知识基础和操作工具。

但是，从目前的进展看，对植物代谢网络的研究还有待于进一步的深入。已经显现出的研究瓶颈包括：

（1）对于新的酶基因的克隆与鉴定　虽然目前参与代谢途径主干部分的大多数酶基因已经被克隆，但是新基因的发掘、鉴定工作无疑将为今后的研究提供新的素材和手段。而且利用同源基因序列相似性获得新的功能基因的方法将越来越体现出其局限性。除此之外，目前尚有大量已克隆的酶基因有待于进行功能鉴定。尤其是对于 P450、糖基转移酶等大量参与产物修饰的酶，还难以通过序列分析和结构生物学手段预测其底物和做催化的反应位点。从技术层面看，这一工作还有一定的难度和不可预测性。

（2）寻找和鉴定新的调控元件　越来越多的研究结果表明，利用组成型启动子驱动基因表达来进行转基因的代谢工程工作往往难以得到所期待的结果。由于代谢网络的组织特异性和区室化分布，在以往的研究工作中已经发现了一批对于代谢具有调控作用的具有组织特异性的启动子元件，这是进行精细代谢网络研究的一个重要基础。

（3）寻找和鉴定新的转录因子　迄今为止，在各种植物中已经获得了一大批对于单一代谢途径整体或者部分关键基因进行全局调控的转录因子。其中一些能够将植物代谢过程与其相应的生理功能结合起来，例如在棉花中发现的与杜松烯合成酶基因上游序列相结合的 WRKY，与植物抗病密切相关。但目前这一类的研究工作相对于植物代谢网络的复杂度而言，还远远不够。

（4）代谢产物对基因表达的直接调控作用　　核开关（Riboswitch）是最近发现的一种新的基因表达调控机制，它是一类通过结合小分子代谢物调控基因表达的mRNA元件，位于特定的mRNA区域。核开关可以不依赖任何蛋白质因子而直接结合小分子代谢物，从而在转录水平或翻译水平上调控基因表达继而影响细胞的代谢活动。核开关广泛存在于细菌的代谢相关基因中，在真菌、植物中也有发现，且能在特定的植物中参与调控代谢途径。此种调节机制与以往发现的调节机制不同之处在于RNA直接感受环境中代谢物的变化，通过形成选择性茎环结构在转录延伸或翻译起始水平调节基因表达。目前在植物中已知的是焦磷酸硫胺素（Thiamine Pyrophosphate，TPP）的核开关。其结合结构域大多位于polyA尾部的上游，提示TPP的结合可能与mRNA加工和稳定性有关。在拟南芥、水稻和偏生早熟禾（*Poa secunda*）的维生素 B_1 生物合成基因的3'-非翻译区（3'-UTR）均具有类似的TPP结合结构域。但是近年来在这一领域的研究工作进展较少（Srivastava et al., 2018）。

（5）代谢与发育进程的协同　　虽然OR蛋白能够促进类胡萝卜素积累和有色体发育，但是二者之间的联系并不清楚（Lu et al., 2006; Sun et al., 2018）。Llorente 等（Llorente et al., 2020）通过转入PSY诱导类胡萝卜素合成，成功地将烟草叶片中的叶绿体转化为有色体。这一研究表明，一些代谢物可能参与触发或协调着不同质体类型转换中所需的一系列代谢途径和内膜结构的重塑。但是目前对这些代谢物并不了解，也不清楚这一调控与质体向细胞核的反向信号通路之间有无相关性。

代谢是一切生命活动的基础。利用现代分子生物学和各种组学技术，从整体上分析和认识植物代谢网络，将有助于我们深入理解植物的生命过程及其对环境的适应，也将有助于利用合成生物学手段有目的地改造植物代谢途径以及实现代谢途径的异源重建，来获得所需的各种目标化合物。随着新技术平台的不断推广和海量数据的收集、整理、分析，对于植物代谢网络的全局性研究无疑会很快得到长足的发展。

参考文献

Barja M V, Rodríguez-Concepción M, 2021. Plant geranylgeranyl diphosphate synthases: every (gene) family has a story. aBIOTECH, 2: 289-298.

Beck G, Coman D, Herren E, et al., 2013. Characterization of the GGPP synthase gene family in *Arabidopsis thaliana*. Plant Mol Biol, 82: 393-416.

Boyle N, Morgan J, 2009. Flux balance analysis of primary metabolism in *Chlamydomonas reinhardtii*. BMC Systems Biol, 3:4.

Buchanan B B, Gruissem W, Jones R L, 2000. Biochemistry & Molecular Biology of Plants. American Society of Plant Biologists, Rockville, MD.

Caspi R, Billington R, Keseler I M, et al., 2020. The MetaCyc database of metabolic pathways and enzymes - a 2019 update. Nucleic Acid Res, 48: 445-453.

Croteau R, Davis E, Ringer K, et al., 2005. (-)-Menthol biosynthesis and molecular genetics. Naturwissenschaften, 92: 562-577.

Dai X, Wang G, Yang D S, et al., 2010. TrichOME: A comparative omics database for plant trichomes. Plant Physiol, 152: 44-54.

Dueber J E, Wu G C, Malmirchegini G R, et al.,2009. Synthetic protein scaffolds provide modular control over metabolic flux. Nat Biotechnol 27: 753-759.

Field B, Osbourn A E, 2008. Metabolic diversification - independent assembly of operon-like gene clusters in different plants. Science, 320: 543-547.

Fraser P D, Romer S, Shipton C A, et al., 2002. Evaluation of transgenic tomato plants expressing an additional phytoene synthase in a fruit-specific manner. Proc Natl Acad Sci USA, 99: 1092-1097.

Fray R G, Grierson D, 1993. Identification and genetic analysis of normal and mutant phytoene synthase genes of tomato by sequencing, complementation and co-suppression. Plant Mol Biol, 22: 589-602.

Fray R G, Wallace A, Fraser P D, et al., 1995. Constitutive expression of a fruit phytoene synthase gene in transgenic tomatoes causes dwarfism by redirecting metabolites from the gibberellin pathway. Plant J, 8: 693-701.

Gang D R, 2005. Evolution of flavors and scents. Annu Rev Plant Biol 56: 301-325.

Gardiner J C, Taylor N G, Turner S R, 2003. Control of cellulose synthase complex localization in developing xylem. Plant Cell, 15: 1740-1748.

Gershenzon J, McCaskill D, Rajaonarivony J I M, et al., 1992. Isolation of secretory cells from plant glandular trichomes and their use in biosynthetic studies of monoterpenes and other gland products. Anal Biochem, 200: 130-138.

Hyman A A, Weber C A, Julicher F, 2014. Liquid-liquid phase separation in biology. Annu Rev Cell Devel Biol, 30: 39-58.

Jiao Q, Yang Z, Huang J, 2010. Construction of a gene regulatory network for *Arabidopsis* based on metabolic pathway data. Chinese Sci Bull, 55: 158-162.

Kanehisa M, Furumichi M, Sato Y, et al., 2021. KEGG: integrating viruses and cellular organisms. Nucleic Acid Res, 49: 545-551.

Kim J, Lee H, Lee H G, et al., 2021. Get closer and make hotspots: liquid-liquid phase separation in plants. EMBO Rep, 22: e51656.

Kitaoka N, Zhang J, Oyagbenro R K, et al., 2021. Interdependent evolution of biosynthetic gene clusters for momilactone production in rice. Plant Cell, 33: 290-305.

Kruckeberg A, Neuhaus H, Feil R, et al., 1989. Decreased-activity mutants of phosphoglucose isomerase in the cytosol and chloroplast of *Clarkia xantiana*. Impact on mass-action ratios and fluxes to sucrose and starch, and estimation of flux control coefficients and elasticity coefficients. Biochem J, 261: 457-467.

Lange B M, Ghassemian M , 2003. Genome organization in *Arabidopsis thaliana*: a survey for genes involved in isoprenoid and chlorophyll metabolism. Plant Mol Biol, 51: 925-948.

Larkin R M, Alonso J M, Ecker J R, et al., 2003. GUN4, a regulator of chlorophyll synthesis and intracellular signaling. Science, 299: 902-906.

Laule O, Fürholz A, Chang H S, et al., 2003. Crosstalk between cytosolic and plastidial pathways of isoprenoid biosynthesis in *Arabidopsis thaliana*. Proc Natl Acad Sci USA, 100: 6866-6871.

Lavy M, Zuker A, Lewinsohn E, et al., 2002. Linalool and linalool oxide production in transgenic carnation flowers expressing the *Clarkia breweri* linalool synthase gene. Mol Breed, 9: 103-111.

Lei L, Li S, Gu Y , 2012. Cellulose synthase complexes: Composition and regulation. Front Plant Sci, 3: 75.

Lewinsohn E, Schalechet F, Wilkinson J, et al., 2001. Enhanced levels of the aroma and flavor compound *S*-linalool by metabolic engineering of the terpenoid pathway in tomato. Plant Physiol, 127: 1256-1265.

Lewinsohn E, Gijzen M, 2009. Phytochemical diversity: The sounds of silent metabolism. Plant Sci, 176: 161-169.

Li L, Paolillo DJ, Parthasarathy MV, DiMuzio EM, Garvin DF (2001) A novel gene mutation that confers abnormal patterns of β-carotene accumulation in cauliflower (*Brassica oleracea* var. *botrytis*). Plant J, 26: 59-67.

Li Y, Chen Y, Zhou L, et al., 2020. MicroTom metabolic network: rewiring tomato metabolic regulatory network throughout the growth cycle. Mol Plant, 13: 1203-1218.

Lichtenthaler H K, 2010. The non-mevalonate DOXP/MEP (deoxyxylulose 5-phosphate/methylerythritol 4-phosphate) pathway of chloroplast isoprenoid and pigment biosynthesis. In: Rebeiz C.A. et al. (eds) The Chloroplast. Advances in Photosynthesis and Respiration, vol 31. Springer, Dordrecht.

Llorente B, Torres-Montilla S, Morelli L, et al., 2020. Synthetic conversion of leaf chloroplasts into carotenoid-rich plastids reveals mechanistic basis of natural chromoplast development. Proc Natl Acad Sci USA, 117: 21796-21803.

Lu S, Van Eck J, Zhou X, et al., 2006. The cauliflower *Or* gene encodes a DnaJ cysteine-rich domain-containing protein that mediates high levels of β-carotene accumulation. Plant Cell, 18: 3594-605.

Lücker J, Bouwmeester H J, Schwab W, et al., 2001. Expression of *Clarkia S*-linalool synthase in transgenic petunia plants results in the accumulation of *S*-linalool-β-D-glucopyranoside. Plant J, 27: 315-324.

Manichaikul A, Ghamsari L, Hom E F Y, et al., 2009. Metabolic network analysis integrated with transcript verification for sequenced genomes. Nat Methods, 6: 589-592.

Mentzen W, Wurtele E, 2008. Regulon organization of Arabidopsis. BMC Plant Biol,8: 99.

O'Flynn B G, Mittag T , 2021.The role of liquid-liquid phase separation in regulating enzyme activity. Curr Opin Cell Biol, 69: 70-79.

Olsson M E, Olofsson L M, Lindahl A L, et al., 2009. Localization of enzymes of artemisinin biosynthesis to the apical cells of glandular secretory trichomes of *Artemisia annua* L. Phytochemistry, 70: 1123-1128.

Orlova I, Nagegowda D A, Kish C M, et al., 2009. The small subunit of snapdragon geranyl diphosphate synthase modifies the chain length specificity of tobacco geranylgeranyl diphosphate synthase *in planta*. Plant Cell, 21: 4002-4017.

Peterhansel C, Niessen M, Kebeish R M, 2008. Metabolic engineering towards the enhancement of photosynthesis. Photochem Photobiol, 84: 1317-1323.

Poolman M G, Miguet L, Sweetlove L J, et al., 2009. A genome-scale metabolic model of Arabidopsis and some of its properties. Plant Physiol, 151: 1570-1581.

Rios-Estepa R, Lange B M, 2007. Experimental and mathematical approaches to modeling plant metabolic networks. Phytochemistry, 68: 2351-2374.

Rios-Estepa R, Turner G W, Lee J M, et al., 2008. A systems biology approach identifies the biochemical mechanisms regulating monoterpenoid essential oil composition in peppermint. Proc Natl Acad Sci USA,105: 2818-2823.

Ruiz-Sola M Á, Coman D, Beck G, et al., 2016. Arabidopsis GERANYLGERANYL DIPHOSPHATE SYNTHASE 11 is a hub isozyme required for the production of most photosynthesis-related isoprenoids. New Phytol, 209: 252-264.

Schlapfer P, Zhang P, Wang C, et al., 2017. genome-wide prediction of metabolic enzymes, pathways, and gene clusters in plants. Plant Physiol, 173: 2041-2059.

Schwarz N, Armbruster U, Iven T, et al., 2015. Tissue-specific accumulation and regulation of zeaxanthin epoxidase in Arabidopsis reflect the multiple functions of the enzyme in plastids. Plant Cell Physiol, 56: 346-357.

Schwender J, Goffman F, Ohlrogge J B, et al., 2004. Rubisco without the Calvin cycle improves the carbon efficiency of developing green seeds. Nature, 432: 779-782.

Schwender J, Seemann M, Lichtenthaler H K, et al., 1996. Biosynthesis of isoprenoids (carotenoids, sterols, prenyl side-chains of chlorophylls and plastoquinone) via a novel pyruvate/glyceraldehyde 3-phosphate non-mevalonate pathway in the green alga *Scenedesmus obliquus*. Biochem J, 316: 73-80.

Seaver S M D, Liu F, Zhang Q Z, et al., 2021. The ModelSEED Biochemistry Database for the integration of metabolic annotations and the reconstruction, comparison and analysis of metabolic models for plants, fungi and microbes. Nucleic Acid Res, 49: 575-588.

Srivastava A K, Lu Y, Zinta G, et al., 2018. UTR-dependent control of gene expression in plants. Trends Plant Sci, 23: 248-259.

Sun T, Yuan H, Cao H, et al., 2018. Carotenoid metabolism in plants: the role of plastids. Mol Plant, 11: 58-74.

Swaminathan S, Morrone D, Wang Q, et al., 2009. CYP76M7 is an *ent*-cassadiene C11α-hydroxylase defining a second multifunctional diterpenoid biosynthetic gene cluster in rice. Plant Cell, 21: 3315-3325.

Takahashi K, Takabayashi A, Tanaka A, et al., 2014. Functional analysis of light-harvesting-like protein 3 (LIL3) and its light-harvesting chlorophyll-binding motif in Arabidopsis. J Biol Chem, 289: 987-999.

Tanaka R, Rothbart M, Oka S, et al., 2010. LIL3, a light-harvesting-like protein, plays an essential role in chlorophyll and tocopherol biosynthesis. Proc Natl Acad Sci USA, 107: 16721-16725.

Vranova E, Coman D, Gruissem W, 2013. Network analysis of the MVA and MEP pathways for isoprenoid synthesis. Annu Rev Plant Biol,64: 665-700.

Wagner G J, Wang E, Shepherd R W, 2004. New approaches for studying and exploiting an old protuberance, the plant trichome. Ann Bot, 93: 3-11.

Wang G D, Dixon R A, 2009. Heterodimeric geranyl(geranyl)diphosphate synthase from hop (*Humulus lupulus*) and the evolution of monoterpene biosynthesis. Proc Natl Acad Sci USA, 106: 9914-9919.

Wei H, Persson S, Mehta T, et al., 2006. Transcriptional coordination of the metabolic network in Arabidopsis. Plant Physiol, 142: 762-774.

Winkel B S J, 2004. Metabolic channeling in plants. Annu Rev Plant Biol 55: 85–107

Wunder T, Mueller-Cajar O, 2020. Biomolecular condensation in photosynthesis and metabolism. Curr Opin Plant Biol, 58: 1-7.

Yang L E, Huang X Q, Hang Y, et al., 2014. The P450-type carotene hydroxylase PuCHY1 from *Porphyra* suggests the evolution of carotenoid metabolism in red algae. J Integr Plant Biol, 56: 902-915.

Yanofsky C, Rachmeler M, 1958. The exclusion of free indole as an intermediate in the biosynthesis of tryptophan in *Neurospora crassa*. Biochim Biophys Acta, 28: 640-641.

Zhao L, Chang W C, Xiao Y, et al., 2013. Methylerythritol phosphate pathway of isoprenoid biosynthesis. Annu Rev Plant Biol, 82: 497-530.

Zhou F, Wang C Y, Gutensohn M, et al., 2017. A recruiting protein of geranylgeranyl diphosphate synthase controls metabolic flux toward chlorophyll biosynthesis in rice. Proc Natl Acad Sci USA, 114: 6866-6871.

第10章
LC-MS在植物代谢组学中的应用

张凤霞　王国栋

中国科学院遗传与发育生物学研究所，北京，100101

虽然植物代谢组学目前还处于发展阶段，但其发展很快。当前国际上正在着手进行大规模代谢组学数据的积累，即利用各种化学分析工具，尤其是以质谱为基础（Mass-Based）的气相色谱质谱和液相色谱质谱联用仪对植物（目前大多集中于模式植物拟南芥和水稻，分析样品包括这两种模式植物各种突变体、不同的生态型、代表性组织以及在不同的条件处理等）进行代谢组学分析。而且目前国际上植物代谢组学研究领域也对不同的代谢组学分析手段建立了一套标准化程序，包括实验设计、数据处理和发表，使得不同实验室之间的代谢组学数据共享成为可能（Fiehn et al.，2007），这将大大提高代谢组学在植物研究中的作用。代谢组学在植物中的应用也从最初单纯的代谢分析、代谢途径描述走向与其他组学技术结合，共同揭示植物生命活动的奥秘。

与从事以发展分析方法为主的化学研究人员不同，国内生命科学领域从事植物次生代谢研究的人员大多是以代谢组学分析为手段和工具，为鉴定植物基因功能服务，主要目的是想了解整个植物体的生命过程。随着现代生物学各种技术的飞速发展（通过转基因技术改变目的基因的表达量是最常采用的技术手段），能够引起"可见表型变化"的基因的功能，通过传统的遗传学方法可以被迅速鉴定。但在植物基因组中，许多功能未知的基因，通过基因表达量的改变并不能引起明显的"可见表型变化"。通过对这些没有"可见表型变化"的转基因植物和对照植物进行代谢组学分析，使之生成"可见"的生化表型，进而确定这些代谢物变化与特定基因表达变化之间的联系，为解释基因的生物学功能提供线索，当然这种代谢物 - 基因的联系最终还要通过传统的生物学方法进行确证。目前，代谢组学技术已经成功应用于拟南芥基因组中未知基因的功能鉴定。例如，Hirai 等人通过对缺硫条件下生长的拟南芥进行代谢组学和转录组学的分析，定位了基因 - 基因、代谢物 - 基因的网络途径，并结合传统生化方法，确定了三个先前功能注释错误的基因为参与硫代葡萄糖苷合成途径的硫转移酶（Desulfoglucosinolate Sulfotransferase）（Hirai et al.，2005）。而且，不同的"组学"的联合应用已经成为植物基因功能研究的趋势（Fukushima et al.，2009）。除了基因功能解析之外，各种组学的联合应用还可以使我们更加深入的理解代谢途径（包括激素）的调控以及不同代谢途径之间的协调和交流。

在本章节，我们首先介绍一下样品制备过程，以突出其在代谢组学分析中的重要性，然后通过三个实例来介绍以 LC-MS 为分析平台的植物代谢组学的应用。

10.1 分析样品制备

　　如前文在第 3 章中所讲到的，实验材料的种植条件和采集条件一定要尽可能保持一致，而且采样后要尽可能快地对样品进行分析，避免引入系统误差，否则系统误差严重时常会导致分析结果没有任何的生物学意义。下面的试验流程是利用 LC-MS 分析苜蓿（*Medicargo truncatula*）中的皂素（Saponin）（Huhman and Sumner，2002），以此作参考，读者可以根据自己分析样品的实际情况加以适当修正。

　　步骤①：冷冻干燥保存在液氮中新鲜收集的植物材料（需要 2 ～ 3 天）。如果无法马上进行下一步，干燥的材料需保存于 -80℃冰箱。从 -80℃冰箱取出的样品会吸湿，还要经冷冻干燥重新处理，否则会影响称量准确度。

　　步骤②：打碎冷冻干燥的材料，通常是将材料放置于 4mL 的样品瓶中，瓶中放一把平头的样品勺，漩涡振荡 1 ～ 2min 即可得到很细的粉末。

　　步骤③：精确称量样品（10±0.6）mg，放入 4mL 的样品瓶中。

　　步骤④：加入 1mL 80% 甲醇和内标（0.018mg/mL 7-羟基香豆素）混合液。（所用溶剂可以调整，尽量和 LC 流动相匹配）。

　　步骤⑤：在水平摇床上温和摇动过夜。

　　步骤⑥：样品离心 2900g，30min（4℃）。

　　步骤⑦：转移上清到新的样品瓶中，吹氮气浓缩除去样品中的有机溶剂。

　　步骤⑧：加甲醇稀释样品至终浓度为 35%。

　　步骤⑨：转移样品至 C_{18} 固相萃取柱，分别用 2 倍柱床体积的 100% 的水和 35% 甲醇冲洗。

　　步骤⑩：2 倍柱床体积的 100% 甲醇洗脱皂素等分析样品；旋转蒸发，浓缩待分析（如要保存，放置于 -20℃冰箱）。

　　注意事项：①通常对于没有兴趣偏好性、高通量的组学化学分析，从第 6 步样品过滤后就可以直接上 LC-MS 进行分析了。步骤⑦～⑩是利用固相萃取柱对样品进行前处理，常用于有兴趣偏好的液相色谱分析，在这个例子中，作者首先对苜蓿根中的皂素成分进行分析鉴定，他们采用了与分析色谱柱相同填料的固相萃取柱对皂素成分进行粗纯化、富集。固相萃取（Solid Phase Extraction，SPE）是从 20 世纪 80 年代中期开始发展起来的一项样品前处理技术（Berrueta et al.，1995）。由液固萃取和液相色谱技术相结合发展而来。主要通过固相填料对样品组分的选择性吸附及解吸过程，实现对样品的分离、纯化和富集，主要目的在于降低样品基质干扰，提高检测灵敏度。

② 做生化实验的研究人员常常习惯于使用移液器和各种塑料制品，但在制备 LC-MS 分析样品的时候要尽量避免，否则会引入杂峰，降低质谱的离子化效率等。

③ 目前常用的提取试剂为氯仿 - 甲醇体系，对水溶性和脂溶性代谢物都适合；热乙醇提取液（80℃ 80% 的乙醇），适用于极性和中等极性代谢物的抽提；三氯乙酸 - 乙醚溶液，适用于酸稳定的水溶性代谢物抽提。在使用含有甲醇的提取溶剂时，要注意甲醇很容易与代谢物中的羧酸基团发生酯化反应，所以在 LC-MS 分析时如发现甲酯基团存在，一定要小心确定这个甲基的来源，是植物内生还是外源引入。

④ 上样进行 LC-MS 分析之前最好用 0.22μm 孔径的滤膜过滤，样品中的不溶物会堵塞色谱柱，污染离子源；一个降低成本的替代方法就是上样前对样品高速离心（> 12000g）10min。

⑤ 各个实验室的条件不尽相同，但对分析材料的生长一定要严格控制一致，这也是影响分析结果的重要因素。

10.2　LC-MS 在基因功能研究中的应用

拟南芥作为模式植物在 2000 年完成了全基因组测序，到目前为止已经具备了非常完备的各类公共资源，包括 cDNA 全长序列、各种形式的突变体（https://www.arabidopsis.org）和丰富的 Microarray 数据信息（https://www.genevestigator.com 和其他一些网站），这些都为拟南芥基因功能鉴定提供了便利。在拟南芥次生代谢研究领域，研究最为详细的就是类黄酮（Flavonoid）生物合成途径及调控。类黄酮为拟南芥种皮的主要成色物质，其生物合成或转运过程受到影响会导致种皮颜色变浅，基于这个表型研究人员分离了 tt（Transparent Testa）系列突变体并利用正向遗传学的方法（从表型到基因功能）完成了相应基因的克隆和功能鉴定。这些基因中，一部分为结构基因（TT3、TT4、TT5、TT6、TT7、FLS1、LDOX 和 BAN）编码一些酶类参与到类黄酮的生物合成；一部分作为调控基因（TT1、TT2、TTT8、TTG1、TTG2 和 TT16）编码一些转录因子蛋白对生物合成途径起调控作用；另外一些基因（TT12 和 TT19）编码与色素转运、积累相关的蛋白质（Lepiniec et al.，2006）。但代谢途径下游参与类黄酮结构修饰的基因突变并没有引起像种皮颜色变浅等可见表型，如何功能鉴定这一类基因对研究人员是一个很大的挑战。日本科学家利用 LC-MS 通过各种黄酮生物合成突变体进行全面分析，结合转录组学分析，功能鉴定了几个类黄酮糖基转移酶（Yonekura-Sakakibara et al.，2007；Yonekura-Sakakibara et al.，2008），做出了非常出色的工作，是一个代谢组学分析在植物次生代谢基因功能鉴定中应用的经典范例。

10.2.1 实验方法

10.2.1.1 分析样品制备
植物生长条件：生物培养箱，22℃；16 h 光照 /8 h 黑暗；4 周。

叶组织提取：① 剪取生长 4 周的叶片，精确称量鲜重后加入粉碎用金属珠；

② 按每毫克新鲜材料 5μL 的比例加入抽提液［甲醇：乙酸：水 =9：1：10，0.02mmoL 柚皮素 7-*O*- 葡萄糖苷（Naringenin-7-*O*-glucoside）做定量分析用］；

③ 在混样粉碎机粉碎样品（30Hz，5min）；

④ 12000*g* 离心 10min；

⑤ 取上清进行 LC-MS 分析。

注意：通常代谢组学分析要求对每个分析样本做 4 ～ 5 个生物学重复。

10.2.1.2 仪器设置：UPLC-PDA-ESI/Q-TOF/MS
① 色谱柱：Phenyl C$_{18}$（Φ2.1×100 mm，1.7μm）；柱温 35℃。

② 流动相：0min，95% A + 5% B；9min，60% A + 40% B；13min，95% A + 5% B；溶剂 A（含 0.1% 甲酸的水）；溶剂 B（含 0.1% 甲酸的甲醇），所用试剂均为 HPLC 级。

③ PDA 检测器：紫外 - 可见光范围 210 ～ 500 nm。

④ 质谱条件：电喷雾离子源（ESI），正离子模式。TOF 用于检测类黄酮糖苷的分子离子峰 [M+H]$^+$，对于碎片离子峰检测条件设定为去溶剂化（Desolvation）温度 450℃，氮气的流量为 600L/h；毛细管喷雾电压（Capillary Spray）3.2kV；离子源温度（Source Temperature）150℃；锥孔电压（Cone Voltage）35V。

10.2.2 实验过程

10.2.2.1 类黄酮糖基衍生物的结构鉴定和分布情况
对于植物次生代谢研究而言，首先是要明白所要研究的代谢物的结构，然后在推导合成途径预测可能的参与代谢反应酶的种类。作者们首先用 UPLC-PDA-MS 验证了在拟南芥中共可检测到 32 种类黄酮糖苷组分，而且在花组织中含量最丰富，种类也最多。在这 32 种类黄酮糖苷组分中，其中 12 种（图 10-1 中 f1 ～ f8、f17、f18、f20 和 f24）为先前报道过的，通过比对紫外和质谱信息即可确定化合物结构，另有两个峰（f16 和 f28）的结构是通过与标准品的延迟时间和质谱比对得到解析。余下的 18 个类黄酮糖苷化合物通过野生型植物与多个生化功能已知黄酮合成突变体的代谢组学分析比较（据此可以得到不同代谢物在合成途径中的上下游关系），并结合各突变基因的生化功能还有二级质谱信息（主要是糖基片段的丢失信息，例如葡萄糖丢失162，鼠李糖丢失146，阿拉伯糖丢失132）有9个（都含有五碳糖糖基f14、f15、f19、f23、f25、f27、f29、f30和f32）得到了初步确定，但并未确定是哪一种五碳糖（其种类有核糖、木糖、阿拉伯糖和来苏糖，它们的分子量一样，只是质谱信息无法区分）（图10-1）。还有9个黄酮类化合物结构没有得到确定，但根据质谱提供信息可以知道所连接糖的大致种类。根据23个结构鉴定的类黄酮糖苷组分在不同突变体的分布结果推测在拟南芥中至少还有四个类黄酮糖基转移酶没有功能鉴定。

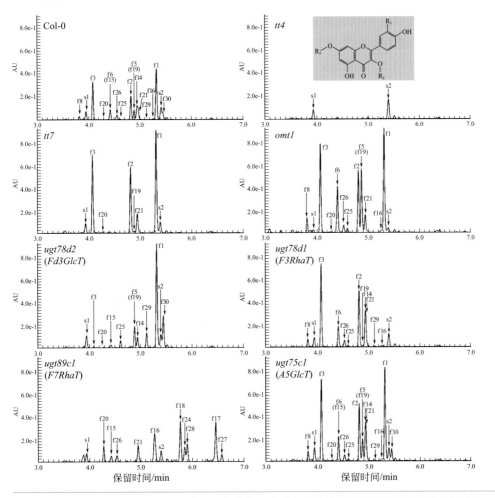

图10-1　UPLC-PDA-MS对野生型和多个黄酮合成突变体的花组织进行黄酮组分分析比较

Col-0为野生型植物；*tt4*为查耳酮合成酶基因突变体（图中所示结构式为鉴定的各种黄酮糖基衍生物的母体结构）；*tt7*为黄酮3′羟化酶基因突变体；*omt1*为O-甲基转移酶基因突变体；*ugt78d1*、*ugt78d2*、*ugt89c1*和*ugt75c1*为不同的黄酮糖基转移酶基因突变体。f1～f30分别为含不同糖苷的黄酮类化合物，s1和s2为酚酸类化合物。色谱图横坐标表示保留时间，纵坐标表示在320nm处的紫外吸收值（用于类黄酮物质的检测）

注意，如果没有这些众多的突变体资源，仅靠质谱信息来进行结构鉴定还是很困难的，甚至不太可能；化合物结构的鉴定很多时候还是要靠各个实验室自己对各种标准品进行积累。

10.2.2.2 候选基因的选择

通过对野生型和多个黄酮合成突变体的代谢组学分析，结果表示至少还有四个黄酮糖基转移酶没有功能鉴定，但在拟南芥基因组中含有 107 个功能注释为小分子糖基转移酶的基因，如何从中寻找正确的基因也是一个巨大的挑战。传统的生化方法就是通过跟踪酶学活性从植物蛋白粗提物中纯化酶，再根据酶蛋白的氨基酸测序信息寻找相应基因。但拟南芥丰富的 Microarray 数据信息为寻找候选基因提供了很大便利。通过对这些 Microarray 数据进行基因共表达分析是目前模式植物基因功能解析一个强有力的辅助工具，能够提供这种功能服务的网站包括 Genevestigator、CSB.DB、ATTED-II 等。Yonekura-Sakakibara 等（Yonekura-Sakakibara et al.，2008）利用所有已经报道的参与黄酮合成及调控的基因作为询问基因（Query Gene）在整个拟南芥基因组中寻找与整个代谢途径相关的基因，分析发现一个先前未报道糖基转移酶（UGT78D3）与调控类黄酮合成途径的转录因子 MYB111 的基因表达相关性很强（$r = 0.572$）。另外同属于糖基转移酶 UGT78D 亚家族的另外两个成员（D1 和 D2）都参与类黄酮糖基化衍生物的生成，这也从另一方面支持了 UGT78D3 可能参与类黄酮糖基化修饰过程（图 10-2 左图）。

注意，因为转录组共表达分析是基于在同一条代谢途径中的功能基因是被共调控的这一假说，在实际应用转录组共表达分析的时候需要小心谨慎。因为共表达分析首先忽略了许多代谢产物只是在某些特异的组织活细胞中积累，而且同一途径中的不同代谢物含量差异很大；其次在生物体内有些酶会参与多条调控不同的代谢途径情况；最后就是 Microarray 杂交时同源基因之间干扰造成偏差。在应用转录组共表达分析筛选候选基因时一定要与其他实验结果结合在一起使用。

10.2.2.3 候选基因的功能鉴定

确定完候选基因，接下来就是基因的功能鉴定。在次生代谢研究领域，基因的功能鉴定主要是包括两部分，即体外生化功能分析和植物体内功能研究（对一些难以转化的非模式植物体内功能验证这部分工作常常无法进行）。在这项工作中，作者首先筛选到了候选基因的纯合突变体（*ugt78d3*）并对其黄酮组分与野生型做了LC-MS 比对分析，发现在 *ugt78d3* 突变体中黄酮糖基衍生物 f19、f25 和 f29 含量明显减少，互补试验也证实了 UGT78D3 的确是参与 f19、f25 和 f29 的生成。但问题是 LC-MS 对突变体的分析依然无法确定 f19、f25 和 f29 所连接五碳糖的种类（图10-2 右图）。为此作者利用大肠杆菌重组蛋白 UGT78D3、UGT89C1 进行串联酶活分析，通过对大量积累的产物进行 NMR 分析，确定了 f19 和 f25 结构分别是 3-*O*-L-阿拉伯糖 -7-*O*-L- 鼠李糖糖基化的山柰酚（Kaempferol）和槲皮素（Quercetin）。最后作者还利用相同的技术手段证实了 UGT89C1（黄酮 7-*O*- 鼠李糖糖基转移酶）和 RHM1（UDP-Rhamnose Synthase，UDP- 鼠李糖合成酶）也参与黄酮糖基化代谢途径。

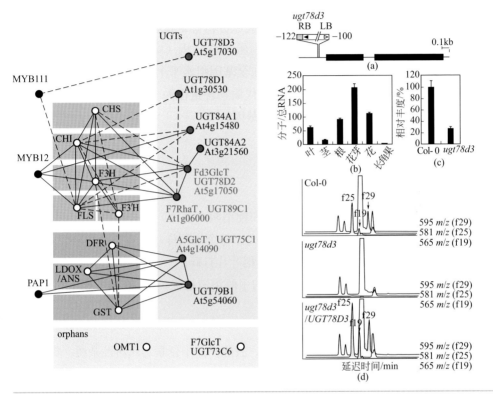

图 10-2　黄酮糖基转移酶候选基因的确定及其功能分析

黄酮代谢及调控基因与糖基转移酶基因的相关性分析简化图，实线表示相关系数>0.6，虚线表示相关系数>0.525（左），其中OMT1和F7GlcT两个功能已知的基因与其他参与黄酮代谢途径的基因并没有很大的相关性。右图是对槲皮素-3-*O*-阿拉伯糖糖基转移酶（UGT78D3）分子及其缺失或过量表达转基因植物的化学分析，在突变体中*ugt78d3*产物f19和f29消失，而在*ugt78d3*中过量表达UGT78D3可以恢复其化学表型

需要指出，对于那些没有全基因组信息且难以遗传转化的植物物种（特别是近些年来关于药用植物中活性成分代谢途径的研究），功能解析"兴趣代谢途径"的实验设计思路与上述基因 - 代谢物共表达分析相类似，即通过化学分析首先确定"兴趣化合物"即药用植物中的活性成分，在不同组织或器官积累变化的情况，再用 RNAseq 等技术手段获得基因组织特异性的表达信息。通过代谢物 - 基因或者基因 - 基因共表达分析结合生物化学的知识明确可能的候选基因，再对参与"兴趣化合物"的代谢途径的候选基因进行系统的功能研究（从难易程度讲，候选基因的功

能鉴定一直是最费时费力的步骤）。

10.3　代谢组与基因组重测序数据关联确定候选基因

除了上述通过代谢组和转录组数据的关联分析确定植物代谢网络候选基因，利用代谢组和基因组重测序数据进行全基因组关联分析（Metabolome Genome-Wide Association Study，mGWAS）对代谢网络在全基因组水平上进行解析最近也有报道。简单一些讲，就是将每一个群体中检测的代谢物含量作为一个变量，进行关联分析确定导致这些变化的候选基因组区段（或基因）。

10.3.1　实验方法

10.3.1.1　分析样品制备

529 个不同的栽培稻品种（包括籼稻和粳稻两大群体）的叶片。

注意：在本实验中由于群体规模比较大，每个水稻样品只有 2 个生物学重复。

样品抽提：① 利用球磨仪将冻干的水稻叶片打碎；

② 分别称取 100mg，加入 1mL70% 的甲醇溶液抽提，4℃提取过夜［利多卡因（lidocaine）作为内标化合物］；

③ 10000 g 离心 10min 除去固体杂质；

④ 上清过石墨化炭黑固相微萃取小柱，去除样品中色素等脂溶性杂质；待上样。

10.3.1.2　仪器设置

① 色谱柱：反相，shim-pack VP-ODS C$_{18}$（Φ2.0×150 mm，5μm）；

柱温为 40℃；100% A + 0% B，0min；5% A + 95% B，20min（梯度上升）；5% A + 95% B，22min（保持）；95% A + 5% B，22.1min（梯度）；95% A + 5% B，28min（保持）。溶剂 A（含 0.04% 乙酸的水）；溶剂 B（含 0.04% 乙酸的乙腈），所用试剂均为 HPLC 级。上样量：5μL；流速：0.25mL/min。

② 质谱条件：API 4000 Q TRAP MS/MS 系统：电喷雾离子源（ESI），正离子模式。离子喷雾电压（Ion Spray Voltage），5.5 kV；离子源温度（Source Temperature）500℃；离子源雾化气（gas Ⅰ）、辅助加热气（gas Ⅱ）和气帘气（Curtain Gas）分别设定为 55psi［1psi（1bf/in^2）=6894.76Pa］、60psi 和 25 psi。

ESI-QqTOF-MS/MS 系统：电喷雾离子源（ESI），正离子模式。毛细管电压 3500 V；碎片电压，135 V；雾化气（Nebulizer Gas）压力（氮气），40 psi；载气温度，225℃；干燥气（氮气）350℃，流速，10L/min；鞘气温度 350℃；鞘气流速 12L/min。数据采集采用正离子模式（*m/z* 50 ～ 1000）。

③ 数据统计分析软件：LC-MS 数据用 Analyst 1.5 软件处理，SPSS（版本 18.0）用于统计分析。

10.3.2　实验过程

为了获得更多更准确的内源代谢物含量信息，Chen 等先期开发了广泛靶向代谢组（Widely Targeted Metabolome）分析方法，该方法最重要也是最费时间的步骤就是建立一个代谢物的质谱数据库。除了保留时间，需要获取化合物精确分子质量数（由 qTOF 高分辨质谱仪获得）和分子的断裂信息（由 qTRAP 质谱仪获得）。通过此化合物建库方法，Chen 等在水稻中可以定量 277 个代谢物（包括植物激素脱落酸等）（Chen et al.，2013）。

Chen 等利用进一步开发的广泛靶向代谢组分析方法对含有 529 个品系的水稻群体进行大规模的代谢组学分析，在叶组织中共检测到 840 个代谢物信号，其中277 个给出了初步的结构信息。PCA 分析表明，在籼稻群体（*Indica*）中特异的含有 C- 糖基化和丙二酰化的黄酮类化合物，而在粳稻（*Japonica*）中则含有大量的酚胺类（Phenolamides）和拟南芥吡喃酮类（Arabidopyl Alcohol Derivatives）化合物。作者通过与大约 6.4×10^6 的 SNPs（Single Nucleotide Polymorphisms）关联分析确定 36 个参与水稻次生代谢网络的候选基因，并对其中的 5 个转移酶类基因进行功能验证，包括之前未报道的甲基转移酶和糖基转移酶等（Chen et al.，2014）。

需要指出的是，代谢组和群体重测序数据的联合使用首先要求分析群体的遗传背景比较多元化，目前这种方法常应用于受到人类驯化改良的农作物（在这一过程中包括"野生型"在内的种质资源得以保藏）。从这层意义上讲，该方法并不适用于大部分的药用植物代谢研究（受到群体遗传背景差异不大或者种质资源不够丰富的限制）。

10.4　应用于转基因植物"实质等同性"检测

近几年转基因技术迅速发展和应用，产生了许多具有很好农业性状的转基因作物，例如目前转基因大豆的种植已经占全世界大豆种植面积的 60%。在转基因作物为缓解粮食短缺问题，提高食物品质作出贡献的同时，人们对它安全性的疑虑其实从转基因作物诞生的第一天起就一直没有停止过，那些对人类健康有着直接影响的议题更是困扰着人们。为此各国都有一套严格的监测体系来保证转基因作物的生物安全性，其中一条是符合"实质等同性"（Substantial Equivalence）的原则，即如果某个新食品或食品成分与现有的食品或食品成分大体等同，那么它们是同等安全的，这实际上就是用最终食品的化学成分来评价食品的安全性。代谢组学的发展为转基因食品安全性评价研究提供了强有力也更为全面的技术支持，其中对作物中已知的有毒化学成分含量的分析是非常重要的一个环节。甾醇类生物碱糖苷是马铃薯中对人类健康毒性较大的化学成分，德国的一个科研小组利用（Catchpole et al.，2005; Zywicki et al.，2005）LC-MS/MS 技术对转基因马铃薯（在马铃薯中导入外源基因目的是提高胰岛素的含量，用于糖尿病的治疗）与没有转基因的传统马铃薯中两种主要的甾醇类生物碱糖苷 α- 卡茄碱（α-Chaconine）和 α- 茄碱（α-Solanine）进行了定量比较。

10.4.1 实验方法

10.4.1.1 分析样品制备

转基因马铃薯和非转基因马铃薯各 6 个株系随机分布种植在四块试验田，采集马铃薯样本也是随机选取。采集的马铃薯先在 4℃ 避光保存 2 天，10℃ 避光保存 5 天。

注意：在本实验中由于试验田种植条件难以控制，分析样品又是个体采样，为保证结果的统计学意义和可靠性，每个株系（不同遗传背景）需要做 40 次左右的生物学重复。

样品提取：① 用 8 mm 直径的软木塞钻孔器对分析马铃薯进行取样。

② 分别选取 2 mm 厚的马铃薯皮和随后的 2 mm 厚马铃薯果肉，称重后放入液氮中［由于取样方法造成差异较大，只有重量在（123.2 ± 34.8）mg 之间的样品才用于随后的分析］。

③ 加入 2mL 氯仿 - 甲醇 - 水（体积比 2∶5∶2）提取溶剂，–15℃ 高剪切分散乳化机粉碎样品，4℃ 振荡 5min。

④ 14000r/min 离心 5min 除去固体杂质，取上清液。

⑤ 马铃薯皮提取液用 1∶1 的乙腈水稀释 10 倍，马铃薯果肉提取液则直接上样。

10.4.1.2 仪器设置

① 色谱柱：反相，Hyperclone C$_{18}$（Φ2.0×100mm，3μm）；HILIC 柱，Poly-hydorxyethyl（Φ2.1×100 mm，3μm）；柱温为室温。

② 流动相溶剂组成和条件见图 10-3 中虚线。

③ 质谱条件：电喷雾离子源（ESI），正离子模式。三重四极杆（QQQ）用于甾醇类生物碱糖苷 [M+H]$^+$，毛细管喷雾电压（Capillary Spray）3.5kV；离子源温度（Source Temperature）270℃；对于碎片离子峰检测条件设定碰撞能量为 36 eV。

④ 数据统计分析软件：液相色谱图首先用 LCquan（Xcalibur 软件，版本 1.3）处理，Matlab（版本 6.5）用于统计分析。

10.4.2 实验过程

Zywicki 等（Zywicki et al.，2005）首先利用甾醇类生物碱糖苷标准品，α- 卡茄碱（α-Chaconine）和 α- 茄碱（α-Solanine）比较了 RP 柱与 HILIC 分析柱的分离和定量情况。结果发现两种色谱柱对 α- 卡茄碱和 α- 茄碱的分离效果都很好（图 10-3），所不同的是 HILIC 色谱柱的寿命较短，在分析了 100 个样品后峰形变宽；而 RP 柱在分析 1000 个样品后依然有很好的分离效果。作者还通过在分析样品的过程中加入标准样来检测比较两个分析过程中分析方法的准确度和精度，结果发现 RP 柱的方法对分析结果的准确度和精度都比 HILIC 柱的方法要好。

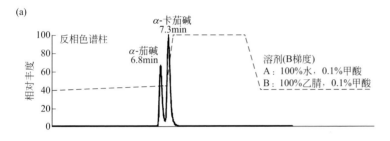

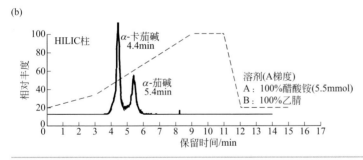

图 10-3 反相色谱柱与 HILIC 柱对 α- 卡茄碱和 α- 茄碱分离情况比较

尽管色谱条件（图中虚线部分，反相色谱柱流动相A为水相，B为100%乙腈，均含0.1%甲酸；HILIC柱流动相A中含有5.5mmol/L 醋酸铵）、化合物洗脱时间和顺序不同，但两种色谱柱在对标准品化合物进行分析时都表现出很好的分离效果。色谱图为总离子流色谱图（Total Ion Chromatogram，TIC）

为了提高定量分析方法的选择性和灵敏度，作者采用多反应监测模式代替全扫描模式来进行定量分析，在本案例中，作者分别利用 m/z 852.4 → 706.4 和 m/z 868.4 → 398.4 来对 α- 卡茄碱和 α- 茄碱进行定量分析（图 10-4）。在图 10-4 全离子扫描色谱图中我们还可以看到 α- 卡茄碱和 α- 茄碱在 9min 之前就已经洗脱出来，

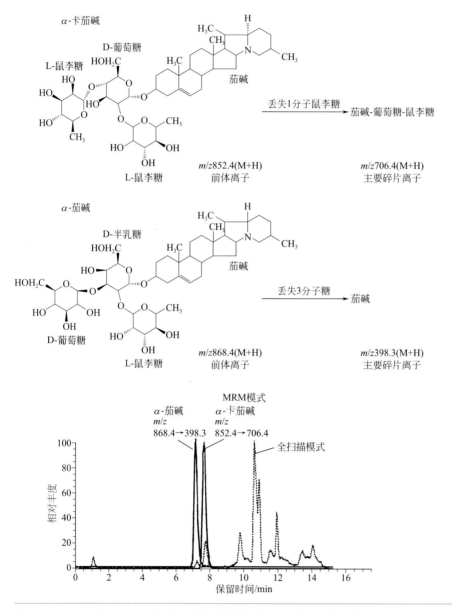

图 10-4　α-卡茄碱和 α-茄碱标准品质谱裂解模式和液相色谱质谱分析

三重四极杆质谱（ESI离子源）的裂分方式为：α-茄碱的主要裂解方式是丢失分子量为470.1的三糖分子，产生分子量为398.3的离子碎片峰（868.4→398.4，保留时间6.8min），α-卡茄碱主要裂解方式是丢失分子量为146的鼠李糖分子，产生分子量为706.4的离子碎片峰（852.4→706.4，保留时间7.3min）；右图显示MRM（实线谱图部分）模式和TIC模式（虚线谱图部分）在对马铃薯皮样品分析中的比较的总离子流图，结果表明MRM模式比TIC模式有着更高的选择性和灵敏度

9min 之后仍有许多物质被洗脱出来，然而在本案例中只是想定量分析 α- 卡茄碱和 α- 茄碱，其他物质都会被看作污染物对质谱的离子源产生基质效应，所以作者选择对每一个分析样品只是从 2.5 ～ 8.5min 区间进行质谱检测（MRM 模式）。

最后，作者分析了 1200 个样品发现在转基因马铃薯（无论是在果皮还是果肉中）α- 卡茄碱（α-Chaconine）和 α- 茄碱（α-Solanine）和没有转基因马铃薯相比，其含量没有明显增加，结合 GC-TOF 和流量注射电喷雾电离质谱（Flow Injection Electrospray Ionization，FIE-MS）的指纹分析结果（Catchpole et al.，2005），认为从化学成分这方面讲转基因马铃薯在代谢水平上和传统马铃薯具有实质等同性，是安全的。同时需要指出的是，代谢组学的手段只是验证转基因植物是否安全的方法之一，是必要而非充分条件。对于转基因植物在田间的释放还是要持更为谨慎的态度，必须考虑各种技术手段的局限性，例如代谢组学的技术对过敏源就不能检测。在基因工程中如果将控制过敏原形成的基因转入新的植物中，则会对过敏人群造成不利的影响，所以各种不同技术手段的综合应用对保证转基因植物的安全性是必需的。

参考文献

Berrueta L A, Gallo B, Vicente F, 1995. A review of solid-phase extraction - basic principles and new developments. Chromatographia, 40: 474-483.

Catchpole G S, Beckmann M, Enot D P, et al., 2005. Hierarchical metabolomics demonstrates substantial compositional similarity between genetically modified and conventional potato crops. Proc Natl Acad Sci USA, 102: 14458-14462.

Chen W, Gao Y, Xie W, et al., 2014. Genome-wide association analyses provide genetic and biochemical insights into natural variation in rice metabolism. Nature Genetics, 46:714-721.

Chen W, Gong L, Guo Z L, et al., 2013. A novel integrated method for large-scale detection, identification, and quantification of widely targeted metabolites: Application in the study of rice metabolomics. Molecular Plant, 6:1769-1780.

Fiehn O, Robertson D, Griffin J, et al., 2007. The metabolomics standards initiative (MSI). Metabolomics, 3:175-178.

Fukushima A, Kusano M, Redestig H, et al., 2009. Integrated omics approaches in plant systems biology. Curr Opin Chem Biol, 13: 532-538.

Hirai M Y, Klein M, Fujikawa Y, et al., 2005. Elucidation of gene-to-gene and metabolite-to-gene networks in Arabidopsis by integration of metabolomics and transcriptomics. J Biol Chem, 280:25590-25595.

Huhman D V, Sumner L W, 2002. Metabolic profiling of saponin glycosides in *Medicago sativa* and *truncatula* using HPLC coupled to an electrospary ion-trap mass spectrometer. Phytochemistry, 59: 347-360.

Lepiniec L, Debeaujon I, Routaboul J M, et al., 2006. Genetics and biochemistry of seed flavonoids. Annu Rev Plant Biol, 57: 405-430.

Yonekura-Sakakibara K, Tohge T, Matsuda F, et al., 2008. Comprehensive flavonol profiling and transcriptome coexpression analysis leading to decoding gene-metabolite correlations in Arabidopsis. Plant Cell, 20: 2160-2176.

Yonekura-Sakakibara K, Tohge T, Niida R, et al., 2007. Identification of a flavonol 7-O-rhamnosyltransferase gene determining flavonoid pattern in Arabidopsis by transcriptome coexpression analysis and reverse genetics. J Biol Chem, 282: 14932-14941.

Zywicki B, Catchpole G, Draper J, et al., 2005. Comparison of rapid liquid chromatography-electrospray ionization-tandem mass spectrometry methods for determination of glycoalkaloids in transgenic field-grown potatoes. Anal Biochem, 336: 178-186.

第11章
NMR在植物发育和其应答生物/非生物胁迫中的应用

刘才香[①]　王玉兰[②]

① 中国科学院精密测量科学与技术创新研究院，武汉，430071

② 新加坡南洋理工大学李光前医学院，新加坡表型中心

11.1 引言

代谢组学是"关于定量描述生物体内源性代谢物质的整体及其对内因和外因变化应答规律的科学"(Tang and Wang，2006)，是系统生物学的重要组成部分。植物代谢组学是代谢组学的一个重要分支，其从整体出发，全面系统地研究植物中代谢产物的组分、结构、合成通路及相关代谢通路的特定基因的生物学功能(赵燕和丁立建，2013)。

核磁共振(Nuclear Magnetic Resonance，NMR)技术是植物代谢组学研究中一种强有力的工具，相比于质谱(Mass Spectrometry，MS)，NMR 没有偏向性，对所有化合物的灵敏度都是相同的。此外，NMR 对样品是没有任何损伤性的，实验可以在几乎接近生理条件下进行，不会影响和破坏样品的结构和化学性质(Liu et al.，2010)。鉴于此，NMR 近 20 年来在植物代谢组学研究中得到了广泛的应用，尤其在植物的发育(Wu et al.，2020)、表型鉴定(Dai et al.，2010)、抗虫抗病(Liu et al.，2010; Chen et al.，2018)、应答非生物胁迫(Dai et al.，2010; Zhang et al.，2011; Liu et al.，2016)等领域。下面将针对以上几个方面进行具体论述。

11.2 NMR 在绿豆种子发育中的应用

种子萌发一直是植物生理的研究热点之一。①种子萌发与否直接与粮食产量息息相关(Bewley and J.，1997)；②萌发对植物种质资源的保存和植物种族的延续有重大意义。种子萌发可分为萌发前期、中期和后期三个阶段(Finch-Savage and Leubner-Metzger，2006)。本研究以绿豆为研究对象，具体研究其种子萌发时不同阶段代谢组变化规律(Wu et al.，2020)。

11.2.1 绿豆提取物和培养基的NMR分析以及代谢物归属

图 11-1 为培养 18h 的绿豆提取物 [(a)～(c)] 和培养基 [(d)～(f)] 的 ^{1}H NMR 谱图。根据文献(Fan，1996; Fan and Lane，2008; Lindon et al.，1999)，并依照一系列 2D NMR 谱(包括 ^{1}H-^{1}H COSY，^{1}H-^{1}H TOCSY，^{1}H-^{1}H JRES，^{1}H-^{13}C HSQC，^{1}H-^{13}C HMBC)对其中的一些代谢物进行了归属。

我们可以直观地发现绿豆种子中的代谢物浓度 [图 11-1 (a)～(c)] 显著不同于培养基(Culture Medium，CM)中的代谢物浓度 [图 11-1 (d)～(f)]。抗发芽种

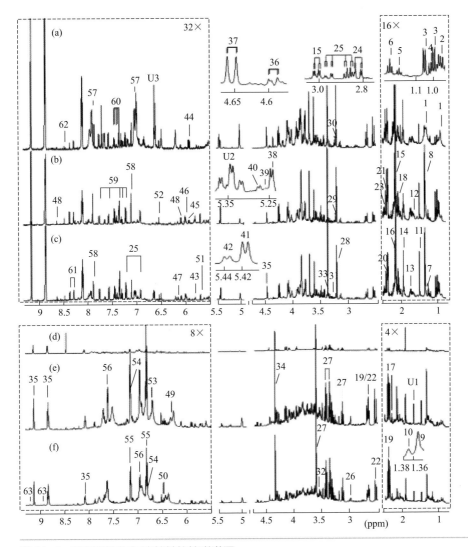

图 11-1　绿豆提取物和培养基的核磁谱图

（a），（d）：不萌发的种子；　（b），（e）：萌发的种子；　（c），（f）：经过了一年后熟阶段的种子。在谱图（a）～（c）中，0.7～2.5 ppm 和 5.5～9.3 ppm 分别放大16倍和32倍；在谱图（d）～（f）中，0.7～2.5 ppm 和 5.5～9.3ppm 分别放大4倍和8倍。代谢物归属如下：1（脂质），2（亮氨酸），3（缬氨酸），4（异亮氨酸），5（乙醇），6（氨基甲酸酯），7（苏氨酸），8（乳酸），9（2-羟基异丁酸酯），10（2,3二羟基异戊酸酯），11（丙氨酸），12（赖氨酸），13（瓜氨酸），14（乙酸），15（γ-谷氨酰基-S-甲基半胱氨酸），16（甲基半胱氨酸），17（4-氨基丁酸），18（谷氨酸），19（苹果酸），20（丙酮酸），21（琥珀酸），22（柠檬酸），23（2-酮戊二酸），24（天冬氨酸），25（酪氨酸），26（琥珀酰胺），27（O-甲基-鲨氨醇），28（胆碱），29（磷酸胆碱），30（甘油磷酸胆碱），31（甜菜碱），32（肌醇），33（鲨肌醇），34（酒石酸盐），35（N1-甲基烟酸酯），36（β-半乳糖），37（β-葡萄糖），38（α-葡萄糖），39（α-阿拉伯糖），40（α-半乳糖），41（蔗糖），42（棉子糖家族寡糖），43（尿嘧啶），44（尿苷），45（尿苷一磷酸），46（胞苷一磷酸），47（三磷酸胞苷），48（一磷酸肌苷），49（4-羟基肉桂酸酯），50（3,4-二羟基肉桂酸酯），51（顺式衣康酸酯），52（富马酸酯），53（2,4-二氢苯基乙酸酯），54（4-羟基苯基丙酮酸酯），55（4-羟基苯基乙酸酯），56（4-羟基苯甲酸酯），57（类黄酮），58（组氨酸），59（色氨酸），60（苯丙氨酸），61（肌苷），62（甲酸酯），63（N-甲基烟酰胺），U1～U3（未鉴定的代谢产物）

子的培养基中检测到的代谢物比较少［图 11-1（d）］；发芽的种子［图 11-1（b）］和经历了后熟阶段的发芽种子［图 11-1（c）］两者之间并没有显著的代谢变化（类型和数量），同时两者的培养基之间也没有显著的代谢物变化［图 11-1（e），（f）］。

11.2.2　种子及其培养基萌发相关的代谢组学研究

图 11-2 为未经过后熟阶段［图 11-2（a）］和经过了后熟阶段［图 11-2（b）］的绿豆种子萌发的主成分（Principal Component Analysis，PCA）得分图。从图 11-2 可以看出绿豆种子有四个不同时期的代谢表型，主要聚集在吸水后 0～6h、9～12h、14～16h 和 18h（吸水后的小时数，hpi），反映了阶段 1（0～6hpi），阶段 2-1（9～12hpi），2-2（14～16hpi）和早期 3（18hpi）。经过一年期的后熟阶段，这四个阶段仍然可以观察到，但是前面两个阶段更加靠近［图 11-2（b）］。

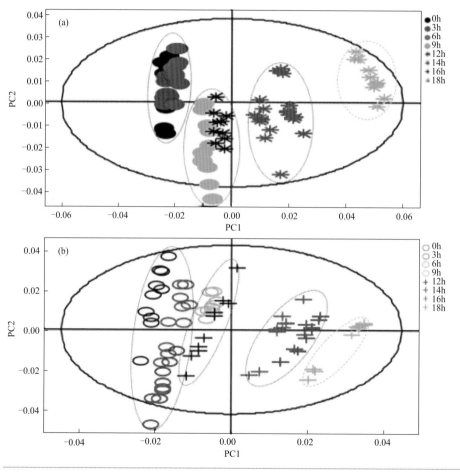

图 11-2　未经过后熟阶段（a）和经过了后熟阶段（b）的绿豆种子萌发的 PCA 得分图

0～18h—吸水后 0～18 h

此外，代谢物浓度的变化率相对于吸水 0 h（hpi）的结果表明与绿豆种子发芽（未经历后熟阶段）相关的多种代谢产物均有显著的变化。这些变化涉及碳水化合物的降解、糖酵解、无氧呼吸、TCA 循环、莽草酸介导的次生代谢与氨基酸、脂肪酸、胆碱、核苷 / 核苷酸和烟酸盐（或维生素 B_3）（图 11-3）。最显著的代谢变化发生在 6～9hpi、12～14 hpi 和 16～18 hpi，而在 3 hpi 时观察不到这种变化（图 11-3）。在 0～3 hpi，主要代谢变化是乙醇（无氧呼吸产物）、莽草酸途径的芳香代谢物和磷酸胆碱（Phosphorylholine，PC）含量的上调；葡萄糖、γ- 氨基丁酸（γ-aminobutyric acid，GABA）、甜菜碱、甘油磷脂胆碱（Glycerol Phospholipid Choline，GPC）、酒石酸盐、乌头酸和 TCA 循环中间体延胡索酸含量的下调。相反，在 6～18 hpi，绿豆种子多种代谢途径的代谢物，包括棉籽糖家族寡聚糖（Raffinose Family Oligosaccharides，RFO）和其他单糖、大多数氨基酸、膜代谢物（PC 和 GPC）和乳酸盐含量都急剧升高。GABA 含量在 3～9 hpi 期间急剧升高，但在 9～18 hpi 期间持续下降，而乙酸盐则在 6～16 hpi 期间急剧升高，但随后下降。在 TCA 循环中间体中，6～9 hpi 期间顺式乌头酸的含量明显下降，然而苹果酸的含量却显著升高，但在 9～18 hpi 期间两者均处于平稳状态。莽草酸代谢产物和酒石酸盐在 3～9 hpi 期间含量显著下降，但之后一直处于平稳状态［图 11-3（e），（f）］。

在整个发芽过程中，培养基中几乎所有代谢物的含量都显著升高（超过 100％），只有在 3～9hpi 和 14～16 hpi 期间甲酸的变化较小（图 11-4），大多数代谢物的含量下降或在 9～14 hpi 左右处于平稳状态。相反，某些代谢物在 CM 中显示相反的浓度变化，尤其是在 3～6hpi 和 16～18 hpi 期间，包括莽草酸介导的次生代谢产物［图 11-3（e），图 11-4（e）］，一些胆碱代谢产物［图 11-3（c），图 11-4（c）］以及顺式乌头酸和酒石酸盐［图 11-3（f），图 11-4（f）］。

11.2.3 结论

不同类型的绿豆种子的发芽过程在其动态摄水和相关生化变化中有着显著的不同。绿豆种子被认为是双子叶植物种子的良好代表是因为其子叶（即胚叶）主要含有淀粉（而不是油）作为能量存储。但是，到目前为止，这些种子的发芽相关变化还未被充分理解认识，尤其是表型和伴随的生化反应变化，特别是在早期发芽阶段。这项研究表明，绿豆种子发芽过程伴随着无论微观还是宏观代谢组学表型的显著变化，最明显的包括多种代谢途径的改变如碳水化合物和蛋白质的降解、糖酵解、厌氧呼吸、TCA 循环和氨基酸代谢、胆碱代谢、烟酸代谢和核苷 / 核苷酸代谢以及莽草酸介导的植物次生代谢（图 11- 5）。

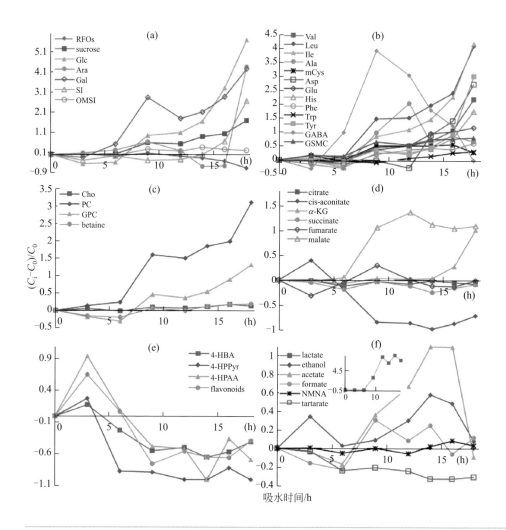

图 11-3　绿豆种子发芽相关的动态代谢变化

（a）—糖；（b）—氨基酸；（c）—胆碱代谢产物；（d）—TCA循环代谢产物；（e）—莽草酸途径介导的次级代谢产物；（f）—其他代谢。C_i 和 C_0 是吸水 i h和0 h时浓度（10个生物学重复）。横坐标代表吸水的小时数，纵坐标代表代谢物浓度的变化率

RFOs—棉籽糖类寡糖家族物质；Glc—葡萄糖；SI—鲨肌醇；OMSI—氧-甲基化鲨肌醇；mCys—半胱氨酸甲酯；GABA—γ-氨基丁酸；GSMC—γ-谷酰基-硫-半胱氨酸甲酯；α-KG—α-酮戊二酸；4-HBA—4-羟基苯甲酸；4-HPAA—4-羟基苯乙酸；4-HPPyr—4-羟基丙酮酸；NMNA—N-甲基烟酸

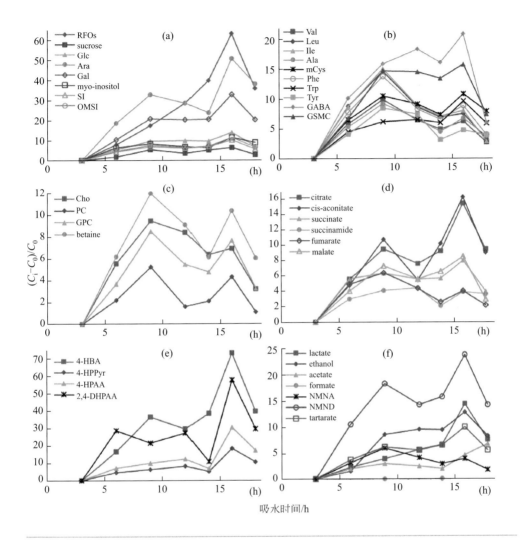

图 11-4　绿豆种子发芽相关的培养基动态代谢变化

（a）—糖；（b）—氨基酸；（c）—胆碱代谢产物；（d）—TCA循环代谢产物；（e）—莽草酸途径介导的次级代谢产物；（f）—其他代谢。C_i和C_0是吸水i h和0 h时浓度（10个生物学重复）。横坐标代表吸水的小时数，纵坐标代表代谢物浓度的变化率

RFOs—棉籽糖类寡糖家族物质；Glc—葡萄糖；SI—鲨肌醇；OMSI—氧-甲基化鲨肌醇；mCys—半胱氨酸甲酯；GABA—γ-氨基丁酸；GSMC—γ-谷酰基-硫-半胱氨酸甲酯；α-KG—α-酮戊二酸；4-HBA—4-羟基苯甲酸；4-HPAA—4-羟基苯乙酸；4-HPPyr—4-羟基丙酮酸；2,4-DHPAA—2,4-2 羟基苯乙酸；NMNA—N-甲基烟酸；NMND—1-甲基烟酸

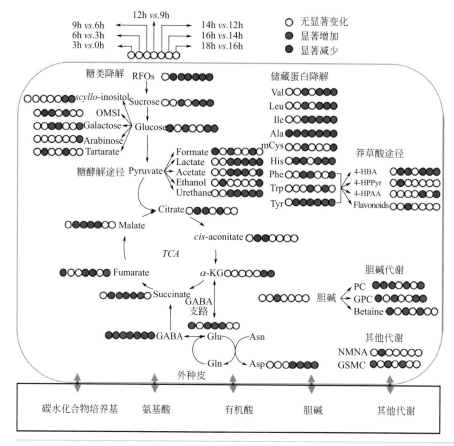

图 11-5　绿豆种子发芽相关的代谢途径的变化

RFOs—棉籽糖类寡糖家族物质；mCys—半胱氨酸甲酯；GABA—γ-氨基丁酸；GSMC—γ-谷酰基-硫-半胱氨酸甲酯；α-KG—α-酮戊二酸；4-HBA—4-羟基苯甲酸；4-HPAA—4-羟基苯乙酸；4-HPPyr—4-羟基丙酮酸；NMNA—N-甲基烟酸

　　我们使用基于 NMR 的代谢组学方法测定了绿豆种子在八个不同时间（涵盖第 1 阶段、第 2 阶段和早期第 3 阶段）萌发代谢表型。与发芽相关的代谢变化主要包括碳水化合物（淀粉，棉籽糖家族的寡聚糖）和蛋白质的降解、糖酵解、无氧呼吸、TCA 循环、渗透调节因子的生物合成、氨基酸代谢、核苷 / 核苷酸代谢、胆碱代谢以及莽草酸草酸途径介导的次级代谢。这些代谢变化与线粒体呼吸、储存物质和能量、碳和氮的流动以及渗透压和抗氧化的调节有关。种子后熟加速了这些过程，尤其在第 1 阶段和第 2 阶段，导致发芽速度和比例更加一致。耐发芽种子主要表现在吸水阶段无法快速激活这些代谢过程。在发芽过程中，种子种皮表现为半透明，不仅仅让其小部分代谢物在第 1 阶段和第 2 阶段泄漏到培养基中，同时也使这些小分子在后萌发时期能够被种子重新吸收。

11.3 NMR 在水稻抗虫中的应用

水稻是我国最重要的粮食作物，全国每年种植面积约为 4.3 亿亩（1 亩 =667m²），稻谷总产量约为 1800 多亿公斤，分别占粮食作物种植总面积的 27% 和粮食总产量的 40% 以上。因此水稻生产直接关系到我国粮食安全、农民收入和农村稳定。稻飞虱是我国水稻最主要的害虫。尤其是褐飞虱发生面积最广，危害最为严重，它对我国当前水稻生产已经构成了严重威胁。目前对褐飞虱主要采用化学杀虫剂的防治方法，但是此种方法经济成本大，并且对环境造成了很大的污染，因此种植抗褐飞虱的水稻品种一直被认为是高效的且对环境友好的方法，要想培育出抗虫的水稻品种，首先必须搞清楚水稻和褐飞虱互作的分子机理，即水稻如何感知褐飞虱取食、如何传导信号途径、如何启动防御反应等。本研究通过分析感性和抗性的水稻品种在受到褐飞虱取食后的转录组和代谢组的变化，鉴定出与褐飞虱抗性相关的基因、代谢物或者代谢途径（Liu et al.，2010），为抗褐飞虱水稻品种的培育和水稻对褐飞虱的取食应答提供理论基础。

11.3.1 材料及其处理

供试虫源：饲养于台中 1 号（TN1）水稻植株上发育至 3～4 龄的褐飞虱若虫，由武汉大学植物基因工程实验室工人师傅养殖。

供试品种：B5 是药用野生稻（*Oryza officinalis* Wall ex Watt）与栽培稻珍汕 97B 转育的后代，在第三和第四染色体上分别有抗褐飞虱基因 *Bph14* 和 *Bph15*，对褐飞虱表现出高度的抗性（舒理慧等，1994; 杨长举等，1996; Huang et al.，2001）。TN1 是一个大家都熟知的品种，对褐飞虱表现为高度的感性。

水稻种子在 30℃ 浸泡催芽，待露白后，放在有滤纸的培养皿中，于 28℃ 培养箱中催芽 2d。选取发芽良好的种子，以每杯 10 粒播种于塑料杯（直径 8cm，高度 14cm）中。放入温室中培养，每天 06:00—20:00 为光照时间，温度为 28℃；20:00—06:00 为黑暗时间，温度为 25℃。大约三周后，水稻长至四叶期，把来源于同一个品种的植株分为 4 个组（TN1 和 B5 各有 4 个组），每个组有 6 个塑料杯，每个塑料杯 10 棵植株。对每个品种而言，三个组为处理组，一个组为对照组。处理组在特定的时间点（离实验结束点 12h，48h，96h）按照每棵植株 8 头虫接入 3~4 龄的褐飞虱若虫，并且罩上通风透明的纱网。对照组不接入褐飞虱，也罩上通风透明的纱网。放虫结束之后（17:00），剥离水稻植株的最外面两层叶鞘，快速置于液氮中，保存在 -80℃ 做后续的分析。这样，每个品种的四个组分别是对照组（T0h 和 B0h），褐飞虱处理 12h 组（T12h 和 B12h），褐飞虱处理 48h 组（T48h 和

B48h）和褐飞虱处理 96 h 组（T96h 和 B96h），每个组有 6 个生物学重复的样本（6
个塑料杯），每个样本由一个塑料杯子里的 10 棵植株的叶鞘的集合体组成，具体的
操作过程见图 11-6。

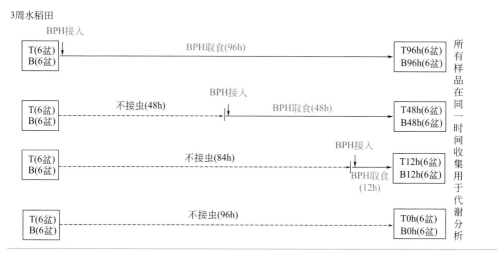

图 11-6　感性 TN1 和抗性 B5 水稻植株用褐飞虱处理和样品收集过程的描述

BPH—褐飞虱；T0h—未被褐飞虱取食的对照TN1；T12h—褐飞虱取食12h的TN1；T48h—褐飞虱取食48h的
TN1；T96h—褐飞虱取食96h的TN1；B0h—未被褐飞虱取食的对照B5；B12h—褐飞虱取食12h的B5；B48h—
褐飞虱取食48h的B5；B96h—褐飞虱取食96h的B5

11.3.2　结果

11.3.2.1　NMR 信号的判断和代谢物鉴定

信号的初步判断是基于文献的数据（Fan，1996; Fan and Lane，2008）和我
们自己的数据库。信号的最后确定是通过一系列的二维谱包括 COSY、TOCSY、
JRES、HSQC 和 HMBC。我们检测到了 30 多种代谢物，虽然有些信号未被鉴定出
来。两个品种的叶鞘提取物含有 2 种糖（蔗糖和葡萄糖），5 种有机酸（苹果酸、
琥珀酸、延胡索酸、乳酸和甲酸），12 种氨基酸（丙氨酸、缬氨酸、异亮氨酸、亮
氨酸、谷氨酸、谷氨酰胺、天冬氨酸、天冬酰胺、苯丙氨酸、酪氨酸、γ- 氨基丁酸
和赖氨酸），5 种胆碱代谢物（胆碱、乙醇胺、甲胺、甜菜碱和二甲胺），2 种 RNA
相关的核苷（尿苷和腺苷），ATP 和脂类等。

11.3.2.2　褐飞虱取食在感性和抗性品种中引起的代谢物的变化

图 11-7 显示的感性品种 TN1（a）和抗性品种 B5（b）植株被褐飞虱取食 0 h、
12 h、48 h 和 96 h 的 PCA 得分图。在图（a）中，前两个主成分解释了 83% 的变异，
在图（b）中，前两个主成分解释了 70% 的变异。在这两种情况下，每个点代表每

个样品的代谢物组成（也就是代谢组），从图中我们可以看出以下两点：（1）褐飞虱取食在感性和抗性水稻品种中都导致了代谢组的变化；（2）褐飞虱取食在两个品种中引起的变化是不同的。

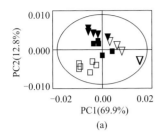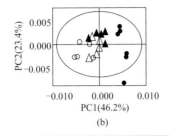

(a)   (b)

图 11-7　TN1 和 B5 植株的对照和受褐飞虱取食不同时间段的提取物的 PCA 图

括号里面的数字表示前两个主成分所占的总的变异率。▼—对照的感性TN1植株；▽—被褐飞虱取食12 h的TN1植株；■—被褐飞虱取食48 h的TN1植株；□—被褐飞虱取食96 h的TN1植株；●—对照的抗性B5植株；○—被褐飞虱取食12 h的B5植株；▲—被褐飞虱取食48 h的B5植株；△—被褐飞虱取食96 h的B5植株

　　为了进一步找出在褐飞虱取食的过程中，哪些代谢物浓度发生了显著的变化，我们对 NMR 数据进行了正交偏最小二乘法判别分析（Orthogonal Partial Least Squares-Discriminant Analysis，OPLS-DA）。对感性植株 TN1 而言，OPLS-DA 模型的得分图（Scores Plots）显示褐飞虱取食的三个时间段 T12h、T48h、T96h 和对照 T0h 之间都有明显的分离（$Q^2 > 0.4$）[图 11-8（a）]，模型的有效性用置换检验（Permutation Tests）验证，结果显示模型是有效的，也就是说 T12h、T48h、T96h 和 T0h 的代谢物之间有显著的差异，换句话说，褐飞虱取食在 TN1 中引起了代谢物的显著变化。用相关系数表示的负载图（Loading Plots）表明，在 TN1 中与对照相比，褐飞虱取食 12 h 导致了蔗糖、葡萄糖和琥珀酸含量的显著上调，同时导致了乳酸、某些氨基酸（例如丙氨酸、缬氨酸、异亮氨酸、谷氨酸、谷氨酰胺和天冬酰胺）、胆碱和乙醇胺的下调 [图 11-8（a）]；与对照相比，褐飞虱取食 48 h 也引起了葡萄糖和琥珀酸的增加以及天冬酰胺和胆碱的减少，除此之外，还引起了异亮氨酸和苯丙氨酸的增加以及苹果酸和延胡索酸的减少 [图 11-8（b）]。与对照相比，褐飞虱取食 96 h 诱导了琥珀酸、异亮氨酸和苯丙氨酸的上升以及苹果酸、延胡索酸和胆碱的下降，这些同褐飞虱取食 48 h 所引起的差异是类似的，此外褐飞虱取食 96 h 还导致了一些其他的氨基酸（丙氨酸、缬氨酸和天冬氨酸）的上调以及蔗糖和腺苷的下调 [图 11-8（c）]，对抗性植株 B5 而言，OPLS-DA 模型的得分图（Scores Plots）显示褐飞虱取食 12 h 的样本 B12h 与对照 B 0h 之间有明显的分离（图 11-9，左），模型的有效性用置换检验验证，结果显示模型也是有效的。也就是说褐飞虱取食 12 h 在 B5 中引起了代谢物的变化。负载图表明在 B5 中，与对照相比，褐飞虱取食 12 h 引起了葡萄糖、琥珀酸和苯丙氨酸的上调以及延胡索酸、丙

氨酸、缬氨酸、谷氨酸、天冬氨酸和乙醇胺的下调（图 11-9）。虽然褐飞虱取食 48 h（B48h）和 96 h（B96h）与对照 B0h 比较的 Q^2 都是 > 0.4（48 h，Q^2 =0.632; 96 h，Q^2=0.713），置换检验也显示模型的预测能力有限（数据未展示），这可能是由于样本数太少导致的（n=6），但是也从一定程度上说明了在褐飞虱取食的晚些时期，代谢物的变化很小（与对照相比）。为了揭示褐飞虱取食 48 h 和 96 h 所引起的代谢物的变化，我们采用了传统的单变量（t-test）分析，得到的结果见表 11-1，从表中我们可以看出，与对照相比，褐飞虱取食 48 h 引起了葡萄糖和 GABA 的增加以及延胡索酸、谷氨酸、谷氨酰胺和天冬氨酰的减少。褐飞虱取食 96 h 也导致了葡萄糖的增加和延胡索酸、谷氨酸、谷氨酰胺和天冬氨酰的减少，此外与褐飞虱取食 48 h 不同的是，胆碱和乙醇胺的含量显著地减少，然而，GABA 的含量此时并没有显著的变化。

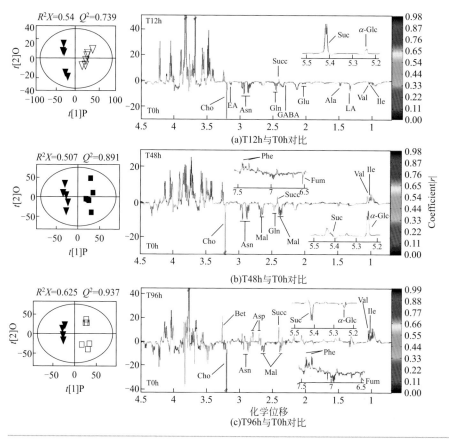

图 11-8　褐飞虱取食过的和未取食的对照 TN1 的 OPLS-DA 的得分图（左边）和用相关系数的绝对值（coefficient |r|）表示的载荷图（右边）

coefficient|r|指的是相关系数的绝对值，相关系数代表的含义是对分组的贡献的大小，r 绝对值越大，贡献越大

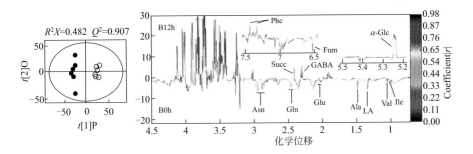

图 11-9 褐飞虱取食 12 h 和未取食的对照 B5 的 OPLS-DA 的得分图（左边）和用相关系数的绝对值表示的载荷图（右边）

表 11-1 褐飞虱取食引起的水稻代谢物的变化

代谢物	感性水稻（TN1）			抗性水稻（B5）		
	取食12h（与感性对照相比）[1]	取食48h（与感性对照相比）[1]	取食96h（与感性对照相比）[1]	取食12h（与抗性对照相比）[1]	取食48h（与抗性对照相比）[2]	取食96h（与抗性对照相比）[2]
糖类						
蔗糖	↑	—	↓	—	—	—
葡萄糖	↑	↑	—	↑	↑	↑
有机酸						
苹果酸	—	↓	↓	—	—	—
琥珀酸	↑	↑	↑	↑	—	—
延胡索酸	—	↓	↓	—	—	↓
乳酸	↓	—	—	—	—	—
氨基酸						
丙氨酸	↓	—	↑	↓	—	—
缬氨酸	↓	—	↑	↓	—	—
异亮氨酸	↓	↑	↑	—	—	—
谷氨酸	↓	—	—	↓	↓	↓
谷氨酰胺	↓	—	—	↓	—	↓
天冬氨酸	—	—	↑	↓	↓	↓
天冬酰胺	↓	↓	—	↓	—	—
苯丙氨酸	—	↑	—	—	—	—
γ- 氨基丁酸	—	—	—	—	↑	—
其他						
甜菜碱	—	—	↑	—	—	—
胆碱	↓	↓	—	—	—	↓
乙醇胺	↓	—	—	↓	—	↓
腺苷	—	—	↓	—	—	—

① 来自 OPLS-DA 的结果。

② 来自 t-test 的结果。

注：↑表示显著上调（$p < 0.05$）；↓表示显著下调（$p < 0.05$）；—表示没有显著的变化（$p > 0.05$）。

11.3.2.3　相关代谢途径的基因的表达分析

为了获得褐飞虱取食引起的代谢组变化以外的补充信息，我们也分析了以上受到影响的代谢途径（如糖酵解、TCA 循环、磷酸戊糖途径、GABA 旁路和苯丙烷类）的重要的调控基因的表达水平，用的是实时定量 PCR 方法，转录水平的数据见图 11-10。研究结果显示，褐飞虱取食后，编码苯丙氨酸裂解酶（Phenylalanine Ammonia-Lyase，PAL）的基因在感性和抗性水稻植株中都显著上调，*PAL* 基因的显著上调暗示了苯丙烷类、水杨酸和酚类的生物合成被激活因为 PAL 是催化苯丙氨酸（Phe）向肉桂酸（Cinnamic Acid）转化的重要酶。此外因为褐飞虱导致的 Phe 水平的变化也和糖酵解（Glycolysis）和磷酸戊糖途径（Pentose Phosphate Pathway，PPP）有关，所以我们检测了 PPP 的限速酶葡萄糖 -6- 磷酸脱氢酶（Glucose-6-Phosphate Dehydrogenase，G6PD）的表达水平。对于感性植物而言，褐飞虱取食 48 h 后 *G6PD* 基因显著上调，然而对抗性植物而言，它的表达水平仅仅在 96 h 有轻微的下调，在其他的时间点没有明显的变化（图 11-10）。糖酵解行使的主要功能是分解糖为细胞提供 ATP 和 NADH，磷酸果糖激酶（Phosphofructokinase，PFK）和丙酮酸激酶（Pyruvate Kinase，PK）是糖酵解途径的关键酶。所以我们也测定了 *PFK* 和 *PK* 基因在两个不同品种的表达水平，结果显示，褐飞虱取食后，感性植株的这两个基因在取食 48 h 后都显著上调，而在抗性植株中，只是在取食 96 h 有显著的下调（图 11-10）。以上结果也暗示了褐飞虱取食影响了 TCA 循环，其中，TCA 循环发生的部位是线粒体，它主要是彻底地分解碳水化合物、脂肪酸和氨基酸，为代谢物的合成提供能量和代谢中间体。我们分析了参与 TCA 循环的三个重要的酶，即柠檬酸合酶（Citrate Synthase，CS）、磷酸烯醇式丙酮酸羧化酶（Phosphoenolpyruvate Carboxylase，PEPC）和异柠檬酸脱氢酶（Isocitrate Dehydrogenase，IDH）。结果显示，在两个品种中，这三个基因在褐飞虱取食 48 h 后都显著上调，不同的是，*CS* 基因在感性植株中 12 h 就开始上调；这三个基因在感性植株中的应答比抗性植株要强烈得多；*IDH* 基因无论是在感性品种还是在抗性品种中均是这三个基因中变化幅度最小的基因（图 11-10）。

此外，我们的代谢组数据显示褐飞虱取食影响了 GABA 旁路（γ-Aminobutyric Acid Shunt），所以我们也分析了 GABA 旁路的关键酶，包括谷氨酸脱羧酶（Glutamate Decarboxylase，GAD5 和 GAD2）和 γ- 氨基丁酸转移酶（γ-Aminobutyrate Aminotransferase Gene，GABA-T）的表达水平，其中谷氨酸脱羧酶调控谷氨酸向 GABA 的转化，γ- 氨基丁酸转移酶催化 GABA 向琥珀酸半醛（Succinate Semialdehyde，SSA）的转化，SSA 可以进一步在线粒体中由琥珀酸半醛脱羧酶（SSA Dehydrogenase，SSADH）转化成琥珀酸。结果显示，褐飞虱取食使 *GAD5* 基因在抗性品种中表达水平上调 10 倍左右，而在感性品种中仅仅上调 3 倍左右（图

11-10）；*GAD2* 基因的表达水平在抗性品种中上调 3 倍多，在感性品种中上调的幅度比抗性品种中小，仅仅在褐飞虱取食 96h 才有显著上调（图 11-10）；褐飞虱取食后 48h 和 96h 后，*GABA-T* 基因在抗性品种中显著上调，而在感性品种中，它的表达水平在褐飞虱取食的整个阶段都没有显著的变化（图 11-10）。

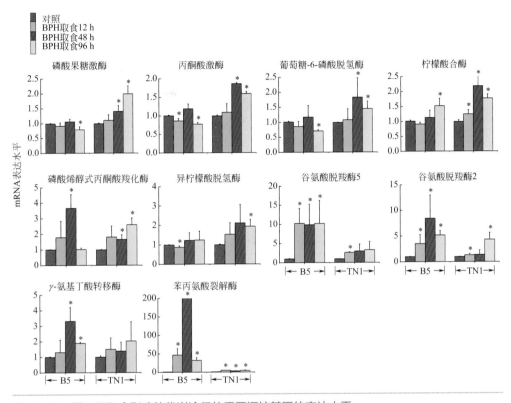

图 11-10　褐飞虱取食影响的代谢途径的重要调控基因的表达水平

对照的水平设定为1个单位，*表示处理组和对照组在 $p < 0.05$ 的水平上有显著差异

11.3.3　总结与讨论

本研究结果揭示了褐飞虱取食在感性和抗性植株中引起了复杂的代谢变化，这些变化涉及转氨、GABA 旁路（γ-aminobutyric acid shunt，GABA shunt）、柠檬酸循环（Tricarboxylic Acid Cycle，TCA cycle）、糖质异生 / 糖酵解、PPP、胆碱代谢和次生代谢（图 11-11）。感性植株和抗性植株应答褐飞虱取食的反应是不同的，前者应答更强烈，具体体现在变化的代谢物的数量和幅度。对两个品种而言，相同的应答是 GABA 旁路的激活和持续地莽草酸介导的次生代谢的激活，不同的是抗性品种中激活得更显著。GABA 旁路的激活可能是一种快速并且有效地平衡转氨

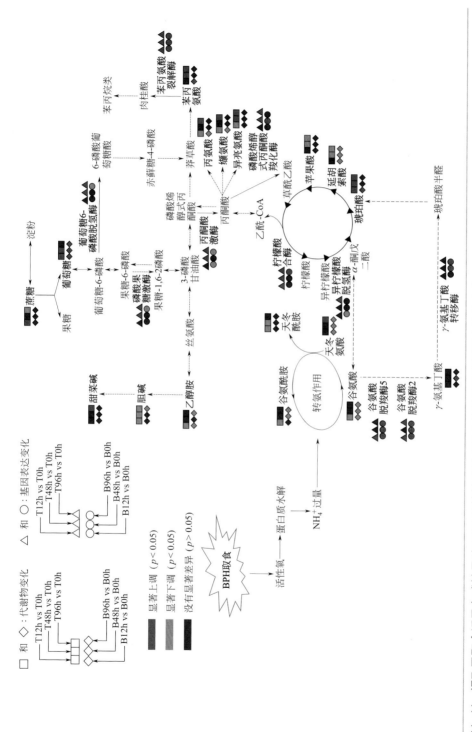

图 11-11 褐飞虱取食诱导在感导品种 TN1 和抗性品种 B5 中的代谢物和基因表达的变化

鉴定的代谢物和基因表达水平表示，基因用黑色表示。鉴定的代谢物表达，基因表达的数据来自定时定量PCR。红色代表在$p<0.05$的水平上显著上调，绿色代表在$p<0.05$的水平上显著下调。"T12h vs T0h"表示的含义是被褐飞虱取食12 h的TN1植株与未被褐飞虱取食的对照TN1植株的比较；B12h vs B0h表示的含义是被褐飞虱取食12 h的B5植株与未被褐飞虱取食的对照B5植株的比较

产物的方法，这样可以阻止细胞内的氨过量，大量的氨是褐飞虱取食导致的活性氧（ROS）所产生的；莽草酸介导的次生代谢的激活很有可能是促进苯丙烷类和酚类的合成，这两类物质是天然的阻止 ROS 的抗氧化剂、昆虫驱逐剂和细胞壁交联剂。此途径合成的水杨酸也是应答反应的重要信号分子，上述结果充分说明了代谢组学和分子生物学相结合是一种检测植物应答昆虫取食的系统性反应和研究植物和草食动物相互作用的有效方法。

11.4 NMR 在烟草应答盐胁迫中的应用

盐胁迫是制约植物生长的不利环境因素之一，全球人口的快速增长造成了食品短缺，盐胁迫已经成为影响全球粮食产量及粮食安全的最重要的土地资源问题之一。抗盐作物品种培育将是最终解决盐胁迫问题的方法，这就需要全面地系统地研究盐胁迫对植物生化特征的影响以及植物对盐环境的适应机制。

烟草（*Nicotiana tabacum*）是最常见的通过引进渗透压保护剂来构建转基因抗盐植物的模式植物，但是传统的植物抗盐胁迫的代谢研究是以培养的植物细胞和耐盐植物的根、茎等器官为研究材料，来研究某个或某几个代谢物如脯氨酸、甜菜碱的含量变化，而全面系统地调查烟草在不同的盐分剂量和持续时间下代谢应答的研究目前还很少有报道。

本研究利用基于 NMR 的代谢组学方法结合多元数据统计分析，系统研究了烟草对盐胁迫的动态代谢应答。本研究的目的是确定烟草的代谢物组成及其在盐浓度和盐胁迫时间的处理下动态的代谢应答规律，并试图找出盐胁迫过程中相关的特征代谢产物及可能的代谢途径（Zhang et al.，2011）。

11.4.1 实验材料与实验方法

11.4.1.1 植物培养条件及其盐胁迫处理

烟草种子在含有 0.5% 次氯酸钠溶液 Ep（Eppendorf）管中消毒 5min，然后用灭菌的蒸馏水浸润 3 次，置于 MS（Murashige & Skoog）基础培养基（Cloarec et al.，2005）进行萌发。萌发后的烟草幼苗被转移到温度为 22℃、光周期为 16 h 光照 /8 h 黑暗的生长箱中继续培养。烟草植株生长到 4～5 叶期后（萌发后约 2 个月）将其转移到含有 10mL1/10×MS 基本培养基带有刻度的 15mL 玻璃离心管适应 3 天，然后采用盐浓度逐步增加的方法对烟草进行不同严重程度的胁迫处理。具体而言，3 天水培适应期过后（0 天，A 组），用含有 50mmol/L 低浓度的氯化钠 1/10×MS

培养液适应 1 天（1 天，B 组），然后用 500mmol/L 高浓度氯化钠 1/10×MS 培养液胁迫 1 天（2 天，C 组），3 天（4 天，D 组）和 7 天（8 天，E 组）。为了防止盐胁迫处理过程中水分蒸发引起的浓度增加问题，记下刻度，每天上午（8:30）、下午（17:30）补充 1/10×MS 培养液两次。胁迫处理（上午 10：30—11:00）及收样时间（上午 11：00—11:30）在固定的光周期内，以尽量减少光周期的影响。5 组植物的地上部分分别在 50mmol/L 的 NaCl 处理 1 天，500mmol/L 的 NaCl 处理 1 天、3 天和 7 天时进行采样（$n=10$），没有盐胁迫处理的植物作为对照。样品采样后经过液氮速冻后置于 -80℃冰箱保存直至进一步处理。

11.4.1.2　代谢物的提取

代谢物的提取按照参考文献（Kaiser et al.，2009）进行。简单地说，每个样品用研钵和研杵在液氮中研磨，置于 -40℃冻干机中冻干成粉末，准确称重（25±0.5）mg 冻干粉，加入 1mL 水 - 甲醇（1：1，-40℃），组织破碎仪 Tissuelyser（20 Hz，90 s）匀浆 2 次，冰浴上超声（60s 开，60s 关）3 次，12000 r/min，4℃离心 10min，取上清液置于冰上，沉淀使用同样步骤提取三次，合并上清液，真空下除去溶剂，-40℃冻干，冻干粉重溶于 0.6mL 磷酸缓冲液（90%D_2O，0.1 mol/L 磷酸缓冲液，0.02mmol/L TSP，pH 7.42）中进行。

11.4.2　实验结果

11.4.2.1　烟草 ^1H NMR 谱图及其信号归属

图 11-12 展示了烟草分别在无 NaCl 处理（a），50 mmol/L NaCl 处理 1 天（b），50mmol/L NaCl 处理 1 天后，500mmol/L NaCl 处理 1 天（c）、3 天（d）和 7 天（e）的 ^1H NMR 谱图。核磁信号的归属是根据文献的数据（Fan，1996；Lindon et al.，1999；Fan and Lane，2008）、自建的数据库和网上公用的数据库并使用 COSY、TOCSY、HSQC 和 HMBC 二维谱进一步验证。烟草代谢组成含有 15 种氨基酸，5 种糖类，12 种有机酸 / 胺，6 种核苷酸类化合物和其他一些代谢产物。

从图 11-12 中我们可以明显看到烟草幼苗在短期低剂量氯化钠（50mmol/L 1 天）和高剂量氯化钠（500mmol/L 1～7 天）长时间的盐胁迫压力下代谢组的变化。其中，变化最明显的是脯氨酸，尤其是在 500mmol/L 盐胁迫 7 天 [图 11-12（e）] 的样品。同时，低剂量盐胁迫导致蔗糖（Sucrose）、葡萄糖（Glucose）和果糖（Fructose）含量升高，而谷氨酰胺（Asp）和天冬酰胺（Asn）含量下降；而高剂量的盐胁迫导致脯氨酸（Pro）含量明显升高。为了获取盐胁迫引起的烟草详细的代谢组变化，我们对 NMR 数据使用了多变量分析。

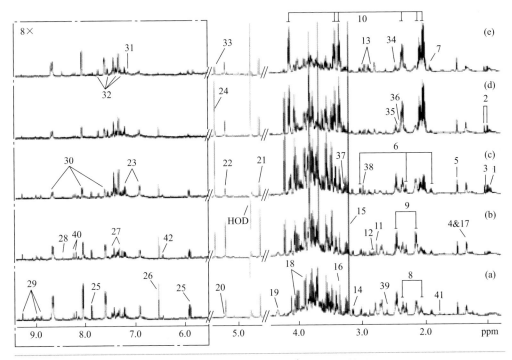

图 11-12　烟草在不同程度盐胁迫下典型的 600 MHz ¹H NMR 谱图

代谢物如下：1，亮氨酸；2，缬氨酸；3，异亮氨酸；4，乳酸；5，丙氨酸；6，γ-氨基丁酸；7，乙酸；8，谷氨酸；9，谷氨酰胺；10，脯氨酸；11，二甲胺；12，天冬氨酸；13，天冬酰胺；14，乙醇胺；15，胆碱；16，甲醇；17，苏氨酸；18，果糖；19，苹果酸；20，半乳糖；21，β-葡萄糖；22，α-葡萄糖；23，酪氨酸；24，蔗糖；25，尿苷；26，富马酸盐；27，苯丙氨酸；28，甲酸；29，N-甲基烟酰胺；30，尼古丁；31，组氨酸；32，色氨酸；33，尿囊素；34，α-酮戊二酸；35，琥珀酸；36，尿嘧啶；37，肌醇；38，二甲基甘氨酸；39，甲胺；40，次黄嘌呤；41，精氨酸；42，未知

11.4.2.2　盐胁迫引起的烟草代谢组的变化轨迹

主成分分析（PCA）的得分图结果（图 11-13）显示 5 组样本（A～E）只用两个主成分就可以解释超过 85.4% 的变量。从中我们发现明显的盐胁迫导致的烟草代谢组变化轨迹；PCA 结果表明烟草对盐胁迫的动态响应具有剂量和时间依赖性，同时还意味着以 ¹H-NMR 为基础的代谢组学方法可以有效地描述植物在盐胁迫下的生理生化状态。有趣的是，同一组的样本集中在一起表明实验提取方法和 NMR 检测的良好重现性。

11.4.2.3　烟草在短期盐胁迫下的代谢反应

为了进一步挖掘盐诱导的详尽的代谢改变及其发生显著性变化的代谢产物，我们对所得到的 NMR 数据进行了 OPLS-DA 分析。OPLS-DA 结果的得分图（Scores Plot）显示，50mmol/L NaCl 处理 1 天和未处理（$R^2X=0.76$，$Q^2=0.91$）［图 11-14（a）］

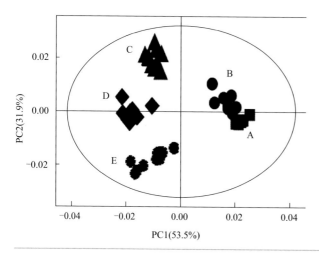

图 11-13　盐胁迫引起的烟草代谢组的变化轨迹 PCA 得分图

A—无盐；B—50mmol/L 处理1天；C—50mmol/L处理1天，500mmol/L处理1天；D—处理3天；E—处理7天
横纵坐标分别代表前两个主成分（Principal Component，PC）

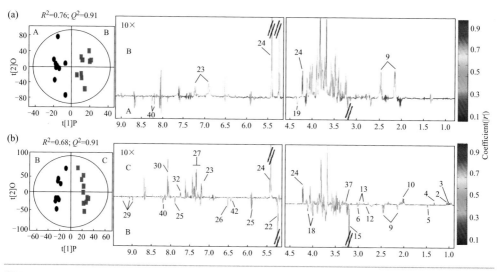

图 11-14　OPLS-DA 得分和相关系数（coefficient |r|）的负荷图显示了剂量依赖的盐度对烟草代谢的影响

其中变量的解释能力和模型的预测能力指标分别用R^2和Q^2来衡量。 （a）无盐处理（A）对比50mmol/L 处理1天（B）；（b）50mmol/L 处理1天，然后500mmol/L 处理1天（C）对比50mmol/L 处理1天（B）。2，缬氨酸；3，异亮氨酸；4，乳酸；5，丙氨酸；6，γ-氨基丁酸；9，谷氨酰胺；10，脯氨酸；12，天冬氨酸；13，天冬酰胺；15，胆碱；18，果糖；19，苹果酸；22，葡萄糖；23，酪氨酸；24，蔗糖；25，尿苷；26，延胡索酸；27，苯丙氨酸；29，N-甲基尼古丁酸（NMNN）；30，尼古丁；32，色氨酸；37，肌醇；40，次黄嘌呤；42，未知代谢物

以及50mmol/L NaCl 处理1天和继续用500mmol/L NaCl处理1 天（R^2X =0.68，Q^2=0.91）[图11-14（b）] 的烟草全局代谢组都发生了显著性变化。在图11-14（a）中，与未处理的烟草相比，50mmol/L 的盐处理1 天引起了蔗糖、葡萄糖、果糖、谷氨酰胺和酪氨酸含量显著升高；而苹果酸、乙醇胺、胆碱、尿苷、次黄嘌呤含量显著降低。 其中，变化最大的代谢物是蔗糖，50mmol/L 的盐处理1 天比未处理的烟草增加了近11 倍。随着盐浓度的进一步升高[图11-14（b）]，与50mmol/L NaCl 处理1 天相比，500mmol/L NaCl 继续处理1 天导致了蔗糖、肌醇、脯氨酸、天冬酰胺、缬氨酸、异亮氨酸、苯丙氨酸、色氨酸、酪氨酸、琥珀酸、尼古丁、乳酸及甲酸含量升高；而葡萄糖、果糖、天冬氨酸、谷氨酰胺、丙氨酸、延胡索酸、胆碱、乙醇胺、二甲胺、尿嘧啶、尿苷、次黄嘌呤及*N*-甲基尼古丁酸（*N*-methylnicotinate，NMNN）含量降低。

11.4.2.4　烟草长期大剂量盐胁迫的代谢反应

烟草在 500mmol/L NaCl 胁迫下（从 1 天到 7 天）的代谢组差异有明显的时间依赖性。盐胁迫 1 天（C 组）和 3 天（D 组）以及 3 天（D 组）和 7 天（E 组）这两种情况（图 11-15）都得到了很好的 OPLS-DA 模型。相对于 500mmol/L NaCl 胁迫 1 天的烟草样品，500mmol/L NaCl 胁迫 3 天导致了脯氨酸、天冬酰胺、缬氨

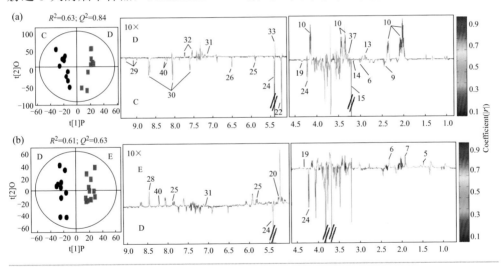

图 11-15　OPLS-DA 得分和相关系数（coefficient |r|）负荷图显示了剂量依赖的盐度对烟草代谢的影响

（a）：50mmol/L 处理1天，然后500mmol/L处理1天（C）对500mmol/L 处理3天（D）；（b）：500mmol/L 处理3天（D）对500mmol/L处理7天（E）。5，丙氨酸；6，γ-氨基丁酸；7，乙酸；9，谷氨酰胺；10，脯氨酸；13，天冬酰胺；14，乙醇胺；15，胆碱；19，苹果酸；20，半乳糖；22，葡萄糖；24，蔗糖；25，尿苷；26，延胡索酸；28，甲酸；29，*N*-甲基尼古丁酸（NMNN）；30，尼古丁；31，组氨酸；32，色氨酸；33，尿囊素；37，肌醇；40，次黄嘌呤

酸、异亮氨酸、色氨酸、肌醇、尿嘧啶及尿囊素含量显著升高，而蔗糖、葡萄糖、果糖、谷氨酰胺、γ- 氨基丁酸、苹果酸、延胡索酸、尿苷、次黄嘌呤、尼古丁、NMNN、胆碱、乙醇胺和甲酸含量的显著降低。进一步 4 天 500mmol/L 盐胁迫导致除蔗糖含量显著降低之外，半乳糖、苹果酸、乙酸、丙氨酸、γ- 氨基丁酸、组氨酸、尿嘧啶和尿苷含量显著升高。

代谢物的定量结果是通过其 NMR 信号的积分面积与已知内标 TSP 相比较而计算得到的，根据定量结果，用代谢物浓度变化的比率（相对于对照）计算与转氨有关的代谢产物（Asn、Gln 和 GABA）、细胞膜相关代谢产物（胆碱和乙醇胺）、糖（蔗糖和葡萄糖）、渗透压剂（脯氨酸和肌醇）和莽草酸介导的代谢产物（Phe 和 Trp）的变化率如图 11-16 所示。

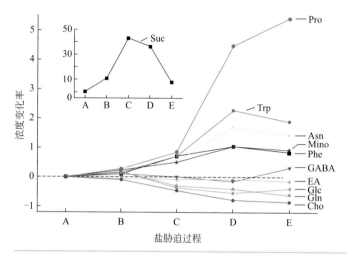

图 11-16　不同浓度的 NaCl 处理引起的烟草代谢物浓度的变化

A—无盐；B—50mmol/L NaCl处理1天；C—50mmol/L NaCl处理1天，然后用500mmol/L NaCl处理1天；D—50mmol/L NaCl处理1天，然后用500mmol/L NaCl处理3天；E—50mmol/L NaCl处理1天，然后用500mmol/L NaCl处理7天。纵坐标为浓度的变化率为$[C_i - C_A] / C_A$，其中C_i和C_A代表盐胁迫中的样本i（B，C，D和E组）和对照烟草（A组）中代谢物浓度

Suc—蔗糖；Mino—肌醇；GABA—γ-氨基丁酸；EA—乙醇胺；Glc—葡萄糖；Cho—胆碱

11.4.3　总结与讨论

研究结果表明，从 50mmol/L 到 500mmol/L 的 NaCl 胁迫处理以及进一步胁迫持续时间增加（1 天到 7 天）使得烟草产生了明显的代谢轨迹，这样的剂量和时间依赖性可能表明了烟草在严重的盐胁迫下连续的逐步发展的代谢应答。此外，我们的研究结果还表明，盐胁迫导致了烟草植物的生化改变，包括许多代谢过程如糖酵解 / 糖异生作用和光合作用、谷氨酸介导脯氨酸的合成途径、胆碱代谢和组氨酸介

导的嘧啶和嘌呤代谢。

　　基于整个盐胁迫过程中发生显著变化的代谢物，我们提出了烟草植物对盐胁迫响应的可能的代谢途径（图 11-17），并进行进一步讨论。盐的浓度和持续时间对烟草会造成不同程度的胁迫，而烟草代谢组显示了不同的代谢应答策略。短期低剂量盐胁迫造成蔗糖、葡萄糖、果糖、肌醇的优先积累和转氨作用产物增加（Gln 和Asp），其中 50mmol/L 的盐处理使得蔗糖的浓度增加了 10.8 倍（图 11-16）。这种变化表明了烟草植物可能通过转氨基作用、TCA 循环进一步到糖异生作用实现的 C-N流的转化。与此相反，进一步长期高剂量的盐胁迫导致了糖类代谢物的降低、脯氨酸合成和转氨基产物（Asp 和 Gln）含量的下降，表明了从糖异生到脯氨酸合成的转变（图 11-17）。在两种情况下，胆碱和乙醇胺的降低可能反映了盐胁迫对植物生

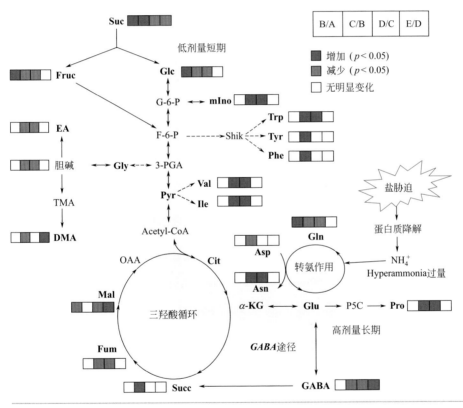

图 11-17　从 OPLS-DA 分析获得的盐胁迫下烟草的代谢变化

带有红色框的代谢物表示明显增加，绿色的代表显著下降。NMR能检测到的代谢物表示为粗体。显著性水平设定为$p < 0.05$。

Suc—蔗糖；Fruc—果糖；G-6-P—葡萄糖-6-磷酸；F-6-P—果糖-6-磷酸；Shik—莽草酸；3-PGA—3-磷酸甘油酸；TMA—三甲胺；DMA—二甲胺；Acetyl-CoA—乙酰辅酶A；Cit—柠檬酸；α-KG—α-酮戊二酸；P5C—吡咯啉；Succ—琥珀酸；Fum—延胡索酸；Mal—苹果酸；mIno—肌醇；GABA—γ-氨基丁酸；EA—乙醇胺；Glc—葡萄糖

长的抑制。通过转氨基作用减少过量的游离NH_4^+并合成兼容渗透调节物似乎是烟草适应盐分胁迫压力最重要的策略。这些发现展示了烟草植物在不同盐分胁迫程度下系统的动态的代谢应答，同时也表明基于NMR的代谢组学是一个潜在的开发耐盐植物的有力工具。

11.5 机遇与挑战

NMR由于其灵敏度较低，因此在植物代谢组学（尤其是植物次生代谢产物）研究中也有其局限性，鉴于此，提高磁场强度和使用超低温探头是提高灵敏度比较好的解决办法（丁立建等，2012）。此外，NMR仪器价格和维护费用都比较昂贵，在某种程度上也会限制NMR的广泛应用。

随着NMR检测灵敏度的不断提高以及与其他分离检测手段的联合（比如LC-SPE-NMR）、不断强大的数据处理工具和不断完善的代谢组学数据库，NMR技术将会越来越广泛地应用到基因功能研究（Wang et al.，2015）、环境健康（Dong et al.，2020）、药物安全性评价（Zhao et al.，2012）、疾病诊断（Tian et al.，2016）等领域。

参考文献

丁立建，叶央芳，2012. NMR代谢组学技术在环境污染评价中的应用. 现代仪器与医疗，18: 5-8.

舒理慧，廖兰杰，万焕桥，1994. 野生稻抗白叶枯病遗传分析及转育效应研究. 武汉大学学报（自然科学版），3: 95-100.

杨长举，杨志慧，胡建芳，1996. 野生稻转育后代对褐飞虱抗性的研究. 植物保护学报，26: 197-202.

赵燕，丁立建，2013. 核磁共振技术在植物代谢研究中的应用. 现代仪器与医疗，19: 21-24.

Bewley J D, 1997. Seed Germination and Dormancy. Plant Cell, 9: 1055-1066.

Chen F, Liu C, Zhang J, et al., 2018. Combined Metabonomic and Quantitative RT-PCR Analyses Revealed Metabolic Reprogramming Associated with Fusarium graminearum Resistance in Transgenic *Arabidopsis thaliana*. Frontiers in Plant Science, 8: 2177.

Cloarec O, Dumas M E, Trygg J, et al., 2005. Evaluation of the orthogonal projection on latent structure model limitations caused by chemical shift variability and improved visualization of biomarker changes in ¹H NMR spectroscopic metabonomic studies. Analytical Chemistry, 77: 517-526.

Dai H, Xiao C, Liu H, et al., 2010. Combined NMR and LC-DAD-MS analysis reveals comprehensive metabonomic variations for three phenotypic cultivars of Salvia Miltiorrhiza Bunge. Journal of Proteome Research, 9: 1565-1578.

Dai H, Xiao C, Liu H, et al., 2010. Combined NMR and LC-MS analysis reveals the metabonomic changes in Salvia miltiorrhiza Bunge induced by water depletion. Journal of Proteome research, 9: 1460-1475.

Dong M, Yuan P, Song Y, et al., 2020. In vitro effects of Triclocarban on adipogenesis in murine preadipocyte and human hepatocyte. Journal of Hazardous Materials, 399: 122829.

Fan W M, 1996. Metabolite profiling by one- and two-dimensional NMR analysis of complex mixtures. Progress in Nuclear Magnetic Resonance Spectroscopy, 28: 161-219.

Fan W M, Lane A N, 2008. Structure-based profiling of metabolites and isotopomers by NMR. Progress in Nuclear Magnetic Resonance Spectroscopy, 52: 69-117.

Finch-Savage W E, Leubner-Metzger G, 2006. Seed dormancy and the control of germination. New Phytologist, 171: 501-523.

Huang Z, He G, Shu L, et al., 2001. Identification and mapping of two brown planthopper resistance genes in rice. Theoretical & Applied Genetics, 102: 929-934.

Kaiser K A, Jr G A B, Larive C K, 2009. A comparison of metabolite extraction strategies for 1H-NMR-based metabolic profiling using mature leaf tissue from the model plant Arabidopsis thaliana. Magnetic Resonance in Chemistry, 47: 147-156 .

Lindon J C, Nicholson J K, Everett J R, 1999. NMR Spectroscopy of Biofluids. Annual Reports on NMR Spectroscopy, 38: 1-88.

Liu C, Ding F, Hao F, et al., 2016. Reprogramming of Seed Metabolism Facilitates Pre-harvest Sprouting Resistance of Wheat. Sci Rep, 6: 20593.

Liu C, Hao F, Hu J, et al., 2010. Revealing different systems responses to brown planthopper infestation for pest susceptible and resistant rice plants with the combined metabonomic and gene-expression analysis. Journal of Proteome Research, 9: 6774-6785.

Tang H, Wang Y, 2006. Metabonomics: a revolution in progress. Progress in Biochemistry & Biophysics, 33: 401-417.

Tian Y, Xu T, Huang J, et al., 2016. Tissue Metabonomic Phenotyping for Diagnosis and Prognosis of Human Colorectal Cancer. Sci Rep, 6: 20790.

Wang Z, Wang Y, Hong X, et al., 2015. Functional inactivation of UDP-N-acetylglucosamine pyrophosphorylase 1 (UAP1) induces early leaf senescence and defence responses in rice. Journal of Experimental Botany, 66: 973-987.

Wu X, Wang Y, Tang H, 2020. Quantitative Metabonomic Analysis Reveals the Germination-Associated Dynamic and Systemic Biochemical Changes for Mung-Bean (Vigna radiata) Seeds. Journal of Proteome Research,19: 2457-2470.

Zhang J T, Chen S Y, Tang H R, 2011. Dynamic Metabonomic Responses of Tobacco (*Nicotiana tabacum*) Plants to Salt Stress. Journal of Proteome Research,10: 1904-1914.

Zhao L, Nicholson J K, Lu A, et al., 2012. Targeting the human genome–microbiome axis for drug discovery: inspirations from global systems biology and traditional chinese medicine. Journal of Proteome Research,11: 3509-3519.

第12章
代谢组学方法在中药研究中的应用

崔光红①　段礼新②　漆小泉③　赖长江生①

① 中国中医科学院中药资源中心，北京，100007

② 广州中医药大学，广州，510006

③ 中国科学院植物研究所，北京，100093

12.1 引言

中草药是一类特殊的药用功能植物，在我国有数千年的使用历史，并逐渐形成独具特色的中医药体系。以中医理论指导的抗疟疾药物青蒿素的发现以及2020年新冠肺炎疫情中中医药的抗疫功效一次次证明了中医药是一个伟大的宝库，对维护中国乃至世界人民的健康具有重要的意义。

中药质量的优劣关键取决于两点，一是道地药材，二是中药饮片炮制。道地药材，是指经过中医临床长期应用优选出来的，产在特定地域，与其他地区所产同种中药材相比，品质和疗效更好，且质量稳定，具有较高知名度的中药材。中药的质量离不开药材，从质量和疗效考虑，中药应该使用道地药材。但由于地理和历史的原因，药材品种混乱，基源复杂，中药的同名异物或同物异名现象普遍存在。仅《中华人民共和国药典》（以下简称《中国药典》）2020年版收载的534种中药材中，即有143种为多基源（二基源以上），占收载总数的27%，而实际应用比药典所揭示的复杂得多。中药材不同基源品种的鉴别，关系到该药材的确切疗效和疗效的重现性，"品种一错，全盘皆否"，由此可见中药材鉴定的重要性。中药饮片的关键是炮制，炮制能够减毒增效，不炮制的饮片不能很好地发挥药效作用，依法炮制是中药饮片的功效核心。在中药饮片炮制方面，中医药法提出要保护传统工艺和技术，同时要利用现代科学技术改进炮制工艺，实现守正创新。

分子生物学和代谢组学技术的快速发展为中药传统鉴定、"道地药材"的形成机制、传统炮制机理及规范提供了新的手段和方法，本章将介绍利用代谢组学与分子生物学相结合的方法研究多基源黄芪的鉴别，丹参中主要药效成分丹参酮类化合物的生物合成途径研究以及硫黄熏蒸在天麻加工中的综合评估分析，以展示代谢组学方法在传统中药研究中的大体轮廓。

12.2 黄芪药材的多基源鉴别

黄芪（或耆）始载于《神农本草经》，列为上品，为常用药材，具补气固表、利尿、托毒排脓、敛疮生肌作用（Ma et al.，2004; Cho and Leung，2007; Kuo et al.，2009; Cui et al.，2003）。《中国药典》收载的原植物为豆科（Leguminosae）黄芪属（*Astragalus*）植物蒙古黄芪 [*Astragalus membranaceus*（Fisch.）Bge. var. *mongholicus*（Bge.）Hsiao] 或膜荚黄芪 [*Astragalus membranaceus*（Fisch.）Bge.] 的干燥根。蒙

古黄芪和膜荚黄芪难以区分，关于它们的分类地位一直有不同的看法，存在争议（肖培根等，1964; 傅坤俊，1993），作为药用部位的根，其在形态学或显微层面更是难以区分，有必要借助现代分子标记技术和代谢组学技术进行中药材的鉴别。

随着分子生物学技术的发展，DNA 分子标记技术已广泛用于药用植物遗传多样性、系统学、分类学研究，并逐渐渗透到中草药的鉴定领域，推动了中草药鉴定研究的发展。DNA 分子作为遗传信息的载体，信息含量大，在同种内具有高度的遗传稳定性，且不受外界环境因素和生物发育阶段及器官组织差异的影响，因此用 DNA 分子特征作为遗传标记进行中草药鉴别更为准确可靠，非常适用于近缘种、易混淆品种、珍稀品种等的植物鉴定。扩增片段长度多态性（Amplified Fragment Length Polymorphism，AFLP）分子标记技术是随机扩增多态性 DNA（Random Amplified Polymorphic DNA，RAPD）标记和限制性片段长度多态性（Restriction Fragment Length Polymorphism，RFLP）标记相结合的结果，既有 RFLP 标记的可靠性，也具有 RAPD 标记的方便性。AFLP 技术不仅具备了其他 DNA 分子标记技术所具有的特点，多态性丰富、共显性表达、不受环境影响、无复等位效应，而且还具有带纹丰富、用样量少、灵敏度高、快速高效等特殊优点（Vos，1995; Qi and Lindhout，1997; Qi et al.，1998）。

DNA 分子标记由于不受生物体发育阶段的影响，无法鉴别不同生长年限的药材，对同基源（基因型）的野生与栽培药材的鉴别也存在一定困难，因此，单一 DNA 分子标记鉴别无法解决中药材鉴别的所有难题。代谢组学研究能观测到主要活性化合物还能检测到代谢中间产物（包括非活性物质）的变化，不仅反映植物基因型的差异，而且反映了环境因素的作用。由此可见，整合 DNA 分子标记与代谢标识物的"双标记"方法有利于建立与药材品质紧密连锁的特异、高效的标记平台，为中药材鉴别和质量控制提供新的方法和技术。

下面以黄芪为例，介绍代谢组学在中药材鉴别中的应用。

12.2.1 实验部分

12.2.1.1 实验材料

样品的采集：由中国中医科学院中药研究所提供蒙古黄芪和膜荚黄芪植物材料，分别采自吉林省、甘肃省和山西省，并由该所对植物品种进行鉴定。实验从三个层次区分两种黄芪，第一层次为不同种或变种的比较，膜荚黄芪 [*Astragalus membranaceus*（Fisch.）Bge.] 和蒙古黄芪 [*Astragalus membranaceus*（Fisch.）Bge. var. *mongholicus*（Bge.）Hsiao] 比较。第二层次为不同产地的比较：膜荚黄芪东北

（吉林）和西北（甘肃）做比较，蒙古黄芪西北（甘肃）和华北（山西）进行比较。第三层次为栽培和野生的比较。一共分为8组（见表12-1），8组样本分别取6个单独的植株作为重复。

表12-1 采集的黄芪品种及分组

样品分组	品种（或亚种）	产地	生长条件
A（MJ，NE，C）	膜荚黄芪（MJ）	四平，吉林省（东北，NE）	栽培（C）
B（MJ，NE，C）	膜荚黄芪（MJ）	通化，吉林省（东北，NE）	栽培（C）
C（MJ，NW，W）	膜荚黄芪（MJ）	渭源，甘肃省（西北，NW）	野生（W）
D（MJ，NW，W）	膜荚黄芪（MJ）	漳县，甘肃省（西北，NW）	野生（W）
E（MG，NW，C）	蒙古黄芪（MG）	陇西，甘肃省（西北，NW）	栽培（C）
F（MG，MN，C）	蒙古黄芪（MG）	浑源，山西省（华北，MN）	栽培（C）
G（MG，NW，C）	蒙古黄芪（MG）	漳县，甘肃省（西北，NW）	栽培（C）
H（MG，MN，W）	蒙古黄芪（MG）	应县，山西省（华北，MN）	野生（W）

12.2.1.2 实验方法

（1）AFLP部分 DNA提取采用改良的CTAB法，纯度和浓度分别用紫外分光光度计和琼脂糖凝胶电泳检测，确保样品符合AFLP分析要求。采用 *Eco*R Ⅰ和 *Mse* Ⅰ两种限制性内切酶，37℃酶切3h，T$_4$-DNA连接酶4℃连接过夜，酶连接产物2μL进行预扩增，预扩增产物用ddH$_2$O稀释20倍进行选择性扩增。预扩增 *Eco*R Ⅰ引物序列为5'- gACTgCgTACCAATTCA-3'，*Mse* Ⅰ引物序列为5'-gATgAgTCCTgAgTAAA-3'，在其3'末端各添加2个选择性碱基用作选择性扩增引物。PCR扩增体系为：2μL 10× PCR反应缓冲体系，1.8μL dNTP（2.5mmol/L），0.8μL *Eco*R Ⅰ接头（50ng/μL），0.8μL *Mse* Ⅰ接头（50ng/μL），稀释后预扩增产物5μL，0.2μL *Taq* 酶，ddH$_2$O补足到20μL。11组引物对为 *Eco*R Ⅰ-ACG / *Mse* Ⅰ-AAC，*Eco*R Ⅰ-AGG / *Mse* Ⅰ-AAC，*Eco*R Ⅰ-ACG / *Mse* Ⅰ-AAG，*Eco*R Ⅰ-ACT / *Mse* Ⅰ-AAG，*Eco*R Ⅰ-AGA / *Mse* Ⅰ-AAG，*Eco*R Ⅰ-AGG / *Mse* Ⅰ-AAG，*Eco*R Ⅰ-AAG / *Mse* Ⅰ-ACT，*Eco*R Ⅰ-ACA / *Mse* Ⅰ-ACT，*Eco*R Ⅰ-ACG / *Mse* Ⅰ-AGC，*Eco*R Ⅰ-ACT / *Mse* Ⅰ-AGC，*Eco*R Ⅰ-AGG / *Mse* Ⅰ-AGC。选择性扩增产物变性后，用5%变性聚丙烯酰氨凝胶在垂直电泳系统上进行检测，电泳2h，凝胶染色采用快速银染法，室温晾干后及时记录。

（2）代谢组学分析部分 ①化合物的提取 如表10-1中的8个不同来源的黄芪样本，每个样本取6个单独的重复。提取方法如下：黄芪植物材料100mg，液氮中研磨，加入内标十九烷酸10μL（2.1mg/mL）和核糖醇50μL（0.2mg/mL）。加入提取混合溶剂1.5mL（甲醇-氯仿-水 5：2：2），超声提取30min/次，共两次，11000 r/min离心10min，分离上清液1mL，加入0.6mL去离子水，加入0.3mL氯仿，涡旋 5s，4000r/min 离心 5min，分液，上层水相为极性部分，下层脂相为非极性部分。

② 样品衍生化　用冷冻干燥机将水相冻干，氯仿相用氮吹仪吹干。样品分两步衍生化：第一步是向干燥的样品中加入 40μL 20mg/mL 的甲氧氨基盐酸盐，密封，在 37℃ 恒温浴，反应 2h。第二步是加入衍生化试剂 70μL N- 甲基 -N-（三甲基硅烷）三氟乙酰胺［N-Methyl-N-（trimethylsilyl）trifluoroacetamide，MSTFA］，密封，在 37℃ 温浴，反应 30min。

③ GC-TOF/MS检测　LECO 公司的 GC-TOF/MS，GC 为 Agilent6890气相色谱，带自动进样器。气相色谱柱为 DB-5MS，载气为氦气，流速 1.5mL/min。有机相气相色谱升温程序为 80℃，4min，以 5℃ /min 速度到 330℃，保持 5min，水相气相色谱升温程序为 80℃，4min，以 5℃ /min 速度到 180℃，保持 2min，再以 5℃ /min 速度到 220℃，接着以 15℃ /min 速度到达 330℃，保持 5min。传输线（Transfer Line）温度设定为 280℃，离子源温度 250℃，溶剂延迟检测 5min，质荷比检测范围 80 ~ 500，谱图采集速率 20 谱图 /s，检测器电压 1700V，EI 电子轰击能力 -70eV。

12.2.1.3　数据处理

AFLP 每一条扩增带都对应着一个基因 DNA 分子位点，出现多态性扩增带，说明某个或某些品种在该位点上存在变异，每一条扩增带视为一个性状，有此谱带的作为 1 个分子标记，赋值为 "1"，无此带时赋值为 "0"。由于黄芪 AFLP 扩增条带的分子量多集中 100 ~ 500bp 之间，所以对分子量大于 500bp 和小于 100bp 的条带不予记录。同时只对 100 ~ 500bp 之间条带清晰易辨、在重复实验中稳定出现的条带进行记录。使用 SPSS（SPSS 16.0，SPSS Inc.）做聚类分析（Hierachical Cluster Analysis，HCA），以平方欧氏距离计算相似度。

GC-TOF/MS 代谢数据前处理包括：Chroma TOF 软件进行峰平滑去噪，基线校正，设置 3s 峰宽，信噪比 10:1，预处理结果导出成 NETCDF 格式文件。导入到 Matlab7.0 中编写的判峰程序中，该程序将自动执行基线校正、峰辨识、峰对齐及内标扣除和归一化等计算过程，最终得到一个由指定的峰序列号（与保留时间和质荷比对相对应）、观测点（样品号）以及归一化后的峰强度组成的三维矩阵，将这个三维矩阵导入 SIMCA-P12.0 软件（Umetrics，Umeå，Sweden）中进行多维统计分析。使用了正交信号过滤算法（Orthogonal Signal Correction，OSC），经过中心化（CENTR）、标准化（AUTO-SCALE）后进行主成分分析（PCA），以观察样品的聚集、离散及离群点。随后的正交偏最小二乘判别分析（Orthogonal Partial Least-Squares Discriminant Analysis，OPLS-DA）用于鉴别造成这种的聚集和离散的主要差异变量。代谢数据的聚类分析、非参数检验及曲线下面积等使用SPSS 16.0 软件。

GC-TOF/MS 差异代谢物与 AFLP 多态性 DNA 条带的 Pearson 相关分析采用SPSS 16.0 软件，所得相关系数的矩阵进一步用 Cluster 3.0 和 Java Treeview 生成相关系数的热点图。

12.2.2 结果

12.2.2.1 AFLP 分子标记 DNA 指纹谱和 GC-TOF/MS 代谢谱对品种的区分

DNA 指纹谱中 11 组引物对产生的大多数条带是相同的，100 ～ 500bp 的多态性条带一共 85 条，每对引物的平均多态性条带是 7.7 条，最多的有 13 条，最少的有 3 条。图 12-1（a）是分子标记的聚类结果图，膜荚黄芪和蒙古黄芪所有品种的遗传距离在 0% ～ 25%，聚类总共分成 3 个大组。蒙古黄芪所有样品聚在一组（组1），在组 1 中，不同产地或者生长条件的蒙古黄芪没有分开。而膜荚黄芪所有样品

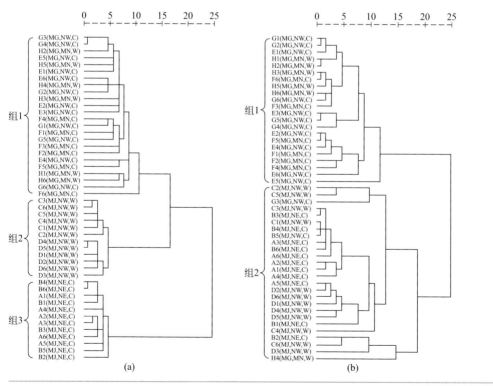

图 12-1　AFLP 聚类结果（a）和 GC-TOF/MS 代谢物聚类结果（b）

分为两组，组 2 和组 3，甘肃产地和东北产地的膜荚黄芪分离开来，由所采集的样本来看，膜荚黄芪的地域特点比蒙古黄芪更加明显。从亲缘关系看，甘肃和山西产的蒙古黄芪和甘肃产的膜荚黄芪的亲缘关系较近，而离吉林产的膜荚黄芪较远，这个结果可能因为地理位置上的差异，甘肃离山西较近，其次，甘肃是我国黄芪的主产区，两种黄芪均有长时间的种植历史，它们之间有可能发生基因信息的交换。这一结果也从侧面印证了肖培根的观点，将蒙古黄芪作为膜荚黄芪的变种处理。东北产的膜荚黄芪和其他产地的黄芪相距较远，文献报道通过随机引物聚合酶链反应（Arbitrarily Primed Polymerase Chain Reaction，AP-PCR）方法发现黑龙江产的黄芪明显不同于其他产地的黄芪（Pui and Hoi，2006）。

GC-TOF/MS 总共从极性的水相和非极性的氯仿相中分析出 1195 个化合物，包括 120 个推断性鉴定的化合物（88 个存在于水相，54 个存在于脂相，22 个化合物在两项中均存在），图 12-1（b）是 GC-TOF/MS 代谢谱的聚类结果，除了 2 个交叉的品种之外，明显按品种分成两个大组，即组 1 和组 2。膜荚黄芪中产地为吉林和甘肃的品种有聚成亚组的趋势。

12.2.2.2　蒙古黄芪和膜荚黄芪差异代谢物的鉴定

AFLP 和和 GC-TOF/MS 代谢物聚类结果聚类分析已经显示能够清楚区分这两个黄芪品种（变种）。主成分分析法（PCA）是一种最常用的无监督模式识别方法，将原有的复杂数据降维处理，能有效地找出数据中最"主要"的信息，去除噪声和冗余。图 12-2（a）是两种黄芪代谢物的 PCA 结果分值图，在第一和第二主成分的分值图上，两种黄芪已经呈现较为明显的分离，说明这两种黄芪在代谢成分上存在明显的差异。经过正交去噪后的监督性分析方法 OPLS-DA［图 12-2（b）］更加明显地区分两种黄芪，而且模型的 R^2X、R^2Y 和 Q^2 分别为 0.348、0.96 和 0.938。差异代谢物的寻找通过 3 个标准：OPLS-DA 模型中 VIP > 1，Mann-Whitney 非参数检验的 $P< 0.05$，曲线下面积 AUC > 0.8（Area Under the Curve，AUC; 差异物是否有统计意义的检验）。代谢物的鉴定通过数据库的比较，相似度大于 800 为推断性的定性。搜索的数据库有 NIST 05 和 Golm Metabolome Datebase，总共 17 个代谢物作为区别两种黄芪的差异物质（表 12-2），主要为半乳糖、蔗糖、苹果酸、天冬酰胺酸等，它们是潜在的区分两种黄芪品种的代谢标识物。

和聚类分析（Cluster）相比，PCA 或 OPLS-DA 是更加强大的数据分析方法，不仅体现品种之间的差异，而且还能找到引起品种差异的物质，这些物质是快速区分两种黄芪的潜在候选标识物。

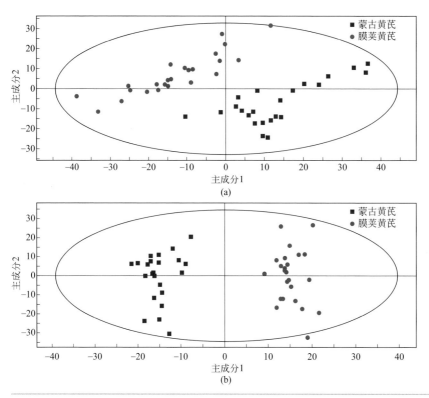

图 12-2　主成分分析及正交偏最小二乘判别分析用于膜荚黄芪和蒙古黄芪的区分

表 12-2　膜荚黄芪和蒙古黄芪有明显差异的代谢物列表

编号	保留时间/min	VIP	化合物名称	相似度	MW-U非参数检验	均值（MJ）	均值（MG）	MG/MJ比值（Log）
p249	27.37	1.42	半乳糖	944	3.70×10^{-9}	72.85	4.663	-1.19
p54	10.18	1.94	苹果酸	954	2.88×10^{-9}	175.7	22.30	-0.90
p112	15.22	1.50	苏氨酸	966	6.72×10^{-7}	14.34	3.562	-0.60
o703	44.05	1.59	谷甾醇	937	7.38×10^{-8}	1.47E+03	396.9	-0.57
p382	38.48	2.00	蔗糖	937	7.70×10^{-9}	9897.4	3844.8	-0.41
o428	25.82	1.91	棕榈酸	954	5.42×10^{-8}	3935.2	8713.4	0.34
o472	28.80	1.54	亚油酸	916	3.49×10^{-6}	3083.3	6937.4	0.35
p177	21.05	1.44	谷氨酸	936	6.95×10^{-6}	14.70	46.81	0.50
o108	10.27	1.46	乙醇胺	955	1.14×10^{-6}	19.97	64.55	0.51
o474	28.92	1.48	油酸	918	1.04×10^{-7}	493.5	1805.4	0.56
o233	14.88	1.41	γ-氨基丁酸	883	4.87×10^{-7}	1.669	7.447	0.65
o333	19.97	1.64	3-磷酸甘油酯	892	3.70×10^{-9}	21.80	98.69	0.66
o157	11.99	1.65	高丝氨酸	937	2.91×10^{-8}	32.99	184.5	0.75

编号	保留时间/min	VIP	化合物名称	相似度	MW-U非参数检验	均值（MJ）	均值（MG）	MG/MJ比值（Log）
p228	25.41	1.54	鸟氨酸	876	2.03×10^{-7}	0.5817	3.878	0.82
o124	10.85	1.35	脯氨酸	921	2.30×10^{-8}	6.058	41.37	0.83
p230	25.54	1.82	异柠檬酸	935	1.42×10^{-8}	97.32	773.2	0.90
o293	17.91	1.49	天冬酰胺酸	876	3.70×10^{-9}	1.437	35.51	1.39

12.2.2.3　产地和生长条件对黄芪代谢的影响

为了进一步考察产地和生长条件对黄芪品质的影响，首先排除品种的差异，在同一个遗传背景下比较环境因素的作用。采用无监督的 PCA 分析方法，呈现数据的自然分布特征。将同一品种不同产地和种植方式的样本分别以不同颜色进行标记，图 12-3（a）为膜荚黄芪的 PCA 图，黑三角符号代表吉林省栽培品种，红色圆点代表甘肃野生膜荚黄芪，黑色三角和红色圆点在第 3 主成分（PC3）上基本分开，这个结果与 AFLP 结果基本一致，由于缺乏吉林野生膜荚黄芪和甘肃栽培膜荚黄芪，所以很难区分是产地还是生长条件造成了膜荚黄芪代谢谱的区分。

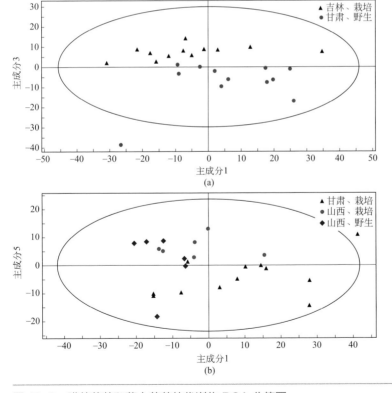

图 12-3　膜荚黄芪和蒙古黄芪的代谢物 PCA 分值图

图 12-3（b）为蒙古黄芪代谢产物的 PCA 图，所有样品采自相邻的省份，红色圆点代表山西省种植的蒙古黄芪，蓝色菱形表示山西省野生的蒙古黄芪，黑色三角表示甘肃省栽培的蒙古黄芪。图 12-3（b）显示在第 5 主成分（PC5）上黑色三角与红色圆点和蓝色菱形基本分开。红色圆点和蓝色菱形有交叉，说明山西产的蒙古黄芪野生品种和栽培品种之间没有明显的差别。由此可见，地理位置相对生长条件对蒙古黄芪代谢有更大的影响。

12.2.2.4　蒙古黄芪和膜荚黄芪代谢体系的差异分析

将已鉴定的代谢产物定位到植物的主代谢途径中，相同产地（甘肃）的膜荚黄芪与蒙古黄芪进行比较，代谢物含量的比值有统计意义（$P<0.05$）的差异物质用红色或蓝色标记，红色代表上调，蓝色代表下调，代谢物灰色表示未检测到。图 12-4（a）为膜荚黄芪代谢物比蒙古黄芪代谢物，可以看出膜荚黄芪的可溶性糖类成分，如半乳糖、木糖、果糖明显高于蒙古黄芪，而脂肪酸如油酸、亚油酸、棕榈酸等，一些氨基酸如天冬氨酸、天冬酰胺酸等和多胺代谢途径产物如鸟氨酸、亚精胺等则明显低于蒙古黄芪。相对而言，产地变化对膜荚黄芪主代谢途径中的影响较小（吉林/甘肃）[图 12-4（b）]，主要差别在于 3 个植物甾醇和高丝氨酸、苏氨酸、丝氨酸及两个 TCA 循环中间产物。膜荚黄芪和蒙古黄芪分布于我国温带和暖温带地区，膜荚黄芪是森林草甸中生植物，而蒙古黄芪则是旱中生植物，多胺可以调节植物适应不同的环境，多胺的上调提高植物的耐旱能力（Kusano et al.，2008），而可溶性多糖含量的增加，保护植物和蛋白免受寒冷和脱水的伤害（Leslie et al. 1998）。

12.2.2.5　GC-TOF/MS 差异代谢物与 AFLP 差异条带的相关性分析

代谢物的合成主要受基因的协调和控制，通过相关分析，可以揭示膜荚黄芪和蒙古黄芪代谢差异物质和 DNA 差异条带之间的相关性。如图 12-5 是 17 个代谢差异物质与 85 个 AFLP 条带之间的相关分析，相关系数的大小绘制成热点图。由图 12-5 所示，差异代谢物分为两组，组 1 包括半乳糖、谷甾醇、苏氨酸、苹果酸和蔗糖，其他 12 个代谢差异物质聚成组 2。AFLP 条带相应分成两组，其中组 A 与代谢物组 1 明显负相关，而与代谢物组 2 则是正相关，AFLP 条带组 B 与代谢物组 1 明显正相关，而与代谢物组 2 负相关。相关系数 $r>0.8$ 或 <-0.8 被认为是相关性较强，图 12-6 显示相关系数 $r>0.8$ 或 <-0.8 的多态性条带和代谢差异物质相关性的柱状图，M40-E41-5、M40-E38-1 和 M33-E41-2 正相调节膜荚黄芪中苹果酸、蔗糖的累积，而 M38-E35-3 正相调节蒙古黄芪中棕榈酸的累积。

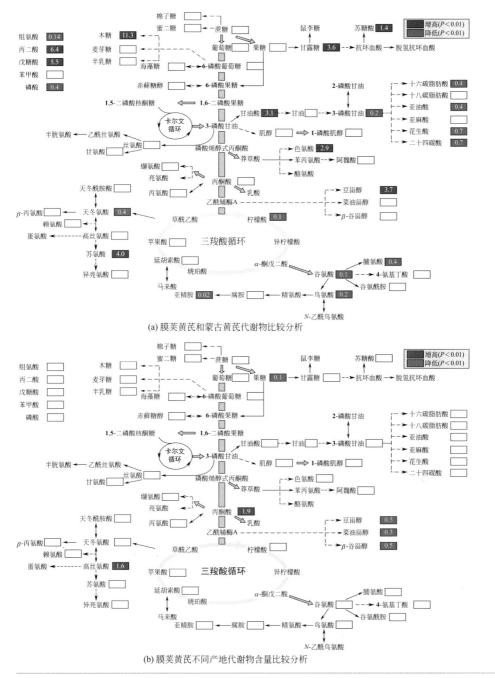

(a) 膜荚黄芪和蒙古黄芪代谢物比较分析

(b) 膜荚黄芪不同产地代谢物含量比较分析

图 12-4　两种黄芪主代谢途径中代谢物的差异分析

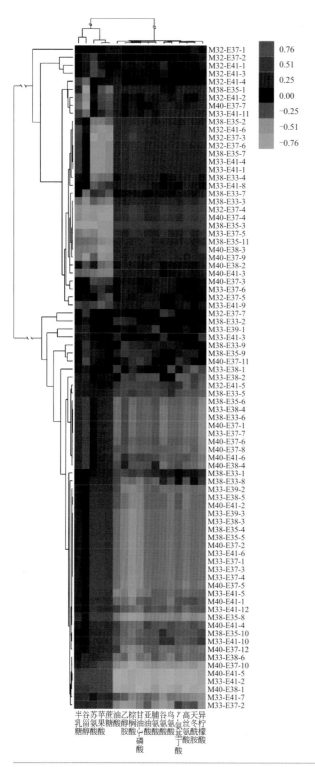

图 12-5 差异代谢物与 AFLP 条带相关系数热点图

植物代谢组学——方法与应用（第二版）

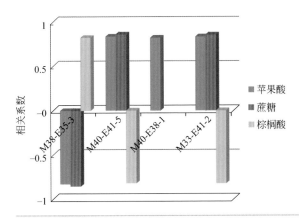

图 12-6　差异代谢物与多态性条带相关系数的柱状图（$r>0.8$ 或 <-0.8 ）

12.2.3　总结与讨论

　　中药材的鉴定是一门传统而又重要的学科，包括植物分类学和药物学诸多学科的交叉结合，随着科学技术的发展，现代的分子鉴别技术和代谢组学技术逐渐渗透到中药材的鉴定。黄芪是重要的中药材，是诸多方剂的常用味药，药典规定两种黄芪植物作为药用来源，它们的分类问题一直存在争论，传统的显微鉴定和形态鉴定无法解决这一问题，实验采用 AFLP 技术和代谢组学技术相结合的方式来区分不同来源的黄芪药材，既是对这一具体问题的探索，同时也为中药材鉴定提供新的方式和方法。研究结果显示，无论是 AFLP 还是代谢组学技术都能够很好地区分蒙古黄芪和膜荚黄芪品种，代谢组学技术还找到鉴定两种黄芪的潜在代谢标识物。另外，代谢组学技术还探讨了环境（产地，栽培与野生）对黄芪代谢物的影响，结果显示产地对蒙古黄芪代谢物的影响大于栽培与野生的差异。进一步将鉴定的代谢物定位到主代谢途径中，发现膜荚黄芪的可溶性糖类成分高于蒙古黄芪，而一些脂肪酸、氨基酸和多胺代谢途径产物等则明显低于蒙古黄芪。这些代谢产物或许与两种黄芪的地域分布特点有关。实验最后将 AFLP 条带和差异的代谢物进行相关分析，找到 3 个代谢物与 4 个 DNA 差异条带之间有着较显著的相关关系（$r>|0.8|$ ）。

　　AFLP 作为 DNA 指纹谱方法，不仅显示有代谢相关的基因，而且包括非代谢相关基因，在数据读取上一般选择具有多态性的扩增带。但是它不能用来区分不同产地和生长环境对中药材的影响。代谢组学方法是检测植物的代谢指纹谱，能够很好地反应环境和遗传基因对药材质量的影响。代谢组学技术作为高通量的分析方法，能够快速地分析大类样本，找到差异物质，两种方法相得益彰。

　　代谢组学作为新的检测技术，有着广泛的应用前景，同时也有一定的局限性。代谢组学旨在检测生物体或组织中所有的代谢物，目前的分析技术方法还不能达到全面检测的水平。黄芪是重要的中药材，其中的药效成分目前被认为是黄酮、多糖、皂苷等物质，实验使用 GC-TOF/MS 对这些物质的检测还存在一定的偏差性，故结合 LC-MS 分析检测更多的代谢物，并结合药效成分，是将来中药材鉴定的重要方向。

12.3 丹参酮类化合物生物合成途径解析

丹参（*Salvia miltiorrhiza* Bunge）是我国常用大宗中药材，素有"一味丹参，功同四物"之称，具有活血化瘀、清心除烦、养心安神等功效，广泛应用于心脑血管疾病的治疗。水溶性丹酚酸类和脂溶性丹参酮类化合物为丹参的主要活性成分，其中丹参酮类化合物是唇形科鼠尾草属植物的特征性成分，研究其生物合成途径对于丹参品质形成机理和唇形科二萜类化合物的多样性进化机制均有重要的意义。

丹参酮类化合物的生物合成首先是在柯巴基焦磷酸合酶（Copalyl Diphosphate Synthase，CPS）和类贝壳杉烯合酶（Kaurene Synthase-like，KSL）的连续作用下催化二萜共同前体牦牛儿基牦牛儿基焦磷酸（Geranylgeranyl Pyrophosphate，GGPP）生成二萜骨架次丹参酮二烯（Gao et al.，2009）。对丹参基因组中的 5 个 *CPS* 和 2 个 *KSL* 基因进行系统研究发现，*CPS1*、*CPS2* 和 *KSL1* 参与了丹参酮类化合物的生物合成。其中 *CPS1* 和 *KSL1* 在丹参根部周皮中特异表达，而其他基因在周皮中几乎不表达。对 *CPS1* 进行 RNA 干扰（RNA Interference，RNAi）分析发现，转基因植株或毛状根在生长方面没有显著变化，但是根的颜色发生显著变化，同时发现丹参酮类化合物含量显著下降（Cui et al.，2015）。利用 CRISPR-Cas9 技术对 *CPS1* 进行突变后则完全检测不到丹参酮类成分（Li et al.，2015），从而确定了 *CPS1* 是控制丹参根部丹参酮类化合物生物合成的唯一 Class II 型萜类合酶基因。

细胞色素 P450 酶（Cytochrome P450，CYP）在萜类化合物的结构修饰中发挥重要作用，90% 以上的萜类化合物需要经过 P450 的氧化修饰，生成活性化合物或者作为进一步结构修饰的底物。P450 是植物中最大的酶基因家族，约占植物编码蛋白的 1%，同时由于 P450 催化反应的复杂性，为鉴定特定次生代谢产物生物合成的 P450 带来了巨大的挑战。丹参基因组中共有 437 个 P450（Xu et al.，2016），因此合理的缩小候选基因范围，对后期功能研究具有重要意义。生物诱导子（酵母提取物）和非生物诱导子（银离子）联合处理可引起丹参酮类化合物的显著积累，并且 *CPS1* 和 *KSL1* 的表达也显著上调。基于此，筛选出 39 个诱导表达上调的 P450 基因（Gao et al.，2014）。同时基于丹参酮类化合物主要在丹参根中积累的特性，进一步将候选基因缩小到 14 个，并利用真核表达系统进行功能鉴定，结果表明来源于 CYP71 家族 76AH 亚家族的 CYP76AH1 能够催化前体次丹参酮二烯羟基化和芳构化，生成铁锈醇（Guo et al.，2011）。RNAi 实验表明，抑制该基因的表达导致丹参毛状根中次丹参酮二烯积累，而铁锈醇以及丹参酮类化合物含量显著下降，从而验证了该基因在丹参体内的功能（Ma et al.，2016）。另一个 76AH 亚家族的 CYP76AH3 能够进一步催化铁锈醇 C11 位羟基化或 C7 位的氧化，分别生成 11- 羟基铁锈醇和柳杉酚，并进一步将这两个产物催化生成 11- 羟基柳杉酚。来源于 76AK 亚家族的 CYP76AK1 继续在 C11 和 C12 羟基化产物的基础上催化 C20 的羟基化，最终形成 10- 羟甲基四氢丹参新酮和 11, 20- 二羟基柳杉酚（Guo et al.，2016）（图 12-7）。这些产物已通过酿酒酵母实现了高效生产，为后续丹参酮类化合物生物合成途径的解析提供了重要的基础。

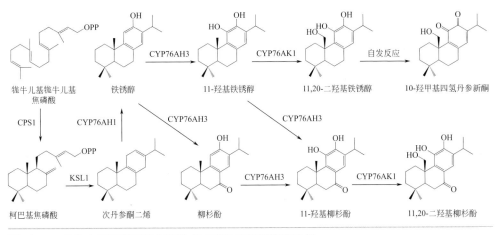

图 12-7　丹参中已鉴定二萜合酶及 CYP76 家族基因的功能

隐丹参酮、丹参酮ⅡA、丹参酮Ⅰ等典型丹参酮类化合物均具有呋喃或二氢呋喃环，该环的产生对这类化合物的药理活性具有至关重要的作用（Gao et al.，2016）。通过全基因组扩张分析，RNAi 干扰和代谢组学分析，确定 4 个 CYP71D 家族基因与呋喃环类化合物的合成密切相关，最终通过生化功能分析确定了 2 个基因参与丹参酮类化合物呋喃环的生物合成（Ma et al.，2021）。本节将主要介绍利用 RNAi 干扰及代谢组学方法确定 CPS1 为参与丹参根部丹参酮类化合物母核形成的关键酶基因，并对参与呋喃环生物合成的 P450 基因进行鉴定的实验过程。

12.3.1　材料和方法

12.3.1.1　植物材料的培养及栽培

取白花丹参 bh2-7 株系自交 3 代的种子，用 5% 次氯酸钠消毒后接种至 MS 固体培养基中，形成的无菌苗作为转基因外植体。转基因植株在 MS 培养基中生根长度达到 5cm 以上时将其转移至营养土，在植物生长室生长 3 个月后取样分析。

12.3.1.2　RNAi 载体构建及遗传转化

RNA 干扰载体为 pK7GWIWG2D（Ⅱ）。该载体含有绿色荧光蛋白（Green Fluorescent Proten，GFP），可用于转基因材料的快速筛选。选取 *CPS1* 3′端 289bp（Cui et al.，2015）和 CYP71D 家族中 4 个候选基因 453bp 的保守区域（Ma et al.，2021）作为目标序列。采用 Gateway 重组克隆技术进行载体构建，利用测序和双酶切进行目标载体的鉴定。将鉴定正确的质粒 pK7GWIWG-CPS1 和 pK7GWIWG-CYP71Ds 通过电击转化法导入根癌农杆菌 EHA105 中。采用叶盘法进行丹参的遗传转化（Yan and Wang，2007）。

12.3.1.3　转基因植株的鉴定

转基因材料首先进行性状观察，确认对植株生长和根皮颜色的影响。然后取根皮颜色发生改变的细根在荧光显微镜下观察是否含有绿色荧光。选取 3 株根皮颜色为白色且具有强荧光的植株提取根的 RNA，利用实时荧光定量 PCR 分析 RNAi 植株中 *CPS1* 和其同源基因 *CPS2-CPS5* 表达量的变化。由于 CYP71Ds 家族基因较多，则采用转录组测序的方法观察 CYP71Ds-RNAi 植株中基因表达量的变化。同批遗传转化材料中没有绿色荧光的植株作为对照组。所有分析均为 3 个生物学重复。

12.3.1.4　代谢组学研究方法

（1）仪器平台　液相色谱串联四极杆飞行时间质谱（LC-QTOF-MS）平台为安捷伦 1290 UHPLC-6540 Q-TOF 液质联用仪。色谱柱为 ZORBAX RRHD SB-C18 柱（2.1mm×100mm，1.8μm）。流动相：（A）含 0.1% 甲酸的乙腈，（B）含 0.1% 甲酸的水（体积比）。梯度：10%～20% A（0～5min）；20%～40% A（5～7min）；40%～100% A（7～10min）；100% A（10～14min）；100%～10% A（14～15min）。流速为 0.25mL/min，柱温为 30℃。质谱离子源为 ESI，正离子模式。干燥气体设置为 10L/min，350℃。鞘气气体为 11L/min，350℃。

气相色谱三重四极杆质谱（GC-QqQ-MS）平台为安捷伦 7890A-7000B 气质联用仪。色谱柱为 DB-5ms（30m×0.25 mm，0.25μm）。载气为氦气，流速为 1.0mL/min。进样器温度 280℃。升温程序：0～2min 50℃，20℃/min 程序升温至 200℃，5℃/min 升温至 300℃时保留 10min。

（2）样品处理　LC-QTOF-MS 样品用新鲜材料　样品采集后置于液氮中快速研磨，精确称取 100mg，加入 2mL 甲醇（内标伞形酮 20mg/L），超声 30min 后 1500 r/min 离心 10min，取上清液过 0.2μm 聚四氟乙烯滤膜，取 5μL 进样分析。

GC-QqQ-MS 样品为冷冻干燥 48h 的材料。研磨后精密称取 100mg，加入正己烷（内标正 23 烷 6.492μg/mg 和正 24 烷 0.777μg/mL）。超声提取 30min，3000r/min 离心 10min，吸取上清液至另一管中，氮气吹干后，用 50μL 正己烷溶解，取 1μL 进样分析。

（3）数据分析　得到的 LC-QTOF-MS 和 GC-QqQ-MS 均为"*.d"格式，利用安捷伦 Mass Hunter 定性分析软件将其转化为"*.cdf"格式，然后导入安捷伦 Mass Profiler Professional 软件（MPP）寻找差异化合物。数据均以内标（GC 的以正 24 烷计算）进行归一化。差异倍数大于 2 倍，t 检验 $P<0.05$ 作为差异化合物的筛选标准。

（4）差异化合物的鉴定　为鉴定 LC-QTOF-MS 得到的差异化合物，首先利用 METLIN 数据库建立了丹参及鼠尾草属植物的化合物专属数据库，主要包括 762 个化合物，其中 86 个来源于丹参。然后将得到的差异化合物在数据库中进行检索，其中精确分子量和二级质谱图完全一致的化合物得到鉴定。10 个化合物，包括柳杉酚、隐丹参酮、丹参酮 ⅡA、丹参酮 ⅡB、丹参酮 Ⅰ、二氢丹参酮 Ⅰ，丹参新酮，甘西鼠尾新酮 A、紫丹参萜醚和叙利亚鼠尾草酮进一步通过标准品鉴定。GC-QqQ-MS 得到的差异化合物主要通过检索 NIST 标准质谱库进行鉴定，其中香叶醇、次丹参酮二烯、铁锈醇和柳杉酚通过标准品鉴定。

12.3.2　结果

12.3.2.1　*CPS1*-RNAi 植物表型及基因表达量分析

CPS1-RNAi 植株在生长方面与对照株系没有显著差异，但根皮颜色发生了明显改变。*CPS1*-RNAi 植株的根为白色，而对照株系的根为红色［图 12-8（a）］。由于丹参酮类化合物，如隐丹参酮、丹参酮 ⅡA 等大多呈现红色，因此推测 *CPS1* 基因被抑制后引起了丹参酮类化合物的显著降低。

进一步利用荧光定量 PCR 检测 *CPS1*-RNAi 植株中 5 个 *CPS* 基因表达的变化，结果表明 *CPS1* 的表达受到明显的抑制，其表达量降低约 90%。*CPS2* 在根部没有表达，另外三个基因 *CPS3*、*CPS4* 和 *CPS5* 均没有显著变化［图 12-8（b）］。由此可见，RNAi 植株中根部颜色改变主要由 *CPS1* 基因表达量降低所引起。

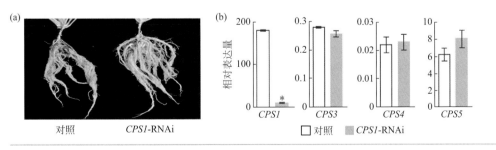

图 12-8　*CPS1*-RNAi 植株的表型和基因表达分析

12.3.2.2　*CPS1*-RNAi 显著影响丹参酮类化合物的生物合成

利用 LC-QTOF-MS 和 GC-QqQ-MS 全面观察 *CPS1* 表达量降低后对丹参次生代谢产物的影响。LC-QTOF-MS 主要检测丹参酮和丹酚酸类化合物，GC-QqQ-MS 主要用于检测香叶醇、次丹参酮二烯等丹参酮类化合物生物合成途径的上游成分，该类化合物难以被液相色谱检测到。从 LC-QTOF-MS 总离子流图可见，*CPS1*-RNAi 植株中丹酚酸类化合物与对照组没有明显差异（0 ～ 5.7min），而丹参酮类化合物的信号几乎消失（5.7 ～ 14min）[图 12-9（a）]。GC-QqQ-MS 中大多数化合物表现为降低，但也能观察到明显积累的化合物，如 α- 春烯和 β- 春烯 [图 12-9（b）]。

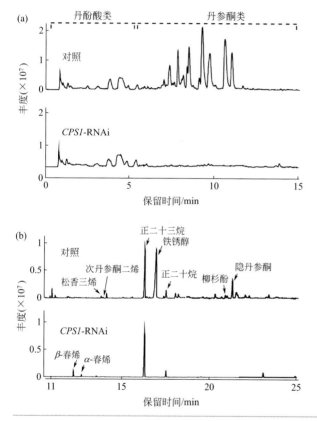

图 12-9　*CPS1*-RNAi 和对照植株的 LC-QTOF-MS（a）以及 GC-QqQ-MS 总离子流图（b）

对 LC-QTOF-MS 和 GC-QqQ-MS 数据分别进行统计分析，LC-QTOF-MS 中得到 40 个差异化合物，它们在 *CPS1*-RNAi 植株中均显著降低。其中有 38 个可以在自建数据库中找到分子量精确匹配的化合物。进一步对候选化合物进行二级质谱比对，并结合 10 个标准品，最终鉴定了 20 个差异化合物。

GC-QqQ-MS 分析中共得到 28 个差异化合物，其中 22 个在 *CPS1*-RNAi 中显著降低，另外 6 个在 *CPS1*-RNAi 中显著升高。这 28 个差异化合物中，与 NIST 数据库相似度 90% 以上并结合已有的 4 个标准品，最终 8 个化合物得到鉴定。

在鉴定的 28 个化合物中，柳杉酚和隐丹参酮在两个系统中均能检测到，因此，通过 LC-QTOF-MS 和 GC-QqQ-MS 分析，共计有 26 个化合物得到鉴定。除香叶醇、*α*- 春烯和 *β*- 春烯在 *CPS1*-RNAi 中积累以外，其余化合物均在 *CPS1*-RNAi 植株中显著降低。推测升高的 3 个化合物是由于 *CPS1* 受到抑制后积累的大量二萜化合物前体牻牛儿基牻牛儿基焦磷酸脱磷及进一步氧化而来（图 12-10）。在 *CPS1*-RNAi 中显著降低的 23 个化合物中，20 个具有典型的松香烷型丹参酮类结构，另外 3 个为重排的松香烷型化合物，分别为紫丹参萜醚、叙利亚鼠尾草酮和甘西鼠尾新酮 A（图 12-10）。

20 个松香烷型的化合物又可以根据结构划分成四个类型。第一类为 CPS1 和 KSL1 的直接产物次丹参酮二烯；第二类化合物的 C 环为芳香环，包括松香三烯，铁锈醇和柳杉酚；第三类为具有 C-11 和 C-12 临醌结构的化合物，包括丹参新酮和 4- 亚甲基丹参新酮；第四类则为常见的丹参酮类化合物，包含隐丹参酮到丹参酮 I 的 14 个化合物。它们具有典型的临醌结构，D 环为呋喃环或二氢呋喃环（图 12-10）。可见，从上游前体次丹参酮二烯到中间体柳杉酚、丹参新酮以及下游产物隐丹参酮、丹参酮 II A、丹参酮 I 等均受到了 *CPS1* 基因的影响，表明 *CPS1* 为丹参根部丹参酮类化合物生物合成的主导基因。

12.3.2.3 催化呋喃环形成的关键 CYP450 的功能鉴定

经过全基因组扩张和基因共表达分析，发现 CYP71D 亚家族基因在丹参中显著扩张，其中 4 个候选基因 *CYP71D411*、*CYP71D373*、*CYP71D375* 和 *CYP71D464* 与前期已鉴定丹参酮生物合成途径基因 *CPS1*、*KSL1*、*CYP76AH1*、*CYP76AH3* 和 *CYP76AK1* 的表达模式一致。由于这 4 个候选基因的同源性较高（大于 76.4%），因此，选择 454bp 的保守区域（*CYP71D411* 的 823 ~ 1276bp）作为 RNAi 的目标，该区域 4 个候选基因的同源性大于 81%，而与同家族其他基因的同源性则小于 71%。

与 *CPS1*-RNAi 植株类似，*CYP71Ds*-RNAi 植株根的颜色也发生了改变，表现为橙黄色 [图 12-11（a）]。转录组分析显示这 4 个基因的表达量受到了明显的抑制 [图 12-11（b）]。从 LC-QTOF-MS 总离子流图可见，*CYP71D*-RNAi 植株中丹参酮类化合物的信号与对照组不同，明显可见 RNAi 植株中丹参新酮得到了显著积累 [图 12-11（c）]，进一步结构鉴定显示图 12-10 中含呋喃环的丹参酮类化合物含量均降低，而三环化合物如柳杉酚、丹参新酮、4- 亚甲基丹参新酮等 9 个化合物升高 [图 12-11（d）]，由此推测这 4 个基因有可能参与呋喃环的生物合成。进一步的生化功能研究证实两个基因 CYP71D373 和 CYP71D375 能够催化丹参酮类化合物特

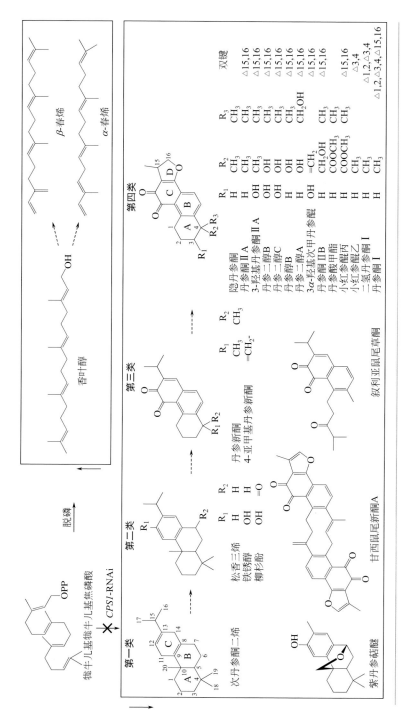

图 12-10 CPS1-RNAi 后引起二萜类代谢物变化结果

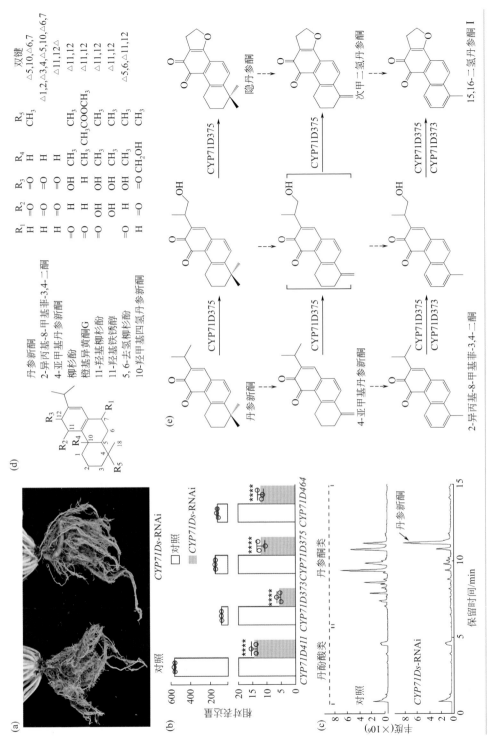

图 12-11　丹参 CYP71D 亚家族基因参与丹参酮类化合物呋喃环的生物合成

征五元呋喃环的生成。其中 CYP71D375 能催化三个底物丹参新酮、4- 亚甲基丹参新酮和 2- 异丙基 -8- 甲基菲 -3,4- 二酮形成呋喃环类化合物隐丹参酮、次甲二氢丹参酮和 15,16- 二氢丹参酮Ⅰ，而 CYP71D373 只能作用于 2- 异丙基 -8- 甲基菲 -3,4- 二酮［图 12-11（e）］，其功能和 CYP71D375 部分冗余。

12.3.3　总结和讨论

一般认为丹参酮类化合物的生物合成途径为直线型，如已阐明的从牻牛儿基牻牛儿基焦磷酸经柯巴基焦磷酸合酶和类贝壳杉烯合酶催化形成次丹参酮二烯，再经 CYP76AH1 催化形成铁锈醇，然后推测由丹参新酮—新隐丹参酮—隐丹参酮—丹参酮ⅡA—丹参酮ⅡB 到最终产物丹参酮Ⅰ的合成（Gao et al.，2009）。然而通过系统的分析，丹参中已有的化合物种类，以及大量功能冗余、底物杂泛化基因，如 *CYP76AH3*、*CYPAK1*、*CYP71D373* 和 *CYP71D375* 等的鉴定，颠覆了直线型生物合成的认知，初步勾画出了丹参酮类化合物生物合成的复杂网络图，进一步解析其网络构成及调控机制将成为未来研究的热点。

12.4　天麻硫熏综合评估分析

硫熏常用于预防药用和食用材料发霉，阻止虫蛀，防止吸潮和改善外观等。但是，中药硫熏过度的现象时有发生，在此过程中产生的大量二氧化硫残留物不仅会改变中药性状，还会改变中药活性成分，甚至引起慢性支气管炎、哮喘或心血管疾病。因此，中国和韩国、欧洲及许多其他国家相关机构已制定了二氧化硫残留限定值，以便确保产品的有效性和安全性。但是，这些法规和标准主要集中在二氧化硫的残留总量上，而忽略了消费者每天不同的摄入量和产品的熏蒸程度。目前，尚无有效的方法用于评估中药的硫黄熏蒸程度，特别是对于表层组织或较深组织的材料。

本研究选择天麻作为模型药材，引入新指标可接受的日摄入量（ADI）限值（即国际公认的外源有害物质每日实际摄入量的控制指标）有效监测天麻浅表组织或深层组织的硫熏效果（Kang et al.，2017）。天麻传统上用于治疗破伤风、头痛、眩晕、风湿病、惊厥和癫痫病，也可作为功能性食品、饮料和酒类成分。在市场上，天麻是过度硫熏的典型中药，不合理硫熏将导致天麻素、对羟基苄醇及其衍生物等活性成分的显著改变，其中天麻素和对羟基苄醇是《中国药典》质控指标，它们的总含量应不低于 0.25%。此外，巴利森苷类物质因其较高的含量和较好的活性近来受到广泛的关注。该研究为中药硫熏质控建立了一套示范性的技术指南。

12.4.1 实验部分

12.4.1.1 试剂与药材

色谱级乙腈和甲酸购自 Fisher Scientific 公司，分析级甲醇购自国药化学试剂公司，去离子水为实验室应用 Thermo Scientific Barnstead Gen Pure UV/UF 纯水系统自制。标准品腺苷（AD）、天麻素（GA）、对羟基苯甲醇（HA）、对羟基苯甲醛（HB）购自中国食品药品检定研究院。巴利森苷 A（PA）、巴利森苷 B（PB）、巴利森苷 C（PC）和巴利森苷 E（PE）购自成都普瑞法科技开发有限公司，纯度均大于97%。新鲜天麻由贵州大方地区种植户提供，另硫熏和未硫熏天麻药材购自不同地区。

12.4.1.2 天麻硫熏

取新鲜天麻样品清洗干净，放入蒸笼，加热蒸透至断面无白心后（~15min），取出晾干表面水分。分为空白组和硫熏组，其中硫熏组处理方式为：分别取新鲜天麻分为 3 组，放置于自制塑料箱内，按照硫黄与药材用量比为 1：20、1：40 和 1：80 进行熏蒸。每组样品进一步分离为 7 份（每份 ~ 400 g），研究不同采集点的硫黄熏蒸程度，采集时间分别为熏蒸 1、2、4、8、12、24 h 后。硫熏的药材在 50℃下干燥并粉碎，置于 4 ℃冰箱备用。

12.4.1.3 样品制备

称取天麻粉末 100mg，40 KHz 功率下超声提取 60min，溶剂为 50% 甲醇，料液比 1：20。离心取上清，过 0.2μm 微孔滤膜备用。以芦丁为内标，分析前加入样品中。制备成终浓度为 AD 20.80μg/mL、GA 704.00μg/mL、HA 162.00μg/mL、HB 2.20μg/mL、PA 1676.00μg/mL、PB 578.00μg/mL、PC 216.00μg/mL、PE 528.00μg/mL 的混合标准品母液，4℃储存备用。

12.4.1.4 二氧化硫残留分析

新鲜和商品天麻样品中二氧化硫残留量的测定均采用《中国药典》（2015 年版）第四部中附录 B331 中规定的标准方法。准确称取 5g 天麻样品置于圆底烧瓶中，加入 400mL 水和 10mL 的 6mol/L 的盐酸，并在 200mL/min 氮气保护下，回流提取 1.5h。所有二氧化硫均被 50mL 过氧化氢溶液（3%，体积比）吸收，选择三滴甲基红（2.5mg/mL）作为终点的指示剂，当用氢氧化钠（0.1mol/L）滴定且 20s 内黄色不变时，根据以下公式计算样品中的二氧化硫残留量：

$$S =（A-B）\times C \times 0.032 \times 10^6 / W；$$

式中，S 为样品中二氧化硫残留量（mg/kg）；A 为消耗氢氧化钠的体积（mL）；

B 为空白氢化钠消耗量（mL）；C 为氢氧化钠浓度（0.1mol/L）；W 为样本权重（g）；0.032 表示 1mL 氢氧化钠溶液对应 0.032mg 二氧化硫。每个样品平行测试 3 份。

12.4.1.5 UPLC-QTOF-MS/MS 分析

分析条件：Waters UPLC 系统与 Xevo G2-S QTOF-MS 联用。流动相为 0.1% 甲酸 - 水溶液（A）和 0.1% 甲酸 - 乙腈（B）。洗脱梯度：0 ～ 0.5% B（0 ～ 4min），0.5% ～ 2% B（4 ～ 6min），2% ～ 8%B（6 ～ 7min），8% ～ 12% B（7 ～ 12min），12% ～ 20% B（12 ～ 18min），20% ～ 40%B（18 ～ 24min），40% ～ 45% B（24 ～ 25min），45% ～ 70% B（25 ～ 31min），70% ～ 98%B（31 ～ 33min），98% B（33 ～ 35min）；平衡时间 4min。质谱参数设置为：扫描范围 50 ～ 1500 Da，扫描时间 0.2 s，毛细管电压 2.0kV，椎体电压 40V，离子源温度 100℃，去溶剂气温度 450℃、流速 900 L/h，碰撞能量 30 ～ 50V。

多元统计分析：为了进行数据分析，首先将从 MassLynxTM 软件（4.1 版，Waters Co.，Milford，MA，美国）获得的数据转移到 Progenesis QI 软件（Waters Co.，Milford，MA，USA）中，用以寻找硫熏和非硫熏天麻的区分标志物。设置保留时间误差窗口为 0.20min 和质量误差为 5.0 ppm 用以对齐化合物。然后，使用最小变异系数（CV），ANOVE p 值和最大倍数变化算法对化合物进行过滤，随后导出到 EZinfo 软件（2.0.0.0 版）和 SIMCA-P 11.5 版软件进行主成分分析（PCA）和正交偏最小二乘判别分析（OPLS-DA）分析。

12.4.1.6 8 种主要活性成分的测定

液相色谱条件：Waters ACQUITY UPLC 系统，配 Waters C_{18} 柱（2.1mm×100mm，1.8μm，ACQUITY UPLC®HSS T3，USA）。流动相组成为 0.1% 甲酸溶液（A）和乙腈（B）。洗脱梯度：0.5% B（0 ～ 4min），0.5% ～ 2% B（4 ～ 5min），2% ～ 15%B（5 ～ 10min），15% ～ 20% B（10 ～ 12min），20% ～ 95% B（12 ～ 15min），95% B（15 ～ 17min），95% ～ 0.5% B（17 ～ 17.5min），0.5% B（17.5 ～ 20min）。流速 0.5mL/min，柱温 35℃。进样体积 1μL，检测波长 270 nm。

方法学验证：该方法通过特异性、线性、检测限（LOD）、定量限（LOQ），日内和日间精度、准确性和稳定性等指标进行了充分验证。

统计分析：结果以三份定量分析的平均值 ± 标准偏差表示。数据分析（t 检验）采用 SPSS 20.0 进行。

12.4.1.7 二氧化硫的健康风险评估

为了评估硫熏药材的潜在毒性，提出了靶标危害系数（THQ），计算公式如下：

$$THQ = \frac{C + EF + ED + FIR}{WAB + TA + ADI + 1000}$$

式中，*C* 是药材中测得的二氧化硫的含量（mg/kg）；*EF* 是暴露频率（30d/y）；*ED* 是暴露时间（30 年）；*FIR* 是药材摄食或吸入率（200 g/d）；*WAB* 是人平均体重（60 kg）；*TA* 是非致癌物平均暴露时间（365d×70y）；*ADI* 是可接受的每日摄入量 [0.7mg/（kg·d）]。

12.4.2　结果与讨论

12.4.2.1　基于 UPLC-QTOF-MS 的代谢组学研究发现代谢标志物

为了准确区分硫熏天麻的代谢标志物，对未硫熏和硫熏样品（1：20）的代谢谱进行了分析。发现天麻中的主要活性物质有 AD、GA、PE、PB、PC 和 PA。使用 Progenesis QI 软件对齐所有样品的 1651 个离子。随后，执行最小变异系数（值≥2），ANOVE *p* 值（*p*≤0.05）和最大倍数变化（值≥2），共过滤出 191 个具有统计学意义的质谱离子。PCA 评分图显示未熏蒸和硫黄熏蒸样品之间的明显差异 [图 12-12（a）]。然后，建立了 OPLS-DA 模型（$R^2X = 0.799$ 和 $Q^2 = 0.969$），以便确定样品中潜在的硫熏和非硫熏标志物。根据 VIP > 1.0 这一条件筛选了对非熏蒸样品和硫黄熏蒸样品有显著贡献的 *X* 变量。最终筛选出 6 个潜在的标志物包括亚硫酸对羟基苄酯（a，t_R 3.22min，*m/z* 187.0063，其中 t_R 代表保留时间），磷脂酰肌醇（18：2/0：0）（b，t_R 30.33min，*m/z* 595.2886），乳糖 6- 硫酸盐（c，t_R 0.64min，*m/z* 421.0690），硫酸对巯基苄酯（d，t_R 7.03min，*m/z* 218.9785），姜糖脂 B（e，t_R 28.86min，*m/z* 677.3745），磷脂酰肌醇（0：0/18：2）（g，t_R 29.80min，*m/z* 595.2882）和碎片离子 HSO_3^-（f，t_R 7.06min，*m/z* 80.9643），它们均位于 VIP 图 [图 12-12（b）、（c）] 和 S-plot [图 12-12（d）] 的右下方，其中硫黄熏蒸的化合物 b、c、e 和 g 的检测强度均高于未熏蒸的天麻，另化合物 a、d 可在硫黄熏蒸的天麻中被高强度检测到，但在所有非熏蒸的天麻样品中均检测不到。特别指出，在硫黄熏蒸过程中可以通过 HA 和巴利森苷的降解产物生成亚硫酸对羟基苄酯（a）和硫酸对巯基苄酯（d），这些标志物在市售天麻样品中得到确认。

12.4.2.2　硫黄熏蒸过程中天麻中 8 种主要活性成分的动态变化

为了监测天麻硫黄熏蒸过程，并分析标志物的化学转化机理，系统测定了三个硫熏剂量下（1：20、1：40 和 1：80）24h 内 7 个硫熏时间点的天麻样品中的 8 种主要活性化合物和二氧化硫残留量。总体变化趋势显示，在硫黄熏蒸过程中，天麻中的目标分析物在最初的 1 ～ 2h 逐渐减少，并在随后的 2h 内逐渐增加并稳定（图 12-13）。这种趋势主要是由于亚硫酸与酚酸和核苷之间发生的硫酸化反应及其可逆反应。亚硫酸对羟基苄酯（a）主要来自 HA 和巴利森苷类物质和天麻素的降解产物。

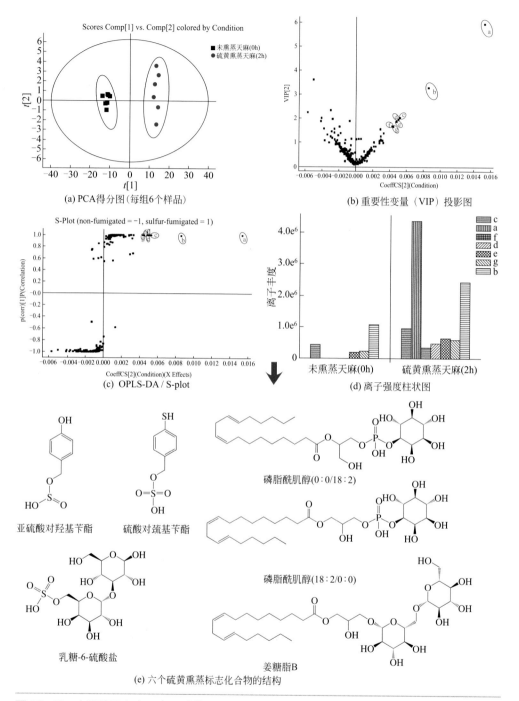

(a) PCA得分图（每组6个样品）

(b) 重要性变量（VIP）投影图

(c) OPLS-DA / S-plot

(d) 离子强度柱状图

亚硫酸对羟基苄酯

硫酸对巯基苄酯

乳糖-6-硫酸盐

磷脂酰肌醇(0:0/18:2)

磷脂酰肌醇(18:2/0:0)

姜糖脂B

(e) 六个硫黄熏蒸标志化合物的结构

图12-12 未熏蒸天麻（0h）和硫黄熏蒸天麻（2h）样品甲醇提取物的多元统计分析

其中化合物a和g是天麻样品中的硫黄熏蒸标志物（Kang et al.，2017）

如图 12-13（a）所示，除 PE 含量增加 25.98％外，其他 7 种分析物的含量在经过熏蒸 24h 后均显著下降 8％以上（与未熏蒸相比，$p < 0.001$），其中 HA 和 HB 的量分别显著减少了 43.85％和 50.00％。另外，硫黄熏蒸 2 h 后 AD、PB、PC 和 PA 的量达到最小值，分别减少了 33.33％，26.61％，34.88％和 35.02％，然后在 2～24h 之间保持稳定。但是，随着硫黄使用量的减少，这 7 种化合物的含量峰谷抵达时间（T_{min}）在 1h 内抵达 [图 12-13（b）]，而 1∶80 组其 T_{min} 约为 2h [图 12-13（c）]，表明可以选择 T_{min} 作为评价硫黄熏蒸程度的良好参数。换句话说，T_{min} 高度依赖于硫黄与中药的重量比，当二氧化硫从表层组织渗透到较深组织时，T_{min} 将显示为拐点。值得注意的是，在 1∶20 时，硫熏 2h 时其二氧化硫可能渗透至整个药材，而在 1∶80 时，硫熏 2h 都不足以使二氧化硫在浅层组织中渗透完全。但是，在 1h 以内以 1∶40 的比例进行硫熏，可能是确保药材质量的最好方法 [图 12-13（f）]。此外，天麻中的二氧化硫残留量与硫黄用量呈显著正相关（$p < 0.01$）[图 12-13（d）]，这意味着硫黄与药材的比例越大，二氧化硫残留量越高。在含硫量大的情况下，PE 的增加主要是由于表层或深层组织中前体（即 PA、PB 和 PC）一定程度上降解造成的，而其他产物 GA 和 PA 则分别被二氧化硫消耗了 26.82％和 20.39％，并进一步转化为含硫标志物（亚硫酸对羟基苄酯和痕量的硫酸对巯基苄酯）。为了进一步剖析上述化学转化过程，评估了天麻中二氧化硫残留量与分析物含量之间的关系。如图 12-13（e）所示，随着二氧化硫残留量的增加，天麻样品的主要活性成分的含量逐渐减少；当二氧化硫的残留量为 410.24mg/kg 时达到最低，然后在硫黄熏蒸过程中逐渐增加并稳定下来 [图 12-13（e）]。

12.4.2.3 二氧化硫健康风险评估模型

由于《中华人民共和国药典》（2015 年版）规定二氧化硫残留量为 400mg/kg，因此仅硫熏 1h 后，这 3 组（1∶20、1∶40 和 1∶80）的大多数样品就超过了标准值，它们分别为 670.71mg/kg，410.24mg/kg 和 211.92mg/kg。考虑到 WHO 的 150mg/kg 标准，可以将二氧化硫含量过多视为对健康的严重危害。然而，据我们所知，食物的日常消费量通常远远大于药材，不同药材的服用剂量通常也有很大差异。因此，尝试使用 ADI 值来评价硫熏天麻的毒性。从 ISO 18664：2015 和 GESM/ 食物群饮食数据库获得粮农组织 / 世卫组织食品添加剂联合专家委员会（JECFA）设定了二氧化硫的每日允许摄入量（ADI），药材摄入或吸入速率占每日食物总消费量（1612g/d）的 0.133％（200g/d）。当 THQ 低于 1 时，它被认为是安全的。

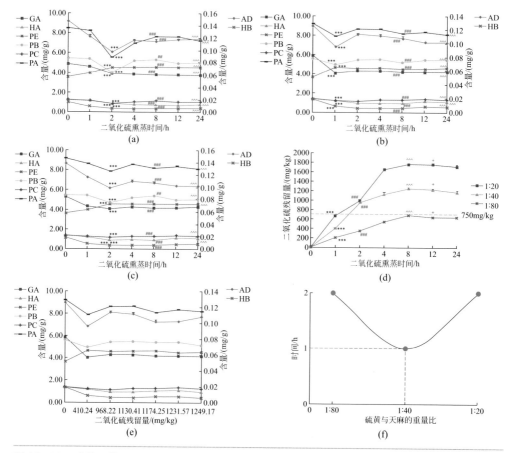

图 12-13　硫黄熏蒸 24h 天麻样品中 8 种主要化合物及二氧化硫残留量的变化

（a）：硫黄与天麻的重量比（1∶20）；（b）：硫黄与天麻的重量比（1∶40）；（c）：硫黄与天麻的重量比（1∶80），***$p < 0.001$，与未熏蒸比较；###$p < 0.001$，##$p < 0.01$，与未熏蒸比较；与未熏蒸相比，$p < 0.001$；（d）：天麻中二氧化硫残留量变化，与未熏蒸相比，***$p < 0.001$；与第 1 h 相比，###$p < 0.001$；^^^$p < 0.001$，与第 2 h 比较（按 THQ 计算的最大二氧化硫残留量为 750 mg/kg）；（e）：以 1∶40 比例进行硫熏后其主要化学成分变化和二氧化硫残留物的变化；（f）：硫黄与药材在不同重量比的条件下的含量峰谷抵达时间（T_{min}）（Kang et al.，2017）

　　因此，考虑到草药在日常食物中的比例，从草药中摄入的二氧化硫的最大残留限量（MRL）设置为约 750mg/kg ［图 12-13（d）］。因此，在 1h 内以 1∶40 的比例进行天麻硫熏是安全的，并且该比例和时间段也确保了最佳的保存质量。然而，随着硫黄熏蒸比例或时间的增加，其二氧化硫残留量迅速超过了合理的极限，并在约 8 h 达到了稳定水平 ［图 12-13（d）］。在市售硫熏天麻样品中，平均含量仅为 22.29mg/kg，远低于所定标准，可以安全地用于临床和日常饮食中。

12.4.3 结论

在本研究中，通过基于代谢组学结合多元变量统计分析，鉴定了 6 种硫黄熏蒸标志物。其中，在硫熏 1 ~ 2h 中积累的两种含硫成分（亚硫酸对羟基苄酯和硫酸对巯基苄酯）的含量与主要活性成分酚类物质含量呈正相关，特别是主要的亚硫酸对羟基苄酯在市售的天麻样品中常被检测到。根据硫黄熏蒸过程中关键物质的定量分析，阐释了主要成分的化学变化、两个含硫标志物和二氧化硫残留之间的化学转化机理。Tmin 是评价从浅表组织到较深组织熏蒸程度的实用指标。此外，基于二氧化硫的 ADI 值，建立了硫熏药材的健康风险评估模型，并将天麻的二氧化硫的最大残留限量确定为 750mg/kg，发现在 1 h 内以 1 : 40 的比例对天麻进行硫熏可保障药材质量。

参考文献

陈晓亚，2006. 植物次生代谢研究. 世界科技研究与发展，28: 1-4.

傅坤俊，1993. 中国植物志. 北京：科学出版社，42: 131-133.

赖长江生，魏旭雅，邱子栋，谭婷，2020. 道地药材质量标准设计与应用. 中国中药杂志，45: 6072-6080.

王尔彤，刘鸣远，1999. 两种药用黄芪比较生物学研究. 植物研究，16: 85-91.

肖培根，冯毓秀，诚静容，等，1964. 中药黄耆原植物和生药学的研究. 药学学报，11: 114-119.

赵一之，2006. 中药黄芪植物分类及其区系地理分布研究. 植物研究，26: 532-538.

中华人民共和国药典委员会，2005. 中华人民共和国药典（一部）. 北京：化学工业出版社：212.

中华人民共和国药典委员会，2010. 中华人民共和国药典（一部）. 北京：中国医药科技出版社：283.

Blaise B J, Giacomotto J, Elena B, et al., 2007. Metabotyping of *Caenorhabditis elegans* reveals latent phenotypes. Proc Natl Acad Sci USA, 104: 19808-19812.

Cho W C S, Leung K N, 2007. In vitro and in vivo immunomodulating and immunorestorative effects of *Astragalus membranaceus*. J Ethnopharmacol, 113: 132-133.

Cui G H, Duan L X, Jin B L, et al., 2015. Functional Divergence of diterpene syntheses in the medicinal plant *Salvia miltiorrhiza*. Plant Physiol, 169:1607-1618

Cui R, He J C, Wang B, et al., 2003. Suppressive effect of *Astragalus membranaceus* Bunge on chemical hepatocarcinogenesis in rats. Cance Chemother Pharmacol, 51: 75-80.

Kim D H, Paudel P, Yu T, et al., 2017. Characterization of the inhibitory activity of natural tanshinones from *Salvia miltiorrhiza* roots on protein tyrosine phosphatase 1B. Chem Biol Interact, 278: 65-73.

Gao W, Hillwig M L, Huang L Q, et al., 2009. A functional genomics approach to tanshinone biosynthesis provides stereochemical insights. Org Lett, 11: 5170-5173.

Gao W, Sun H X, Xiao H B, et al., Combining metabolomics and transcriptomics to characterize tanshinone biosynthesis in *Salvia miltiorrhiza*. BMC genom, 15: 73-86.

Gao H, Sun W, Zhao J, et al., 2016. Tanshinones and diethyl blechnics with anti-inflammatory and anti-cancer activities from *Salvia miltiorrhiza* Bunge (Danshen). Sci Rep, 6:33702.

Guo J, Zhou Y J, Hillwig M L, et al., 2013. CYP76AH1 catalyzes turnover of miltiradiene in tanshinones biosynthesis and enables heterologous production of ferruginol in yeasts. Proc Natl Acad Sci USA,110: 12108-12113.

Guo J, Ma X, Cai Y, et al., 2016. Cytochrome P450 promiscuity leads to a bifurcating biosynthetic pathway for tanshinones. New Phytol, 210: 525-534.

Kang C Z, Lai C J S, Zhao D, et al., 2017. A practical protocol for comprehensive evaluation of sulfur-fumigation of *Gastrodia Rhizoma* using metabolome and health risk assessment analysis. J Hazard Mater, 340:221-230.

Kuo Y H, Tsai W J, Loke S H, et al., 2009. Astragalus membranaceus flavonoids (AMF) ameliorate chronic fatigue syndrome induced by food intake restriction plus forced swimming. J Ethnopharmacol, 122: 28-34.

Kusano T, Berberich T, Tateda C, et al., 2008. Polyamines: essential factors for growth and survival. Planta, 228: 367-381.

Leslie A W, Olavi J, 1999. Cold-Induced Freezing Tolerance in Arabidopsis. Plant Physiol, 120: 391-399.

Li B, Cui G H, Shen G A, et al., 2017. Targeted mutagenesis in the medicinal plant *Salvia miltiorrhiza*. Sci Rep, 7: 43320.

Ma Y, Cui G H, Chen T, et al., 2021. Expansion within the CYP71D subfamily drives the heterocyclization of tanshinones synthesis in *Salvia miltiorrhiza*. Nat Commun, 12:685.

Ma Y, Ma X H, Meng F Y, et al., 2016. RNA interference targeting CYP76AH1 in hairy roots of *Salvia miltiorrhiza* reveals its key role in the biosynthetic pathway of tanshinones. Biochem Biophys Res Commun, 477:155-160.

Ma X, Tu P, Chen Y, et al., 2004 Preparative isolation and purification of isoflavan and pterocarpan glycosides from *Astragalus membranaceus* Bge. var. mongholicus (Bge.) Hsiao by high-speed counter-current chromatography. J Chromatogr A, 1023: 311-

317.

Fiehn O, Kopka J, Dörmann P, et al., 2000. Metabolite profiling for plant functional genomics. Nat Biotechnol 18: 1157-1164.

Pui Y Y, Hoi S K, 2006. Molecular identification of Astragalus membranaceus at the species and locality levels. J Ethnopharmacol, 106: 222-229.

Qi X Q, Lindhout P, 1997. Development of AFLP markers in barley. Mol Gen Genet, 254: 330-336.

Qi X Q, Stam P, Lindhout P, 1998. Use of locus-specific AFLP markers to construct a high-density molecular map in barley. Theor Appl Genet, 96: 376-384.

Schut J W, Qi X Q, Stam P, 1997. Association between relationship measures based on AFLP markers, pedigree data and morphological traits in barley. Theor Appl Genet, 95: 1161-1168.

Vos P, Hogers R, Bleeker M, et al., 1995. AFLP: a new technique for DNA fingerprinting. Nucleic Acids Res, 23: 4407-4414.

Xu H B, Song J Y, Luo H M, et al., 2016. Analysis of the genome sequence of the medicinal plant *Salvia miltiorrhiza.* Mol Plant, 9:949-52.

Yan Y P, Wang Z Z. 2007. Genetic transformation of the medicinal plant *Salvia miltiorrhiza* by agrobacterium tumefaciens-mediated method. Plant Cell Tiss Organ Cult, 88:175-184.

第13章
代谢组数据的深度挖掘及应用

马爱民[①]　段礼新[②]　漆小泉[①]

① 中国科学院植物研究所，北京，100093

② 广州中医药大学，广州，510006

代谢组学是系统生物学的重要组成部分，旨在研究生物体、特定组织甚至单细胞中所有小分子代谢物及其动态变化过程（Fiehn，2002）。植物代谢组学是代谢组学研究的重要组成部分。据估计，植物中产生的代谢物种类超过 200000 种（Fiehn，2002；Dixon and Strack，2003；Fernie and Tohge，2017），这些代谢物可分为初生代谢物（Primary metabolites）和次生代谢物（特异代谢物）（Secondary metabolites/Specialized metabolites）。其中初生代谢物在植物细胞中组成性累积，主要参与植物的生长发育过程（Sulpice and Mckeown，2015；Fang et al.，2019）；而次生代谢物在植物抵御生物胁迫和非生物胁迫中发挥着重要作用，这类代谢物主要存在于植物特定的组织或生长发育阶段，是植物代谢物多样性的重要特征（Carreno-Quintero et al.，2013；Fernie and Tohge，2017；Zaynab et al.，2018；Fang et al.，2019）。此外，不同植物中基因功能和基因拷贝数的差异不仅影响酶催化反应的活性，而且影响酶促反应底物的特异性，这使得植物代谢物变得极其复杂（Fiehn，2002）。为了充分理解植物代谢物多样性的机理和功能，人们开发了多种植物代谢物检测平台和方法（Zeki et al.，2020）。本章节将主要介绍近年来发展起来的植物代谢组学检测平台、数据分析方法及植物代谢组学的应用等。

13.1　植物代谢组学检测平台

13.1.1　多平台整合技术在植物代谢组学中的应用

植物代谢物检测平台主要可分为基于核磁共振技术的检测平台和基于质谱技术的检测平台。其中，核磁共振平台具有较好的重复性，且可对样品进行无损分析，但是该方法的灵敏度和分辨率较低（Fernie et al.，2004；Zeki et al.，2020），而基于质谱技术的检测平台［包括气相色谱 - 质谱联用技术（Gas Chromatography-Mass Spectrometry，GC-MS）和液相色谱 - 质谱联用技术（Liquid Chromatography-Mass Spectrometry，LC-MS）］由于其高分辨率和灵敏度被广泛应用于植物代谢组学研究中（Gowda and Djukovic，2014；Fang et al.，2019；Siddiqui et al.，2020）。在GC-MS 分析中，代谢物经衍生化后在气相色谱中得以分离，故该平台主要适用于分析易挥发的物质，或衍生化后易挥发的物质，如氨基酸、糖和有机酸等初级代谢物（Fernie et al.，2004；Fernie and Tohge，2017；Wang et al.，2022）。LC-MS 检测平台可用于检测类黄酮、生物碱、萜类等次级代谢物（Fernie et al.，2004；De Vos et al.，2007；Böttcher et al.，2008；Wang et al.，2022）（图 13-1）。由于不同平台检测到的化合物种类有所差异，为了充分了解某一研究材料中代谢物的类型，近年来多平台整合技术在植物代谢组学研究中的应用越来越广泛（Fernie et al.，2004; t' Kindt et al.，2009; Zeki et al.，2020）。为了比较长春花（*Catharanthus roseus*）和小蔓长春花（*Vinca minor*）代谢物的差异，研究者利用 LC-MS 和 GC-MS 对长春花和小蔓长春花叶中的代谢物进行了检测。结果发现在 GC-MS 检测到的代谢物中，有 58 个代谢物的含量在不同类型的长春花中存在显著差异；在 LC-MS 分析中，有 9 种生物碱类物质的含量在不同长春花中存在明显差异，这为探究两种不同长春花表型的差异及其代谢物挖掘奠定了基础（Chen et al.，2017）。de Alencar 等（de Alencar et al.，2020）利用 LC-MS 在 *Alternanthera brasiliana* 乙醇粗提物中检测到 5 个黄酮类物质，其中 3 个物质是新发现的化合物；而利用 GC-MS 则检测到 22 个代谢物，其中 20 个代谢物也是首次发现的，这为了解 *Alternanthera brasiliana* 中药理成分及其功能奠定了基础。Naik 等（Naik et al.，2021）建立了利用 LC-MS/MS 和 GC-MS/MS 检测木豆粒中多种农药残留物含量的方法，并利用该方法在木豆粒中检测到 79 种农药残留物，进一步分析发现该方法可用于持续检测样品中极低量的农残物质（低于最低农药残留量）。

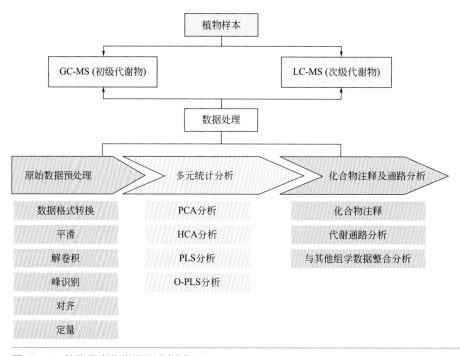

图 13-1　植物代谢组学数据分析流程

PCA—Principal-Component Analysis，主成分分析；HCA—Hierarchical Clustering Analysis，层次聚类分析；PLS—Partial Least Squares Analysis，偏最小二乘分析；O-PLS—Orthogonal to Partial Least Squares Analysis，正交偏最小二乘分析

13.1.2　拟靶向代谢组学技术在植物代谢组学中的应用

代谢组学分析可分为靶向代谢组学分析和非靶向代谢组学分析。靶向代谢组学可对目标代谢物进行绝对定量，具有高灵敏度、高特异性和良好的定量能力；非靶向代谢组学技术通常能够无偏向性、高覆盖地提供尽可能多的小分子代谢产物的信息，但是非靶向代谢组学灵敏度、特异性和定量准确性较低。为了建立一种灵敏度高、特异性高、定量能力强的代谢组学方法，充分结合非靶向和靶向代谢组学各自的优势，近些年研究者提出了拟靶向（广泛定量等术语）代谢组学分析方法（Pseudotargeted Metabolomics Method）（Li et al., 2012; Chen et al., 2013; Zheng et al., 2020），极大地提高了代谢组学分析的准确性。一般来讲，拟靶向代谢组学方法首先利用基于高分辨质谱（High-Resolution MS，HRMS）或者定性检测的方式，对代谢物池（Metabolite Pool，所有样本代谢物的集合）进行代谢物信息扫描，获得尽可能多的代谢物的丰富定性信息，将非靶向转化为有目标的拟靶向分析，从而保留了非靶向代谢组学高覆盖率的特点；再利用定量离子对选择算法，通过动态质谱多反应监测（Multiple Reaction Monitoring，MRM）对目标产物建立定量检测的方法，从而确保了靶向高灵敏度、高特异性和定量准确的特点。因此该方法具有代谢谱范围广、线性范围较宽、重复性好、灵敏度高、数据处理过程简单等优点。该方法的实验流程如图 13-2 所示，具体为以下几点。

图 13-2　拟靶向代谢组学分析流程

（1）建立质控样本和代谢物池（Quality Control/Metabolite Pool，QC/MP）　QC 样本是将所有待测样本等体积混合而成。如果某一类代谢物只在某一处理条件下特异存在，可将不同处理组的样品单独混为一个 QC 样品，并对各个处理组的 QC 样品进行独立分析（Wang et al., 2018）。

（2）内标（Internal Standard，IS）选择　在拟靶向代谢组学分析技术中，内标物质可用于保留时间校正及峰面积均一化。一般而言，所选用的内标物质需满足以下条件：内标物质的保留时间应在色谱图中分散（或均匀）分布；内标物质不能影响待测样品中各个物质的检测；内标物质种类应多样化，以满足待测样品中不同物质的校正需求；内标物质需具有较好的稳定性，以便在各个待测样本中都能被稳定检测到。

（3）非靶向代谢组学数据采集　为了尽可能多地获得代谢物信息，在拟靶向代谢组学分析技术中，通常先用高分辨质谱进行非靶向代谢组分析。在该分析中，通常需要用不同能级的电压轰击各个代谢物母离子，以获得各个代谢物的二级质谱（MS²）信息。对于 GC-MS 代谢组学，通过快速的质谱扫描，通过解卷积确定各个代谢物的质谱图及定量离子等信息。

（4）多反应离子监测对（MRM）选择　该过程主要是根据已获得的二级质谱信息，为每个化合物选取最优的特征离子。可用 MRM-Ion Pair Finder（Luo et al.，2015）实现这一过程。

（5）利用三重四极杆质谱（Triple-Quadrupole Mass Spectrometry，TQMS）检测各个特征离子对　通过保留时间锁定气相色谱 - 质谱选择离子监测方式，使得样品中已知和未知的代谢物均可被测量。在该步骤中，为了减小不同检测仪器中待测物保留时间的偏移，需利用内标物质对保留时间加以校正。

（6）拟靶向代谢组学分析方法优化　在使用已建立的拟靶向代谢组学分析方法之前，需从稳定性、可重复性及线性范围等方面进行优化。

由于拟靶向代谢组学的高覆盖度及较强的定量能力，近年来该方法已在植物代谢组学研究中得到了广泛应用。如研究人员利用拟靶向代谢组学分析方法对水稻籽粒中的代谢物进行了检测，发现与非靶向代谢组学相比，拟靶向代谢组学分析具有更好的重复性和线性范围（图 13-3）（Zhang et al.，2016）。虽然，拟靶向代谢组学分析方法具有诸多优点，但是该方法也具有一定的局限性，如可检测的代谢物数目依赖于质谱的灵敏度，而且该方法是一种半定量方法等（Zheng et al.，2020）。

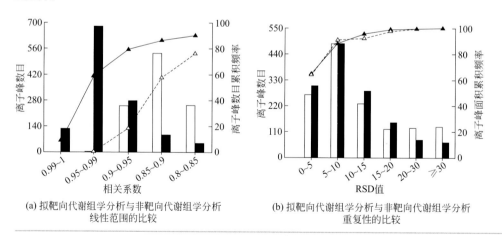

(a) 拟靶向代谢组学分析与非靶向代谢组学分析
线性范围的比较

(b) 拟靶向代谢组学分析与非靶向代谢组学分析
重复性的比较

图 13-3　拟靶向代谢组学分析与非靶向代谢组学分析的比较

□—非靶向方法；■—拟靶向方法；-△-—非靶向方法；▲—拟靶向方法

13.1.3 广泛定量代谢组学技术在植物代谢组学中的应用

除了拟靶向代谢组学分析技术外，近年来有研究者针对非靶向代谢组学和靶向代谢组学分析方法的优缺点，提出了能够同时定性、定量数百种已知代谢物和定量近千种已知和未知代谢物的广泛靶向代谢组学分析方法（Widely-Targeted Metabolomics），该方法具有高通量、高灵敏度、重复性好等优点。该方法将目标化合物的质谱参数（RT、Q1、Q3）信息添加进广靶数据库中，构建了一个包含数据库中所有化合物信息的质谱方法。基于已构建数据库（MS2T 数据库）及检测方法，利用高通量、高准确性、高灵敏度的质谱仪，采用 MRM 扫描模式对样本进行检测和数据采集，获得物质的定性及相对定量结果（图 13-4）。其中，MS2T 数据库的建立是基于 MIM-EPI 的方法，并对其进行进一步优化，以发现更多潜在的代谢物离子。用于代谢物广泛定量的 MRM 技术主要是利用物质检测相关参数（RT、Q1、Q3、DP、CE）检测不同样本中物质的相对含量，获得物质的定性、定量数据。通过将添加有植物激素的水稻叶片提取物样本进行多次重复分析发现，大多数分析物保留时间（Retention Time，RT）的变异系数（Coefficient of Variation，CV）小于 0.5%，大多数峰面积的变异范围小于 10%，说明该方法具有较好的可重复性（Chen et al.，2013）。研究者通过广泛靶向代谢组检测技术对番茄果肉进行了代谢

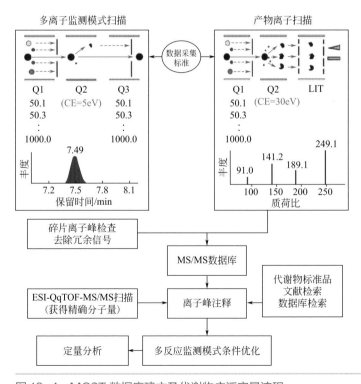

图 13-4 MS2T 数据库建立及代谢物广泛定量流程

组学分析，共获得 980 种代谢物；并利用重测序分析获得了各个材料的 SNP 信息。然后基于代谢组数据和重测序 SNP 信息，进行了以代谢物为表型的全基因组关联分析（mGWAS），获得了与甾醇糖基生物碱（SGAs）等物质相关的遗传位点，为番茄风味改良和育种等提供了理论指导（Zhu et al.，2018）。

13.2 植物代谢组学数据分析方法

代谢组学在高灵敏度、大规模海量数据采集的同时，不可避免会产生假阳性信号，这些信号有可能来源于实验室的各种污染；另外还有可能是一些定量不准确的信号，不能直接用于不同组别之间的数量比较。因此甄别生物来源的信号、清洗质谱数据，对提高代谢组学分析准确性有重要意义（Duan et al.，2016; Chetnik et al.，2020）。

由于电离模式的差别，LC-MS 质谱数据相对碎片较少，GC-MS 得到的碎片离子较多，色谱法的解卷积和大样本数据高效处理等问题显得尤为突出。基于质谱代谢组学数据分析的软件大部分用于 LC-MS，而 GC-MS 数据大规模数据处理软件相对较少（Duan et al.，2020）。

代谢组学分析最终是解释代谢物含量和种类的变化，从而推导生物过程。从原始的质谱数据到具有逻辑结构的代谢物结构式，需要对微量、混合样本中成千上万小分子代谢物进行定向，这一直是一个十分棘手的问题，如何快速进行代谢物注释（Shen et al.，2019）等是影响代谢组学数据解读的重要因素。在此，针对上面提到的几个关键问题，将介绍几个有效处理这些问题的方法或软件。

13.2.1 "五步法"去除LC-MS分析中假阳性信号

用于 LC-MS 分析的软件主要可分为：商业软件、开源软件和在线工作流程等（Wen et al.，2017）。其中，商业软件主要是针对各个仪器开发的数据分析包，导致这些软件的应用范围有限，如 MassHunter（Agilent Technologies）、SIEVE 、Compound Discoverer（Thermo Scientific）、Progenesis QI 和 Markerlynx（Waters）等（Want and Masson，2011; Wen et al.，2017; Gorrochategui et al.，2019; Chetnik et al.，2020）。而开源软件由于其免费、数据分析包易获得等特点被广泛应用于植物代谢组学研究中。值得注意的是，在用这些软件分析 LC-MS 数据前，原始数据需用相应软件转换为 mzXML、mzML、mzData 和 netCDF 等格式文件（Katajamaa and Oresic，2007; Want and Masson，2011; Zeki et al.，2020）。

在目前开发的用于 LC-MS 数据分析的开源软件（表 13-1）中，基于 R 语言的数据分析包 XCMS（Smith et al.，2006; Tautenhahn et al.，2012）和 MetAlign

（Lommen，2009）是两个被广泛使用的数据预处理（包括峰过滤、识别、对齐和定量）工具，然而这两个软件在分析大量样本时较为耗时。为了加快数据处理进程，MZmine 软件引入了分布式计算算法（Distributed Computing Algorithm）（Katajamaa et al.，2006; Pluskal et al.，2010）。AMDORAP 能够从原始数据中精确的提取 *m/z* 值，据估计 AMDORAP 软件提取的 *m/z* 误差为 ±3 ppm，而其他一些软件的误差为 ±100 ppm（Takahashi et al.，2011）。OpenMS 软件中包含 185 个用于 LC-MS 数据预处理、可视化和定量的工具包，且具有使用者易于操作的使用界面，大幅度减少了数据分析过程的一些潜在错误（Röst et al.，2016）。metaX 是一个包含代谢组学数据预处理、多元统计分析、代谢物注释、代谢通路解析及生物标志物选择等在内的综合性软件（Wen et al.，2017）。ROIMCR 采用 MCR-ALS 方法（Multivariate Curve Resolution-Alternating Least Squares）进行解卷积，由于该方法不需峰对齐等过程，大大减少了在峰对齐等过程中引入的错误率等（Gorrochategui et al.，2019）。对于在线工作流程，MetaboAnalyst 是一个强大的用于代谢组学数据分析的综合平台，包括富集分析、通路分析、统计分析等，但是它需要将原始数据经第三方软件对齐后得到包含保留时间、*m/z* 值和峰值强度等数据集后才可进行分析（Xia et al.，2009）。另一个在线数据可视化和注释软件 MAVEN 专为高效和交互式分析 LC-MS 数据而设计，该软件使用基于机器学习的方法对每个色谱峰的峰形等加以评估，并可分析同位素峰等（Melamud et al.，2010）。

虽然上述软件具有强大的数据分析能力，但分析结果中难免存在一些假阳性信号，如背景噪声峰、重复峰和污染物峰等（可能来源于样品制备过程引入的污染、色谱柱污染、溶剂噪声峰等）（Sauvage et al.，2008; Want et al.，2010; Yu et al.，2013; Duan et al.，2016; DeFelice et al.，2017; Chetnik et al.，2020）。为了尽量减少假阳性信号，样品制备过程需严格遵守组学样品制备流程和要求，同时需要优化仪器条件和开发有效的代谢组分分离方法（Want et al.，2010）。除此之外，后续数据分析过程中对于假阳性信号的过滤至关重要。最常用的数据过滤方法包括相对标准偏差法（RSD）、设置缺失值阈值法、平均值 / 中值法、相关分析法和聚类分析方法等（Want et al.，2010; Broadhurst et al.，2018; Chong et al.，2019; Alseekh et al.，2021）。虽然用这些方法可以显著减少假阳性信号，但是在分析结果中仍然存在一些假阳性信号（Chetnik et al.，2020）。为此，研究者开发了各种不同的算法以有效减少 LC-MS 数据分析中的假阳性信号（Yu et al.，2013; DeFelice et al.，2017; Ju et al.，2019; Kantz et al.，2019; Chetnik et al.，2020; Melnikov et al.，2020）。例如 apLCMS（Yu et al.，2009; Yu et al.，2013）、MS-FLO（DeFelice et al.，2017）、rFPF（Ju et al.，2019）、peakonly（Melnikov et al.，2020）等。此外，Duan 等提出的 "五步法" 过滤假阳性信号（Duan et al.，2016）方法被广泛应用于代谢组学研究中（Ju et al.，2019）。

表13-1 植物代谢组学分析平台简介

软件	软件介绍	兼容性	开发语言	参考文献
XCMS	数据预处理、对齐及定量分析;分析大量样本较为耗时	LC-MS, GC-MS	R	Smith et al., 2006; Tautenhahn et al., 2012
MetAlign	数据预处理、对齐及定量分析;分析大量样本较为耗时	LC-MS, GC-MS	C	Lommen, 2009
Mzmine	分布式峰对齐方法,多种数据可视化模型	LC-MS, GC-MS	Java	Katajamaa et al., 2006; Pluskal et al., 2010
AMDORAP	精确的分子量提取(误差范围±3 ppm)	LC-MS	R	Takahashi et al., 2011
MAIT	较为完善的 LC-MS 数据分析平台,但不包含数据均一化分析	LC-MS	R	Fernández-Albert et al., 2014
OpenMS	包含多种易于使用者掌握的数据分析流程	LC-MS	C++	Röst et al., 2016
metaX	非靶向代谢组学数据分析的综合平台,包含数据预处理、代谢物注释、代谢通路预测及生物标志物识别	LC-MS, GC-MS	R	Wen et al., 2017
ROIMCR	基于 ROIs 的峰识别和积分,并利用 MCR-ALS 方法进行解卷积积分分析	LC-MS	MATLAB	Gorrochategui et al., 2019
MetaboAnalyst	可进行代谢物富集分析、代谢通路分析及统计分析等,但是原始数据需经其他软件转换格式和对齐后才可进行分析	LC-MS, GC-MS, NMR	Java, R	Xia et al., 2009
MAVEN	利用机器学习方法进行峰质量评估,具有代谢途径分析及同位素标记分析等可视化功能	LC-MS	/	Melamud et al., 2010
apLCMS	可有效减少代谢组学分析中的假阳性及假阴性信号,但是需要一个已知代谢物数据库	LC-MS	R	Yu et al., 2009; Yu et al., 2013
MS-FLO	利用保留时间对齐、相关分析等多种方法降低假阳性信号	LC-MS	Python	DeFelice et al., 2017

软件	软件介绍	兼容性	开发语言	参考文献
rFPF	利用基于 EIC 图谱的方法降低假阳性信号	LC-MS	MATLAB	Ju et al., 2019
peakonly	利用基于神经网络的深度学习方法进行峰识别	LC-MS	Python	Melnikov et al., 2020
AMDIS	数据解卷积；不能进行峰对齐分析	GC-MS	/	Halket et al., 1999; Stein, 1999
ChromaTOF	GC-TOF-MS 数据解卷积；但是数据库算法未公开	GC-MS	/	/
MetaQuant	靶向代谢组学数据分析，需要提前建立一个代谢物数据库	GC-MS	Java	Bunk et al., 2006
MET-IDEA	靶向代谢组学数据分析，需要提前建立一个包含保留时间和 m/z 的数据库	GC-MS	/	Broeckling et al., 2006; Lei et al., 2012
TagFinder	峰对齐分析，但是没有基线校正和峰平滑分析功能	GC-MS	Java	Luedemann et al., 2008
MetaboliteDetector	数据解卷积和质谱峰对齐	GC-MS	C++	Hiller et al., 2009
ADAP	利用两种不同方法进行数据解卷积和质谱峰对齐	GC-MS	C++, R	Jiang et al., 2010; Ni et al., 2012; Ni et al., 2016; Smirnov et al., 2019
MS-DIAL	数据解卷积，质谱峰对齐和代谢物注释	GC-MS	C	Tsugawa et al., 2015;
eRah	数据解卷积和质谱峰对齐	GC-MS	R	Domingo-Almenara et al., 2016
IP4M	含有 62 种不同的数据预处理，代谢物注释及代谢通路富集分析功能	LC-MS, GC-MS	Java, Perl, R	Liang et al., 2020
autoGCMSDataAnal	利用原始数据进行峰识别和解卷积；利用动态规划算法进行保留时间校正	GC-MS	MATLAB	Zhang et al., 2020
QPMASS	大规模代谢组学数据分析，包括峰对齐、回填、定性、定量分析	GC-MS	C++	Duan et al., 2020

"五步法"过滤假阳性信号的流程如图13-5（a）所示。利用该方法去除假阳性信号时，需在样品制备时准备空白样本及质控样本（Quality Control，QC），并将 QC 样本进行梯度稀释。然后上机检测空白样本、QC 梯度稀释样本、QC 样本及生物学样本。所获得的数据经预处理、峰对齐等步骤后进行假阳性信号过滤。具体如下。

（1）重现性分析　该步骤用于过滤在 80% 生物学样本中均检测不到的色谱峰，滤除随机信号。

（2）变异分析　该步骤用于过滤在各个 QC 重复间色谱峰面积变异较大的样本，通常过滤阈值为 RSD > 20%，滤除测不准的信号。

（3）空白样本监测　该步骤用于过滤样本制备、检测等过程中引入的污染物峰或噪声峰。一般利用空白样品中色谱峰的峰面积与 QC 样本中相应色谱峰峰面积的比值去除污染物峰，滤除环境污染信号。

（4）定量准确性分析　该步骤也是用于过滤一些非生物学样本中的色谱峰。主要是将 QC 梯度稀释样本中各个色谱峰的峰面积与浓度之间进行相关分析，然后根据相关系数大小判断相应色谱峰是否可以定量分析，滤除定量不准确的信号。

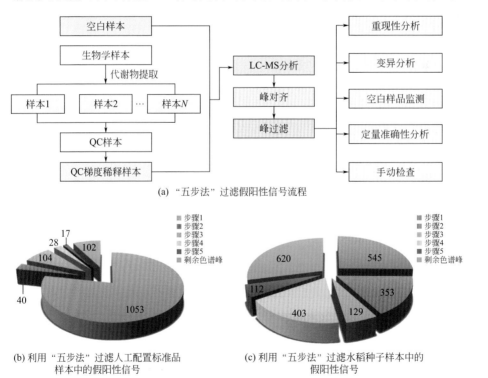

(a) "五步法" 过滤假阳性信号流程

(b) 利用 "五步法" 过滤人工配置标准品样本中的假阳性信号

(c) 利用 "五步法" 过滤水稻种子样本中的假阳性信号

图 13-5　"五步法" 过滤假阳性信号

（5）手动检查　手动检查各个色谱峰的峰高、峰形等，以进一步去除假阳性信号，滤除因软件和其他因素导致的错误信号。

利用该方法分析人工配制标准品样本发现，经预处理及对齐后的色谱峰中近92.5%的色谱峰为假阳性峰。具体而言，通过第一步分析发现有78.5%（1053/1342）的色谱峰不满足条件；第二步过滤中有40个色谱峰（3%）峰面积的变异范围RSD > 20%；在第三步过滤中有104个色谱峰（7.7%）在空白样品与QC样品中的峰面积比值 > 1%；在第四步相关分析中过滤掉28个相关系数 $r < 0.9$ 的色谱峰。最后，通过手动检查进一步过滤掉17个色谱峰［图13-5（b）］（Duan et al.，2016）。在水稻种子样本中，利用该方法分析发现，经预处理及对齐后的色谱峰中约有71.3%（1542/2162）的色谱峰为假阳性峰［图13-5（c）］（Duan et al.，2016）。

13.2.2　大规模GC-MS数据快速有效分析

GC-MS是另一个广泛使用的植物代谢组学分析平台（Luo，2015; Fernie and Tohge，2017）。和LC-MS分析平台相比，在GC-MS分析中会产生大量碎片离子，使得处理GC-MS数据变得更为复杂（Duan et al.，2020）。目前已开发了一系列用于GC-MS数据分析的软件（表13-1）。其中，AMDIS（Halket et al.，1999; Stein，1999）和ChromaTOF等软件主要用于GC-MS数据解卷积；MetaQuant（Bunk et al.，2006）和MET-IDEA（Broeckling et al.，2006; Lei et al.，2012）等软件主要用于靶向代谢组学分析；TagFinder（Luedemann et al.，2008）、flagme（Robinson，2010）、APAP（Jiang et al.，2010; Ni et al.，2012，2016; Smirnov et al.，2019）和MS-DIAL（Tsugawa et al.，2015）等软件主要用于非靶向代谢组学分析。虽然上述软件具有较好的数据分析能力，但是大多数软件仍不能满足分析大量GC-MS数据的需要（Duan et al.，2020）。为此，研究者开发了高效、快速分析大量GC-MS数据的软件QPMASS（Duan et al.，2020）。

QPMASS软件集定性与定量于一体，能够在Windows环境下快速处理来自气相色谱 - 飞行时间质谱（Gas Chromatography Time-of-Flight Mass Spectrometry，GC-TOF-MS）和气相色谱 - 四极杆质谱（Gas Chromatography-Quadrupole Mass Spectrometry，GC-qMS）的数据。QPMASS软件工作流程如图13-6（a）所示。具体为以下几点。

（1）数据导入　QPMASS软件需要导入原始采集数据（mzXML或netCDF格式）及解卷积后的数据。

（2）样品分组　根据层次聚类分析将所有样本划分为不同子集。

（3）色谱峰对齐　为了实现多样本的快速对齐，该软件引入了并行运算及动态

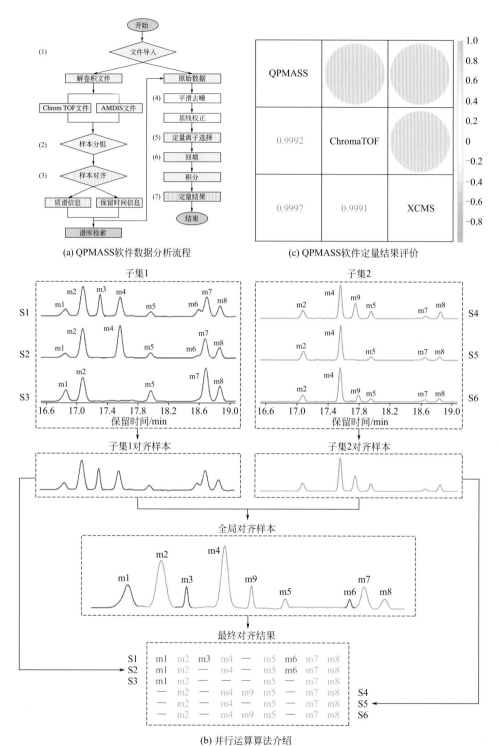

(a) QPMASS软件数据分析流程

(c) QPMASS软件定量结果评价

(b) 并行运算算法介绍

S1~S6代表6个样本，m1~m9是这些样本中检测到的离子峰；子集1对齐样本和子集2对齐样本分别根据子集1和子集2中所有样品得出的平均质谱图和保留时间；全局对齐结果是子集1对齐样本和子集2对齐样本的对齐结果；其中红色字体和色谱峰表示仅在子集1中检测到的色谱峰；绿色字体和色谱峰表示仅在子集2中检测到的色谱峰；蓝色代表在两个子集均检测到的色谱峰；虚线表示相应样本中缺少的色谱峰

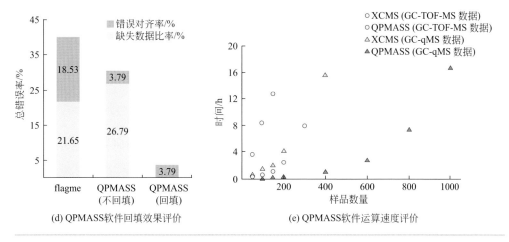

(d) QPMASS软件回填效果评价　　　　　　　(e) QPMASS软件运算速度评价

图 13-6　QPMASS 软件数据分析流程及性能评价

规划算法。在QPMASS软件中不同子集中的样本先分别被对齐，并通过动态规划算法获得各个子集样本之间的最佳对齐结果；然后再将各个子集对齐后的样本进行对齐〔图13-6（b）〕，对齐结果可直接导入NIST数据库进行谱库检索。

（4）原始数据预处理　在定量分析前，对原始数据进行基线校正、平滑、去噪等处理。

（5）定量离子选择　为了实现多样本的精确定量，该软件提出了"三步法"筛选最佳定量离子。QPMASS 软件通过 *ion intensity*，*height_ratio* 和 *sum_ratio* 三个软件来筛选定量离子。其中 *height_ratio* 用于评价目标色谱峰与相邻色谱峰是否有重叠；*sum_ratio* 用于描述目标色谱峰的峰形；*ion intensity* 用于描述离子峰强度。利用该方法获得的定量结果与常用 GC-MS 数据分析软件 XCMS 和 ChromaTOF 定量结果的相关性高达 0.999〔图 13-6（c）〕。

（6）峰过滤及缺失值回填　为了降低对齐结果的错误率，该软件引入了一系列峰过滤及缺失值回填算法。其中 *peakThreshold* 参数用于过滤假阳性峰，如果 *peakThreshold* 参数值设置为 80%，则 80% 的样本（在所处理的子集样本中）中不存在的峰值将从对齐结果中移除。*simThreshold* 参数用于缺失值回填。与 flagme 软件相比，QPMASS 软件回填后结果的错误率降至 3.79%（flagme 软件的错误率为 40.18%）〔图 13-6（d）〕。

（7）文件导出　利用 QPMASS 处理 200 个 GC-TOF-MS 数据只需 2h，而利用 XCMS 处理相同数量的样本需要 18h；此外，利用该软件处理 1000 个水稻干种子 GC-qMS 样本数据只需约 17h，然而在相同时间内利用 XCMS 只能处理 400 个样本〔图 13-6（e）〕。因此，该软件对于 mQTL（Metabolic Quantitative Trait Loci）和

mGWAS（Metabolic Genome-Wide Association Studies）等研究中大规模 GC-MS 代谢组数据的分析具有显著优势。

13.3　植物代谢物注释

代谢物注释是植物代谢组学数据分析的又一重要方面，目前研究者已开发了多个用于植物代谢物注释的软件或方法（表 13-2）。总体而言，这些注释软件或方法可分为两大类：一类是基于数据库检索的方法；另一类是基于生化反应的注释方法。针对利用谱库检索的注释方法中，NIST 数据库是常用的代谢物注释数据库之一，该数据库包括各个代谢物的名称、分子式、CAS 号、从多个碰撞能级收集的 MS/MS 谱图以及多种离子加合物的质谱图等。METLIN 是另一个广泛使用的代谢物注释数据库，该数据库中包含近百万个代谢物标准物在正 / 负模式下、多个不同裂解能级的 MS/MS 数据（Smith et al.，2005）。BinBase 数据库主要用于注释 GC-TOF-MS 分析中的代谢物（Fiehn et al.，2005）。MMCD 数据库中包含超过 20000 种代谢物和生物学小分子数据，该数据库可以用于 NMR 和质谱分析中代谢物的注释（Cui et al.，2008）。SIRIUS 是另一个强大的代谢物注释数据库，为了利用 MS/MS 数据精确计算目标物质的分子结构，该数据库中引入了各种不同的算法，如碎片树（The Fragmentation Trees）和最大后验估计（Maximum a Posteriori Estimation）等。在最新版本（SIRIUS4）中，CSI:FingerID 进一步利用碎片树算法和机器学习方法来预测代谢物结构（Böcker et al.，2009; Dührkop et al.，2015；Dührkop et al.，2019）。MassBank 是一个分布式的数据库，它整合了多种不同实验条件下的 ESI-MS2 数据（Horai et al.，2010）。ReSpect（RIKEN Tandem Mass Spectral Database）是广泛使用的植物代谢物数据库，它包含文献中已报道的代谢物数据和标准品的 MS/ MS 数据（Sawada et al.，2012）。

表 13-2　植物代谢物注释及代谢途径分析数据库或方法

数据库	兼容性	数据库介绍	参考文献
NIST	LC-MS，GC-MS	广泛使用的代谢物数据库之一，含有代谢物名称、分子式、CAS 号及 MS/MS 质谱数据等信息	/
METLIN	LC-MS	含有大量代谢物的质谱数据信息，支持多种检索模式	Smith et al.，2005
BinBase	GC-TOF-MS	质谱峰过滤及代谢物注释	Fiehn et al.，2005

数据库	兼容性	数据库介绍	参考文献
MMCD	NMR，LC-MS	可以兼容分析 NMR 和质谱数据	Cui et al.，2008
SIRIUS	LC-MS	利用 MS/MS 数据进行代谢物结构分析	Böcker et al.，2009；Dührkop et al.，2019
MassBank	LC-MS，GC-MS	含有不同实验条件下的 ESI-MS2 数据	Horai et al.，2010
ReSpect	LC-MS	植物特异的质谱数据库	Sawada et al.，2012
CSI:FingerID	LC-MS/MS	基于机器学习等方法进行分子结构检索	Dührkop et al.，2015
LC-MS/MS library	LC-MS/MS	基于高分辨液相色谱 - 质谱联用仪的植物天然产物数据库	Lei et al.，2015
MS2LDA	LC-MS	利用 Mass2Motifs 方法进行代谢物注释	van der Hooft et al.，2016
GNPS	LC-MS	基于分子网络的天然产物或代谢物分析平台	Wang et al.，2016
NAP	LC-MS	利用重排方法提高代谢物注释准确性	da Silva et al.，2018
MetDNA	LC-MS	大规模 LC-MS/MS 分析中代谢物注释平台，无需标准物质谱数据库	Shen et al.，2019
KEGG	/	广泛使用的代谢网络数据库之一，含有来源于大量物种的代谢网络	Ogata et al.，1999
MetaCyc	/	含有大量经实验验证的代谢网络	Caspi et al.，2020
WikiPathways	/	含有来源于 30 多个物种的生物反应路径数据库	Martens et al.，2021

此外，Lei 等（Lei et al.，2015）开发了一个基于超高性能液相色谱 - 质谱联用仪的植物天然产物数据库，该数据库中包含数千种代谢物的分子式、保留时间和质谱数据等信息。

虽然利用上述数据库可以注释大量代谢物，但是由于目前大多数植物代谢物都是未知的，即多数植物代谢物没有标准的 MS/MS 质谱图，因此无法通过谱库检索进行代谢物注释（Shen et al.，2019）。鉴于此，研究者开发了一些智能化的注释工具，如 MS2LDA（van der Hooft et al.，2016）、GNPS（Global Natural Product Social Molecular Networking）（Wang et al.，2016）、NAP（Network Annotation Propagation）（da Silva et al.，2018）等。此外 Shen 等提出了一种基于代谢反应网络的大规模结构鉴定算法 MetDNA（Shen et al.，2019），该新方法可以根据已知化合物的二级质谱图（或诊断离子），通过自动化的递归运算，深入寻找和鉴定代谢网络中邻近相似代谢物，相比传统方法，鉴定代谢物的数目提高了近 10 倍。同时，MetDNA 还可以用于多组学的研究，比如将代谢组学与转录组学有机结合起来分析等。使用该工具平台可访问网站 http://metdna.zhulab.cn/。值得注意的是，由于大多数同分异构体具有相同或相似的分子量和质谱图，为了提高注释的准确性，除了利用上述提到的代谢物注释数据库或注释工具外，还需利用标准品物质进行验证（Alseekh et al.，2021）。

除了代谢物注释数据库外，为了对代谢物进行系统研究，研究者开发了一系列用于代谢途径分析的数据库（表 13-2），其中 KEGG（京都基因和基因组百科全书）（https://www.genome.jp/kegg/）是使用最为广泛的数据库之一，该数据库中包含了许多物质的代谢网络和调控网络（Ogata et al.，1999）。MetaCyc（https://metacyc.org/）是一个包含初级和次级代谢网络的数据库，其中多数代谢网络是来自于 3000 多个组织器官、近 2800 个经实验验证的代谢网络（Caspi et al.，2020）。WikiPathways（https://www.wikipathways.org）是一个包含来自水稻、玉米等 30 多个物种的生物代谢途径数据库（Martens et al.，2021）。

13.4 植物代谢组学的应用

近年来，随着基因组学和质谱技术的发展，植物代谢组学已广泛应用于多个方面，如物种鉴别（Souard et al.，2018）、基因功能研究及代谢途径解析（Hirai et al.，2007; Fang et al.，2019）、群体遗传学研究（Gong et al.，2013）以及生物标志物分析（Swarbrick et al.，2006; Cañas et al.，2017）。

13.4.1 代谢途径解析

代谢物分析与基因功能相结合的研究方法是植物基因功能研究的强大工具（Fiehn et al.，2000; Fernie et al.，2004）。丹参提取物中的二萜类物质丹参酮具有多种药理活性，为了研究丹参酮代谢途径，研究者对丹参中参与二萜类物质合成的二萜合酶基因（*diTPS*）进行了系统研究。结果发现，在丹参近交系 bh2-7 的基因组中有五个 CPS 酶（SmCPS1 ～ SmCPS5）和两个 KS 酶（SmKSL1 和 SmKSL2）。其中，SmCPS1 和 SmKSL1 参与根中丹参酮的合成；SmCPS2 和 SmKSL1 控制地上部分丹参酮的生物合成；SmCPS4 和 SmKSL2 可催化花中 13- 丙酰基氧化物（*ent*-13-epi-manoyl oxide）的合成；SmCPS5 和 SmKSL2 参与赤霉素的生物合成。为了进一步探究丹参中 SmCPSs 在二萜类物质合成中的作用，研究者进行了 RNAi 基因沉默实验。通过检测野生型和 *SmCPS1*-RNAi 材料根中代谢物发现，大多数差异代谢物是二萜类化合物。此外，在突变体根中含量降低的 21 个已知化合物中，2 个化合物为枞树烷二萜，另外 19 个代谢物是丹参酮类化合物或其生物合成途径的中间体。这 19 个代谢物根据结构特征可分为 5 种类型，意味着丹参酮的生物合成受到复杂的代谢网络调控（Cui et al.，2015）。通过全基因组测序分析、突变体材料代谢组学分析及生化功能分析等发现 CYP71Ds（CYP71D373、CYP71D411、CYP71D464 和 CYP71D375）可能参与丹参酮的生物合成，其中 CYP71D373 和 CYP71D375 杂环化形成丹参酮的 D 环；而 CYP71D411 是一种 C20 羟化酶（Ma et al.，2021）。利用生化分析、基因沉默、非靶向 LC-MS 分析、共表达分析等发现在夹竹桃（*Catharanthus roseus*）中，环烯醚萜合酶（Iridoid Synthase）参与环烯醚萜的生物合成（Geu-Flores et al.，2012）。

13.4.2　群体遗传学研究

遗传群体中代谢物含量的变化受遗传因素影响（Toubiana et al.，2012; Alseekh et al.，2015）。目前，研究者利用非靶向代谢组学分析和遗传分析获得了一系列代谢物遗传位点（Luo，2015; Fernie and Tohge，2017）。Keurentjes 等利用 LC-QTOF/MS 分析了含有 160 个株系的拟南芥重组自交系群体中的代谢物，通过对检测到的代谢物进行 QTL 分析，共定位了 4213 个 mQTL 位点（Keurentjes et al.，2006）。Gong 等以含有 241 个株系的水稻重组自交系为材料，在旗叶和发芽种子中分别检测到 583 个和 217 个代谢物，利用高密度遗传连锁图谱共定位到 2800 个控制相关化合物含量的遗传位点，并从中预测了 24 个候选基因（Gong et al.，2013）。此外，研究者以自然群体为材料，利用全基因组关联分析（Genome Wide Association Study，GWAS）获得了一系列代谢物的遗传位点。如 Chen 等在水稻中将代谢物作为表型数据进行 GWAS 分析，定位了一系列与化合物含量变化相关的显著性位点，从中预测了 36 个与生理、营养特性相关化合物含量变化的候选基因，通过生化功能分析，验证了 5 个候选基因在水稻代谢物合成等过程中的重要作用（Chen et al.，2014）。Peng 等利用 mGWAS 分析获得了与水稻中黄酮类物质合成或代谢相关的糖基转移酶基因 *OsUGT706D1*（Flavone 7-*O*-Glucosyltransferase）和 *OsUGT707A2*（Flavone 5-*O*-Glucosyltransferase），进一步研究发现这两个基因在水稻对紫外线的耐受性中发挥着重要作用（Peng et al.，2017）。在玉米中，Wen 等将 mGWAS 与 qGWAS（Quantitative Genome-Wide Association Study）结合，定位了一系列与玉米叶片和籽粒中初级代谢物，如海藻糖和芳香族氨基酸等相关的遗传位点（Wen et al.，2018）。为了系统研究代谢组对番茄风味的影响，Tieman 等（Tieman et al.，

2017）系统检测了 398 个番茄品种中与风味相关的代谢物，如糖类、挥发性物质和有机酸等。同时通过人为品尝的方式对不同番茄品种的风味等进行了评价。通过相关分析获得了 33 个与消费者喜好显著相关的代谢物，以及 37 个与番茄风味显著相关的代谢物。最终通过全基因组关联分析获得了一系列影响番茄风味的代谢物遗传位点。

13.4.3　其他应用

植物在生命活动过程中能产生大量次级代谢物，这些物质在植物抵御外界侵害等过程中发挥着重要作用（Nishida，2014）。将植物代谢组学与生态学研究结合，即化学生态学和生态代谢组学，是解析生态学中众多相互作用的基础（Peters et al.，2018）。此外，大多数植物次生代谢物是重要的药物来源，因此植物代谢组学的发展将对天然代谢物的发掘产生重要影响（Li and Vederas，2009）。植物的生长发育是内外环境相互作用的结果，代谢物作为生物体内一系列调控过程的最终产物，其种类和含量的变化是植物对内外环境变化的最终响应（Fiehn，2002）。因此对于某一生物学过程中代谢物的研究将有助于获得参与该过程的特异化合物，为快速表型筛选等奠定基础。通过比较不同遗传背景拟南芥重组自交系材料的叶片衰老程度，发现 Bay-0×Shahdara 重组自交系中 5 个株系具有较大的表型差异（叶片衰老程度不同）。以此为材料探究与叶片衰老程度相关的代谢物标记，发现 γ- 氨基丁酸、亮氨酸、异亮氨酸、天冬氨酸和谷氨酸等与拟南芥叶龄和叶片衰老程度有关，尤其是甘氨酸与丝氨酸含量比值的差异在衰老性状出现之前的莲座叶中就可以检测到，因此可将其作为植物衰老性状筛选的指标之一（Diaz et al.，2005）。Swarbrick 等（Swarbrick et al.，2006）通过对大麦不同抗性品种进行代谢组学分析，获得了一系列与抗病相关的代谢物，为分子辅助育种奠定了理论基础。

13.5　展望

随着基因组学、转录组学和质谱技术的发展，近年来代谢组学研究也发展迅速，不仅被广泛应用于药理学、毒理学和疾病的诊断研究中（Bar et al.，2020；Suceveanu et al.，2020），而且在基因功能研究、作物产量提高等方面发挥着重要作用（Keurentjes et al.，2006; Schauer et al.，2006; Schauer et al.，2008; Zhu et al.，2018）。在这些研究中通常含有大量的生物学样本，为了充分了解其中所蕴含的生物学意义，研究者开发了各种代谢组学分析平台、数据分析方法、多元统计分析方法、代谢物注释及代谢网络预测方法或数据库。尽管这些方法和数据库在数据分析和代谢物注释中发挥着重要作用，但目前还是存在一些亟待解决的问题，例如缺乏快速检测微量物质的方法、缺少快速且有效的样品制备方法及缺乏较为完善的植物代谢物数据库等。因此，有必要开发一种广谱的、原位且实时检测植物代谢物的方法。此外，能够快速分析来源于不同检测平台的数据及进行代谢物注释的综合平台也是必需的。随着这些平台的逐渐完善，以及基因组学和转录组学的不断发展，植物代谢组学将在基因功能分析、作物品质分析等方面发挥越来越重要的作用。

参考文献

Alseekh S, Aharoni A, Brotman Y, et al., 2021. Mass spectrometry-based metabolomics: a guide for annotation, quantification and best reporting practices. Nat Methods,18: 747-756.

Alseekh S, Tohge T, Wendenberg R, et al., 2015. Identification and mode of inheritance of quantitative trait loci for secondary metabolite abundance in tomato. Plant Cell,27: 485-512.

Bar N, Korem T, Weissbrod O, et al., 2020. A reference map of potential determinants for the human serum metabolome. Nature, 588: 135-140.

Böcker S, Letzel M C, Lipták Z, et al., 2009. SIRIUS: Decomposing isotope patterns for metabolite identification. Bioinformatics, 25: 218-224.

Böttcher C, von Roepenack-Lahaye E, Schmidt J, et al., 2008. Metabolome analysis of biosynthetic mutants reveals a diversity of metabolic changes and allows identification of a large number of new compounds in *Arabidopsis*. Plant Physiol, 147: 2107-2120.

Broadhurst D, Goodacre R, Reinke S N, et al., 2018. Guidelines and considerations for the use of system suitability and quality control samples in mass spectrometry assays applied in untargeted clinical metabolomic studies. Metabolomics, 14: 72.

Broeckling C D, Reddy I R, Duran A L, et al., 2006. MET-IDEA: data extraction tool for mass spectrometry-based metabolomics, Anal Chem, 78: 4334-4341.

Bunk B, Kucklick M, Jonas R, et al., 2006. MetaQuant: a tool for the automatic quantification of GC/MS-based metabolome data. Bioinformatics, 22: 2962-2965.

Cañas R A, Yesbergenova-Cuny Z, Simons M, et al., 2017. Exploiting the genetic diversity of maize using a combined metabolomic, enzyme activity profiling, and metabolic modeling approach to link leaf physiology to kernel yield. Plant Cell, 29: 919-943.

Carreno-Quintero N, Bouwmeester H J, Keurentjes J J, 2013. Genetic analysis of metabolome-phenotype interactions: From model to crop species. Trends Genet, 29: 41-50.

Caspi R, Billington R, Keseler I M, et al., 2020. The MetaCyc database of metabolic pathways and enzymes - a 2019 update. Nucleic Acids Res, 48: D445-D453.

Chen Q, Lu X Y, Guo X R, et al., 2017. Metabolomics characterization of two apocynaceae plants, catharanthus roseus and vinca minor, using GC-MS and LC-MS methods in combination. Molecules, 22: 997.

Chen S L, Kong H W, Lu X, et al., 2013. Pseudotargeted metabolomics method and its application in serum biomarker discovery for hepatocellular carcinoma based on ultra high-performance liquid chromatography/triple quadrupole mass spectrometry. Anal Chem, 85: 8326-8333.

Chen W, Gao Y Q, Xie W B, et al., 2014. Genome-wide association analyses provide genetic and biochemical insights into natural variation in rice metabolism. Nat Genet, 46: 714-721.

Chen W, Gong L, Guo Z L, et al., 2013. A novel integrated method for large-scale detection, identification, and quantification of widely targeted metabolites: application in the study of rice metabolomics. Mol Plant, 6: 1769-1780.

Chetnik K, Petrick L, Pandey G, 2020. MetaClean: a machine learning-based classifier for reduced false positive peak detection in untargeted LC-MS metabolomics data. Metabolomics, 16: 117.

Chong J, Wishart D S, Xia J, 2019. Using MetaboAnalyst 4.0 for comprehensive and integrative metabolomics data analysis. Curr Protoc Bioinformatics, 68: e86.

Cui G H, Duan L X, Jin B L, et al., 2015. Functional divergence of diterpene syntheses in the medicinal plant *Salvia miltiorrhiza*. Plant Physiol, 169: 1607-1618.

Cui Q, Lewis I A, Hegeman A D, et al., 2008. Metabolite identification via the madison metabolomics consortium database. Nat Biotechnol, 26: 162-164.

da Silva R R, Wang M X, Nothias L F, et al., 2018. Propagating annotations of molecular networks using in silico fragmentation. PLoS Comput. Biol, 14: e1006089.

de Alencar J M T, Teixeira H A P, Sampaio P A, et al., 2020. Phytochemical analysis in *Alternanthera brasiliana* by LC-MS/MS and GC-MS. Nat Prod Res, 34: 429-433.

de Vos R C H, Moco S, Lommen A, et al., 2007. Untargeted large-scale plant metabolomics using liquid chromatography coupled to mass spectrometry. Nat Protoc, 2: 778-791.

DeFelice B C, Mehta S S, Samra S, et al., 2017. Mass Spectral Feature List Optimizer (MS-FLO): A tool to minimize false positive peak reports in untargeted liquid chromatography-mass spectroscopy (LC-MS) data processing. Anal Chem, 89: 3250-3255.

Diaz C, Purdy S, Christ A, et al., 2005. Characterization of markers to determine the extent and variability of leaf senescence in *Arabidopsis*. A metabolic profiling approach. Plant Physiol, 138: 898-908.

Dixon R A, Strack D, 2003. Phytochemistry meets genome analysis, and beyond. Phytochemistry, 62: 815-816.

Domingo-Almenara X, Brezmes J, Vinaixa M, et al., 2016. eRah: A computational tool integrating spectral deconvolution and alignment with quantification and identification of metabolites in GC/MS-based metabolomics. Anal Chem, 88: 9821-9829.

Duan L X, Ma A M, Meng X B, et al., 2020. QPMASS: A parallel peak alignment and quantification software for the analysis of large-scale gas chromatography-mass spectrometry (GC-MS)-based metabolomics datasets. J. Chromatogr, A 1620: 460999.

Duan L X, Molnár I, Snyder J H, et al., 2016. Discrimination and quantification of true biological signals in metabolomics analysis based on liquid chromatography-mass spectrometry. Mol Plant, 9: 1217-1220.

Dührkop K, Fleischauer M, Ludwig M, et al., 2019. SIRIUS 4: a rapid tool for turning tandem mass spectra into metabolite structure information. Nat Methods, 16: 299-302.

Dührkop K, Shen H B, Meusel M, et al., 2015. Searching molecular structure databases with tandem mass spectra using CSI:FingerID. Proc. Natl Acad Sci U S A, 112: 12580-12585.

Fang C Y, Fernie A R, Luo J, 2019. Exploring the diversity of plant metabolism. Trends Plant Sci, 24: 83-98.

Fernández-Albert F, Llorach R, Andres-Lacueva C, et al., 2014. An R package to analyse LC/MS metabolomic data: MAIT (Metabolite Automatic Identification Toolkit). Bioinformatics, 30: 1937-1939.

Fernie A R, Tohge T, 2017. The genetics of plant metabolism. Annu. Rev Genet, 51: 287-310.

Fernie A R, Trethewey R N, Krotzky A J, et al., 2004. Metabolite profiling: from diagnostics to systems biology. Nat Rev Mol Cell Biol, 5: 763-769.

Fiehn O, 2002. Metabolomics - the link between genotypes and phenotypes. Plant Mol Biol, 48: 155-171.

Fiehn O, Kopka J, Dormann P, et al., 2000. Metabolite profiling for plant functional genomics. Nature Biotech, 18: 1157-1161.

Fiehn O, Wohlgemuth G, Scholz M, 2005. Setup and annotation of metabolomic experiments by integrating biological and mass spectrometric metadata. Data Integration in the Life Sciences, Proceedings, 3615: 224-239.

Geu-Flores F, Sherden N H, Courdavault V, et al., 2012. An alternative route to cyclic terpenes by reductive cyclization in iridoid biosynthesis. Nature, 492: 138-142.

Gong L, Chen W, Gao Y Q, et al., 2013. Gentic analysis of the metabolome exemplified using a rice population. Proc Nalt Acad Sci U S A, 110: 20320-20325.

Gorrochategui E, Jaumot J, Tauler R, 2019. ROIMCR: a powerful analysis strategy for LC-MS metabolomic datasets. BMC Bioinformatics, 20: 256.

Gowda G A N, Djukovic D, 2014. Overview of mass spectrometry-based metabolomics: opportunities and challenges. Methods Mol Biol, 1198: 3-12.

Halket J M, Przyborowska A, Stein S E, et al., 1999. Deconvolution gas chromatography mass spectrometry of urinary organic acids-potential for pattern recognition and automated identification of metabolic disorders. Rapid Commun. Mass Spectrom, 13: 279-284.

Hiller K, Hangebrauk J, Jager C, et al., 2009. MetaboliteDetector: comprehensive analysis tool for targeted and nontargeted GC/MS based metabolome analysis. Anal Chem, 81: 3429-3439.

Hirai M Y, Sugiyama K, Sawada Y, et al., 2007. Omics-based identification of *Arabidopsis* Myb transcription factors regulating aliphatic glucosinolate biosynthesis. Proc Natl Acad Sci U S A, 104: 6478-6483.

Horai H, Arita M, Kanaya S, et al., 2010. MassBank: a public repository for sharing mass spectral data for life sciences. J Mass Spectrom, 45: 703-714.

Jiang W X, Qiu Y P, Ni Y, et al., 2010. An automated data analysis pipeline for GC-TOF-MS metabonomics studies. J Proteome Res, 9: 5974-5981.

Ju R, Liu X Y, Zheng F J, et al., 2019. Removal of false positive features to generate authentic peak table for high-resolution mass spectrometry-based metabolomics study. Anal. Chim. Acta, 1067: 79-87.

Kantz E D, Tiwari S, Watrous J D, et al., 2019. Deep neural networks for classification of LC-MS spectral peaks. Anal Chem, 91: 12407-12413.

Katajamaa M, Oresic M, 2007. Data processing for mass spectrometry-based metabolomics. J Chromatogr. A, 1158: 318-328.

Katajamaa M, Miettinen J, Oresic M, 2006. MZmine: toolbox for processing and visualization of mass spectrometry based molecular profile data. Bioinformatics, 22: 634-636.

Keurentjes J J B, Fu J Y, de Vos C H R, et al., 2006. The genetics of plant metabolism. Nat Genet, 38: 842-849.

Lei Z T, Jing L, Qiu F, et al., 2015. Construction of an ultrahigh pressure liquid chromatography-tandem mass spectral library of plant natural products and comparative spectral analyses. Anal Chem, 87: 7373-7381.

Lei Z T, Li H Q, Chang J N, et al., 2012. MET-IDEA version 2.06; improved efficiency and additional functions for mass spectrometry-based metabolomics data. Metabolomics, 8: S105-S110.

Li J W H, Vederas J C, 2009. Drug discovery and natural products: end of an era or an endless frontier? Science, 325: 161-165.

Li Y, Ruan Q, Li Y L, et al., 2012. A novel approach to transforming a non-targeted metabolic profiling method to a pseudo-targeted method using the retention time locking gas chromatography/mass spectrometry-selected ions monitoring. J Chromatog. A, 1255: 228-236.

Liang D D, Liu Q, Zhou K J, et al., 2020. IP4M: an integrated platform for mass spectrometry-based metabolomics data mining. BMC Bioinformatics, 21: 444.

Lommen A, 2009. MetAlign: interface-driven, versatile metabolomics tool for hyphenated full-scan mass spectrometry data preprocessing. Anal Chem, 81: 3079-3086.

Luedemann A, Strassburg K, Erban A, et al., 2008. TagFinder for the quantitative analysis of gas chromatography-mass spectrometry (GC-MS)-based metabolite profiling experiments. Bioinformatics, 24: 732-737.

Luo J, 2015. Metabolite-based genome-wide association studies in plants. Curr. Opin. Plant Biol, 24: 31-38.

Luo P, Dai W D, Yin P Y, et al., 2015. Multiple reaction monitoring-ion pair finder: a systematic approach to transform nontargeted mode to pseudotargeted mode for metabolomics study based on liquid chromatography-mass spectrometry. Anal Chem, 87: 5050-5055.

Ma Y, Cui G H, Chen T, et al., 2021. Expansion within the CYP71D subfamily drives the heterocyclization of tanshinones synthesis in *Salvia miltiorrhiza*. Nat Commun, 12: 685.

Martens M, Ammar A, Riutta A, et al., 2021. WikiPathways: connecting communities. Nucleic Acids Res, 49: D613-D621.

Melamud E, Vastag L, Rabinowitz J D, 2010. Metabolomic analysis and visualization engine for LC-MS data. Anal Chem, 82: 9818-9826.

Melnikov A D, Tsentalovich Y P, Yanshole V V, 2020. Deep Learning for the precise peak detection in high-resolution LC-MS data. Anal Chem, 92: 588-592.

Naik R H, Pallavi M S, Bheemanna M, et al., 2021. Simultaneous determination of 79 pesticides in pigeonpea grains using GC-MS/MS and LC-MS/MS. Food Chem, 347:

128986.

Ni Y, Qiu Y P, Jiang W X, et al., 2012. ADAP-GC 2.0: deconvolution of coeluting metabolites from GC-TOF-MS data for metabolomics studies. Anal Chem, 84: 6619-6629.

Ni Y, Su M M, Qiu Y P, et al., 2016. ADAP-GC 3.0: improved peak detection and deconvolution of co-eluting metabolites from GC/TOF-MS data for metabolomics studies. Anal Chem, 88: 8802-8811.

Nishida R, 2014. Chemical ecology of insect-plant interactions: ecological significance of plant secondary metabolites. Biosci Biotechnol Biochem, 78: 1-13.

Ogata H, Goto S, Sato K, et al., 1999. KEGG: Kyoto Encyclopedia of Genes and Genomes. Nucleic Acids Res, 27: 29-34.

Peng M, Shahzad R, Gul A, et al., 2017. Differentially evolved glucosyltransferases determine natural variation of rice flavone accumulation and UV-tolerance. Nat Commun, 8: 1975.

Peters K, Worrich A, Weinhold A, et al., 2018. Current challenges in plant eco-metabolomics. Int. J Mol Sci, 19: 1385.

Pluskal T, Castillo S, Villar-Briones A, et al., 2010. MZmine2: Modular framework for processing, visualizing, and analyzing mass spectrometry-based molecular profile data. BMC Bioinformatics, 11: 395.

Robinson M D, 2010. flagme: analysis of metabolomics GC/MS data, R package version 1.14.0.

Röst H L, Sachsenberg T, Aiche S, et al., 2016. OpenMS: a flexible open-source software platform for mass spectrometry data analysis. Nat Methods, 13: 741-748.

Sauvage F L, Gaulier J M, Lachatre G, et al., 2008. Pitfalls and prevention strategies for liquid chromatography-tandem mass spectrometry in the selected reaction-monitoring mode for drug analysis. Clin Chem, 54: 1519-1527.

Sawada Y, Nakabayashi R, Yamada Y, et al., 2012. RIKEN tandem mass spectral database (ReSpect) for phytochemicals: A plant-specific MS/MS-based data resource and database. Phytochemistry, 82: 38-45.

Schauer N, Semel Y, Balbo I, et al., 2008. Mode of inheritance of primary metabolic traits in tomato. Plant Cell, 20: 509-523.

Schauer N, Semel Y, Roessner U, et al., 2006. Comprehensive metabolic profiling and phenotyping of interspecific introgression lines for tomato improvement. Nat Biotechnol, 24: 447-454.

Shen X T, Wang R H, Xiong X, et al., 2019. Metabolic reaction network-based recursive metabolite annotation for untargeted metabolomics. Nat Commun. 10: 1516.

Siddiqui M A, Pandey S, Azim A, et al., 2020. Metabolomics: An emerging potential approach to decipher critical illnesses. Biophys Chem, 267: 106462.

Smirnov A, Qiu Y P, Jia W, et al., 2019. ADAP-GC 4.0: application of clustering-assisted multivariate curve resolution to spectral deconvolution of gas chromatography-mass spectrometry metabolomics data. Anal Chem, 91: 9069-9077.

Smith C A, O' Maille G, Want E J, et al., 2005. METLIN - A metabolite mass spectral database. Ther Drug Monit, 27: 747-751.

Smith C A, Want E J, O' Maille G, et al., 2006. XCMS: processing mass spectrometry data for metabolite profiling using nonlinear peak alignment, matching, and identification. Anal Chem, 78: 779-787.

Souard F, Delporte C, Stoffelen P, et al., 2018. Metabolomics fingerprint of coffee species determined by untargeted-profiling study using LC-HRMS. Food Chem, 245: 603-612.

Stein S E, 1999. An integrated method for spectrum extraction and compound identification from gas chromatography/mass spectrometry data. J Am Soc Mass Spectrom, 10: 770-781.

Suceveanu A I, Mazilu L, Katsiki N, et al., 2020. NLRP3 inflammasome biomarker-could be the new tool for improved cardiometabolic syndrome outcome. Metabolites, 10: 448.

Sulpice R, Mckeown P C, 2015. Moving toward a comprehensive map of central plant metabolism. Annu Rev Plant Biol, 66: 187-210.

Swarbrick P J, Schulze-Lefert P, Scholes J D, 2006. Metabolic consequences of susceptibility and resistance (race-specific and broad-spectrum) in barley leaves challenged with powdery mildew. Plant Cell Environ, 29: 1061-1076.

Takahashi H, Morimoto T, Ogasawara N, et al., 2011. AMDORAP: Non-targeted metabolic profiling based on high-resolution LC-MS. BMC Bioinformatics, 12: 259.

Tautenhahn R, Patti G J, Rinehart D, et al., 2012. XCMS Online: a web-based platform to process untargeted metabolomic data. Anal Chem, 84: 5035-5039.

Tieman D, Zhu G T, Resende M F R, et al., 2017. A chemical genetic roadmap to improved tomato flavor. Science, 355: 391-394.

t'Kindt R, Morreel K, Deforce D, et al., 2009. Joint GC-MS and LC-MS platforms for comprehensive plant metabolomics: Repeatability and sample pre-treatment. J. Chromatogr. B Analyt. Technol. Biomed. Life Sci, 877: 3572-80.

Toubiana D, Semel Y, Tohge T, et al., 2012. Metabolic profiling of a mapping population exposes new insights in the regulation of seed metabolism and seed, fruit, and plant relations. PLoS Genet, 8: e1002612.

Tsugawa H, Cajka T, Kind T, et al., 2015. MS-DIAL: data-independent MS/MS deconvolution for comprehensive metabolome analysis. Nat. Methods, 12: 523-526.

van der Hooft J J J, Wandy J, Barrett M P, et al., 2016. Topic modeling for untargeted substructure exploration in metabolomics. Proc Natl Acad Sci U S A, 113: 13738-13743.

Wang M L, Huang J, Fan H Z, et al., 2018. Treatment of rheumatoid arthritis using combination of methotrexate and tripterygium glycosides tablets—a quantitative plasma pharmacochemical and pseudotargeted metabolomic approach. Front. Pharmacol, 9: 1051.

Wang M X, Carver J J, Phelan V V, et al., 2016. Sharing and community curation of mass spectrometry data with Global Natural Products Social Molecular Networking. Nat Biotechnol, 34: 828-837.

Wang S C, Li Y, He L Q, et al., 2022. Natural variance at the interface of plant primary and specialized metabolism. Curr Opin Plant Biol, 67: 102201.

Want E, Masson P, 2011. Processing and analysis of GC/LC-MS-based metabolomics data. Methods Mol Biol, 708: 277-298.

Want E J, Wilson I D, Gika H, et al., 2010. Global metabolic profiling procedures for urine using UPLC-MS. Nat Protoc, 5: 1005-1018.

Wen B, Mei Z L, Zeng C W, et al., 2017. metaX: a flexible and comprehensive software for processing metabolomics data. BMC Bioinformatics, 18: 183.

Wen W W, Jin M, Li K, et al., 2018. An integrated multi-layered analysis of the metabolic networks of different tissues uncovers key genetic components of primary metabolism in maize. Plant J, 93: 1116-1128.

Xia J G, Psychogios N, Young N, et al., 2009. MetaboAnalyst: a web server for metabolomic data analysis and interpretation. Nucleic Acids Res, 37: W652-W660.

Yu T W, Park Y, Johnson J M, et al., 2009. apLCMS - adaptive processing of high-resolution LC/MS data. Bioinformatics, 25: 1930-1936.

Yu T W, Park Y, Li S Z, et al., 2013. Hybrid feature detection and information accumulation using high-resolution LC-MS metabolomics data. J Proteome Res, 12: 1419-1427.

Zaynab M, Fatima M, Abbas S, et al., 2018. Role of secondary metabolites in plant defense against pathogens. Microb Pathog, 124: 198-202.

Zeki Ö C, Eylem C C, Recber T, et al., 2020. Integration of GC-MS and LC-MS for untargeted metabolomics profiling. J Pharm Biomed Anal, 190: 113509.

Zhang J J, Zhao C X, Zeng Z D, et al., 2016. Sample-directed pseudotargeted method for the metabolic profiling analysis of rice seeds based on liquid chromatography with mass spectrometry. J Sep Sci, 39: 247-255.

Zhang Y Y, Zhang Q, Zhang Y M, et al., 2020. A comprehensive automatic data analysis strategy for gas chromatography-mass spectrometry based untargeted metabolomics. J Chromatogr. A, 1616: 460787.

Zheng F J, Zhao X J, Zeng Z D, et al., 2020. Development of a plasma pseudotargeted metabolomics method based on ultra-high-performance liquid chromatography-mass spectrometry. Nat Protoc, 15: 2519-2537.

Zhu G T, Wang S C, Huang Z J, et al., 2018. Rewiring of the fruit metabolome in tomato breeding. Cell, 172: 249-261.

附　录

刘浩卓①（翻译）　刘宁菁②　姚　楠①（校对）

① 中山大学 生命科学学院，广州，510275

② 中国科学院分子植物科学卓越创新中心，上海，200032

附录1　基于质谱的代谢组学：注释、定量和最佳报告实践指南 ❶

摘要

　　基于质谱的代谢组学方法可以同时检测和定量成千上万种代谢物。然而，由于代谢组包含的化学成分复杂与动态范围较大，化合物的鉴定和可靠定量变得十分困难。另外，因为离子抑制、分裂和同分异构体的存在，复杂混合物的定量会变得更加困难。在本文中，我们作出了包括样品制备、复制、随机化、定量、回收和重组、离子抑制和峰误鉴定的指南，可作为一种从液质联用或气质联用代谢组学衍生数据中获得高质量报告的方法。

正文

　　代谢组学是对细胞代谢物进行大规模研究的学科，经过了超过 20 年的发展，已经成为一门成熟的学科。目前，它是一种常用的实验系统生物学工具，在植物、微生物和哺乳动物研究的基础和应用方面都展现出很好的实用性。附识 1 ❷ 对代谢组学领域过去 20 年发表的数千项研究中的重点进行了简要描述。

　　尽管这些代谢组学研究提供了一些见解，但代谢物的性质，特别是它们的多样性（化学结构和丰度的动态范围）仍然是对代谢组覆盖度的重大考验，这阻碍了代谢组与基因组，转录组和蛋白质组间的联系。尽管目前存在以上相对局限性，但目前在可精确定量代谢物的数目上已取得了重大进展，大量的研究已经获得了许多重要的生物学信息和生物活性代谢物。我们曾预测，在整个生命圈中有超过 100 万种不同的代谢物，而在一个物种中大概有 1000 ～ 40000 种。

　　到目前为止，即使是最先进的方法也不能确定代谢产物数量的上限。而且对代谢物的检测和定量能力还远远不够完善。现今，最全面的方法组合只能对大肠杆菌的 3700 种推测代谢物中的 700 种进行定量；对酵母的 2680 种推测代谢物中的 500 种进行定量；对在人体内 114100 种推测代谢物中的 8000 种进行定量；以及只能对植物超过 400000 种推测代谢物中的 14000 种进行定量。现下，化学多样性、代谢转化速率和细胞丰度的广阔动态范围限制了使用单一提取方法或单一分析程序来测

---

　　❶ 本篇文章翻译自 Mass spectrometry-based metabolomics：a guide for annotation，quantification and best reporting practices. 原文链接为 https://doi.org/10.1038/s41592-021-01197-1。
　　❷ 本书对原文的附识 1~8 未引用。

量所有代谢物。因此，为了达到更多的代谢物覆盖度，不同提取技术和分析方法的组合应用研究已经兴起。然而，建立这样的标准化流程比 RNA-seq 更难。此外，代谢组学数据的标准化应有更严格的要求，而与代谢物测定相关的目标广度，包括靶向代谢物分析、代谢物分析、代谢流分析、代谢组规模分析和代谢物指纹技术，使得这一问题更加复杂。

鉴于众多实验目标和方法可能导致产生一些分歧，我们认为明确代谢组数据获取和报告的指南特别重要，而且这也不是标准指导指南被第一次提出了。之前已经有一些见解深刻的文章对这个话题展开过讨论，包括 MetaboLights 和 Metabolome Workbench（https://www.metabolomicsworkbench.org/）等建立已久的代谢组数据库都推动了这个领域的发展。附识 2 对这些数据库以及最近的发展做了详细的描述。尽管由代谢组学标准倡议（Metabolomics Standards Initiative，MSI）和这些数据库制定的详细标准十分优秀，也明确了代谢组学报告的金标准。但值得注意的是，仅一小部分发表的代谢组学研究完全遵循这些标准，且同时将数据提交到代谢组数据库。这背后可能有如下几个原因：首先，目前很少有期刊要求将数据存储在代谢组学数据库中。其次，与 20 多年前的情况甚至与 13 年前 MSI 首次倡导时的情况不同，目前代谢组学研究通常伴随着其他组学研究一起发表。此外，许多课题组将他们的代谢组学实验外包给科技服务公司，但没有要求公司提供原始数据的经验，甚至他们根本无法接触到原始数据。与此同时，在缺乏明确指南的情况下，要求审稿人对多组学研究进行全面评判是一个很大的挑战，特别是考虑到许多生物学家缺乏代谢组学领域的专业能力。最后可能也是最重要的原因是在报告色谱级信息时存在一定困难，通常需要进行几次实验来满足代谢组学库的标准。然而，尽管报告这些信息在若干目的上非常有用，但也不是不可或缺的。正如本文中要阐述的，可以通过相对少量的源数据对一篇论文中涉及的代谢组学数据的质量进行有效评估，即通过分析代谢物注释的质量，以及评估分析物峰值的定量回收率。

本文的目的是提供一个简化的报告流程，以获取更多此前缺失的信息。尽管核磁共振（NMR）和毛细管电泳 - 质谱（CE-MS）分别在结构阐明和灵敏度方面有明确的优势，但我们将重点放在色谱［气相色谱（GC）或液相色谱（LC）］与质谱联用技术上，因为大多数代谢组学研究依赖于后两种方法。与 MSI 和上面提到的数据库的建议不同，我们提供的是数据处理层面的报告指南（由可以进行代谢物鉴定评估的标准色谱图支持），而不是原始色谱图。2011 年，植物学界提出了类似的建议，本文旨在修订和更新这些建议以达到如下两个目的：①更具普适性；②加强我们的论点，即定量对照实验应该被视为强制性的，其还可以帮助确定离子抑制对实验有多大的影响。我们强调了潜在的错误来源，并提供了推荐模范以确保获得和报告代谢物数据的稳定性。同时我们也提出了取样、提取和储存、代谢物鉴定和报告的指南。我们强调需要进行重组和回收实验，以检查这些代谢物的定性鉴定和定量回收。此外，为了改善报告质量，我们建议对代谢物注释采用更严格的命名，以消除目前存在于许多代谢组学研究中有关代谢物注释的歧义。本指南的范围不包括对获得数据进行详细的下游计算分析，但是我们注意到在这一领域的一些重要进展，这些工具及其应用将在附识 3 中进行讨论。

正如转录组学所证明的那样，我们相信这些措施对于课题组间的数据比较是必不可少的，这可以提供巨大的统计量和更深入的生物学见解，同时为更好地与其他数据集的整合打下了基础。

取样、抑制、代谢物提取和保存

代谢组学的第一步（也是特别重要的一步）是快速停止或者抑制代谢，以及用一种稳定的方式提取到能够准确反应体内活细胞代谢水平的样品。这对细胞和组织等代谢高度活跃系统的提取尤其重要，而对血清、血浆或尿液样本等生物体液的提取则不那么重要。事实上，没有一种方法可以适用于所有情况，每种组织类型都需要特定的取样、抑制和提取。但在某些确定情况下，质量评估也是可以普适化的，本文的目的是为如何应用它们提供明确的指导。

抑制需要满足两个标准：①完全终止所有的酶和化学活性；②在取样过程中避免对原始代谢产物水平进行干扰。附识 4 提供了关于抑制不同物种的新陈代谢时需要具体考虑的细节。抑制的效率可以通过各种提取方法进行对照比较，或者通过检测抑制样品中标准化合物的丰度（添加的稳定同位素）来实现（见下文"回收和重组实验"）。对于组织样品，尽可能做到快速切除，然后在液氮中快速冷冻，随后在恒定的 -80℃ 条件下冷冻保存至开展实验。然而对于体积较大的组织，浸入液氮中也是不够的，因为组织中心的冷却速度太慢。在这种情况下冷冻夹钳是首选方法，即使用两个预冻金属片将组织瞬间压扁。

除了抑制方法外，下游步骤同样需要谨慎。例如，不适当的冻干或未储存于密封容器中可以产生色素的几何异构体；而当需要检测挥发性成分时，冻干也是不合适的。虽然存储方式取决于所研究的目标代谢物的稳定性，但也不建议在 0 ~ 40℃ 之间存储样品。因为在这些温度下，物质会浓缩在水相中。因此，在必要的情况下，建议冻干后尽可能快速对样品进行提取分析。此外，必须非常仔细地确保代谢在解冻期间保持抑制，这对含有次级代谢物的提取物尤为重要。在这些萃取物中，降解酶通常保持着活性，如果不对其加以控制就可能导致某些代谢物的消耗或转换，以及伴随出现新的化合物或分解产物。代谢组工作流程见图1。

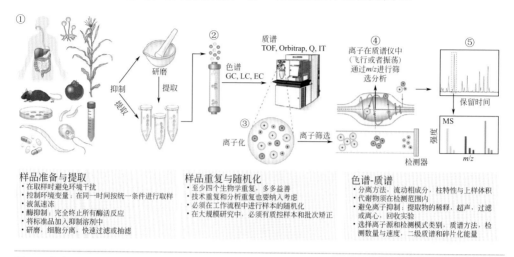

图1 代谢组工作流程

代谢组包含以下几个基本步骤：①样品准备和提取；②通过柱子或色谱分离代谢物，如GC，LC及EC；③使用离子源对代谢物离子化；④使用质量检测器通过质荷比（*m/z*）以离子飞行或振荡的方式分离不同代谢物；⑤检测。代谢物可以通过保留时间（RT）和质谱信息进行鉴定

TOF—飞行时间；Q—四极杆；IT—离子阱

同样的问题也出现在实验生长介质和使用的提取溶剂上。为了在随后的质谱分析中减少离子抑制的影响，通常需要进行多次洗涤步骤以去除生长介质，并且如果与分析仪器不兼容的话，最初的提取溶剂也可能需要置换。同时，这里存在着两个陷阱：①洗涤过程导致代谢物的损失；②溶剂的去除导致代谢物聚集，从而加速它们之间的化学反应。因此，需要特别谨慎地进行方法优化，以确保提取和处理方法能够获取到可以代表细胞代谢特征的足量代谢物。在某些情况下，例如在挥发性或半挥发性化合物的分析中，样品的提取和处理只能在新鲜的材料上进行。我们强烈建议在使用新的代谢组学技术或研究新的细胞类型、组织或生物体时，采用回收和重组实验（见下文）。

样本重复和随机化

生物重复、技术重复和分析重复的性质和数量需要特别重视。在使用任何新的提取方案或分析流程之前，以及在使用新的生物材料时，必须进行广泛的预实验，以充分评估一个统计学上合理的实验所必需的技术变化。分析重复，即重复对完全相同的提取后样品进行测定，用以评估机器性能。而技术复制则贯穿了整个实验过程，可以对数据生成中的任何实验变化进行更全面的评估。实际上，这种分析方法对于建立新的提取和处理流程、新的分析技术以及优化新仪器都是必不可少的。

生物重复是最为重要的，一般至少需要四次重复，越多越好；所需的重复次数取决于统计能力、效应量和实际差异。另外，必须小心地以高度一致的方式获得生物重复。对于植物来说，这也意味着在一天的同一时间以及相同的环境条件下采集样本。在许多情况下，完整而独立的重复生物实验是可取的。而技术复制可以在不同的阶段进行，例如在取样、抑制、提取和分析时，它可以独立于整个过程进行。根据我们的经验，提取步骤是其中最关键的一步。是否需要技术重复来支撑生物重复，取决于差异的相对大小；在生物差异大大超过技术差异的情况下，牺牲后者以增强前者也是明智的选择。在新的系统中，强烈推荐进行预实验来评估生物和技术改变，从而确定需要多少样本和多少重复才能达到统计稳定性。

在整个代谢组学实验中，对生物样本进行仔细的时空随机化同样重要。如果以非随机顺序对一组样本进行分析，则最终处理组和对照组样品或其采样时间点可能会在完全不同的条件下进行测定。因此，科学解释可能会因样本年龄或仪器性能的不同而变得混乱，而且也会掩盖样本组之间的生物学差异，更糟的是可能造成人为差异。尤其是在大规模代谢组研究中，只有仔细进行时空随机化才能描述代谢的自然变化，这类似于全基因组关联研究。这样的实验安排可能需要仪器数周的工作时间，而此类大规模研究的明确实践指南已经在其他地方提出，所以我们在这里不再进一步讨论。

不论实验规模大小，使用质控样品和批次校正都是必不可少的。这样的实验控制有助于监控仪器的性能和稳定性，从而监控数据质量。这些控制措施可以确保不会出现数据丢失或低信噪比的峰值。无论是确定浓度的已知代谢样品，还是普适的且进行了适当标准化的生物提取物（例如拟南芥、大肠杆菌、酵母或人类细胞系的提取物）的干粉，都可以作为广谱有效的参考样品。使用这些参考物可以提高定量精确度，且可能有助于使用代谢数据库中的数据。使用混合质控样品可以在研究中评估（和校正）运行顺序和批次效应的情况，但并不是实验中必需的，可作为参考材料。

定量

在确保任何代谢物定量方法（包括针对单个代谢物的方法）的准确性时，上述提取、存储和重复的细节同样适用。本文的其余部分将讨论局限于非靶向代谢组学方法的问题，几个需要考虑的基本方面如下。

首先，必须确保所有潜在的代谢物都能被检测到，且理想情况下最好在有效的线性范围内测定，这通过分析每种提取物的不同稀释度可以轻松实现。此外，确保组织破碎完全对于从完整组织开始的实验是很重要的。在细胞研究的情况下，必须进一步考虑是否将研究限于内源性细胞代谢物还是同时评估外源代谢组。对于这些以及其他的一些控制问题，我们在下文中提供了一个关于测定公开度、代谢物注释和记录的推荐表格（图2）。

生物学样本

- 实验设计
- 生长条件，处理方式，组织类别
- 重复(n=4)，质控
- 小心取样
- 速冻后进行提取
- 保存条件

↓

抑制与提取

- 组织样品：速冻，液氮研磨，液氮压扁，粉碎，冻干及细胞裂解
- 体液/细胞培养液:预冷有机溶剂，抽滤或过滤
- 使用N_2进行浓缩/干燥或者短时间冻干，使用固相萃取柱除杂或富集
- 回收实验，加入内标

↓

色谱分离

液相色谱
- 广泛的化合物，反向柱(silica C_{18})，流动相，上样体积
气相色谱
- 小分子化合物，易挥发，衍生化(MSTFA或BSTFA)，填充柱，载气，上样模式

- 基于化学特性进行样本分离
- 减少离子抑制效应
- 提高低丰度组分的检测
- 同分异构物的分离
- 减少干扰化合物

↓

质谱

- 离子源，离子化模式(ESI, EI, APCI等)，极性，电压，温度，真空度
- 质量分析器(TOF，Orbitrap, ion trap, FT-ICR等)
- 分辨率，灵敏度，质量精度，扫描速度，采集模式(全扫，MS/MS, SIM, MRM, ddMS等)

↓

数据处理，代谢物鉴定和数据分析

- 将MS源文件(m/z)转化为用强度表示的表格
- 必须峰过滤，检测和标准化
- 鉴定与记录
- 数据分析与表示

图2 典型的基于质谱的代谢组工作流程

基于质谱的代谢组学涉及的重要工作流程表总览

代谢组学数据通常提供相对于参考样本的相对数量（即相对定量）。这与基于NMR的研究相反，后者通常提供绝对浓度（即绝对定量），峰值强度与浓度成正比，且可在不同的峰或样品间进行直接比较。而代表不同化合物的 LC-MS 和 GC-MS 峰的相对强度与绝对浓度并不直接相关，因为复杂混合物中不同代谢物的电离效率各有差异。

一般使用标准曲线可以解决这个问题，它可以确定信号强度与分析物浓度响应关系的线性范围，而标准曲线的有效性则取决于标准品的纯度。虽然相对值在许多情况下非常有用，而且确实是表示未注释化合物表达水平变化的唯一方式，但绝对值在确定酶结合位点方面、代谢反应的热力学和代谢网络原子流动的分子动力学中有更大的用处。使用绝对定量方法的另一个优点是容易进行定量和峰注释正确性的质量控制，例如可以通过热力学的手段质控。然而，获取复杂混合物中数千种代谢物的标准曲线十分困难。由于离子相互作用、离子抑制等原因，这些混合物中的许多代谢物信号是非线性的，这大大增加了定量的难度（如下一节所述），但也有实验工具可以量化和报道这些问题的影响程度。同时外标法也存在很大的问题，因为外标的定量是在远比生物提取液简单的混合物中进行的。因此，使用同位素标记的内标法或内、外标法同时使用是更好的选择，这将在下文中介绍。

组织样本的表达量表示是定量的另一个基础，通常是以克为单位（鲜重或干重）提供的，而体液代谢组数据通常是按体积提供的。细胞代谢组学的情况更为复杂，因为细胞的大小往往是可变的，所以数据常常以每毫克蛋白质或基于细胞计数表示。代谢物的绝对或相对水平所依据的表达基础是非常重要的。例如，以新鲜重量为基础的值可能会受到细胞渗透势的显著影响，但过去却没有给予足够的考虑。

回收和重组实验

20 世纪 70 年代至 20 世纪 90 年代，回收实验得到了广泛的认可，它是指将标准化合物添加到初始提取溶剂中，以评估提取、储存和处理过程中的损失。回收实验可以有力说明所报告的数据是细胞代谢物组成的有效反映。最近在微生物、植物和哺乳动物系统中已有相关验证方法的例子，然而代谢组学界采用这些质控程序的速度一直相对缓慢，部分原因是缺乏商业标准品及缺乏简单的合成方法来制作标准品，同时这种方法也无法测定未注释化合物。

幸运的是，提取重组可以绕开上述限制。这种方法是通过将提取的新组织与具有良好特征的参考物质（如来自大肠杆菌、拟南芥或人类体液的参考物质）相结合来实现的。这样的实验不仅能测试提取缓冲液是否合适，而且还可以对离子抑制引起的所谓基质效应进行评估。除此以外，重组实验也能对已知峰的可靠性进行定量评估。图 3 给出了恢复和代谢重组实验的示意。

对于已知的代谢物，我们建议对每一种新的组织类型或物种进行回收或代谢重组实验。在某一代谢组学研究中，可能某些代谢物的回收率不是很高，但是这并不排除这些代谢研究的价值，而且更重要的是记录下的这些数据可以让读者进行自己的理解。一般来说，回收率为 70 % ～ 130% 是比较理想的，对于超出此范围的代谢物的定量应接受进一步检测。而假如重复性良好且浓度处于线性范围内的话，50% 的回收率也是可接受的（图 3）。而这些对照实验的重要性可能与没有对照实验的研究比较才最能体现。有趣的是，有一些例子所报告的代谢物数据不能反映其细胞内含量。例如，有一些代谢报告水平为零，实际上这并不准确，假如这代表了细胞水平的话，受试细胞是不可能存活的。

离子抑制

尽管质谱技术选择性和灵敏度性能良好，但在分析复杂样品时重现性和准确性方面仍存在相当大的挑战。而这些问题并非不可克服，但在解释结果时需要格外小心。在 LC-MS 分析中离子抑制是一个普遍存在的问题，因为基质效应影响了共洗脱分析物的离子化，从而影响定量的精密度和准确性，也会妨碍低丰度代谢物的检测。如上所述，评估离子抑制影响的最佳方法是混合两种独立的提取物进行重组实验（图 3），同时可以评估检测到的代谢物是否可以定量恢复。本质上，在这个过程中共洗脱化合物会竞争电离能导致不完全电离。所以，化合物离子响应降低可能是因为化合物本身浓度的降低，也可能是共洗脱分析物浓度的增加。在方法验证时须全面考虑这些影响才可以确保实验质量。

虽然对离子抑制问题没有普遍的解决方案，但评估离子抑制的影响程度可以为分析结果的准确性提供可信度。而且存在几种策略可以帮助降低离子抑制的影响，其中对样品制备和色谱选择性进行改进是目前最有效的方法。在特定情况下，根据样品类型和分析物性质使用适当的清理流程可以去除共洗脱成分。这可能涉及对提取物或生长介质进行简单的稀释，也可能涉及样品检测的各个步骤的优化，包括超声、溶剂分离、过滤、离心和蛋白质沉淀。此外，使用合适的吸附剂进行固相萃取（SPE）也是一种有效降低基质效应的方法。同时也可以通过调整色谱条件使感兴趣的峰在离子抑制区域被洗脱出来，例如改变流动相的组成或梯度条件可以有助于色谱分离，从而提高分析性能。

谨慎选择合理离子源和极性分析柱是减少离子抑制的另一种策略。例如，相对于电喷雾电离（ESI），大气压化学电离（APCI）不太容易产生离子抑制效应，而且 APCI 还可以减少干扰影响。也有研究证明，负电荷化合物的离子抑制效应往往比正电荷化合物的离子抑制效应小。最后，尽管上述策略可能不足以完全消除复杂样品中离子抑制的影响，但其程度至少可以通过前一节所述的对照实验来量化。

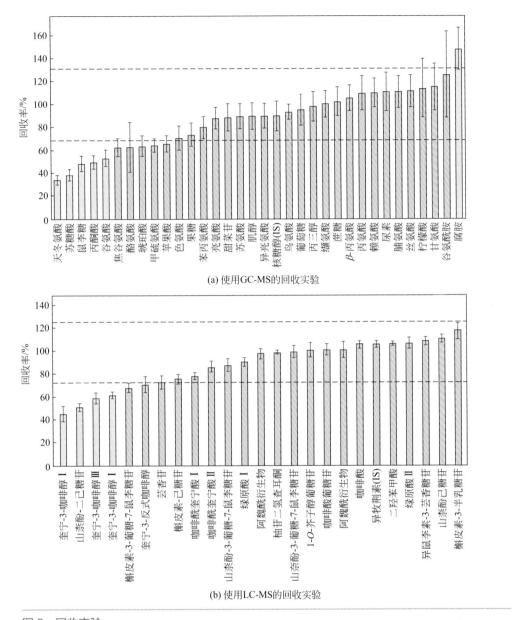

图 3 回收实验

峰信息来自拟南芥和生菜叶片的混合提取物，通过拟南芥（A）和生菜（B）的提取物1∶1混合而得（0.2mg
鲜重/μL）。用混合物的理论浓度来计算回收率百分比：［片水平（A）×A%+叶片水平（B）×B%］/100。
虚线表示回收率70%与130%；灰色条柱表示超出此范围；误差线表示±标准误差

峰的误鉴定

色谱（气相色谱或液相色谱）与质谱联用，以及在某些情况下使用串联质谱（MS/MS）碎片模式可以提高检测的特异性。目前的高端仪器可以检测 10000 ~ 100000 种代谢特征，然而这些特征包括大量的加合物峰和同位素峰。用于分析物鉴定的一些生物信息学工具也考虑到了这一点，甚至添加了常见的加合物作为鉴定分析物的方法（下面将详细讨论）。然而，仍有三个常见的问题导致了错误的识别。

首先，分子式相同但结构不同的同分异构体化合物在自然界中很常见。初级代谢中具有很多这样的例子，包括磷酸己糖和肌醇，柠檬酸和异柠檬酸，葡萄糖和果糖，丙氨酸和肌氨酸。当裂解模式相似时，单靠高分辨率质谱可能不足以区分这些同分异构体和其他同分异构体，以及某些类型的同分异构体在传统的反相高效液相色谱（HPLC）中可能不能很好地分离。改进同分异构体的分离效果可以通过采用反相离子对色谱、亲水性相互作用色谱（HILIC）等色谱方法；同时也可以对色谱前的化学衍生化进行改善。虽然有时候一些同分异构体不能很好地分离，但是需要明确的是这类化合物也可能具有截然不同的生物学功能。

其次，重叠化合物的存在可能会阻碍某些代谢物的检测。虽然质谱仪的分辨率越来越高，在一定程度上缓解了这一问题，但目前的许多仪器分辨率不足以将质量差异小于 5 ppm 的离子分离。当然，只有当色谱法也不能分离这些质量相近的分析物时，这个问题才会显得严重。

第三个主要障碍（LC-MS 比 GC-MS 更相关）是内源性代谢产物的形成。ESI 会产生许多副产物离子，它们有些是水、二氧化碳或磷酸氢盐的简单损失，也有更复杂的分子重排或其他离子的连接。源内降解会降低代谢物母离子的强度，而且如果其子离子与其他共洗脱代谢物的离子具有相同的分子式时也会干扰分析。我们在图 S1❶ 中提供了一些我们自己的研究实例。这些例子表明对所有的峰分配进行手工校准是必要的，然而当注释几百或上千个代谢物时往往难以实行（图 4）。在峰型模糊的情况下，通常可以通过生化比较方法对其进行准确的鉴定。例如，可以通过分析已知突变体的代谢组，因为这些突变体可以预测其所缺乏的某些代谢物，或者也可以通过特定的酶或化学方法对纯化峰进行处理来鉴定。同时这些方法也可以与其他方法结合使用，如使用异构体的标准品或者双标记方法。

另外，非靶向代谢组学的一个关键方面是峰过滤。很多代谢组学研究的数据集包含大量信息不充分的特征会阻碍后续的统计分析，因此在研究潜在的生物学现象之前需要用通用的数据自适应方法对数据进行过滤。有关设计和实施数据过滤策略的建议见附识 5。

---

❶ 图 S1 本书未引入，详见原文献。

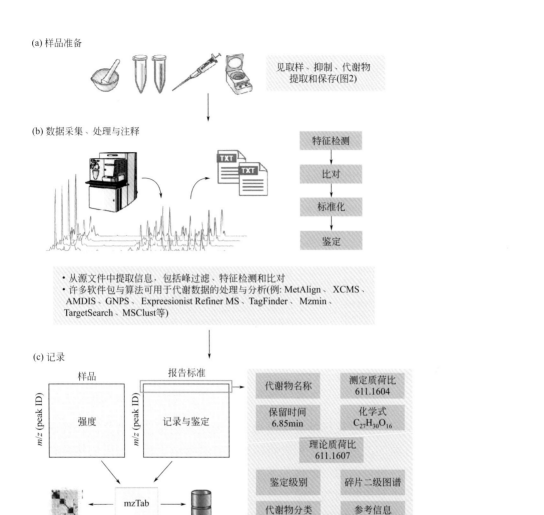

(a) 样品准备

见取样、抑制、代谢物
提取和保存(图2)

(b) 数据采集、处理与注释

特征检测

比对

标准化

鉴定

- 从源文件中提取信息，包括峰过滤、特征检测和比对
- 许多软件包与算法可用于代谢数据的处理与分析(例: MetAlign、XCMS、AMDIS、GNPS、Expreesionist Refiner MS、TagFinder、Mzmin、TargetSearch、MSClust等)

(c) 记录

样品

报告标准

m/z (peak ID)　强度

m/z (peak ID)　记录与鉴定

数据分析与
可视化

mzTab

公共存储库

代谢物名称

测定质荷比
611.1604

保留时间
6.85min

化学式
$C_{27}H_{30}O_{16}$

理论质荷比
611.1607

鉴定级别

碎片二级图谱

代谢物分类

参考信息

通用编号(例如，HMDB,
PubChem, KEGG等)

图4　代谢组数据处理以及下游结果记录的工作流程

（a），（b）—数据获取的结构工作流程（a）和处理与注释（b）；（c）—代谢数据记录的基本设计及如何将数据与mzTab工具联系起来以改善数据表示和保存在公共存储库里

报告的公开度

为了充分利用代谢组学数据，需要让它们在不同的课题组之间具有可比性。事实上，已经发表了几项比较研究（见附识6）。除了在定量水平上的可比性，还需要明确代谢物本身的定性是否采用同样的方法（附识7）。

为了确保鉴定方法能够被广泛采用，需要公开大量详细的碎裂信息。然而，在已发表研究中，特别当代谢组学不是主要重点时，对样品制备和分析方法通常没有详细描述。因此，我们建议以下条目作为代谢组学实验方法的强制性组成部分。

①色谱部分：流动相成分、分析柱参数、温度、流速和上样体积；

②质谱部分：离子源和检测模式、一级质谱参数、扫描数目和速度、二级质谱参数、分辨率以及碎裂能。

框图1 | 保证在测量、注释与记录中公开透明所需的信息

色谱
- 仪器介绍：生产商、型号、软件及版本
- 分离条件：柱参数（型号，膜厚，直径，长度和粒子规格）
- 分离方法：流动相成分和改性剂、流速、梯度程序、柱温、柱压、温度和进样（分流、不分流以及进样周期时间）

质谱
- 仪器类型和参数：型号、软件及版本
- 离子化类别：ESI、EI、APCI或其他模式；阳离子或阴离子；其他离子化参数（电压、气流、真空度和温度）
- 质量分析器：TOF、Orbitrap、离子阱、FT-ICR等；混合或单一检测器；碎裂离子所用的碰撞能
- 仪器性能：分辨率、灵敏度、质量精度和扫描速度
- 采集模式：全扫、MSMS、SIM、MRM、ddMS等
- 检测器

代谢物记录
- 细节见图4和附表1、附表2。包含建议的报告数据：保留时间，单同位素的理论质量，实际检测出加合物的质荷比，质荷比误差（ppm），二级碎片来源的加合物离子，代谢物名称与化合物种类

- 对于已知化合物，建议加上通用编号（例：HMDB，KEGG，PubChem，KNApSAcK等）
- 包含峰强度与封面在内的定量数据，需要提供 .xls或者 .text 文件作为补充文件
- 提供具有代表性的色谱图作为评估代谢物鉴定的指标

其他细则
- 检查储存库的提交条件
- 将质谱数据转换为NetCDF等格式
- 提供代谢物通用编号
- 数据的获取状态：自由获取，发表与否
- 提供实验总结
- 表明鉴定使用的是已验证光谱还是参考光谱
- 可能的话，提供分析所用的代码细节或者其他信息
- 在提交下游数据时，必须提供最小要求的表格格式和实验信息；例如参考文献44
- 在向GNPS提供分子网络数据时，以参考文献45为例

以上建议是为了更好地向公共储存库（如MetaboLights, the Metabolomics Workbench, MetaPhen, GNPS等）上传源数据或下游数据。

在本文之前已经有许多建议标准被提出来了，但是我们相信随着仪器和代谢组学工作流程中其他方面的改进，这个列表将需要进行频繁地更新。如果仍然不确定要提供多少方法细节，可以假想一下你的孪生兄弟在千里之外面对类似仪器时，需要如何配置设备才能重复出相同的实验。目前越来越多的软件支持从原始数据文件中提取这些信息并转换成mzML 文件格式［图4（c）］。

考虑到代谢组学方法中对代谢物定性和定量中可能存在的缺陷，目前文献中报道的总体水平并不尽如人意（图4和图5）。考虑到期刊字数限制和科学报告倾向于简洁的情况，也许作者没有在正文中提及化合物如何被鉴定是可以理解的。但是这也表示这些详细信息可以在文章的补充信息里报道，通过同时发表的方式或者独立的网络资源库。如 MetaboLights 和 Metabolomics Workbench 这样的数据库可以用于上传数据，并且已经被许多期刊纳入硬性要求。

我们推荐一种精简且更简单的报告方法（图5）。虽然这与之前对植物分析的建议类似，但我们更新了内容以确保更广泛的适用性和实用性。为了简化这些建议，我们提供了表 S1❶ 和表 S2❶ 作为表格模板。表 S1 为关于代谢物数据报告的简要介绍，表 S2 为 GC-MS 或 LC-MS 实验中代谢物的注释。根据我们的经验，一旦

❶ 表 S1 与表 S2 本书未引用，详见原文献。

习惯了填写这些表格后再完成这个过程仅需要 30～60min。而且，如今相当大一部分的代谢组文章涉及了成百上千个样本组成的大数据集，在这种情况下，将源文件上传至代谢组学数据库的时间比填写我们建议的 Excel 表格要长得多。

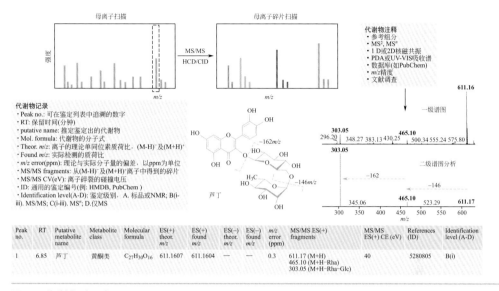

Peak no.	RT	Putative metabolite name	Metabolite class	Molecular formula	ES(+) theor. m/z	ES(+) found m/z	ES(−) theor. m/z	ES(−) found m/z	m/z error (ppm)	MS/MS ES(+) fragments	MS/MS ES(+) CE (eV)	References (ID)	Identification level (A-D)
1	6.85	芦丁	黄酮类	$C_{27}H_{30}O_{16}$	611.1607	611.1604	—	—	0.3	611.17 (M+H) 465.10 (M+H-Rha) 303.05 (M+H-Rha-Glc)	40	5280805	B(i)

图 5　代谢物注释与记录

代谢物鉴定的结构工作流程。二级离子碎片提供了化合物结构的信息。代谢物鉴定可以通过参考化合物、二级离子分析、NMR或者用于紫外-可见光谱检测的光电二极管阵列（PDA）探测器。本图描述了一个采用了我们建议的例子——关于芦丁（一种黄酮苷）的代谢组学数据报告。比较了芦丁在611 *m/z* 的质谱峰与其两个重要的子离子信息，提供了关于鼠李糖丢失（−146 *m/z*）和葡萄糖丢失（−162 *m/z*）的碎片信息。关于代谢物记录，展示目前推荐的表格形式；见表S1和表S2

总结

总而言之，本文提出了改进代谢数据质量和跨课题组可比性的建议。例如对取样、提取、定量和峰识别的建议，以及对测定与记录公开度的指导方针，且建议数据为中心而不是色谱图为中心。我们推测采纳这些建议将带来如下几个好处：①读者通过源数据来评估分析数据的质量，从而使对研究得出的结论更有信心；②可以让广大研究人员拥有一个简单的途径来获得注释数据的所需信息；③不同课题组得到的数据具有更好的可比性。

最近，Price 等人的研究提供了一个代谢组学实验综合记录的例子，他们测定了一些未被研究作物的代谢物水平，并收集了大量的基础数据。更多地采用我们提供的简单报告表（表 S1 和表 S2）或 Dorrestein 与其同事提出的类似表（关于这些表的比较见附识 8），可能会有助于更好地阐明代谢反应。

我们想强调的是，本文所提出建议的目的是鼓励大家更全面、更真实地报道代谢组学的定性与定量分析。另外，本文提出的报告标准并不意味着要直接替代代谢组库制定的标准，而且大多数情况下，这两者是完全互补的。因此，我们建议代谢组学从业者同时遵循存储库标准与我们建议的标准。在以往文献中报告的大量数据由于某些原因没有上传至存储库（如 MetaboLights、Metabolomics Workbench 和 GNPS-MassIVE），假如能够获得这些研究的源数据那就再好不过了。这些建议对于数据的重复使用以及让读者能够自行评估数据的真实性都很重要。一旦这些方法得到推广，包括来自实验方面和信息方面学者的加入，一定会大力促进泛代谢组数据库的生成，代谢组学领域也能够打开全新的视野。

我们相信，更广泛地采用这些建议将提高代谢物数据报告的质量，提高学界对代谢物组注释的能力，并改善不同课题组间代谢组学数据的交换度和可比性。而且这些措施也将有助于比较来自不同物种的代谢组学数据集，支持比较生物化学的复兴。

附录 2　中英文缩略语表

中文名称	英文名称	简称
二维液相色谱	2-Dimensional Liquid Chromatography	2D-LC
亲和色谱	Affinity Chromatography	AC
扩增片段长度多态性	Amplified Fragment Length Polymorphism	AFLP
自动化质谱反卷积和识别软件	Automatic Mass Spectral Deconvolution and Identification System	AMDIS
方差分析法	Analysis of Variance	ANOVA
大气压化学离子化	Atmospheric Pressure Chemical Ionization	APCI
大气压电离	Atmospheric Pressure Ionization	API
随机引物聚合酶链反应	Arbitrarily Primed Polymerase Chain Reaction	AP-PCR
大气压光电离源	Atmospheric Pressure Photo Ionization	APPI
迭代式以交替回归	Alternating Regression	AR
代谢组学报告的标准框架	Architecture For Metabolomics	ArMet
美国信息交换标准代码	American Standard Code For Information Interchange	ASCII

中文名称	英文名称	简称
乙酰乙酰辅酶 A 巯解酶	Acetoacetyl-CoA Thiolase	AtoB
合成基因簇	Biosynthetic Gene Cluster	BGC
双（三甲基硅烷）三氟乙酰胺	Bis（Trimethylysilyl）Trifluoroacetamide	BSTFA
典型相关分析	Canonical Correlation Analysis	CCA
毛细管电泳	Capillary Electrophoresis	CE
毛细管电泳质谱联用	Capillary Electrophoresis-Mass Spectrometry	CE-MS
叶绿素合酶	Chlorophyll Synthase	CHLG
化学电离	Chemical Ionization	CI
碰撞诱导解离	Collision-Induced Dissociation	CID
培养基	Culture Medium	CM
协惯量分析	Co-Inertia Analysis	CoIA
化学位移相关谱	Chemical Shift Correlation Spectroscopy	COSY
相关优化变形窗法	Correlation Optimized Warping	COW
柯巴基焦磷酸合酶	Copalyl Diphosphate Synthase	CPS
柠檬酸合酶	Citrate Synthase	CS
纤维素合酶复合体	Cellulose Synthase Complex	CSC
变异系数	Coefficient of Variation	CV
连续波 NMR	Continuous Wave-NMR	CW-NMR
二极管阵列检测器	Diode-Array Detector	DAD
3-（三甲基硅基）-1-丙磺酸钠	Sodium 3-(Trimethylsilyl)-1-Propanesulfonate	DDS
二甲基丙烯基二磷酸	Dimethylallyl Diphosphate	DMAPP
脱氧核糖核酸	Deoxyribonucleic Acid	DNA
电子轰击离子化	Electron-Impact Ionization	EI
电喷雾离子化	Electrospray Ionization	ESI
通量平衡分析	Flux Balance Analysis	FBA
代谢流控制系数	Flux Control Coefficient	FCC
场致电离	Field Ionization	FI
自由感应衰减	Free Induction Decay	FID

中文名称	英文名称	简称
流量注射电喷雾电离质谱	Flow Injection Electrospray Ionization	FIE-MS
荧光检测器	Fluorescence Detector	FLD
傅立叶变换	Fourier Transformation	FT
傅里叶变换离子回旋共振质谱	Fourier-Transform Ion Cyclotron Resonance Mass Spectrometry	FT-ICR-MS
傅里叶变换 - 红外光谱	Fourier Transform Infrared	FT-IR
葡萄糖 -6- 磷酸脱氢酶	Glucose-6-Phosphatedehydrogenase	G6PD
3- 磷酸甘油醛	Glyceraldehyde 3-Phosphate	GA3P
γ- 氨基丁酸	γ-Aminobutyricacid	GABA
谷氨酸脱羧酶	Glutamatedecarboxylase	GAD
3- 磷酸甘油醛脱氢酶	GA3P Dehydrogenase	GAPDH
气相色谱	Gas Chromatography	GC
全二维气相色谱	Comprehensive Two-Dimensional Gas Chromatography	GC×GC
全二维气相色谱 - 飞行时间质谱联用仪	High Resolution Time-of-Flight Mass Spectrometer Detector For GC×GC	GC×GC -HiRes TOF-MS
气相色谱 - 质谱联用技术	Gas Chromatography-Mass Spectrometry	GC-MS
气相色谱 - 四极杆质谱	Gas Chromatography -Quadrupole Mass Spectrometry	GC-qMS
气相色谱三重串联四极杆质谱	Gas Chromatography-Triple Quadrupole-Tandem Mass Spectrometry	GC-QQQ-MS
气相色谱 - 飞行时间质谱	Gas Chromatography Time-of-Flight Mass Spectrometry	GC-TOF-MS
绿色荧光蛋白	Green Fluorescent Proten	GFP
牻牛儿基牻牛儿基焦磷酸	Geranylgeranyl Pyrophosphate	GGPP
GGPP 合酶	GGPP Synthase	GGPPS
牻牛儿基牻牛儿基还原酶	Geranylgeranyl Reductase	GGR
格勒母代谢组数据库	Golm Metabolome Database	GMD
代谢组和微生物组的广义相关分析	Generalized Correlation Analysis For Metabolome and Microbiome	GRaMM

中文名称	英文名称	简称
GGPPS 招募蛋白	GGPPS Recruiting Protein	GRP
系统聚类分析	Hierachical Cluster Analysis	HCA
异核的统计全相关谱	Heteronuclear Statistical Total Correlation Spectroscopy	HET-STOCSY
亲水相互作用液相色谱	Hydrophilic Interaction Liquid Chromatography	HILIC
异核多键相关图谱	Heteronuclear Multiple Bond Correlation	HMBC
3- 羟基 -3- 甲基戊二酰 CoA 还原酶	3-Hydroxy 3-Methylglutaryl CoA Redutase，	HMGR
3- 羟基 -3- 甲基戊二酰 CoA 合酶	3-Hydroxy-3-Methylglutaryl CoA Synthase	HMGS
高效液相色谱	High Performance Liquid Chromatography	HPLC
高效液相色谱 - 二极管阵列检测 - 固相萃取 - 质谱 - 核磁共振	High-Performance Liquid Chromatography-Diode-Array Detector-Solid Phase Extraction-Mass Spectrometry-Nuclear Magnetic Resonance	HPLC-DAD-SPE-MS-NMR
高效液相色谱 - 质谱联用	High Performance Liquid Chromatograph-Mass Spectrometry	HPLC-MS
高分辨魔角旋转	High Resolution-Magic Angle Spinning	HR-MAS
异核单量子相关谱	Heteronuclear Single-Quantum Correlation	HSQC
异柠檬酸脱氢酶	Isocitratedehydrogenase	IDH
离子交换色谱	Ion-Exchange Chromatograhphy	IEC
IPP 异构酶	IPP Isomerase	IPI
异戊烯基二磷酸	Isopentenyl Diphosphate	IPP
红外光谱	Infrared Spectra	IR
迭代自组织	Iterative Self-Organizing Data Analysis Technology Algorithm	ISODATA
离子阱	Ion-Trap	IT
离子阱质谱仪	Ion-Trap Mass Spectrometer	IT-MS
京都基因与基因组百科全书	Kyoto Encyclopedia of Genes and Genomes	KEGG
K 最近邻近法	K-Nearest Neighbor Analysis	KNN
贝壳杉烯合酶	Kaurene Synthase	KS
类贝壳杉烯合酶	Kaurene Synthase-like	KSL

中文名称	英文名称	简称
液相色谱	Liquid Chromatography	LC
液相色谱 - 质谱联用仪	Liquid Chromatography Mass Spectrometry	LC-MS
液相色谱和核磁共振联用仪	Liquid Chromatograph–Nuclear Magnetic Resonance-Mass Spectrometry	LC-NMR-MS
液相三重四极杆串联质谱仪	LC-Triple Quadrupole Tandom Mass Spectrometer	LC-QQQ/MS
液相色谱串联四极杆飞行时间质谱联用仪	Liquid Chromatography Quadrupole Time-of-Flight Mass Spectrometry	LC-Q-TOF-MS
液相色谱 - 固相萃取 - 核磁共振联用	Liquid Chromatograph-Solid Phase Extraction-Nuclear Magnetic Resonance	LC-SPE-NMR
液相 - 紫外 - 固相萃取 -NMR- 质谱联用	LC-Ultraviolet-Solid-Phase Extraction-NMR-MS	LC-UV-SPE-NMR-MS
线性判别分析	Linear Discriminant Analysis	LDA
芳樟醇合成酶	Linalool Synthase	LIS
液液相分离	Liquid-Liquid Phase Separation	LLPS
激光显微切割技术	Laser Microdissection	LMD
质荷比	Mass over Charge	m/z
微波辅助衍生化	Microwave-Assisted Derivatization	MAD
多元方差分析	Multivariate Analysis of Variance	MANOVA
代谢控制分析	Metabolic Control Analysis	MCA
多元曲线分辨	Multivariate Curve Resolution	MCR
甲基赤藓糖 -4- 磷酸	Methylerythritol-4-Phosphate	MEP
分子特征提取	Molecular Feature Extraction	MFE
代谢组全基因组关联分析	Metabolome Genome-Wide Association Study	mGWAS
最大信息系数法	Maximum Information Coefficient	MIC
最小化代谢调节	Minimization of Metabolic Adjustment	MOMA
代谢 QTL	Metabolite QTL	mQTL
多反应监测	Multiple Reaction Monitoring	MRM
信使核糖核酸	Message Ribonucleic Acid	mRNA
核磁共振波谱	Magnetic Resonance Spectroscopy	MRS
质谱	Mass Spectrum	MS

中文名称	英文名称	简称
串联质谱	Tandem Mass Spectrometry	MS/MS
代谢组学标准发起组织	Metabolomics Standards Initiative	MSI
质谱成像	Mass Spectrometry Imaging	MSI
N-甲基-N-（三甲基硅烷）三氟乙酰胺	N-Methyl-N-(Trimethylsilyl)Trifluoroacetamide	MSTFA
甲羟戊酸	Mevalonate	MVA
烟酰胺腺嘌呤二核苷酸磷酸	Nicotinamide Adenine Dinucleotide Phosphate	NADPH
纳米电喷雾电离	Nano Electrospray Ionization	NanoESI
网络通用格式	Network Common Data Form	NetCDF
美国国家标准技术研究所	National Institute of Science and Technology	NIST
核磁共振	Nuclear Magnetic Resonance	NMR
神经网络	Neural Networks	NN
正相色谱	Normal-Phase Liquid Chromatography	NPLC
正交偏最小二乘分析	Orthogonal to Partial Least Squares Analysis	O-PLS
正交偏最小二乘判别分析	Orthogonal Partial Least-Squares Discriminant Analysis	OPLS-DA
2,3-氧化鲨烯环化酶	2,3-Oxidosqualene Cyclase	OSC
正交信号校正	Orthogonal Signal Correction	OSC
苯丙氨酸裂解酶	Phenylalanineammonia-Lyase	PAL
主成分分析	Principal Components Analysis	PCA
光电二极管阵列	Photo-Diode Array	PDA
蛋白数据库	Protein Data Bank	PDB
磷酸烯醇式丙酮酸	Phosphoenolpyruvate	PEP
磷酸烯醇式丙酮酸羧化酶	Phosphoenolpyruvatecarboxylase	PEPC
置换多元方差分析	Permutational Multivariate Analysis of Variance	PERMANOVA
磷酸果糖激酶	Phosphofructokinase	PFK
脉冲傅里叶变换核磁共振	Pulse Fourier Transformation-NMR	PFT-NMR

中文名称	英文名称	简称
丙酮酸激酶	Pyruvate Kinase	PK
偏最小二乘法	Partial Least Squares Analysis	PLS
偏最小二乘法判别分析	Partial Least Square-Discriminant Analysis	PLS-DA
原叶绿素酸酯氧化还原酶	NADPH:Protochlorophyllide Oxidoreductase	POR
百万分之一	Part per Million	ppm
磷酸戊糖途径	Pentosephosphatepathway	PPP
概率熵归一化	Probabilistic Quotient Normalization	PQN
蛋白 QTL	Protein QTL	pQTL
磷酸核酮糖激酶	Phosphoribulokinase	PRK
八氢番茄红素合酶	Phytoene Synthase	PSY
四极杆	Quadrupole	Q
定量结构保留关系	Quantitative Structure-Retention Relationships	QSRR
数量性状位点	Quantitative Trait Loci	QTL
随机扩增多态性 DNA	Random Amplified Polymorphic DNA	RAPD
射频	Radio Frequency	RF
限制性片段长度多态性	Restriction Fragment Length Polymorphism	RFLP
示差折光检测器	Refractive Index Detector	RID
保留指数	Retention Index 或 Kovats Index	RI 或 KI
RNA 干扰	RNA Interference	RNAi
转录组测序	RNA-sequencing	RNA-seq
活性氧	Reactive oxygen species	ROS
反相色谱	Reversed Phase Liquid Chromatography	RPLC
保留时间	Retention Time	RT
鲨烯环化酶	Squalene Cyclase	SC
尺寸排阻色谱	Size Exclusion Chromatography	SEC
小分子通路数据库	The Small Molecule Pathway Database	SMPDB
代谢组学标准化的代谢报告结构	Standard Metabolic Reporting Structure	SMRS

中文名称	英文名称	简称
琥珀酸半醛	Succinate Semialdehyde	SSA
琥珀酸半醛脱羧酶	Succinate Semialdehyde Dehydrogenase	SSADH
统计全相关谱	Statistical Total Correlation Spectroscopy	STOCSY
总离子流图	Total Ion Chromatogram	TIC
薄层色谱	Thin Layer Chromatography	TLC
四甲基硅烷	Tetramethylsilane	TMS
全相关谱	Total Correlation Spectroscopy	TOCSY
飞行时间	Time of Flight	TOF
飞行时间质谱仪	Time of Flight Mass Spectrometry	TOF-MS
焦磷酸硫胺素	Thiamine Pyrophosphate	TPP
三重串联四极杆质谱	Triple-Quadrupole Mass Spectrometry	TQMS
目标转换因素分析法	Target Transformation Factor Analysis	TTFA
超高压液相色谱	Ultra-High Performance Liquid Chromatography	UHPLC
紫外光谱	Ultraviolet Spectra	UV
紫外检测器	Ultraviolet Detector	UVD
堇菜黄质去环氧化酶	Violaxanthin De-Epoxidase	VDE
玉米黄质环氧化酶	Zeaxanthin Epoxidase	ZEP
化学位移	Chemical Shift	δ